IN PURSUIT OF THE PERFECT PORTFOLIO

The Stories, Voices, and Key Insights of the Pioneers
Who Shaped the Way We Invest

完美投資組合

親訪 10 位投資界傳奇的長勝策略

Andrew W. Lo, Stephen R. Foerster

羅聞全｜史蒂芬・佛斯特

———— 著 ————

吳書楡　譯

致讀者

　　本書傳達的訊息僅作為一般性的資訊提供與教育訓練之用，不欲構成法律、稅務、投資、財務或其他建議。普林斯頓大學出版社（Princeton University Press）、作者或受訪對象均不保證書中內容之準確性、完整性與實用性。本書內的資訊、意見與觀點，並非專為任何個人之投資目標量身打造，僅為原始出版日期時之最新內容，隨時會有變動，恕不另行通知。所有投資策略與投資均有虧損風險。本書中的任何訊息，均不構成普林斯頓大學出版社、兩位作者或訪談對象之推薦、專業或財務建議、背書或偏好。提及投資標的之過去或潛在績效時，均不構成也不應構成推薦或對任何特定結果或利潤之保證。任何人在尚未諮詢財務專業人士，未根據個人的財務目標、需求與風險耐受度來評估書中討論的任何想法或策略否適合自己之前，均不應實行當中的任何想法與策略。任何人根據本書之資訊、想法或策略行動而引發之虧損，普林斯頓大學出版社、兩位作者以及本書的所有受訪者明確表示概不負責。

我們將本書獻給最完美的組合，即我們的家人：

Nancy、Derek、Wesley。

Linda、Jennifer、Christopher、Thomas、Melanie。

前言

　　2011年，為了彰顯哈利・馬可維茲（Harry Markowitz）對財務世界的貢獻而舉辦了一場大型研討會，總結時，其中一位主辦人揣想著，如果少了馬可維茲的投資組合理論貢獻，投資世界將會是什麼模樣。這位主辦人很好奇，如果馬可維茲向偉大的投資人華倫・巴菲特（Warren Buffett）尋求投資建議，後者會怎麼說？巴菲特的回答可能會是：「你把錢交給我，我替你管。」以巴菲特過去的成績來看，他顯然會做得有聲有色。但這麼一來，其他沒這麼好運可以請到巴菲特當基金經理人的投資人，要怎麼辦？現在，想像一下巴菲特去找馬可維茲，問他：「你能如何幫上我的忙？」馬可維茲的回答可能是：「我這裡有一套投資組合管理的架構與方法。」

　　我們樂於承認巴菲特、約翰・坦伯頓（John Templeton）、彼得・林區（Peter Lynch）、大衛・蕭（David Shaw）、詹姆斯・西蒙斯（James Simons）、喬治・索羅斯（George Soros）和其他諸多投資風格與取向難以複製的偉大投資人的投資成就非凡，然而，馬可維茲以及在他之後的詹姆斯・托賓（James Tobin）、保羅・薩繆爾森（Paul Samuelson）、威廉・夏普（William Sharpe）、邁

倫·修爾斯（Myron Scholes）、羅伯特·默頓（Robert Merton）、尤金·法馬（Eugene Fama）、羅伯·席勒（Robert Shiller）等諾貝爾獎得主和其他傑出研究者所做的財務金融學術研究，給了投資人一套架構與可重複的流程，帶動了投資管理的民主化（democratization of investment management）。本書的重點，就是要談談他們在投資組合管理上的貢獻。

對投資人來說，有沒有一個可以創造出理想風險報酬組合的完美投資組合？在過去十年的旅程中，我們對十位業界出色的指標性人物與思想領袖一一提出這個問題，分別是馬可維茲、夏普、法馬、約翰·柏格（John "Jack" Bogle）、修爾斯、默頓、馬丁·萊柏維茲（Martin Leibowitz）、席勒、查爾斯·艾利斯（Charles Ellis）和傑諾米·席格爾（Jeremy Siegel），他們的答案有些在意料之中，也有些讓人意外。我們找到的這一群時代先鋒，組成顯然稱不上是多元化（事實上，你從之後幾頁的圖表可以看到，這群人其實互有關連），但確實反映了當時投資研究領域的面貌。幸好，如今的投資社群已更加多采多姿，而我們期望本書能啟發下個世代，出現更多元的先鋒群。雖然我們可能永遠無法在一個不斷演變的投資世界裡找到所謂的「完美投資組合」，畢竟這是一個難以捉摸、變幻莫測的目標，但本書關注的是人們及其對這種夢幻投資組合的追尋。誠如英國哲學家約翰·洛克（John Locke）所說，人們要「不停追尋真實且穩健的幸福」，我們檢視學術界與實務界人士所做的研究，是如何影響了

「完美投資組合」模樣的演變、人們對這個概念的理解，而我們又從中學到哪些心得。

　　無論是散戶投資人或專業投資組合經理，都在追尋對的投資組合，期望能在特定的風險水準下賺到最高的預期報酬，而他們得面對幾個至關重要的問題：

- 我們所說的分散到底所指為何，分散又為何重要？
- 我們應如何將公債等無風險資產和股票等風險性資產結合在一起？
- 投資人應該投資指數型基金就好，還是應該主動去管理投資組合？
- 選股和市場時機操作有多重要？
- 應如何衡量績效？
- 與國內投資相比之下，海外投資有多重要？
- 什麼是衍生性證券，這類非傳統資產扮演什麼角色？
- 股票風格的不同，例如小型股和價值股等，有何重要性？
- 當其他投資人的行為可能不太理性時，我們應如何投資？

　　本書將提出見解，以剖析上述和其他問題。我們會檢視學術界研究人員與引領業界的實務人士在這些面向上、對於投資組合管理的貢獻。我們書寫的目標對象是一般大眾（包括投資

新手與專業投資人），以及正在修習投資學或投資組合管理課程的人。我們會回顧投資組合管理的知識歷史與演進，把重點放在過去 70 年間（這也正是現代投資組合理論的發展時代）最出色的研究人員的關鍵貢獻，並詳加說明。我們會在聖地牙哥、蒙特里（Monterey）、舊金山、紐約、麻州劍橋、芝加哥、馬爾文（Malvern）與費城等地，訪談不同的學界或業界思想領袖、也就是各章節的主角，藉此增添色彩與脈絡。我們彙整了訪談各個投資組合管理領域重要人物的心得，集結在最後的總結專章，並以投資檢核表的方式呈現，以幫助你發展出屬於自己的投資哲學，讓你得以決定什麼才是你的完美投資組合。

　　本書中有一條很重要的投資免責宣言：我們不會為你提供財務建議！（這裡的「我們」指的是普林斯頓大學出版社、兩位作者，以及受訪對象。）我們的目的是提供資訊和娛樂，給予一般性的訊息和看法，而非法律、稅務、投資、金融或其他建議。我們無法保證本書完全沒有錯漏或是對所有人而言都實用。書中的某些訪談已經過了一段時間，因此相關的資訊可能已改變。本書中的資訊、意見與觀點，並非專為任何個人之投資目標量身打造。所有投資策略與投資均有虧損風險。提及投資標的之過去或潛在績效時，均不構成也不應構成推薦或對任何特定結果之保證。我們非常鼓勵你先諮詢財務專業人士，根據個人的財務目標、需求與風險耐受度，以評估書中討論的任何想法或策略是否

適合你。我們期待你投資順利成功，但你也必須自行承擔任何
損失。

　　每一本書都有致謝的篇幅，我們也要在此向重要的有功人
士致意，本書仰賴他們提供的深刻見解；但也要特別強調，任何
疏忽失誤的責任都在我們自己身上。感謝傑娜‧康寧絲（Jayna
Cummings）細心審閱初稿，並給予編輯方面的有力支援，傑夫‧
西柏曼（Jeff Silberman）為我們提供大有幫助的建議，約翰‧科
克倫（John Cochrane）給了我們全面性且犀利透澈的意見，讓本
書更上一層樓，威廉‧戈茲曼（William Goetzmann）替第 1 章提
供了獨到的歷史觀點，麥克‧諾蘭（Michael Nolan）和小約翰‧
柏格（John Bogle Jr.）為第 5 章提供了相關意見。感謝普林斯頓
大學出版社的資深編輯喬‧傑克森（Joe Jackson）、賈姬‧黛蘭
妮（Jackie Delaney）、賈許‧卓可（Josh Drake）以及出色的團隊，
威郤斯特出版服務公司（Westchester Publishing Services）的黛博
拉‧葛拉漢彌－史密斯（Deborah Grahame-Smith）和伊芳‧倫賽
（Yvonne Ramsey）。感謝瑪莉艾倫‧奧利佛（MaryEllen Oliver）
幫忙校訂、亞歷珊卓‧尼可森（Alexandra Nickerson）幫忙編製
索引。感謝《投資管理期刊》（*Journal of Investment Management*）
的編輯吉福德‧方（Gifford Fong）籌辦了一場大型研討會，邀請
本書中多位受訪者，協助引燃了本書的靈感火花。特別要感謝約
翰‧柏格、查爾斯‧艾利斯、尤金‧法馬、馬丁‧萊柏維茲、哈
利‧馬可維茲、羅伯特‧默頓、邁倫‧修爾斯、威廉‧夏普、羅

伯‧席勒、傑諾米‧席格爾，感謝他們的研究與教學，他們在智識上的先知先覺讓我們在事業生涯中深受啟發，也感謝他們挪出寶貴的時間接受訪談並審閱和他們有關的章節。

　　希望你和我們一樣，也能享受這趟旅程！

羅聞全、史蒂芬‧佛斯特

寫於美國麻州劍橋與加拿大安大略省倫敦市

投資領域的先鋒及其關係

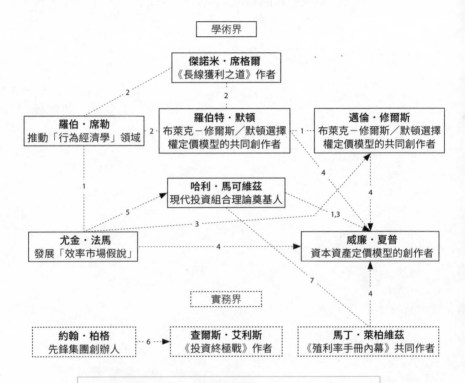

PERFECT
PORTFOLIO

投資簡史

美索不達米亞與投資之始

自有「經濟人」（*Homo economicus*）以來，就有投資行為。最早的投資形式，可以連結到長程貿易的風險／報酬決策。公元前 9500 年到 8500 年之間，史前時代的中東時值前陶新石器時代（Pre-Pottery Neolithic），出現了定居的村居生活。約旦河谷（Jordan Valley）的居民從事長程貿易，和安納托利亞高原（Anatolian Plateau）中部與札格羅斯－托羅斯（Zagros-Taurus）山弧（即現代土耳其）的人民交易黑曜石、人工栽種的小麥和綿羊。[1] 這段時期的貿易商得面對長程商業往來中的極高風險，每天都要為了賺取經濟利潤持續做出風險／報酬決策。某些商人做了一些非常聰明的投資決策，使得長程貿易前所未有的興盛，貿易距離長達 1,500 英里，涉及的原物料類型多到令人眼花撩亂。

如果我們廣義地思考投資組合，視作為了未來目的而儲存或投資的資本，那麼近代的證據指出，這些前陶新石器時代的居民看待穀物的方式，正如我們今日看待投資組合的方式。儲藏食物是經濟發展的一項要件。21 世紀，約旦死海附近的出土文物揭示了強力的證據，證明甚至還未以人工種植作物之前，就已有精巧的穀倉了。[2] 這項證據顯示居民已有能力減輕季節性的食物風險，一年在一個地方可以住上一季以上。這些儲藏設備中，存放著前段期間留下來的緩衝食物，表現出一種重要的風險管理形

式，居民得以讓消耗曲線變得平緩，撐過乾旱，並且為下一個播種季做計畫。

投資也和金錢的時間價值有直接關係；金錢的時間價值概念，指的是今天的一塊錢價值高於明天的一塊錢。投資，其實就是把經濟價值挪到不同的時間點，比方說，為一位創業者提供急需的現金來源，以換取分享日後利潤的承諾。在書寫尚未發明之前，記帳就已扮演重要角色，因為兩方之間存有交易紀錄和契約是至關重要的。人們解讀美索不達米亞早期城市聚落的陶籌（token，約為棋盤遊戲的棋子大小）的用途之後，推論以大宗商品為紀錄對象的會計證據，可追溯到公元前 7000 年。[3] 考古學家們一開始並不清楚這些陶籌的用途，但有一位考古學家最後發現，可追溯至公元前 3100 年的烏魯克陶土板（Uruk tablet）連同其他楔形文字，包含了描繪每一個陶籌的象形文字，例如，代表食物的符號就是從一個像盤子的陶籌演變而來的。多數象形文字代表的是日常商品，比如綿羊和一條條的麵包。基本上，這些古老的陶土板全是會計紀錄或契約，據推測，使用者是某種中央機構，例如神廟用來計算神廟進出的貨品。

這些陶土板也讓我們看到古代的貸款紀錄，舉例來說，公元前約 2400 年有一筆蘇美人的紀錄，可能是現今已知最古老的個人貸款：烏爾－加瑞瑪（Ur-garima）借予普蘇爾－埃斯塔（Puzur-Eshtar）40 公克的銀子和 900 公升的大麥。[4] 差不多在這時，就已經發行了最早已知的擔保債券（surety bond），如果第

一人無法償付放款者，第二人保證償付。一片以楔形文字寫成的
石板指出，這種保證一定會償付穀物的債券，發行地點是美索不
達米亞的尼普爾城（Nippur）。債券由抄寫員製作，內含四位見
證人的姓名，並製成當時常見的一式三份。[5]

其他的古代紀錄則顯示出更複雜的商業安排，其中有一些可
視為現代金融工具的濫觴，像是有一類衍生性契約就可以追溯到
公元前 1900 年。衍生性（derivative）一詞的由來，是因為這些商
品的價格衍生自某些標的證券，比如某種大宗貨品的價格。最早
已知的衍生性合約（今日稱之為期貨合約）出現在美索不達米亞，
以楔形文字刻寫在陶土板上，內容涉及未來商品的交割，通常還
結合了貸款。例如，有份契約由商人馬格拉頓‧阿卡沙克－舒米
（Magrattum Akshak-shemi）和他的客戶當夸努（Damqanum）簽
訂，同意未來交易 30 片特定長度的木板。[6]

知名考古學家倫納德‧伍萊爵士（Sir Leonard Woolley）挖
掘出美索不達米亞的烏爾城（Ur）時，有多項驚人的發現，其中
之一為這裡是最早已知的金融區，還可能是債券交易市場的誕生
地。伍萊爵士發現，公元前 1796 年有一位受過教育的商人杜姆
希－加米爾（Dumuzi-gamil），他和合夥人舒米－阿比亞（Shumi-
abiya）向另一位商人舒米－阿邦（Shumi-abum）借了 500 公克
的銀子，杜姆希－加米爾承諾，五年後（這是相當長期的貸款）
會以年利率 3.8% 返還他借的這一半。[7]但是，舒米－阿邦並未
持續持有這筆貸款的債券，而是轉頭賣給某些知名的商人，且這

些人在貸款到期時,也成功收到款項,據此可看出這是一個債券交易市場。這些烏爾城相關的文件指出,此地有一個流動性很高的市場,可交易這類個人本票。杜姆希－加米爾很可能展現了金錢時間價值原則,把這筆貸款當成有用的立即現金來源,融通他的麵包經銷商事業資金。他也擔任銀行家的角色,挪出部分的資金貸放,每月收取 20%的利率,算下來的複合年利率幾乎達到 800%!

　　不過,並非每個人所做的投資與貿易到頭來都有好結果。即使是在社交媒體出現的幾世紀前,聲譽對人而言也是很重要的,約在公元前 1750 年,迪穆城(Dilmun)裡有一位名叫伊亞－納希爾(Ea-nasir)的銅貿易商就深受其害,一封據說是全世界最古老的申訴函(雖然是寫在石板上)讓他籠罩在聲譽掃地的陰影中。他的事業一開始看來很順利,替烏爾城的皇宮做買賣時也被視為信用風險良好,然而,之後有許多貿易商毫不留情地抱怨他經手的銅品質不佳,而這些申訴被鑿在石板上永遠流傳。有個名叫納尼(Nanni)的人大為光火,石板的兩面寫滿了他的抱怨之詞:「你交給我的使者的銅塊品質很差……你把我當什麼人了,竟敢這樣對我?你居然敢這樣蔑視我?……你要知道,在烏爾城的我是不會接受你提供的品質不佳的銅。」考古證據指出,伊亞－納希爾的財富最終不斷減少,而且被迫退出銅貿易這一行,進入獲利較低的市場,像是房地產與二手衣物交易等等。[8]

從公元前到公元：錢幣、債券、股票和其他貨幣

任何金融系統的命脈都是貨幣。貨幣是一種交易媒介，支撐起一個比以物易物世界更有效率的系統。貨幣也是足以代表財富水準的記帳單位，具有價值儲存的功能，可以存起來等日後再使用。若要發揮這些功能，貨幣必須耐久、可交換、可攜帶且可靠可信。一般認為，以物易物的存在至少超過十萬年，而考古學家在以弗所（Ephesus，位於現今的土耳其）的阿特米斯神廟（Artemis）發現最早已知的錢幣，據信鑄於公元前 600 年。[9] 這些錢幣以金銀合金鑄成，圖樣是一個咆哮的獅子頭。比較不同時代的貨幣價值是很困難的事，不過一般認為這種錢幣每枚大約能買到十頭山羊。

美索不達米亞出現早期的衍生性商品之後，約在公元前 600 年，古希臘使用了另一種衍生性契約：買入選擇權（call option）；買入選擇權允許買方在未來某個時間以達成協議的價格買進某種資產。在最早一批這類交易的帳務紀錄中，有一項與橄欖榨油機的基本價格有關。當時，橄欖油可用來製作肥皂或烹飪，也可作為燈的燃油和潤膚液。[10] 歷經了幾年的歉收之後，被稱為希臘七賢之一的希臘哲學家兼數學家米利都的泰利斯（Thales of Miletus），運用占星術預測接下來橄欖會大豐收。多

季時，他協商了買入選擇權，即在春季時以目前低迷的價格買進榨油機。他竭盡全力，從喪氣的農民手中買下所有榨油機，之後在豐收季如預期來臨時大賺了一筆。亞里斯多德（Aristotle）日後在他著名的《政治學》（*Politics*）一書中提及此事，指泰利斯「成功證明只要哲學家願意的話，就可以輕鬆致富，儘管那不是他們真正有心經營的事業。」[11]

公元前四世紀，知名的希臘演說家狄摩西尼（Demosthenes）面臨了一項投資問題，與他同名的父親過世時留下一座家具工廠、一座武器工廠、幾項貸款投資與其他資產；這是投資組合的早期證據，據信，換算成今日的價值超過1,100萬美元。然而，監護人並沒有好好管理這些資產，因此狄摩西尼滿21歲時，把這些人告上法庭。他主張，他要重新確立資產的原始價值，並估算假設資產有受到妥善管理，此時的價值會是多少；他所做的事就是今日所謂的淨現值（net present value）計算。[12]他成功打贏官司，但最終只拿到資產價值的一部分。

自公元前三世紀（或許更早）以來，留本基金（endowment fund，又譯「捐贈基金」）就已經存在於希臘[13]，之後也出現在羅馬帝國。留本基金的用意，是集結所有慈善捐款，並在保住資本的同時，分配此筆基金投資所創造出來的收益。某些最早期的留本基金，是在年度慶祝會上將現金贈與不同的部落、支付薪水給教導年輕人的教師，或是用來籌募資金以置辦宗教儀式上所需的公牛牲禮。某些時候，會以12％的利率出借本金，但之後比

較常見的利率是 10％。一如今日，捐款時甚至也會牽涉到稅收。[14]
這段期間，許多知名的留本基金在架構上使房地產免受稅務稽
核，讓菁英階層與富有的捐贈人能夠限縮稅務負擔，甚至因此增
進他們的私人財富。

　　約在公元前 221 年，中國第一位皇帝秦始皇引入了標準化的
銅幣，作為當時大一統帝國的初版通貨（currency），也是唯一
可接受的通貨，不過考古學的紀錄顯示，在那之前的數百年前，
可能就已經製造出類似的錢幣。[15] 這些錢幣的標準重量是半兩
（約八公克），圓形、中間有方孔，可以串在一起；中國持續鑄
造這種錢幣，一直到 1912 年溥儀皇帝時、清帝國終結為止。這
些錢幣（在英語中向來稱為「現金」〔cash〕）很重要，因為就
像現代貨幣一樣，這些都是法定貨幣（fiat currency），沒有黃金
等貴金屬為其價值背書，完全是因為信用和慣例才具備價值。

　　一旦錢幣被人接受成為法定貨幣，錢幣的金屬重量和類型
就不再重要，而紙幣早晚也會被人們所接受。紙幣是現今最常見
的貨幣形式，在唐朝（公元 618 年至 907 年）時首見於中國。紙
幣或紙鈔是一種保證，承諾必會在持有人或擁有人要求時償付。
中國的商人約在公元 800 年發明了最早的紙鈔，[16] 其背後的想法
是商人先把某個金額的貨幣存入當地的商人行會，並得到一張收
條；商人可以帶著這張收條到另一個城市，透過行會換取貨幣。
各間行會再定期結算欠付的金額，以此避免攜帶大量現金四處走
的危險。直到公元 841 年，中國官方禁止了這樣的慣例，並獨占

紙幣發行市場。

到了宋朝（公元 960 年至 1279 年）的宋眞宗（約公元 997 年至 1022 年）時，全球第一批官方紙幣被設計出來了。國家印製了價值爲一貫到十貫（單位或稱爲「緡」）的紙幣，分別等於 1,000 至 10,000 個錢幣不等，但是在償付時，僅會償付部分現金，舉例來說，一貫的紙鈔可兌現 770 個錢幣。幾世紀之後，馬可・波羅（Marco Polo）等歐洲探險家把紙幣的概念引進西方世界，到了今日，紙鈔已處處可見。美鈔的正面印製了一句承諾「本紙鈔爲法定貨幣，可償付所有公共與私人債務」（this note is legal tender for all debts, public and private），背面則是一句宣言「我們相信上帝」（in God we trust）。事實上，人們也眞的相信美國財政部和聯準會將履行此一承諾。

政府公債的前身（同時也是最初的公共融資形式），於 1172 年出現在威尼斯。[17] 我們今天所看見的債券，實際上是偶然的產物。當時，威尼斯共和國辛苦力抗來自東方的羅馬帝國後繼者拜占庭，爭奪亞得里亞海的控制權。一些威尼斯人被羅織罪名，遭控在君士坦丁堡縱火，拜占庭的皇帝曼努埃爾一世（Manuel I Komnenos）引發了一場人質危機，把威尼斯商人抓起來、關進大牢，並搶走他們的貨品。威尼斯總督瓦塔伊爾・米希爾二世（Vitale II Michiel）急需打造船隊、發動戰爭，以奪回威尼斯的人質與財物。然而，由於宗教上的反高利貸法律，當時貸款並不合法。

為了募資籌組船隊，總督設計出一套借款方案（理論上不是貸款），名為「prestito」*，有點像是一種強制的稅賦，但承諾在債務到期時支付 5%的利息。這套方案在政府與市民之間創造出一種借款人／出借人的關係，而非把債務控制權放在少數投資人手裡。這套方法變得廣受歡迎，最後還在里阿爾托市場（Rialto Market）◆熱絡地交易。遺憾的是，情勢發展對這位總督來說並不順利，他以 126 艘船組成的船隊停泊在小亞細亞海岸時，曼努埃爾一世承諾會協調出解決方案，但卻不斷拖時間，最後，威尼斯船隊遭到瘟疫的突襲，幾千人死亡，只有四分之一的人活了下來。任務戛然而止，活著的人敗陣而歸。威尼斯人眼見這麼多人捐軀，總督卻還活著，一群暴民追捕並處決了他。此外，這個已經疲弱的共和國雖然還持續支付利息，但從來沒能償付這筆貸款的本金。

公共融資的概念非常有利於擴大歐洲的強權。1517 年，阿姆斯特丹發行第一批政府公債，比荷蘭的存在還早了一個世紀；[18]英國在 1694 年透過英格蘭銀行（Bank of England，英國的中央銀行）發行第一批由國家級政府出面發行的債券，以籌募對抗法國的戰爭基金。[19]永久債券會以固定利率永遠支付利息給債券持有人，目前已知最古老的永久債券之一，是 1648 年由荷蘭勒戴克

---

* 譯注：義大利語，意為貸款。
◆ 譯注：此地為當時威尼斯的債券交易市場。

波維丹水利局（water board of Lekdijk Bovendams）所發行、寫在羊皮上的債券；籌得的資金是用來支付給營造工人，他們在河岸邊建了一排防波堤，以免河岸遭侵蝕。[20] 這項債券的獨特之處，是直到今天仍在付息，目前有五個已知的持有人，其中一個是耶魯大學，債券就放在校內的拜內克圖書館（Beinecke Library）裡展示。2015 年，圖書館的現代書籍與手稿策展人提摩西・楊恩（Timothy Young）遠赴阿姆斯特丹收取 12 年分的利息，價值136.20 歐元，換算下來爲 153 美元；2003 年，大學則收到一筆拖欠了 26 年的利息。

　　世界上最古老的持股公司可追溯至 1369 年，當時一群法國的磨坊主人組成了巴薩可磨坊公司（Société des Moulins de Bazacle）。[21] 這些共同分攤長期河畔租約的磨坊主人，擬出了一套利潤分享計畫，幾年後，其中一位磨坊主人已拖欠某位商人的債務整整十年，而後續訴訟的決議催生出一套新的企業架構，其中一項創新就是現在相當普遍的選舉制董事會，用以保護股東。公司被視爲不同於股東的獨立法律個體。巴薩可磨坊公司撐過沖毀水壩的洪患、浮冰、饑荒、瘟疫和一場革命，卻仍把全部的利潤拿出來發放股利。股份是可移轉的，有幾年的週轉率約達股份的 20％。股份的轉移有一項值得注意的限制條件：新股東除了需支付一大筆公證人費用之外，還必須舉辦晚宴款待整個董事會。

　　第一批「現代」合股公司，是創立於 1600 年的英國東印度公司（English East India company，簡稱 EIC）和成立於 1602 年的

荷蘭東印度公司（Dutch East India company；荷蘭文爲 Vereenigte
Ost-Indische Compagnie，簡稱 VOC）。[22] 英國東印度公司成立的
目的，是爲了壟斷在印度及之後在中國的貿易；荷蘭東印度公司
則是一個由政府指導、集結多間公司的大型集團，具有印度的貿
易壟斷權。1600 年代初期，荷蘭東印度公司發行了支付股利的
股份，是第一家藉此籌得大量資本的現代合股公司。整整一個世
紀的時間，該公司的股票所支付的股利高達驚人的 22%。當然，
這些報酬伴隨著極高的風險：長程貿易的相關風險、新企業形式
本身的不確定性所引發的風險。一開始，股東可以選擇把股利再
投資到未來的航程上，或是直接領取發放的股利。如果股東對於
報酬感到失望，可以要求返還股本並撤資。然而，到了 1609 年，
荷蘭東印度公司的董事認定股份不可退款，於是這些股份發展出
了一個活躍的次級市場，光是在阿姆斯特丹就有超過 1,000 人申
購股票。後來，三分之一的原始股票都已經轉手。原始的計畫要
求十年後清算股份，但是公司一直到 1796 年才正式解散。

 傳説中的早期泡沫

從金融的角度來說，泡沫有時候是很不精確的字眼，意指某
種資產的價格快速上揚、但卻無法用基本面的因素來解釋。（本

書後面會深入詳談泡沫。）傳說中最早期的一場泡沫，據稱是 17
世紀在荷蘭發生的事，因為一本 19 世紀的書而廣為人知，到了
20 世紀末則有人對其真實性起了疑竇，那就是惡名昭彰的鬱金
香泡沫。鬱金香是原生於中東的花，後來在荷蘭人的花園裡很常
見。1630 年代之前，鬱金香球莖主要由栽種者在夏季進行實物
交易，因為夏天時才可以從土裡拔出球莖。[23] 之後，花商開始使
用本票，買賣還埋在土裡的球莖。由於買賣本票的時間和實物交
割之間有幾個月的落差，投機者開始出現，而這些人通常都以高
倍率的槓桿進行操作。

　　查爾斯·麥凱（Charles Mackay）在其 1841 年的經典著作
《異常流行幻象與群眾瘋狂》（*Extraordinary Popular Delusions
and the Madness of Crowds*）[24] 中提到，鬱金香熱在 1637 年來到頂
峰，有人用 12 英畝的土地換了一顆名為永遠的奧古斯都（Semper
Augustus）的罕見球莖。麥凱也提到一名水手的小故事，此人把
一顆罕見的球莖當成洋蔥誤食，這顆球莖當時的價值可以餵飽
整船船員一年。然而，根據麥凱所言，到了 1637 年 2 月，由於
貿易商再也找不到買家，市場因此乾涸，價格也快速下跌。羅
伯·席勒在我們這個時代再次提到這股熱潮，他說：「荷蘭人說
這是一場『windhandel』，直譯為『風的交易』，他們的意思是
鬱金香的價格就像風一樣，跟什麼都無關，說起來就是『一場
空』。」[25]

　　然而，彼得·賈博（Peter Garber）更近期做的研究破解了

多項鬱金香熱的迷思。[26] 文獻中引用的價格很多都以期貨合約為
基準，但當時這些合約並不合法，因此無法履行，買方僅預付了
合約的部分價格。很多據稱的稀有球莖出價，追本溯源是來自當
時流傳的導正倫理小冊子，他們舉的例子都誇大了，在投機高峰
期簽定期貨合約的傳聞數字，很可能高於實際出價。鬱金香一開
始的漲價也具備基本面的理由，當時法國女性認為在長禮服上裝
飾新鮮鬱金香是時髦的象徵。沒有證據指出有大量海外資金流入
或高額貸款以從事投機。同樣地，在據稱的罕見球莖價格崩盤之
後，也沒有可靠的價格資料可供查核。後來的歷史指出，隨著時
間過去，罕見鬱金香球莖的價格嚴重下跌是自然而然之事。賈博
認為「一個荷蘭商人不太可能把高價的鬱金香球莖丟著，放任粗
魯的水手當成午餐吃掉」，這番評論看來是不想理會麥凱轉述的
小故事。[27] 有趣的是，賈博確實提到一般常見的鬱金香球莖（並
非傳奇故事中的那類鬱金香）價格快速上漲又忽然崩盤，但他無
法解釋。

　　早期的另一個股票泡沫故事，永遠和投資史上最多采多姿、
具創新精神而備受爭議的一個人物連在一起，他就是生於 1671
年的蘇格蘭人約翰・羅（John Law）。[28] 約翰・羅的父親威廉
（William）是一名金匠，後來成功轉型為經營貸款業務。1683年，
就在死期將至之前，他買下愛丁堡北方的一處房地產，要留給他
的長子約翰。威廉的第二任妻子珍・坎貝兒（Jean Campbell），
被指定擔任約翰的主監護人。母子之間起了爭執，16 歲的約翰離

家（或者可能是被趕出去的），他以未盡撫養之責把母親告上法院。珍在法院作證時，控訴約翰夜不歸營、生性好賭。本案最後在法庭外和解，約翰顯然也拿了一些和解金去還清賭債。

約翰·羅在 23 歲時於布魯姆斯伯里廣場（Bloomsbury Square）和人決鬥時殺死對方，被判了死刑，但英國的有力人士安排他逃獄。他轉往歐陸，善用他的數學技巧成為賭博專家。在此同時，他也寫了一些關於貨幣創新的論文。他遞出許多建議書給法國的權威人士，提議在法國開辦一家銀行。1715 年，法國國王路易十四逝世，法國陷入破產局面，約翰被年輕國王路易十五的攝政王奧爾良公爵（Duke d'Orleans）網羅，任命為財政大臣。

約翰身為法國攝政王的友人，得以設立了一家銀行，並獲得授權，可發行通貨（即紙幣）作為法定貨幣，這是歐洲第一次如此全面性地使用通貨。約翰也成立了密西西比公司（Mississippi Company），開發北美密西西比河沿岸的法國領地。之後，他得到 25 年的殖民地貿易與加拿大海狸毛皮貿易的獨占權，同時也能收取法國人的稅金，以換取由他承接法國的公共債務，這種安排變成財政系統的一部分；日後也有人說，這更應該稱為陰謀而非系統。這套系統有一些靈活的變動安排，但基本上是把政府的債務轉換成政府的股權。[29] 約翰開放一般大眾投資密西西比公司，但他為了吸引債務人以債換股，因此也有動機去拉抬公司股價，進而出手把股價炒高。密西西比公司也因為併購而不斷成長。

　　1719 年，法國出現一股炒作密西西比公司股份的投機熱。以現代的術語來說，標的本益比（price-to-earning，簡稱 P/E）約為 45 倍，比今天一般公司的本益比高了大約三倍。然而，1720年，這家公司實現預期利潤的速度放緩，股價大幅下跌。約翰・羅被迫逃離法國，跑到威尼斯生活，他在這兒繼續賭博，並交易畫作。

　　大約同一時期，英國也有一場類似的泡沫正在上演。[30] 南海公司（South Sea Company）是一家合股公司，1711 年於英國成立，擁有南美許多地方的貿易壟斷權，但西班牙與葡萄牙早已在這些地方建立了帝國。貿易是這家公司的次要目標，其成立的目的是為了幫助政府整頓國家債務（和密西西比公司很相似），英國在歷經近 20 年的戰事之後付出高昂代價，導致借款利率高漲。1719 年，南海公司提交了一份全面性的方案給國會，提出分配自家的股權給公共債務的債權人，以換取他們的資產（類似他們持有政府公債）。這份給國會的提案，在可觀的賄賂之下通過了。該公司以高漲的股價和延展購買條件來吸引公共債務的債權人，1720 年初股價為 130 英鎊，到了 6 月，已經漲到將近 1,000英鎊。然而，隨著南海公司的前景受到質疑，社會上對於這檔股票的信心也隨之下降，10 月時，股價跌至約 200 英鎊。

　　價格上漲本身並不代表泡沫，反映的可能是愈來愈好的獲利機會。密西西比公司和南海公司的股票快速上漲、但之後崩盤，是否真的是泡沫？賈博再度對這一點進行辯證，歷史學家弗

朗索瓦・維爾德（Francois Velde）也有相同之舉。[31] 賈博指出，約翰・羅計劃透過金融創新與改革來重振法國經濟，隨著權力愈來愈大，他在經濟上有所成就的機會也與日俱增。密西西比公司股價下滑，剛好碰上他的敵人聲勢逐漸壯大，而這些人有意解散公司。英語世界裡把這段經過稱為「密西西比泡沫」（Mississippi Bubble），但在法語中，原始的說法則是「羅的系統」（*le système de Law*），維爾德將兩者拿來對照，他提到這場據稱的泡沫並非自主發展出來的，而是羅的系統當中的一部分；歷史學家安托英・墨菲（Antoin Murphy）也說這是「一場宏大的設計」。[32] 這次事件和其他傳說中的泡沫不同之處，在於其中只涉及一檔股票。維爾德強調，當時股票的價格並不像我們今天所謂的市價；股價是受到羅的影響（或說操縱）。真正的問題是，價格崩盤是否顯露了股票的真實價值。維爾德的結論是，在最高點時，羅設定的股價可能高了兩三倍，意味著這檔股票之所以發生估值過高的情形，並非「出於狂熱又不理性的市場，而是羅自己的問題」。[33]

在英國，南海公司的股票則隨著其他很多股票同時下跌，其中包括所謂的泡沫公司，可能多達 190 家（成立時間都在 1719 年到 1720 年之間）。這次的股市下跌，也是因為英國國會當年 6 月通過〈泡沫法案〉（Bubble Act），禁止了未獲得授權的公司組織，並於 1720 年 8 月 18 日開始執行。當時很多股票都是用保證金買入，只預付了股價的一小部分金額，而股價下跌會導致很多

人被要求追加保證金，因此就有人強制賣出清算，導致股票面對更大的下跌壓力。

根據賈博所言，這三場傳說中的早期泡沫有一項共通之處，那就是當初的價格上漲，其實有一些基本面的理由。即使在現代，很多商業模式前景看好的公司，股價表現也不太好，但這不表示這些公司的投資人的行為就不理性。我們在本書之後會看到，與泡沫有關的辯證仍在持續。[34]

 早期的分散投資

雖然一直到 20 世紀中葉才出現現代投資組合理論，但 18 世紀末的人早已掌握了分散投資的益處。一開始是財政大臣向法國國王路易十六所提的建議，後者希望批准法國參與美國獨立戰爭，但又不想增加法國納稅人的負擔，因此，財政大臣安排了幾椿貸款，向民間投資人伸手，政府會以終身年金的形式來償付這些貸款，不過做了一點變化：債權人可以決定發放年金是以誰的生命為標準，只要此人還活者，債權人就會收到年金支付款。其中有一項條款規定，債權人每兩年要把此人帶到法國的主管機關，以驗證此人還活著。以現代的眼光來看，以年輕人為基準的年金價值顯然比較高，因此價格較昂貴，但法國政府約在 1757

年放棄年齡分級，所有年金的定價都回歸到均一價。起初的衝擊微乎其微，因爲多數購買終身年金的人都是成人，他們是根據自己、配偶或僕人的生命來買年金。然而，沒過多久，聰明的瑞士銀行家就想出戰勝系統規則的方法。

1771 年誕生了一套投資方案，稱爲「來自日內瓦的三十位小女子」（Trente demoiselles de Geneve），幾家日內瓦的銀行以法國政府發行的終身年金池爲代表標的，發展出投資信託。銀行列出一張精挑細選出來的日內瓦小女孩名單，把這些女孩列爲終身年金的對象，她們多半都是五歲到十歲，而且都在出過天花之後活了下來。多數的年金池裡有三十個小女孩，這也正是方案名稱「三十位小女子」的由來。這些小女孩也被稱爲「不死之人」，在社群中就像是搖滾明星一樣，因爲有大筆財富懸在她們的性命之上。日內瓦各行各業的人都在投資這套方案，預估有九成的日內瓦財富都以海外資金的形式買入這些年金。銀行又把這些年金池拆分出售給投資人，就像是現代的房貸證券化（2007 年至2009 年釀成金融危機的主因）一樣。一切本來都很順利，直到法國財政部意外破產，拖慢支付年金款項的速度，成千上萬的投資人也因此虧損。

在今天，一講到分散證券，我們想到的通常是共同基金。史上第一檔共同基金叫做「團結就是力量」（Eendragt Maakt Magt），距今已有好幾百年的歷史，是在 1774 年由一位名叫亞伯拉罕‧馮凱特維賀（Abraham Van Ketwich）的阿姆斯特丹經

紀人所發起；所取得的基金投資於海外政府公債、銀行債券，
並提供貸款給西印度的大型農場。這檔基金承諾發放 4％的股
利，預定 25 年後清算並返還利得。2,000 個發行申購名額全數售
罄，也出現了次級市場，供想要出售所申購股份的人進行交易。
這項投資工具近似於現代的封閉式共同基金（closed-end mutual
fund），一如現代的共同基金，公開說明書裡也列出了可能的投
資類別，這些條文具體說明基金隨時都要分散投資 20 種投資類
別，每一種至少要包含 20 到 25 種證券。

　　在最初的成功之後，1779 年，馮凱特維賀引進第二檔共同基
金，名爲「團結弱小實現強大」（Concordia Res Parvae Crescunt）。[35]
它和第一檔基金很類似，主要差別是這檔基金的投資政策更自
由，僅規定基金要投資於「穩健的證券、根據其價格下跌看來
值得投機的證券、可用低於其內在價值買進的證券⋯⋯我們有
充分理由可以期待從中賺得重大利益」。這套策略聽起來很像
今天的價值投資法，所倡導的先驅爲班傑明‧葛拉漢（Benjamin
Graham）和他最有名的門徒華倫‧巴菲特。

　　這些投資信託和封閉式基金最後傳播到荷蘭之外，1868 年時
先傳到倫敦，1890 年代則來到美國，最終發展出一種新的投資概
念。1924 年，美國出現第一檔開放型共同基金（open-end mutual
fund）：麻州投資人信託（Massachusetts Investors Trust）。[36] 這
種開放基金，可用標的證券的公平價格持續發行與贖回股份。
很巧的是，25 年後，《財富》（Fortune）雜誌裡一篇以麻州投資

人信託爲專題的文章，吸引了一位年輕普林斯頓大學生的注意，他就是未來將會革新共同基金的約翰‧柏格；本書之後談到柏格的那一章會再詳談。

20 世紀的投資科學

人從事投資這門**藝術**已經有幾百年的歷史，但投資的科學卻完全是現代的發明，是結合了貨幣和數學的結晶。由於吉羅拉莫‧卡爾達諾（Girolamo Cardano）在 1565 年寫出了知名的小冊子《賭博遊戲之書》（*Liber de Ludo Aleae*），因此我們知道 1500 年代就已經出現了博弈的數學模型，但是，一直要到 1900 年代才建構出嚴謹的投資理論。

1929 年股市崩盤，隨之而來的經濟大蕭條雖然不幸，卻營造出極爲理想的環境，孕育出四大投資學術專論。從 1930 年到 1939 年，有 1930 年出版的爾文‧費雪（Irving Fisher）的《利率理論，取決於花費收入時的不耐煩與投資收入的機會》（*The Theory of Interest, as Determined by Impatience to Spend Income and Opportunity to Invest It*）、1936 年約翰‧梅納德‧凱因斯（John Maynard Keynes）的《就業、利息和貨幣的一般理論》（*The General Theory of Employment, Interest, and Money*）、1938 年約翰‧

布爾・威廉斯（John Burr Williams）的《投資價值理論》（*The Theory of Investment Value*），以及 1939 年約翰・希克斯（John Hicks）的《價值與資本：經濟理論的若干基本原則之探究》（*Value and Capital: An Inquiry into Some Fundamental Principles of Economic Theory*）。這些大部頭的著作主要是給經濟學家讀的，對於投資業的影響微乎其微，更不用說是散戶投資人了。事實上，就在 1929 年 10 月股市崩盤的前三天，費雪曾說過股市已經來到「長期的高原區」，此話如今已成臭名遠播的名言，實在不太能提升金融經濟學家在實務界的聲譽。

　　然而，即使以現代的眼光來看，1930 年代的投資理論都堪稱非常精密，也納入了許多新概念，例如淨現值、股利折價模型、套利定價等，後來更導引出著名的莫迪里安尼─米勒定理（Modigliani-Miller theorem），即資本結構無關論。其中，最精密或說企圖心最宏大的莫過於凱因斯的《就業、利息和貨幣的一般理論》，此書試圖將投資理論整合到總體經濟政策中，一直到 20 世紀末都是多數央行的使用者手冊。然而，說到描述金融市場的行為，就連凱因斯都得投降：他把股市比擬為選美比賽，把價格變動歸因於「動物本能」（animal spirits）。

　　儘管如此，身為投資人的凱因斯表現十分出色。他從 1921 年開始管理母校劍橋大學的捐贈基金，直到 1946 年過世為止。大衛・錢伯斯（David Chambers）、艾羅伊・丁森（Elroy Dimson）和賈斯汀・符（Justin Foo）等人近期做了一項研究，煞費苦心地

重新建構出凱因斯投資組合的報酬。[37] 從 1921 年 8 月到 1946 年 8 月，由凱因斯代操的投資組合年複合報酬率為 14.41%，相較之下，同期間英國股市指數的等權重報酬率為 8.96%。不過，錢伯斯和丁森發現另一件事遠比凱因斯的整體績效更值得注意：凱因斯在 1932 年的投資手法有明顯進步。從 1921 年到 1931 年，他的年複合報酬率僅有 8.06%，僅比英國股市指數的等權重報酬率 6.67% 稍好一點，但從 1931 年到 1946 年，凱因斯創造出的年報酬率高達 18.84%，遠高於這 15 年期間英國股市指數的等權重報酬率 10.52%。他做了什麼改變？

根據錢伯斯和丁森所言，凱因斯發現了長期投資的益處，一改他的投資哲學，從由上而下的宏觀交易風格，變成由下而上的基本面選股價值型投資人風格。投資組合策略出現如此驚人的改變，無疑是因為凱因斯在擔任劍橋大學捐贈基金財務主管前半任期的報酬率讓他失望所致。當他改變對於金本位的立場而備受抨擊，據說他的回答是：「先生，當事實改變了，我就改變心意。請問您會怎麼做？」[38] 這句話同樣也能適用於他的投資理論。

遺憾的是，這些心得都沒有納入凱因斯的《就業、利息和貨幣的一般理論》或是他之後所寫的其他論述中，因此，除了劍橋大學及其心滿意足的校友之外，少有其他人從凱因斯身為投資人的生涯中養成的洞見受益。雖然凱因斯大大衝擊總體經濟學與政府政策，但在投資上的影響力卻意外有限，即使他身為投資人的成就超越所有人的預期。給人一條魚，你可以餵飽他一天，教他

釣魚，則可以餵飽他一世。凱因斯給了劍橋大學很多魚，但等到
1946年他過世時，他也把釣竿和釣線一起收起來了。

1952年，這樣的情勢出現了永久性的變化。

哈利·馬可維茲與
投資組合選擇

　　「別把所有雞蛋放在同一個籃子裡」這句話耳熟能詳，一般認為是 17 世紀時開始流傳，但分散的概念至少可以追溯到莎士比亞的作品，甚至在聖經裡也找得到。現在人們普遍認為應該要打造一個分散得宜的投資組合，而不是僅根據樂觀的前景投資一些個股；但這並不是一直都有的觀念。提出分散投資的觀念與做法的人，就是哈利．馬可維茲，他推動並創造出投資組合管理的產業。馬可維茲回憶道，他在 1952 年刊出經典論文〈投資組合選擇〉（Portfolio Selection）之前，並無「相關概念，沒想過應該要有一套理論去談哪些因素可構成一個分散得宜的投資組合，以及風險和報酬之間有哪些取捨。人類走這麼遠才到這一步，讓我還有機會去發掘其中奧祕，真是令人意外。」[1] 世界各地在尋找完美投資組合的投資人，每一個都應該讚賞他的發現。

 ## 馬可維茲的問題

　　年輕的馬可維茲心裡縈繞著一個疑問，因緣際會之下找到了解決方案，讓他永遠改變了投資世界。不過，一開始先讓我們來談一下導引出 1950 年那個命定之日的背景環境。[2]

　　馬可維茲於 1927 年生於芝加哥，成長於中產階級社區裡一棟舒適的公寓裡，距離市中心有九英里遠，對於讓千百萬美國人

民受罪吃苦的大蕭條完全無感。就像他說的：「我是獨子，有自己的房間，用自己的收音機聽古典音樂，自己做功課。」[3] 他的父母擁有一家雜貨店，隔壁是一間肉舖。「我們從不缺食物。如果我們賣的青豆還剩下很多，就有青豆可吃。」[4] 一個開雜貨店的家庭住在肉舖旁邊，代表著「我們有肉吃，他們有菜吃」。[5] 馬可維茲的成長時光無憂無慮，他打棒球、奪旗式美式足球（tag football），也下西洋棋，還在高中交響樂團裡拉小提琴。他是某個全國性業餘解碼專家俱樂部的會員；他愛好閱讀，很快就從一本十美分的冒險漫畫雜誌《魅影奇俠》（*The Shadow*）雙月刊進展到達爾文的經典《物種起源》（*The Origin of Species*）。馬可維茲非常欽佩達爾文論證時的簡潔俐落、條理分明。

　　馬可維茲年少時熱愛物理學，尤其鍾情於太空科學。他在高中時讀了很多偉大哲學家的原著，包括大衛・休謨（David Hume）的《人性論》（*A Treatise of Human Nature*），這些書通常都是從芝加哥市中心有點陳舊霉味的可愛二手書店買來的。休謨是馬可維茲最愛的哲學家，很多刺激思考的邏輯主張都深深打動了他，比方說，休謨主張，就算一顆球落下一千次都落在地面上，也不足以證明第一千零一次的時候會發生同樣的事。

　　馬可維茲進了家鄉的大學——芝加哥大學，讀完兩年制的哲學學士學位，也在這裡攻讀碩士。根據他的入學考試成績，他可以免修物理學的相關課程。芝加哥大學開設了多種概論課，強調閱讀原典；修習這些課程是取得學士學位的必要條件。馬可維茲

讀完相關課程之後,就到了要選定領域或科系、更上一層樓的時候了,如今他的心思早已不在物理學。他熱愛數學,在概論課程中也讀了一些社會科學的內容,最後他決定選擇經濟學。

經濟學的理論架構與應用吸引了馬可維茲。閱讀休謨的著作,激起他對哲學性問題的興趣,比如「我們知道什麼?」和「我們怎麼知道?」以及圍繞在這些問題周圍的不確定性。也因此,馬可維茲投入與不確定性相關的經濟學,特別是約翰‧馮紐曼(John von Neumann)和奧斯卡‧摩根史坦(Oskar Morgenstern)發展出來的賽局理論與效用理論;接著,他也開始研究由芝加哥大學自家人倫納德‧吉米‧薩維奇(Leonard Jimmie Savage)發展出來的主觀機率。「預期效用理論」,是經濟學用以理解人這一生如何根據自己對於消費和儲蓄的偏好來做決策的架構,也就是:人會在何時想要消費或儲蓄多少?薩維奇對此提出巧妙的自證式論點,說明當一個人需要在不確定的條件下做出經濟性決策時,會根據這套規則行動,利用主觀上相信的機率來追求最大預期效用。薩維奇說服了很多人(包括馬可維茲),在客觀機率不存在的環境下,理性的決策者會運用這套信念來追求最高預期效用。換言之,在沒有客觀可循的時候,以個人的主觀信念取而代之,是合理的行為。馬可維茲後來說,他最感激休謨、馮紐曼和薩維奇等三人,讓他在知識上受益匪淺且無以回報:「我就是站在他們的肩膀上。」[6]

除了薩維奇之外,米爾頓‧傅利曼(Milton Friedman)、

提亞林‧庫普門斯（Tjalling Koopmans）和雅各‧馬少克（Jacob Marschak）等幾位也是馬可維茲很喜愛的芝加哥大學傑出教授。傅利曼在 1946 年來到芝加哥大學教導經濟學理論，此地於往後 30 年成為他知識上的故鄉。日後，他於 1976 年贏得諾貝爾經濟學獎。[7] 薩維奇也在 1946 年來到芝加哥大學，1948 年與傅利曼一同發表知名文章〈涉及風險之選擇的效用分析〉（The Utility Analysis of Choices Involving Risk）。[8] 傅利曼後來說薩維奇是「我所認識的人當中，我會毫不遲疑地稱作天才的少數幾個人。」[9]

1944 年，經濟學家庫普門斯加入考爾斯經濟學研究委員會（Cowles Commission for Research in Economics），之後在經濟學家馬少克的邀請之下和芝加哥大學合作；而馬少克早在委員會主席、芝加哥報社繼承人暨經濟學家阿佛瑞德‧考爾斯三世（Alfred Cowles III）的哄勸之下加入委員會。庫普門斯說，這「開啟了一段和馬少克密切互動、合作且培養出個人情誼的漫長時光，馬少克是一位溫和、聰明且機智的學者，他精挑細選成員，而且真正以開放的風格對待工作和進行討論，營造出少有的研究環境。」[10] 庫普門斯後來於 1975 年拿到諾貝爾經濟學獎；1948 年，他接下馬少克的位置，成為考爾斯委員會的研究主任。馬少克有諸多重大貢獻，其中之一是一篇深富影響力的論文，他改寫了馮紐曼和摩根史坦的效用概念，讓他的經濟學家同僚更容易閱讀。[11]

1950 年，馬可維茲正在芝加哥大學攻讀博士學位，就像多數的博士生一樣，他來到一個必須挑選博士論文主題的階段，而

馬可維茲的問題也就像多數的博士生一樣：他不知道要選什麼題
目。馬可維茲前去徵詢他的博士論文指導教授馬少克，進門時，
馬少克正在忙，因此他在前廳等著。凡事皆命中注定，正在等待
的不只馬可維茲一個人，前廳還有另一個人在等馬少克——是一
名股票經紀人；他們聊了一下馬可維茲可以寫的論文題目，一直
到馬少克有空見馬可維茲，請他進辦公室。[12] 討論當中，馬可維
茲對馬少克說：「外面那位先生說我應該寫一篇和股市相關的論
文，您認為呢？」在命定的這一天，就因為在前廳碰到一名陌生
人，馬可維茲即將踏上一條命定之路，後來，這讓他以現代投資
組合理論奠基者的角色拿下諾貝爾經濟學獎。日後他很開心地承
認，這是股票經紀人給過他最好的建議。[13]

午後樂事——全世界第一個效率前緣

在這番巧遇以及和導師討論之後，馬可維茲決定以「把數學
和統計技巧應用到股市」為題來寫論文。[14] 諷刺的是，身為一個
沒有餘錢可投資的學生，馬可維茲全無投資經驗。「我完全不懂
（投資）到底是怎麼一回事，我只是要寫論文而已，有人建議我
以股市為題，事情就這樣一件接著一件發生……那時的重點是拿
到學位。」[15] 當時，馬可維茲受邀成為考爾斯經濟學研究委員會

的學生會員與研究員，馬少克認爲馬可維茲的論文題目是很有價值的一條研究路線，阿佛瑞德・考爾斯本人也對這樣的應用很感興趣。

阿佛瑞德・考爾斯三世在 1932 年於科羅拉多泉市成立考爾斯委員會，1939 年遷至芝加哥，和芝加哥大學合作到 1955 年，然後又搬到耶魯大學。[16] 考爾斯是一家投資顧問公司的總裁，提供投資預測是該公司的服務項目之一。他很樂於拿自己的預測值和其他公司做比較，以判定遵循他的建議的投資人績效如何。股市在 1929 年崩盤，之後很長一段時間，股價也持續下滑；考爾斯認爲多數預測者在談市場未來前景時都只是用猜的，他也因此在 1931 年終止了預測服務。他決定針對股市報酬發動一套系統性的調查，這回過頭來又刺激他對基本經濟學研究產生了興趣，他也因此提供財務上的支持以創辦委員會，最初的預算是 12,000 美元。考爾斯委員會以引領經濟思潮而聞名，更造就了多到讓人難以置信的諾貝爾獎得主：肯尼斯・阿羅（Kenneth Arrow）、提亞林・庫普門斯、米爾頓・傅利曼、司馬賀（Herbert Simon）、勞倫斯・克萊恩（Lawrence Klein）、詹姆士・托賓、傑拉德・德布魯（Gerard Debreu）、法蘭科・莫迪里安尼（Franco Modigliani），當然，還有哈利・馬可維茲。「如果你算一下有多少個諾貝爾獎被頒給曾待過考爾斯委員會的人……你可能會說：『喔，這一定是個大機構，生產出幾千份的論文，而其中有百分之二的人能拿到諾貝爾獎。』」（事實上）這裡幾乎是每個

人都可以拿到諾貝爾獎，我這樣說是比較誇張啦。芝加哥大學拿
到諾貝爾經濟學獎的密集度確實高於任何其他大學……當你踏出
電梯，右邊是米爾頓‧傅利曼，左邊是考爾斯委員會，而我相信
這是故意安排的，左邊拿到的諾貝爾獎，遠比右邊的多。」[17] 然
而，當時馬可維茲用較樸素的詞彙來描述考爾斯委員會，說這是
一個「小型但激勵人心的團體」，領軍的是主任庫普門斯，前主
任則是馬少克。[18]「我在因緣際會間闖進了經濟學，而我甚至是
在因緣際會間在芝加哥大學闖進了經濟學，當時我完全不知道自
己將參與未來能敲下諾貝爾獎的大事業。」[19]

　　馬少克給了馬可維茲一份考爾斯 1932 年的預測報告，以及
1938 年一份談股市歷史的專論，讓他當成寫論文的背景資料。[20]
之後，馬少克把他推薦給商學院院長馬歇爾‧凱徹姆（Marshall
Ketchum），請後者為他列出建議閱讀資料的清單。馬可維茲
雖然上過庫普門斯的統計學和線性規劃，但他從來沒有修過金
融相關的課程；凱徹姆建議他去讀班傑明‧葛拉漢與大衛‧多
德（David Dodd）合著、此時已成經典的《證券分析》（*Security
Analysis*），[21] 還有亞瑟‧維森博格（Arthur Wiesenberger）所做
的投資公司調查 [22] 提供的產業背景資訊，也推薦了另一本如今較
不知名的經典：約翰‧布爾‧威廉斯的《投資價值理論》。[23]

　　威廉斯在書裡提到投資是新興的經濟學次學科，而這門學
問的對象是「明智的投資人和專業的投資分析師」。他的許多
概念，如今聽來仍十分跟得上時代，比方說他將「投資價值」

（即我們現在常說的內在價值〔intrinsic value〕或公平價值〔fair value〕）定義爲未來股利的現值，這也正是我們現在所說的股利折現模型。[24] 本質上，威廉斯主張買進賣價低於投資價值的股票，以此避免純投機。這本書仰賴數學方法，指出「這是一種具有強大力量的新工具，運用這種方法有望引領投資分析顯著進步。」由於這本書在數學上相當嚴謹，於當時非常少見，你可以想像馬可維茲對此書之著迷。

　　彼得‧柏恩斯坦（Peter Bernstein）是知名的資產管理經理人，也寫過包括上乘佳作《投資革命》（*Capital Ideas*）[25] 等多本好書，他讓我們得以一覽 1950 年代初的股票投資。當時，1929 年股市崩盤與大蕭條留下的不愉快回憶仍在，股價仍低於 1929 年高峰時的水準，因此，「在明智投資人的圈子裡，宣稱股票是正當投資，令人再心虛不過。」[26] 法規限制股票投資不得超過個人信託與資產的 50％；僅 6％ 左右的美國人持有股票。爲了補償一般人認知上的風險，很多績效最好的股票的股利殖利率比儲蓄存款帳戶的利率高了三倍以上。經歷了幾次沸沸揚揚的事件後，股市在大眾心目中與不當的金融行爲幾乎是同一回事；人們認爲股市是「投機客的遊戲場」。馬可維茲回想起柏恩斯坦有一次在投資研討會上的評論：「『你們可不知道 1950 年代之前的投資流程是怎麼樣的。』……他說，人們會圍坐在桌旁，某人認爲某個產業會漲、某個產業會跌，大家想辦法要說服委員會哪個產業最好，就像一群外行人。」[27] 所以，當馬可維茲開始構思論文

時，雖然有一些研究專門著眼於證券分析與挑選個股，也有一些
與投資相關的熱門教學書籍和文章，但卻沒有太多學術界的人對
投資組合管理領域感興趣，這也就不讓人意外了。

　　1950 年某天下午，馬可維茲正在芝加哥大學商學院圖書館
研究他最近選定的論文主題，這時他得到了天啟（epiphany）。[28]
精讀威廉斯的著作時，他注意到威廉斯隱隱認定股票之間的風
險互不相關。「（股票劇烈波動）從 1929 年的高點一路下跌，
至 1933 年落到谷底，而且是所有的股票一同墜入深淵，一位金
融專家在 1937 年寫作時怎麼會認為個股報酬彼此不相關呢？」[29]
擊中馬可維茲的念頭是，如果投資人僅在意某一檔股票的預期
價值，那麼，繼續推演下去，這位投資人應僅在意整個股票投資
組合的預期價值；然而，馬可維茲很快就看出，依照邏輯推演，
這套方法最後得出的結論會是投資人的投資組合裡應該僅有一檔
股票：預期報酬率最高的那一檔。馬可維茲知道，這不可能是
對的。

　　馬可維茲注意到，維森博格的調查指出很多投資人關注分散
投資，並透過共同基金投資。常識有云，不該把所有雞蛋都放在
同一個籃子裡；把所有資金拿去投資單一檔股票，風險很高，而
馬可維茲感覺到，威廉斯的分析裡就缺少了這塊，也就是整體投
資組合風險的概念。馬可維茲在烏斯彭斯基（J. V. Uspensky）的
《數學機率簡介》（*Introduction to Mathematical Probability*）[30] 一
書中尋得解決方案，裡面有條公式可以用來衡量股票投資組合的

整體風險。以投資組合而言，重點不只是個別股票的風險，而是不同的股票相對於彼此來說是上漲或下跌、幅度多大。「我最重大的見解是，你必須考量相關性，」馬可維茲回憶道，「這是我事業生涯中第一個『啊哈』的頓悟時刻……有些人問我：『你知不知道自己會得諾貝爾獎？』我說不知道，但我認爲我可以拿到博士學位。」[31]

如果你喜歡數學、修過高中數學或是單純想要了解其運作原理，請看以下的投資組合風險公式重點，並領會爲何發現這條公式會讓馬可維茲興奮不已（劇透警告：不是所有公式都像 $E = mc^2$ 這麼簡約優美）。我們在此盡量簡化，想像你的投資組合裡僅有兩檔股票：ABC 股和 XYZ 股。你投入各檔股票的權重分別爲 wABC 和 wXYZ，比方說，40%的資金投資 ABC 股、60%的資金投資 XYZ 股（實際數值是多少，在範例中並不重要，只要相加之後等於百分之百即可）。我們的目標是要估計，相較於**僅持有** ABC 或 XYZ，你的**投資組合**風險或波動性會有多高。

爲了達成目標，首先要估計五個數字，這是要輸入公式中的五個不同參數：持有 ABC 的預期報酬率、持有 XYZ 的預期報酬率、僅持有 ABC 的波動性或風險有多高、僅持有 XYZ 的波動性或風險有多高，以及 ABC 報酬的變化和 XYZ 報酬有何相關性。

前兩項輸入參數是這兩檔股票的預期報酬率，接下來兩個輸入參數則是各自的變異數（variance，簡稱 Var），最後一個輸入參數則是 ABC 報酬率和 XYZ 報酬率的相關性（correlation，

簡稱 Corr）。另一種相關的方法也能用來衡量股票的波動性，每一個數學家都可以告訴你（但你可能會因為問他們這個問題而後悔），利用標準差（standard deviation，簡稱 SD）就能做到，標準差就是變異數的平方根：$SD = \sqrt{Var}$。利用最後這一項資訊，就能得出範例中這個由兩檔股票組成的投資組合風險／變異數的公式：[32]

$$Var_{投資組合} = w^2_{ABC} \times Var_{ABC} + w^2_{XYZ} \times Var_{XYZ}$$
$$+ 2 \times w_{ABC} \times w_{XYZ} \times Corr_{ABC,XYZ} \times SD_{ABC} \times SD_{XYZ},$$

而，$SD_{投資組合} = \sqrt{Var_{投資組合}}$。

利用數學（或者直接相信我們就好！），你可以找出這條公式裡隱含的洞見：幾乎在每一種情況下，整體投資組合的風險，都會**小於**每一檔個股風險指標的加權平均值。從數學上來看，$SD_{投資組合} < (w_{ABC} \times SD_{ABC} + w_{XYZ} \times SD_{XYZ})$。至於什麼情況例外？假設一個投資組合裡僅有兩檔股票，例如埃克森美孚（ExxonMobil）和雪佛龍（Chevron），並假設這兩檔股票的變動完全**亦步亦趨**。[33] 我們再假設，兩檔股票的預期年報酬率都是 10%、報酬的波動幅度都是 30%（報酬的波動度以報酬的標準差來代表）。一檔風險與報酬呈現這種狀況的股票，報酬率約有三分之二的時間介於加減一個標準差的區間內，以本例來說，報酬率約為－ 20%

或＋40％。[34] 在這個由兩檔股票組成的投資組合中，即使單獨持有埃克森美孚或雪佛龍，風險也和同時投資兩檔股票相同；換言之，這當中並沒有分散投資的益處。

現在，假設持有的是埃克森美孚加上達美航空（Delta Air Lines），或是任何兩檔報酬變動不同步的股票。油價上漲，對埃克森美孚來說是好事，但對達美航空來說是壞事，因此這兩檔股票為負相關。在這個範例中，整體投資組合的波動幅度會小於兩檔股票各自的平均波動幅度，這是因為，就像馬可維茲發現的，相關性很重要，而這也正是威廉斯忽略的重點。

在修習庫普門斯的作業分析（activity analysis）課程時，馬可維茲接觸到線性規劃的概念；庫普門斯是這套技術的共同開發者。[35] 線性規劃這種方法，可用來決定特定模型的最佳結果，在涉及取捨的模型中特別好用。庫普門斯要班上同學舉出一個資源分配的問題，然後判斷是否適合用線性規劃來解決這個問題。[36] 馬可維茲舉的例子，是投資人在追求高報酬的同時也試著緩和風險，但他得出的結論認為線性規劃並不適用這種情況。他這份作業得到「A」的成績，但庫普門斯鼓勵他無論如何都要試著解出這個問題，而這給了馬可維茲更多動力去研究他的論文主題。

就在馬可維茲於商學院圖書館讀到威廉斯著作的那天，他畫出了一張簡單的圖表。他要處理的是兩個變量：預期報酬與風險；因此，他把股票報酬率放在橫軸、風險放在縱軸，開始建構他的第一批投資組合。[37] 庫普門斯在線性規劃的課堂上區分出有

效率與無效率的生產活動組合：有效率的概念是，若你不放棄一點別的東西，就不能得到更多，這正是典型的取捨。馬可維茲將自己建構出來的各個股票投資組合分門別類，有些報酬與風險組合的效率頗高，有些組合的效率則很低。那些有效率的風險性股票組合，後來合稱爲效率前緣（efficient frontier）。馬可維茲就此找到了現代投資組合理論的基礎。

在某天下午靈光乍現的天啟，導引馬可維茲提案以投資組合選擇作爲論文題目。他的提案通過了，最後成爲他的第一篇重要作品。日後，馬可維茲把自己畫出來的簡單圖表稱爲「全世界第一個效率前緣」。[38]

 ## 投資組合選擇：馬可維茲的那篇論文

1952 年 3 月，距離馬可維茲拿到博士學位還有兩年，美國財務學會（American Finance Association）的出版品《金融期刊》（*Journal of Finance*）登載了他的研究。[39] 當時，金融是相對新穎的經濟學分支，這份期刊也是 1946 年才創刊的。對照之下，美國經濟學會（American Economic Association）的主期刊《美國經濟評論》（*American Economic Review*），早在 1911 年就開始出刊了。[40]

　　如今已過了約 70 年，當時馬可維茲的那篇文章與《金融期刊》近期刊出的文章可說是迥然不同。文章的標題〈投資組合選擇〉簡單扼要；此文章只有單一作者，而現今較常見的做法是多人合著。馬可維茲當時所屬單位是加州聖塔莫尼卡的非營利性政策智庫蘭德公司（RAND Corporation），不像現在，論文作者所屬單位多半是大學。這篇文章相當簡潔，正文 11 頁外加 4 頁的圖表，也只參考了三項先前的研究和書籍，而現在的標準規格是參考資料動輒上看 50 項論文及書籍。然而，有一點是當時很少見、但如今很普遍的做法，那就是文中使用了大量的數學公式。

　　馬可維茲在文章開頭先說明，在選擇投資組合時應採行的兩階段流程。有意思的是，他一開始根本沒有提到投資組合的構成（例如是股票或債券），而是在文章稍後才說到**證券**（security），也就是今日所謂的普通股投資。流程中的第一階段，談的是投資人應如何得出對未來績效的看法，比如股票的預期報酬率。第二階段是這份研究的焦點所在，從以上的預期開始，最後導引到股票投資組合的選擇。第一階段在本質上是一種量化的證券分析方法，馬可維茲表示「那又是另一門大學問……而我只是略知皮毛而已」，也因此在當下的研究中並沒有進行檢驗。[41] 他口中的「另一門大學問」，預告了量化投資策略即將壯大。

　　馬可維茲以威廉斯的《投資價值理論》為例，作為投資人在選擇投資組合時可能會遵循的方法之一，他進行了詳盡的批判。威廉斯建議「投資人應追求最高的折現預期報酬」；且讓我們進

一步檢視這句話。假設一名投資人買進一檔會支付股利的股票，並假設他打算持有十年。這位投資人需要判斷未來十年公司會支付的預期股利是多少，也需要預測十年後可以用多少價格出售股票。透過計算金錢的時間價值（這個概念是，一年後收到的一塊錢，價值低於今天收到的一塊錢），就可以將預期的現金流折現到目前，定出公平的價格。

另一種方法是，如果將未來的出售價格設定成一個既定值，投資人就能算出隱含報酬率，亦即今日所說的**內部報酬率**。舉例來說，如果今天用 20 美元買一檔股票，預計一年後能收到 1 美元股利，之後可以很快用 22 美元的價格賣掉，隱含的報酬率就是 15%（即 2 美元的資本利得加上 1 美元股利；投資 20 美元，賺得的總報酬為 3 美元）。若要算出持有一檔股票一年以上的報酬，數學上當然比這複雜許多，但原理是一樣的。

馬可維茲運用一些基本數學就能說明，如果投資人在意的僅是追求最高的預期報酬，那麼就該投入所有資金，買進單一檔預期報酬最高的股票。假如多檔股票都能提供相等的最高報酬率，那麼不管投資哪一檔，都和投資其他股票的效果一樣好。馬可維茲假設投資人不得**做空**（short）股票；常見的做空是借來你並未擁有的股票並賣掉，寄望能在稍後以較低的價格買回，從中賺得利潤。但如果可以做空，那投資人就能投入無限資金，買進預期報酬最高的股票。在這種情境下（僅追求最高預期報酬），

分散投資完全無用武之地。馬可維茲很快就否決了這樣的規則，認爲這不能當成解釋行爲的假說（現實世界中並沒有看到上述策略），也無法導引投資人的行動。

　　馬可維茲推薦另一套方法。他認爲，投資人會同時在意賺得高報酬的喜悅**以及**報酬出現變異的不討喜。就像之前提到的，變異數是一種統計值，用來掌握報酬的變化程度，或者更精準的說法是，用來描述單一年度報酬值偏離多年平均報酬值的程度，這個數值和標準差有著密切關係。實務上可以用變異數來捕捉股票表現的風險。假設一檔 A 股票過去五年每年的報酬率都維持在 10%，那麼其變異數（與標準差）就是零。假設有另一檔 B 股，這段期間的平均報酬率同爲 10%，但在過去五年每年的報酬率分別爲 16%、－ 9%、14%、6%、23%。雖然 A 股與 B 股的平均報酬率相同，但 B 股的變異性高多了。

　　要如何量化這兩檔股票的差異？在每一段期間，B 股報酬率與平均報酬率 10% 的差值分別爲 6%、－ 19%、4%、－ 4%、13%。若要計算 B 股的變異數，我們要算出這些差值、把差值平方（以確保所有數值都是正數）、把平方後的差值相加，然後再除以總年數。最後得出的數字，就是變異數的數值：B 股每年偏離平均報酬率的差值較大，代表變異數比較大。得出變異數的平方根後，就得到標準化後的差值，也就是標準差，以百分比表示，在本例中，標準差爲 12.2%。若要在 A 股與 B 股之間做選

擇，投資人會選A股。這兩檔股票的預期報酬率相同，但A股報
酬的變異數比較小（因此標準差也較小）。

上述案例意味著我們或許可檢視股票的歷史績效，以估計其
預期報酬率和變異數。雖然馬可維茲確實指出，投資人可把考慮
股票過去的績效當成起點，之後再設法「納入更多資訊」，但他
很謹慎地處理這個議題。[42] 他這篇論文的重點並非我們應該選A
股還是B股，而是在廣大的股海中應如何決定要選擇哪些股票**投
資組合**。

馬可維茲為讀者畫出一張很簡單的圖表，捕捉了投資人的本
質──尋求高預期報酬，同時又想壓低報酬的變異性。圖表中的
垂直軸是預期報酬，水平軸則是報酬的變異性。[43] 正在選擇投資
組合的投資人，會去找變異性最低（在水平軸上愈偏左方愈好）
與預期報酬率最高（垂直軸上愈偏高處愈好）之處，如圖2-1。

馬可維茲接著寫出簡單的數學式，以決定前述的證券**投資組
合**的預期報酬與變異數（或標準差）。他指出，任何投資組合，
最終的標準差實際上會**小於**各檔股票的加權平均標準差。這項數
學上的特質，相對降低了預期報酬的風險，從而創造出分散投資
的益處。分散投資的關鍵，是不同證券之間的相關性，亦即共變
異數（covariance）。

當投資組合裡的證券數目增加，計算變異數會變成一項大工
程，但馬可維茲的關鍵洞見是，在大型投資組合中，不同股票之
間的報酬的共變異數，比個別股票本身的報酬變異數更重要。舉

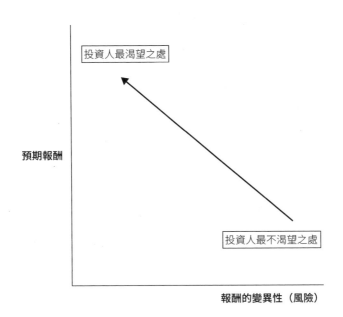

圖 2-1 預期報酬與風險。西北方的角落是投資人最渴望的地方。

例來說，假設有一個由兩檔股票組成的投資組合，在計算投資組合時，要把四個項目加總：兩檔股票各自的變異數、兩檔股票之間的兩個共變異數。在一個以三檔股票構成的投資組合中，則有三個變異數和六個共變異數。如果是 20 檔股票的投資組合，則有 20 個變異數，但仍會由 380 個共變異數所主導。[44] 只要投資組合裡的所有股票並非完全正相關，投資組合的標準差就會低於各檔股票的平均標準差。

　　馬可維茲的洞見得出的結果，是不同的股票結合起來（即任

意選定的兩檔股票投資組合、三檔股票投資組合,諸如此類),
可以組成他稱為「有效率」的特殊投資組合集合。這個效率集
合、或稱為效率前緣,如圖 2-2 所示。這個投資組合集合,優於
任何其他的個股投資與較沒有效率的投資組合。在以變異數衡量
的特定風險水準之下,每一個效率投資組合的預期報酬率都是最

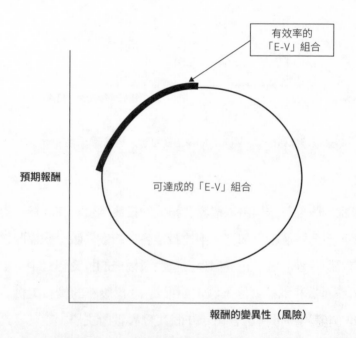

圖 2-2 效率前緣。不同的預期報酬和變異性(E-V)組合出各種可達成的投
      資組合,在這當中,「效率」投資組合在特定預期報酬率之下的風
      險最低,或者也可說,在特定風險水準之下的預期報酬最高。

高的，或者反過來說，在既定的預期報酬水準之下，這些組合的
風險最低。

　　馬可維茲提到「計算效率表面（efficient surface）可能有實
務上的用處。」[45] 現在回頭看，這句話可說是太輕描淡寫了；一
旦找出效率投資組合集合，投資人就大可根據自己設定的風險－
報酬組合，來指明偏好的投資組合。馬可維茲很快便指出，若要
應用在實務上，得先滿足兩個更廣泛的條件，第一，投資人必須
「根據 E-V 公理（E-V maxim）」行事。[46] 換言之，投資人必須認
為更高的預期報酬率是好事（E-V 公理中的 E），在此同時，也
認為更高的變異數（即變動性）是不好的事（E-V 公理中的 V）。
其次，投資人必須要能做出合理的預期報酬率和變異數（或標準
差）估計值。

　　馬可維茲也強調，分散投資的重點不僅是為了增加投資組
合中的證券數目，也必須要是出於正確的理由、尋找正確的分散
投資標的。他提出一個由 60 檔鐵路股組成的投資組合範例，說
明這是一種錯誤的分散投資方式，他更偏好的是包含「一些鐵路
股、一些公用事業股、礦業股、各種製造業等等」的投資組合。[47]
他的直覺是，特定產業內的股票多半會往同方向變動。這點再度
凸顯了考量股票間的共變異數、而非個股變異數的重要性。

　　馬可維茲也做出了重要的區分，把投資和投機行為分開。此
種劃分所隱含的概念是，投資著眼於長期，投機的本質是短期。
然而，馬可維茲也解釋，投機客關心的不僅是平均預期報酬（若

以統計術語來說，即所謂的**一次動差**〔first moment〕）或是報酬的變異數（所謂的**二次動差**〔second moment〕），他們也在乎報酬的偏態（skewness），這是機率分布的**三次動差**（third moment）。偏態，指的是報酬的分布在某種程度上會呈現偏向一側。舉例來說，如果一檔股票呈正偏態（positive skewness）、亦即右偏，代表這檔股票的報酬較常高於平均值；若為負偏態（negative skewness）、亦即左偏，報酬則偏向反方向。

　　馬可維茲提到，只在意預期報酬和變異數的投資人，絕對無法接受精算公平（actuarially fair）賭注，諸如獲利與損失金額相同且機率相等的擲硬幣賽局；但若是一個也會在乎報酬偏態的投資人，就可能會接受這類賭注。馬可維茲推想，他的「E-V」效率模型，最適合非賭徒性格的投資人。

 ## 哈利，你還有個問題沒回答

　　馬可維茲寫完論文之後，繼續在芝加哥大學修完博士學位，這段過程可不風平浪靜，反而充滿驚濤駭浪。[48] 當馬可維茲在加州的蘭德公司就職後，他在一趟前往華府的公差途中，停留於芝加哥，進行論文口試。「我還記得我降落在芝加哥中途國際機場

（Midway Airport）時自忖著，我很了解這個領域，就連米爾頓‧傅利曼也不會為難我。」如今回顧起來，這個念頭或許不太明智。

「開始口試約五分鐘後，」馬可維茲回憶道，「傅利曼就說：『嗯，哈利，我讀過了，我找不到數學上有任何錯誤，但這不是一篇經濟學的論文，我們無法基於一篇非屬經濟學的論文頒給你經濟學博士學位。』在接下來的一個半小時裡，他不斷重複這些話，我的掌心開始冒汗。在某個時刻，他說道：『你有個問題。這不是經濟學，不是數學，也不是企業管理。』馬少克教授則說：『這不是文學。』就這樣度過了約一個半小時，他們要我出去到大廳等候，再過了約五分鐘，馬少克出來對我說：『恭喜，馬可維茲博士。』」[49]

日後，傅利曼告訴馬可維茲，當時他完全沒有面臨**拿不到**博士學位的危機，然而，即使已經過了 50 年，傅利曼也堅守他的話中要旨，而這很可能是經濟學和之後新興的分支金融學之間的第一個重要區別。[50] 馬可維茲在 1990 年的諾貝爾獎演說結尾時提及，「說到（傅利曼）主張的價值，此時我非常願意退讓：在我進行論文口試時，投資組合理論並非經濟學的一部分，但現在是了。」[51]

幾乎被其他人搶先了？

　　學術界知名的金融歷史學家馬克・魯賓斯坦（Mark Rubin-stein），曾描述馬可維茲的論文中真正讓人意外的本質。「馬可維茲 1952 年的論文一直以來最讓我佩服之處，是這根本像天外飛來的一篇論文。」[52] 但有時只要基礎建設已穩固，偉大的概念就會從不同的源頭同時浮現，我們在接下來幾章中將再度看到這種情形。有很多人被尊為奠基某個新興領域的創始之父或之母，但有一些遠方表親、素昧平生的叔伯阿姨，甚至一出生就分離的手足，往往在之後跑出來分一些榮耀。以這件事來說，在後來所稱的現代投資組合理論中，至少有一部分早在 1940 年時就被一位義大利學者幾乎「搶先」（借用馬可維茲寬厚的原話）發表了，比起馬可維茲於《金融期刊》發表文章早了 12 年；1952 年也有一位英國人發表文章，只比馬可維茲晚了幾個月；馬可維茲自己的博士論文指導教授也寫過類似題目。

　　社會學家羅伯特・金・默頓（Robert K. Merton；第 7 章要談的主角便是其子羅伯特・寇克斯・默頓〔Robert C. Merton〕）創造了「馬太效應」（Matthew effect）一詞，參照馬太福音裡一則關於才能的知名寓言。這篇寓言講到，善用才能（古代錢幣）的好僕人得到獎賞，把才能埋藏於地下的愚僕則遭到懲罰。基本上，馬太效應要講的是富者愈富、貧者愈貧。[53] 默頓將之放入

社會學的脈絡當中,他要說明的現象是,即使做類似的工作,但知名的科學家通常比沒沒無聞的研究人員贏得更多功勞。這種現象是否適用於馬可維茲的研究及他之後得到的諾貝爾獎,有待商榷;不過馬可維茲確實不遺餘力地表彰其他學者的貢獻,例如布魯諾‧德芬內蒂(Bruno de Finetti)、安德魯‧唐納‧羅伊(A. D. Roy),當然也沒忘記自己的博士論文指導教授雅各‧馬少克。

　　德芬內蒂是一位義大利的統計學家,1927 年畢業於米蘭大學應用數學系,之後受聘於義大利中央統計研究所(Italian Central Statistical Institute),在此任職直到 1931 年,[54] 後來進入忠利保險公司(Assicurazioni Generali)擔任精算師。直到 1947 年,德芬內蒂才成為的里雅斯特大學的全職教授,在這之前,他接下各式各樣的學術性任務,藉以輔助他的研究。他被視為義大利 20 世紀最偉大的數學家之一,寫了超過 300 篇學術文章。[55] 據推測,他在任職精算師期間就寫下 1940 年這篇開創性的論文,之後又投入其他研究專案。[56]

　　然而,一直要到近期,英語圈的金融學界才知悉德芬內蒂在平均數－變異數分析領域的研究。有兩大社會性藩籬阻礙了英語圈經濟學家認識他的研究 :第一是語言的障礙,第二則是精算學與金融經濟學之間的知識障礙。有趣的是,德芬內蒂在主觀機率研究領域亦相當知名,1950 年,他接受倫納德‧吉米‧薩維奇的邀請,赴美參加一場大型研討會;兩人先前在義大利已見過面。[57] 儘管如此,1952 年馬可維茲的論文面世時,德芬內蒂於 1940 年

的研究卻無人聞問。

2006 年，德芬內蒂 1940 年的論文出了英譯版，馬可維茲撰寫了一篇評論，大方地將題目訂為〈德芬內蒂搶先馬可維茲〉（De Finetti Scoops Markowitz）。[58] 德芬內蒂研究的議題並非設定在股票投資組合當中，而是關於保險最適水準選擇的問題。德芬內蒂跟馬可維茲一樣使用相關風險，提出的基本上是相同的平均數－變異數分析，但他沒能解決問題，而且（根據馬可維茲所說）他針對解決方案所做的其中一個推測有誤。德芬內蒂的分析中，也包含我們現在稱為效率前緣的部分，不過馬可維茲也提到，1940 年的這篇論文在歷史上的重要性基本上是「零」。當時世人未能理解該研究的重要性，「並非因為這項研究是條死路，事實上，只因為這就是其歷史宿命。」[59]

另一篇文章則和馬可維茲在《金融期刊》上發表的文章關係更密切，此文以英語寫成，發表於 1952 年。馬可維茲於 1999 年回顧投資組合理論的發展時，大方承認「基於 1952 年以馬可維茲為名發表的那篇論文，我經常被稱為現代投資組合理論之父，但 1952 年羅伊的那篇論文也可以要求平分這份榮耀。」[60] 馬可維茲指的，就是 1952 年時任教於劍橋大學西尼薩克斯學院（Sidney Sussex College）的安德魯・唐納・羅伊。[61] 羅伊研讀數學與物理學，二次大戰期間在英國皇家砲兵團服役。羅伊後來對彼得・柏恩斯坦說，他撰寫該文的主要動機並非出於任何投資經驗，而是基於智性上的好奇心，還神神祕祕地宣稱：「炮擊經驗

可能也扮演了某種角色。」[62]

羅伊的文章[63]題為〈安全第一與持有資產〉（Safety First and the Holding of Assets），1952 年 7 月登載於經濟學期刊《計量經濟學》（*Econometrica*）。巧合的是，馬可維茲是阿佛瑞德‧考爾斯創辦的考爾斯經濟學研究委員會裡的學生研究員，而這個委員會也在 1933 年時拿出一筆創始資金，創辦了《計量經濟學》期刊。羅伊的文章比馬可維茲的更注重技術面，含有更多數學式和圖表，以強調統計方法的《計量經濟學》來說，這倒沒什麼不尋常的。論文標題中的「安全第一」，指的是人如何想盡辦法，努力減少「災難」或是嚴重經濟損失的發生機會。

多年後拿兩篇文章相比，馬可維茲本人也指出了兩種方法之間的異同。[64]兩篇文章都根據整體投資組合的平均數和變異數來做投資選擇，羅伊建議，要在相對的風險值之下（用標準差來衡量）追求最高報酬，而且要高於某個固定的「災難」報酬值（即最低報酬值）。他用來計算投資組合變異數的公式，也包含了共變異數的項目，但他容許投資組合內的投資為正值或負值，對照之下，馬可維茲則要求必須為非負值（亦即不得賣空）。另一項差異是，馬可維茲容許投資人在諸多效率投資組合中任選，羅伊則推薦一項特定的投資組合。[65]

馬可維茲在探究為何自己拿到諾貝爾獎、羅伊卻無法同享時，他猜測是因為諾貝爾獎委員會並不知道羅伊，導致他被忽視。馬可維茲認為，羅伊於 1952 年發表的論文，是他在金融領

域中的唯一一篇作品，[66] 馬可維茲則繼續寫了許多論文，包括
1959 年與 1987 年的兩本專書，[67] 到了 1990 年仍是活躍的研究人
員。另一種可能性是，馬可維茲在論文中更聚焦於投資組合理論
更有應用價值、更務實的方面，而非沒這麼重要的模型複雜性。
以這個主題寫出一整本書，也可能導致局面大不相同。

　　馬可維茲的博士論文指導教授馬少克，對馬可維茲 1952 年
論文的誕生也功不可沒。1950 年 4 月，就在馬可維茲於芝加哥
大學圖書館得到天啟的那一年，馬少克在《計量經濟學》期刊發
表了一篇文章，[68] 他在其中勾畫出的細節，有些就和馬可維茲第
一章的效率前緣圖表中出現的一樣，包括平均數、變異數和相關
性的討論。[69] 同樣值得注意的是，羅伊也知道此項研究，並在自
己 1952 年的論文中引用了馬少克的這篇文章。費昂娜・麥克拉
蘭（Fiona Maclachlan）於近期討論著名的經濟學圖表時，就語帶
挖苦地提到：「考量到馬少克是馬可維茲的論文指導教授，如果
馬可維茲的競爭對手宣稱自己是先畫出這張圖的人、還把功勞歸
於讀了馬少克的論文，那真是一大諷刺。」[70]

　　無論如何，馬少克確實在早期就對於投資組合理論的發展背
景有所貢獻，多年後，馬可維茲在 1999 年的回顧文中也提到這一
點。[71] 馬可維茲引用了幾位知名經濟學家說的話，他們稱讚馬少
克的整體貢獻，但特別重視馬少克在 1938 年所寫的一篇論文，[72]
在那篇文章中，馬少克試圖以機率概念來處理預期報酬和風險，
方式與馬可維茲 1952 年時的做法很類似。馬可維茲評述道：「因

此，馬少克有一篇文章在整個 1960 年代都是投資組合理論史上的必讀論文，原因無他，就是因爲這些學者判定此文很重要。另一方面，我也認識一位顯然不認爲這篇論文對於投資組合理論發展來說很重要的權威人士，那就是我的論文指導教授馬少克本人，他從來沒提過 1938 年這篇以馬少克爲名發表的文章。」[73]

馬可維茲反問道：馬少克 1938 年的論文是否爲投資組合理論的先聲？他的結論爲：「是，但也不是。」他說「不是」，因爲雖然馬少克考量了資產，但並沒有放在投資組合的脈絡之下。他說「是」，則是因爲馬少克爲導向市場的理論鋪了路，在這個市場裡，參與者是在一個充滿不確定性和風險的環境中行事。

 主題極廣的《投資組合選擇》

1951 年，馬可維茲修完博士班的課程、正在寫作論文之際，他離開芝加哥大學，轉至蘭德公司任職，他在那裡做的事完全無涉投資組合理論。[74] 1955 到 1956 年的學年度，馬可維茲向蘭德公司申請留職停薪，在經濟學家暨未來諾貝爾經濟學獎得主詹姆士‧托賓的邀請之下，他轉往已遷至耶魯大學的考爾斯基金會。馬可維茲於 1959 年出版的《投資組合選擇：有效率的分散投資》（*Portfolio Selection: Efficient Diversification of Investments*），主要

就是在這段期間寫成。

馬可維茲對投資組合理論的看法，在博士論文之後逐漸有所轉變。他在 1952 年發表的論文預告了未來的研究走向，文中提到「未來，作者打算提出一般性的數學處理方式。」[75] 就像馬可維茲接受訪談時所說的，他這本 1959 年書籍的主要目的，是向沒受過進階數學訓練的人說明投資組合理論，這是一本附帶說明的實作工具書。[76] 他把許多投資組合理論的基本假設放在書的封底，因為他擔心如果不這樣做，就沒有人想要讀。馬可維茲後來問過日後與他共享諾貝爾經濟學獎的威廉‧夏普，是在哪裡學會矩陣代數的，夏普回答：「你那本書的第 8 章。」之後，當馬可維茲教導學生投資組合理論時，會半開玩笑地說：「如果連威廉‧夏普都能學會矩陣代數，那你們也能！」

馬可維茲在考爾斯基金會撰擬這本書的一年間，發現他仍認同自己在 1952 年論文中所寫的大部分內容，這使他大感放心。有回他甚至對一位同事說：「當時的我可真是個聰明小孩！」馬可維茲 1952 年的論文中有經濟學中的實證（positive）元素，描述這個世界「實際的樣貌」，也有規範（normative）元素，描述了這個世界「應有的樣貌」，1959 年的書則完全是規範性的。

《投資組合選擇》的前幾章先介紹了平均報酬率、變異數、共變異數、投資組合的平均數和變異數，以及透過平均數－變異數分析以得出效率前緣的過程。在之後的章節，馬可維茲介紹

了數學概念，以便針對投資組合理論進行更普遍的討論，範疇已超過他 1952 年的論文中所舉的三檔或四檔證券的投資組合簡單範例。他也提供了一套當時還不常見的電腦程式，名為臨界線演算法（critical line algorithm），能夠在證券數目龐大時計算出效率前緣。馬可維茲之後宣稱，他唯一真正學到計算的契機，是和提亞林・庫普門斯一起發現線性規劃的數學家喬治・單齊格（George Dantzig）來到蘭德公司之後，[77]「我成為他的眾多門徒之一。」[78]

馬可維茲主張，分析大型投資組合並估計共變異數，是一大艱難的挑戰。想像看看一個由 100 檔證券構成的投資組合，若要估計其效率前緣（意即，在特定風險水準下預期報酬最高、或特定預期報酬水準之下風險最低的風險性證券投資組合），分析師必須估計 100 項預期報酬、100 項變異數（或標準差），以及 9,900 項共變異數。1959 年時，實務上找不到任何可用的電腦或計算裝置來執行這項計算。然而，馬可維茲推測，一整個證券分析師團隊或許可以發展並估計出共變異數模型的參數。雖然他並未在討論中提出任何相關的實證分析，但他在注腳中詳細寫出一套方法以簡化平均數－變異數分析，在未來和他同享諾貝爾獎的威廉・夏普手中，成為大家所知的**對角模型**（diagonal model），也稱為**市場模型**，我們會在第 3 章再詳談這個部分。

馬可維茲發現了他後來所稱的「平均共變異數法則」（the

law of the average covariance）。假設有一個投資組合,投入每一檔證券的金額都相同。隨著投資組合裡標的數目增加,投資組合的變異數會接近證券間所有共變異數的平均值。如果投資組合裡的所有證券都不相關,那麼投資組合的風險會趨於零;但要是證券有相關性,那麼就算做了無限的分散投資,也還是會留下可觀的風險。這套程序後來被稱為分散公司特有風險(firm-specific risk),也稱為非系統性風險;留下來的是市場風險,也稱為系統性風險。

馬可維茲也談到 1952 年論文中分析的一些局限。當時他提出以三檔或四檔證券組成的投資組合為例子,但並沒有得出通用的範例來分析不限證券數目的情況。早期論文的另一項局限,是他假設投資人的信念是固定的。在《投資組合選擇》一書裡,他修正了這些限制,提出通用案例的分析證明,並將薩維奇、馮紐曼和摩根史坦以及其他人發展出來的理性行為理論,套用到他假設的投資人身上。

現在回頭看,《投資組合選擇》為未來的諸多研究奠下了基礎,書中涵蓋的主題廣度可謂驚人。馬克‧魯賓斯坦就說了,馬可維茲的書導引出幾項重要的研究領域。[79] 馬可維茲建議使用半變異數(semivariance)的統計概念來衡量風險,因為這個指標掌握了投資人很看重的下跌風險概念,另一方面,投資人則樂於接受上漲所造成的變異數。他在《投資組合選擇》裡提到簡化平均數－變異數分析,之後更建議威廉‧夏普進一步研究此概念,

後來變成夏普的博士論文主題、也是他在金融領域發表的第一篇論文。關於投資人在多個期間追求最大消費效用的問題，馬可維茲也為解決方案奠下了基礎。

 ## 馬可維茲是怎麼做到的？

多年後，馬可維茲反思自己發表過的那些具有影響力的重要作品。他究竟是如何想出這些明智犀利的見解？「我一直在想一件事：我做了哪些別人之前沒做過的事？以 1952 年那篇文章（即〈投資組合選擇〉一文）為例，我只是讀到約翰‧布爾‧威廉斯說的話，並試著想清楚那麼做會怎麼樣，而結果就是無法達到分散投資。莎士比亞知道要怎麼做才叫分散投資，每個人都知道要怎麼做才叫分散投資。為什麼我會成為第一個研究這件事的人？……我不知道。我知道我為何會看見這一點，但我不知道為何別人看不見……這是有沒有養成好習慣的問題。我並非絕頂聰明，我無法像馮紐曼那樣做心算，也沒有（數學天才）卡爾‧弗里德里希‧高斯（Carl Friedrich Gauss）所擁有的心智能力。我只會閱讀，然後用我貧乏不足的方式，努力想清楚當中隱含的意義……如果其中具有規範，你要怎麼遵循規範去行事？如果是假說，那當中有哪些可驗證的內容？為何不是大家都這麼做？」[80]

當然，雖然馬可維茲很謙虛，但有一件事可以讓我們確定他確實聰明絕頂，那就是很多人都嘗試過馬可維茲所說的事，卻很少人得到相同的成果。

行為財務學領域的老祖宗

馬可維茲向來被廣視為現代投資組合理論之父，但一直要到近期，才有人認為他也是行為財務學領域的老祖宗。行為經濟學是經濟學裡的一個次領域，嘗試解釋投資人與金融市場的非理性行為。多數傳統模型假設所有投資人與決策者都很理性，但行為財務學承認實際上不必然如此。

行為經濟學的源頭通常會追溯到 1979 年發展出來的前景理論（prospect theory），推動者是兩位知名的社會科學家丹尼爾・康納曼（Daniel Kahneman）與阿莫斯・特沃斯基（Amos Tversky）。[81]這套理論描述的是，當人們不確定不同結果的機率各有多高時，就會做出高風險的選擇。前景理論嘗試用數學來掌握這種選擇和金錢損益的相對價值，此理論指出，兩者之間的關係不必然為一對一。舉例來說，倘若你正思考要不要在擲錢幣的賽局中下注，假設出現反面，你就輸 100 元。如果要你加入擲錢幣賽局的話，出現正面時要讓你贏到多少錢，你才願意加入？你可能會很單

純地認為 100 元就夠了，這是很公平的賭局，然而，根據前景理論，多數人都需要有機會贏得更多，例如 250 元，他們才願意下注。換言之，以效用來說，輸錢的效用值比贏錢高得多。

1952 年、也就是發表〈投資組合選擇〉的同一年，馬可維茲又發表了另一篇論文，他暱稱其為「馬可維茲 1952 年 b 版」（Markowitz 1952b），論文標題為〈財富的效用〉（The Utility of Wealth）。[82] 該文靈感來自米爾頓‧傅利曼的總體經濟學課程，馬可維茲在這堂課上讀到傅利曼和薩維奇所著的〈涉及風險之選擇的效用分析〉，此文試圖說明為何有些人會買保險，但也會去買樂透。傅利曼和薩維奇指出，財富值**低至**某種層級的人不會買樂透。這一點讓馬可維茲很困惑，因為「要真是這樣，我就不知道當我在紐約第三大道要買一份《華爾街日報》時、排在我前面的那些人是誰了。」[83] 馬可維茲在自己的論文中解釋了傅利曼－薩維奇模型中這個顯而易見的矛盾。這一次，馬可維茲論文中的關鍵見解是什麼？「如果你想要解釋實際的行為，不要牽扯到財富的效用，而是要和財富的**變動**搭上線。」[84]

25 年後，康納曼和特沃斯基正在研究一套決策理論（最終成為了前景理論），[85] 特沃斯基請康納曼審閱各篇學術論文，內容是針對試圖掌握財富效用的實驗。康納曼向特沃斯基說出他的憂慮：究竟要如何從這些微幅調整受試者財富的實驗中得出科學推論？他百思不得其解。讓康納曼感到意外的是，特沃斯基並未如他所預料的大肆批評，反而很同意他的觀察。之後，特沃斯

基想起馬可維茲的論文（作者本人以爲並沒有得到太多關注的文章）。康納曼和特沃斯基讀了之後，很快就明白他們應該要像馬可維茲一樣，以個人的財富變化爲基礎來發展理論。

馬可維茲的完美投資組合

馬可維茲的第一篇論文至今已將近 70 年，其研究對於現今的投資人和基金經理人而言有何意義？馬可維茲提到，自從他在芝加哥大學圖書館領略到天啟的那一刻起，很多事情都不一樣了，「將那個想法、那個時刻轉化成一個產業。」[86] 在一場兩人共同出席的大型研討會中，彼得‧柏恩斯坦提及在馬可維茲與現代投資組合理論之前的投資管理是什麼模樣。馬可維茲記得柏恩斯坦是這麼說的：「你們年輕一輩的不知道 1950 年代之前的機構投資（institutional investing）是什麼景況。我們會圍坐在一起討論，就像你們在電視上看到的：『我認爲這個產業怎麼樣或我認爲這家公司怎麼樣』，然後我們就拼湊出一個投資組合。」馬可維茲回憶道：「接著他說：『現在，你們都有一套流程可用。』當他說『現在你們有一套流程可用』時，我感到背脊發涼，這才明白我啟動了什麼。」[87] 馬可維茲僅憑著一篇論文，就建立起現代投資產業。「我創造出一個學門，讓其中的人們可以靠著投資

組合理論維生。」[88]

馬克‧魯賓斯坦觀察到，馬可維茲於 1952 年的研究是第一次有人以數學公式來表達分散投資的概念。[89]馬可維茲幫助世人理解，我們可以在不犧牲投資組合的預期報酬之下降低風險（雖然無法完全消除），也告訴我們要如何辦到。某一檔證券自身的風險是重點，但這檔證券對投資組合整體風險的影響程度也很重要：每一檔證券會透過與投資組合裡其他證券報酬的共變異數來造成影響。

如今我們理所當然地認為分散投資很重要，也更看重各證券與各資產之間的相關性。現今的退休基金和捐贈基金等機構的投資組合經理，使用馬可維茲的效率前緣分析來決定適當的資產類別組合，已是尋常之事。

晨星公司歐洲分部（Morningstar Europe）的量化分析師保羅‧卡普蘭（Paul Kaplan）和史丹佛大學顧問教授山姆‧薩維奇（Sam Savage，馬可維茲在芝加哥大學時的教授倫納德‧吉米‧薩維奇之子）說，馬可維茲在投資組合建構方面的貢獻，就好比萊特兄弟在飛行世界裡的功勞：他打造出一個重要的新模式。[90]不過，二者之間還是有不可忽視的差異。現代的飛機雖然還保有原始基本架構，但已歷經諸多變化，可以載運更多乘客、坐起來更舒適、速度更快、飛行距離更長，安全性也更高。然而，即使馬可維茲初始的貢獻如此簡單、強而有力，且這一行追隨者眾，但卻沒有出現類似的持續改進。

馬克・克里茲曼（Mark Kritzman）是溫德姆資本管理公司
（Windham Capital Management）的執行長，也是麻省理工史隆
管理學院的資深講師，他觀察到，歷經了 60 年，馬可維茲在平
均數－變異數之間追求最適的概念「極禁得起時間考驗」，而且
「離落伍的時間還早得很。」[91] 克里茲曼提到，一直要到 1970
年代中期之後，機構投資人才真正接受用平均數－變異數分析
來建構投資組合，原因有二。第一，美國國會於 1974 年實施一
般稱為 ERISA 的《員工退休所得安全法》（Employee Retirement
Income Security Act），要求退休基金經理人擔負起信託責任。受
託人需以謹慎之人該有的審慎、技能和勤勉去行事；不遵循這些
行為原則的受託人，必須承擔虧損的責任。第二，在 1972 年到
1974 年間，美國股市下跌，經通貨膨脹調整後的跌幅達 35％，
因此，投資組合經理人都在尋找系統性的方法，以求更佳的風險
管理並避開法律爭議。馬可維茲的現代投資組合理論就在當時流
行起來，且「因為確實有用而蓬勃發展。」

馬可維茲本人也談及他創造的流程是如何在投資產業中站穩
腳步。「當然，現在這是一套由上而下的流程了，是蓋瑞・布林
森（Gary Brinson，布林森合夥〔Brinson Partners〕資產管理公司
創辦人）說服我們這麼做的。」[92] 有幾項引人注目的研究讓布林
森和他的同事們出了名，這些研究指出，由專業人士管理的退休
基金報酬率中的變異，絕大部分可以用投資組合報酬率的變異來
解釋，而無關乎個股選擇或現金、債券與股票相對權重的變化。

布林森的結論是，整體的資產類別（如股票與債券）配置在投資組合當中是很重要的部分。「重點在於，很多人無法像巴菲特那樣選股……但還是可以爲客戶提供良好、實在的建議。他們仍能成爲好顧問，前提是他們了解效率前緣是什麼，也了解身爲財務顧問最重要的工作之一，並不只是讓客戶能站上效率前緣，而是能讓他們大致站上效率前緣中對的位置。你不會讓孤兒寡婦和年輕的商業人士都站在（效率前緣的）同一個位置。這套流程就是這樣。」

馬可維茲繼續他的分析。「很多人將我在圖書館裡想到的念頭擴大，其中就包括布林森的由上而下方法，還有羅傑・伊伯森（Roger Ibbotson）和雷克斯・辛奎菲德（Rex Sinquefield）加入的數據（他們以收集數據聞名，並出版股市年刊）……，再加上如威廉・夏普與 BARRA（由巴爾・羅森柏格〔Barr Rosenberg〕創辦的公司，此人是將現代投資組合概念加以改造並應用到投資上的先驅）的共變異數模型，以及各種預期報酬模型等等。我開啓了我們這個產業。我站在一座森林裡，點燃了星火，讓一切燃燒起來。」[93]

在投資組合理論之前的歲月，投資這件事僅專屬於少數專業人士；馬可維茲的作爲讓投資趨向民主化，變成人人可做之事。他提供了一套架構，讓每個人都能參與其中。「我確實相信巴菲特的選股能力。他不會快進快出，而是在買下一檔股票後持有十年，如果高興的話，他可以再持有十年。……重點是，有些人有

能力選股，但這種人沒這麼多。所以說，確實，我把投資組合管理財務顧問變成一件人人可做之事，因為千百位顧問都能善用由上而下的流程提出好建議。」[94]

馬可維茲是現代投資組合理論的創始人，對他而言，完美投資組合指的是什麼？馬可維茲在回答時反省了一下他的首次投資決策，以及他的思維演變。他也希望能加以澄清，導正一些（錯誤地）宣稱他根本不採用平均數－變異數分析的說法。「我在寫1952 年的論文時，根本還沒投資過，當時我是個窮學生。我第一次的投資機會，是在進入聖塔莫尼卡的蘭德公司之後。他們提供的選項是美國教師退休基金會（Teachers Insurance and Annuity Association of America，簡稱 TIAA）或大學退休股票基金（College Retirement Equities Fund，簡稱 CREF）、股票或債券。當時，我認為如果股市上漲、而我完全不碰，那我就太笨了。倘若股市下跌、但我又全部投入，那我也太笨了。因此，我選擇一半一半，說起來，當時我是把最大的懊悔限縮到最小。」[95]

「那是我 1952 年的做法，但不是我今天會做的事，也不是如今的我會建議 25 歲的人去做的事。現在，我可能會把所有資金都投入股市。」[96] 馬可維茲思及 1952 年以來發生了很多事。如今已經有了基礎設施，可供人們組成投資組合；也有可回推到一世紀以前的長期數據序列，顯示不同類型股票投資的報酬率，例如市值較小的公司，以及其他的資產類別。這些歷史報酬序列，大有助於發展具前瞻性的估計值，估算各種不同資產類別

的平均數、變異數和共變異數，這些都是效率前緣分析中的關鍵
輸入資料。如今也有可快速分析出平均數－變異數投資組合的軟
體，能夠算出最適的報酬和風險水準。現在，馬可維茲的建議將
大不相同。「我從反覆嘗試中大略得知自己較偏好的資產類別組
合，而我的投資大致上就是這樣的組成。實務上，我在股票方面
用的是指數股票型基金（exchange-traded fund，簡稱 ETF），在
固定收益方面用的是個別的債券。」[97]

　　從 1952 年發表〈投資組合選擇〉一文，到之後出版同名專
書，在這段期間內，馬可維茲的想法也不斷演變。「到了 1959
年，我已經明白可能需要在投資組合選擇上加入其他限制，可能
會有人想對個別證券設定上限，可能會對某些（產業）或證券集
合設定上限，可能會有其他線性限制式，比方說希望收益控制在
某個水準，諸如此類。」[98]

　　毫不意外的是，馬可維茲仍是平均數－變異數分析的堅定信
徒。然而，可能讓人訝異的是，他不認為市場投資組合（market
portfolio，理論上包含所有資產，但就實務上而言，是某個廣泛
的股票指數，如標普 500 指數）有何特別，也不認為每個人都一
定要擁有這種投資。2005 年，他寫了一篇論文〈市場效率性：
理論上的差異以及那又如何？〉（Market Efficiency: A Theoretical
Distinction and So What?），文中區分出市場效率性（指市場能
正確處理資訊）的概念，以及用所有股票組成的市場投資組合將
符合平均數－變異數效率投資組合的說法（我們會在第 4 章再回

來談市場效率性的問題）。[99] 第 3 章會討論到威廉·夏普的資本資產定價模型，模型中有一個重要的假設是，所有投資人皆可用相同利率、無限制地借貸資金。馬可維茲主張，如果少了這項關鍵假設，市場投資組合就沒什麼特別之處了。

　　爲了更詳細描述自己對於完美投資組合的態度，馬可維茲借用了原出自托馬斯·貝葉斯（Thomas Bayes）的觀點。貝葉斯是一位數學家，靠著一個概念創造出機率理論的一個分支：當一個人得到新資訊時，他會更新自己預期某起事件發生的機率。「假設我們都符合貝氏理論的描述。如果我們的前提（信念）不同，那就不應該有相同的投資組合。我們年紀相同嗎？我們的風險偏好相同嗎？如果不同，那就不該擁有相同的投資組合。對你來說完美的事物，對我來說並不完美……完美與否取決於我們的年齡、目標、風險耐受度，還有，即使這些條件都已確定，也都還有彈性空間。」[100]

　　對馬可維茲來說，完美投資組合是一個我們所有人都在追尋的概念，指的是我們每一個人如何建構自己的投資組合；而他的研究讓大家都能追尋適合自己的完美投資組合。馬可維茲舉了一位服務生爲例，對方遵循他的建議，投資一個由 50％股票和 50％債券所構成的投資組合。「如果她再年輕一點，我會建議她多投資一點股票……基本決策是，什麼才是適當的股票與債券組成？這仍是所有決策中最基礎的。不管是靠自己或是透過財務顧問，你必須要能感受到不同的（股票與債券）組合會如何波

動……最重要的是，你要站上前緣的適當位置。」[101] 換言之，你必須理解預期報酬、波動幅度和各種不同的股債組合在特定風險水準下的相關性，才能達到最高的預期報酬；用馬可維茲的話來說，這才能讓你站上效率前緣的適當位置。

　　考量完美投資組合時，另一項因素是稅金。馬可維茲提到，應該要在稅後的基礎上進行平均數－變異數分析，「投資期限的不同使得這相當麻煩。當你投資 401(k) 退休金計畫，若要（在 59 歲之前）把資金拿出來，還要先付罰款。」[102] 同樣地，稅金也取決於個人所面對的處境。[103]

　　馬可維茲表達了隱憂，擔心可能有人錯誤解讀他的研究。他提了一些例子。「我試著讓知識分子、學術界人士理解，我過去與現在都沒有假設常態分配（normal distribution）。」[104] 常態分配就是一般人所熟知的鐘形分配，在自然界與社會中很常見，例如一個大型班級學生的考試成績。任何常態分配皆可用平均數（平均值）和標準差來描述；根據常態分配的性質，以考試成績的範例而言，約有三分之二的預期分數會落在平均數加減一個標準差的範圍之內，約 95% 的考試分數會落在平均數加減兩個標準差的範圍內。

　　過去，有些投資專家仰賴預設常態分配的風險管理模式，在市場大幅修正時，例如 2007 到 2009 年期間及 2020 年，有些投資人的虧損幅度會很大，遠高於顧問導引他們相信的可能損失。如今一般都同意，雖然股票的報酬分配有呈現常態分配形狀（即

鐘形曲線）的傾向，但曲線的尾部會比預期中更肥大（詳見第 4
章）。換言之，實際上，股票報酬出現極高與極低結果的時候，
會比常態分配所指的時候多。但就算看到這種結果，也不算是對
馬可維茲研究的有力批評。不管證券的報酬是遵循常態分配，
還是其他合理的假設分配，分散投資的原則都適用於所有投資
組合。

　　馬可維茲也擔心有人會濫用或錯誤表述現代投資組合理論。
他重述了一位美國中西部大學教授告訴他的悲傷故事，有人請這
位教授在一位女士提起的訴訟中擔任專家證人；這位女士因為健
康因素而無法工作，她提告的對象是 1990 年代末科技泡沫之際
的一家大型金融機構。「她把資產交到一位財務顧問手上⋯⋯
（對方）不僅幫她高額投資在一個全股票的投資組合上，而且
執行時並沒有使用分散的指數基金，反而讓她持有大量的科技類
股。股市崩盤時，她大幅虧損。這全是以現代投資組合理論為名
去做的事⋯⋯（本次仲裁的結果是）她輸了，（而仲裁者指出這
位財務顧問）根據他的知識與信念做出了最佳行動，諸如此類
的。」[105] 現代投資組合理論根本不會建議這種投資組合配置。

　　馬可維茲又說了最後一個故事。他的前任祕書「拿來一些
廣告宣傳單，上面說他們的服務立論基礎是諾貝爾經濟學獎得
主馬可維茲和夏普的理論⋯⋯但我看了看他們的廣告，他們並沒
有用我的理論，他們並未使用效率前緣。他們是有一些選股原則

和一堆胡說八道⋯⋯我還比較相信巫毒娃娃（而不是他們的產品）！」[106]

馬可維茲怎麼看投資組合管理的未來？他的客戶之一阿康司顧問公司（Acorns Advisors LLC），是一間微型投資的機器人顧問公司，在盡量減少人力介入的情況下，提供線上投資組合管理。「我認為未來 60 年的發展⋯⋯會是人類與電腦之間的分工，更完整地涵蓋財務規劃的各個面向。」[107] 為達到這種境地，馬可維茲寫了一系列的《風險－報酬分析：理性投資的立論與實務》（Risk-Return Analysis: The Theory and Practice of Rational Invesing），他以第一冊與第二冊奠下基礎，最近寫完了第三冊，此系列預計將由四本書構成。[108] 這幾本書以馬可維茲在 1959 年的書中首次提出的分析為基礎繼續拓展，以論證平均數－變異數分析的使用，是在不確定之下做決策的理性方法。馬可維茲說，雖然書名直接寫出投資，但這一系列的「重點不在於理性**投資**，而是財務規劃的理性**決策**。」[109] 馬可維茲提到，必須在更廣大的脈絡之下思考投資組合選擇：「把投資組合選擇的決策獨立出來做分析，就像在棋局中不去考量整盤棋、反而試著先決定主教要怎麼移動一樣。」他的理性思維顯然對追尋完美投資組合的投資人大有幫助。

威廉‧夏普與
資本資產定價模型

當你發現很難想像某個想法出現之前的世界,就能知道這個想法是多麼聰明絕頂,威廉‧夏普的資本資產定價模型(capital asset pricing model,簡稱 CAPM)便是如此,這個想法永遠改變了投資組合經理人經營生意的方式。夏普在研究這個模型時,馬可維茲的經典作品已經問世十年,但是投資這一行尚未有明顯變化。當時,馬可維茲把重點轉向分散投資的重要性,但他並沒有提出具體的指引,告訴大家要在哪裡投資。

夏普以馬可維茲的投資組合最佳化作為起點,得出一個非常簡單卻又強而有力的結果:若要讓所有投資人都持有同一個最佳投資組合(但金額可以不同),這個最佳投資組合僅能是由所有資產組成的組合,每一項資產以其規模或市值加權。換言之,在馬可維茲的效率前緣上,最佳的投資組合就是市場投資組合(由市場中買賣的所有資產組成的組合);對每個投資人來說,自所有個別資產中選擇、或是自兩種資產(一種無風險資產加一種根據市值比例持有所有風險性資產的基金)中選擇,兩者是沒有差別的。這就是所謂的完美投資組合!

這個結果在學術界和產業界都是至關重要的里程碑。當夏普推演出結論,指出每個人在資本資產定價模型世界裡都會持有市場投資組合,便能因此得出投資組合中每一檔股票的預期報酬率。若要說資本資產定價模型替被動投資(passive investing)與價值上看幾兆美元的指數共同基金產業提供了知識上的基礎,一點都不誇大。夏普在 1960 年代從所謂「神槍手」的選股人手上

搶下投資組合管理的任務，放進被動指數基金的手裡，他使馬可維茲的投資組合概念更加聚焦，讓投資流程對每一個人來說都變得更親民；在這點上，他的功勞比任何金融經濟學家都更大。這一路上，他打造出絕大部分的現代架構，用於投資組合管理、績效歸因、風險調整後資本成本估計。資本資產定價模型也創造出大量理論上與實證上的預測，為好幾代的學術界人士帶起金融研究的復興運動。

 ## 夏普成長的歲月

夏普於 1934 年生於波士頓，[1] 他的父母都擁有學士學位，1940 年時僅有 6％的男性與 4％的女性能拿到學位，因此這是一項重大成就。[2] 當時，他的父親在哈佛大學的就業辦公室任職。夏普的雙親循循善誘，讓兒子熱愛學習和教育。他父親是哈佛大學古典文學系的學生，曾拿獎學金到歐洲留學一年，之後才返回美國。1940 年，夏普的父親收到國民兵（National Guard）的入伍令，一家人隨之搬到德州，之後又轉往加州。他的父親在舊金山的退伍軍人行政處（Veterans Administration）找到一份工作，並在金門大學（Golden Gate University）的前身金門學院（Golden Gate College）兼職教書。他後來在史丹佛大學拿到教育博士學

位，最終返回金門學院，於 1958 到 1970 年間擔任院長。夏普的母親在二戰後重返校園，拿到教育證書，之後成爲小學校長。

　　夏普在加州河濱市（Riverside）讀過幾所公立學校，當時，學校的老師早上和下午在不同班級教不同進度，因此，在這個體系中四處輾轉的夏普，進度有時超前、有時落後。四年級時要考乘法表，當時他會把乘法表背到 10 乘以 10，但考試範圍要考到 12 乘以 12，他因此被當，逼得他要重讀四年級。1951 年，他從河濱市職業高工（Riverside Poly High School）畢業，他有很多同學都加入武裝部隊，前往韓國服役。有一篇文章提到河濱市職業高工 1951 年畢業班 60 年後的同學會，夏普是文中的兩位傑出校友人物之一，另一位是安‧麥茵托許（Ann McIntosh），後來成爲河濱市小姐（Miss Riverside）。[3]

　　夏普接著進入加州大學柏克萊分校，他母親希望他主修科學，拿到醫學學位，但他不太喜歡化學、物理等科學課程，更受不了看到血，於是他決定轉學到加州大學洛杉磯分校主修商學。第一年，他修了兩門讓他記憶猶新的課程：會計（基礎簿計）和個體經濟學。他「既痛恨又鄙視」會計，但認爲經濟學「很棒」。[4]夏普鍾愛經濟學的概念：針對行爲與選擇做出完美合理的假設，再整合起來，得出與整體經濟相關的意外結果。他「喜愛當中的詩意……這極具美學上的吸引力。」[5]因此，他改爲主修經濟學，1955 年拿到文科學士學位。大四時，他應徵了幾個銀行的職務，面試時，他優異的成績總是引人注目，總會有人問

他為何不繼續求學。說穿了，很多銀行要找的是「還可以」的學生，而非頂尖學生。夏普在一次面試中做出困獸之鬥，試圖另闢蹊徑，他伸手過去，把履歷翻過來，並說：「請您看看，我也參加兄弟會，參加過帆船比賽……我也是平凡人。」但這招並沒有奏效。[6] 他繼續求學，1956 年獲得文科碩士學位，並在美國陸軍短暫服役。

夏普於 1956 年加入非營利性質的智庫蘭德公司，學到了編寫程式的技巧，對他此後的職業生涯大有助益。「在蘭德公司時，雖然我不是程式設計師，但公司……鼓勵大家都學習寫程式，以便和真正的程式設計師配合得更好。我去上了公司內部的程式設計課程，我愛極了。我也熱愛演算法，在那個時代，我們認為作業研究（operations research）將會拯救全世界。說起來，蘭德公司是作業研究和電腦科學的搖籃，我們擁有當時堪稱威力強大的設備，我可以說是迷上了程式設計。我甚至還創造出一種程式語言，也寫了一套編譯器。我猜，這是我不為人知的一面。我現在仍然幾乎每天都在寫程式。」[7] 夏普把電腦打孔卡（這些上頭寫著電腦程式指令的硬紙卡，如今已過時）用到得心應手，他開玩笑說，如果他在求學路上陷入泥淖，「要是經濟學或金融這邊不順利，我還可以去做一個打孔員。」[8]

夏普在蘭德公司時，同時在加州大學洛杉磯分校攻讀經濟學博士學位。他有兩位極具影響力的教授：佛瑞德‧威斯頓（Fred Weston）和阿門‧阿爾奇安（Armen Alchian），兩位都是他的

論文審查委員會成員，阿爾奇安還是主席。威斯頓受的是經濟學訓練，但在商學院教書，當時財務金融領域比如今簡單得多（或是用夏普的話來形容，甚至可說「很愚蠢」），[9]沒有太多理論或認真的實務研究。威斯頓聘用夏普成為他的研究助理群中的一員。夏普發現，就算他攻讀的是經濟學博士，也可以修習財金課程，把這當成五門領域課程之一。「佛瑞德實在是活力充沛」，他會帶著一部錄音機進教室，為他的下一本書錄下筆記。[10]他會叫博士班學生去學習一個主題，然後到課堂上教其他人。威斯頓認為馬可維茲寫的《投資組合選擇》很有意思，夏普應該去讀一讀，然後教大家，夏普也照辦了。威斯頓是把時間、金錢（現在的錢和未來的錢）與不確定性（現在的或未來的）等經濟學概念帶到課堂上的第一批教師之一，現在這些都成為主流經濟學的課程內容了。[11]

夏普的另一位明師阿爾奇安，作風和威斯頓大不相同。阿爾奇安會在課堂上提出複雜的基本問題，並替學生化繁為簡。在博士生研討會上，阿爾奇安說95％的經濟學文獻都不值得一讀，因此他不會叫他的學生去讀文獻。他常常用看來很隨興的想法作為上課時的開場，比方說：「人為什麼不購買嬰兒，反而要用領養的？」[12]在課堂上，很多時候阿爾奇安看來都竭盡全力要釐清利益到底出自何處。據夏普說：「上這些課，是在見證一顆聰敏的心靈和實際性的艱難問題過招。」[13]阿爾奇安教會夏普如何質疑一切，以及如何從最基本的原則開始分析問題。超越基本知識，

這就是阿爾奇安所教授的技巧。因爲阿爾奇安的緣故，夏普學會如何批評自己的研究，並在必要時扮演故意唱反調的人。

 夏普與馬可維茲的奇緣

　　夏普依循博士學程常見的模式，先完成課程和領域考試，找到一個有興趣的主題，然後開始著手準備論文。[14] 他對移轉訂價的主題感興趣，其基礎概念是在一個有不同部門的大型企業裡，一個部門可以創造出一種產品，然後以某個預先決定的價格「出售」或移轉給另一個部門。適當的訂價是多少，關乎公司內部的會計程序及企業內部各部門賺取利潤的激勵誘因。夏普開始用線性規劃處理這個問題，應用由當時人在芝加哥大學的傑出經濟學家傑克‧赫舒拉發（Jack Hirshleifer）開發出來的方法。夏普寫了前 50 頁，他認爲這將成爲一篇很出色的論文。

　　「我一開始確實是以內部移轉訂價來寫論文，用上各式各樣的作業研究工具，我認爲這很棒，而我是以傑克‧赫舒拉發的研究爲基礎。」夏普如此娓娓道來。[15] 作業研究在蘭德公司正開始變成顯學；蘭德公司正是這套學問成長茁壯之地，也是夏普工作的地方。「結果，傑克來到加州大學洛杉磯分校，那時，我想，大概是我論文寫到一半的時候。所以我的指導教授阿爾奇安

就說：『嗯，你何不去和傑克‧赫舒拉發聊聊？』我去了，拿了我已寫完的幾章給他看，一週後得到回音，他說：『我沒看到這裡有博士論文。』我只好去找佛瑞德‧威斯頓，他也是我的指導教授，而且影響我很多；我問：『佛瑞德，我該怎麼辦？』佛瑞德說：『嗯，我記得你在討論會中很欣賞馬可維茲的研究，我想他剛剛去了蘭德公司。』那時候，我也在蘭德；『我們去找他聊聊。』於是我跑去向哈利自我介紹，我們談了很久。接著，簡單來說，在加州大學洛杉磯分校的威斯頓和阿爾奇安達成協議，儘管哈利並不在學校任職，仍讓他成為我實質上的博士論文指導教授。因此，哈利對我也有非常深遠的影響。」後來的事，大家都知道了。1961 年，夏普拿到了博士學位。

對角論文──股票彼此之間的關係

夏普的博士論文題目是〈根據證券間簡化關係模型所做的投資組合分析〉（Portfolio Analysis Based on a Simplified Model of the Relationships among Securities），證券可泛指任何投資，如股票、債券、現金或房地產，但夏普選擇套用在股票上。他的論文長 103 頁，有 24 張圖表和技術面的附錄，包括福傳（Fortran）程式碼。現在回頭看，我們可以理解為何這篇論文是一個最終能

拿下諾貝爾獎的概念種子。這很可能是第一篇嚴謹的股票報酬理論分析，也是第一次有人嘗試如今世人所熟知的量化投資。夏普在論文中的謝詞說他「向哈利‧馬可維茲致上最高的謝意。」[16]

　　這裡有一項資訊可作為背景資料，夏普觀察到，在馬可維茲之前，人們有一個很簡單的風險概念：人不應該把所有雞蛋放在同一個籃子裡。「我記得有一位記者問哈利……『你是因為告訴大家不要把所有雞蛋放在同一個籃子裡，而得到諾貝爾獎的嗎？』哈利回答『是的』，於是記者一臉困惑地走掉了。」[17] 馬可維茲的方法是將風險量化，而夏普的論文則是將這套方法再發揚光大。

　　夏普研究了投資組合中的證券選擇流程，針對證券彼此的關係預先定下某些假設。舉例來說，如果某一檔股票在某天或某週價格上揚，那另一檔股票會跟著漲多少？來看看一個由 10 檔股票組成的投資組合，裡面的股票以 1 到 10 編號。若要檢視這 10 檔股票彼此間的價格變化關係，就需要檢視 45 種不同的股票配對：股票 1 和股票 2、股票 1 和股票 3，一直到股票 9 和股票 10。我們可以用圖 3-1 的 10 乘以 10 矩陣來想像這些配對，陰影區塊代表不同股票之間的不重複配對。

　　如果我們檢視馬可維茲的效率前緣模型（如第 2 章所述），就知道為了決定投資組合的標準差，必要的輸入項目之一是各股票配對的相關性（即共變數）估計值。如果是一個由 100 檔股票組成的投資組合，就會有 4,950 個不同的配對。現在的我們覺

		股票									
		1	2	3	4	5	6	7	8	9	10
股票	1		▓	▓	▓	▓	▓	▓	▓	▓	▓
	2			▓	▓	▓	▓	▓	▓	▓	▓
	3				▓	▓	▓	▓	▓	▓	▓
	4					▓	▓	▓	▓	▓	▓
	5						▓	▓	▓	▓	▓
	6							▓	▓	▓	▓
	7								▓	▓	▓
	8									▓	▓
	9										▓
	10										

圖 3-1　10 檔股票配對。陰影部分代表不重複配對。

得電腦輕鬆快速進行計算是理所當然的事，但 1960 年代初可不是這樣。如果要將馬可維茲的想法應用到實際的投資組合中，任何能簡化運算的技巧在實務上都意義重大。「我發展出一套演算法，可以有效率地在投資組合理論通論這種特殊情境下解決問題，解答投資組合最佳化。」夏普回憶道。[18]

夏普和證券分析師商討，以判斷他們要在證券中尋找哪些或可作為未來報酬指標的特質。「在佛瑞德的敦促之下，我研究了

一位眞人財務顧問，試著在機率上掌握他的預測，然後做出有效率的投資組合配置事宜。」[19] 夏普發現，財務顧問使用了三項元素。第一，證券會被分類成高殖利率或低殖利率，換言之，顧問會預期某一檔股票帶來的殖利率或報酬率是高是低。第二，證券會根據預期可能無法實現報酬的風險來分類。第三，證券會根據個別證券價格**相對於整體股市大盤**如何變動來分類，舉例來說，有些證券被視爲對大盤波動很敏感，或者說週期性較明顯，有些則比較不受影響。夏普以簡單但明智的洞見來模擬這種關係，他把這一點歸功於馬可維茲的建議，後者在自己的《投資組合選擇》一書中也發展出類似的模型。

夏普的「對角模型」也稱爲市場模型，讓這些要素變得清晰可見。這套方法的簡單之處，在於這些特質僅納入投資人會考慮的證券要素。換言之，這裡面只有任何投資人**都應該考量**的要素，證券的任何其他資訊，例如股價過去的趨勢是上漲或下跌，與判斷其價格及未來表現並不相關。

這個模型如何運作？夏普以一道簡單數學式概括了這個模型：

$$Y_i = A_i + B_i \times I + \varepsilon_i$$

其中 Y_i 是證券 i 的殖利率或報酬率，A_i 和 B_i 則是每一檔證券獨有的固定參數。A 是無風險資產的報酬率平均值，代表當大盤報酬爲零時、一檔證券應有的報酬。以所有證券來說，B 的平均

值是 1.0，代表一檔證券的殖利率對於股市指數 I 的敏感度。I 是大盤指數的報酬率，例如道瓊工業指數或標普 500 指數。最後，ε_i 是隨機變數，期望值（即平均數）為零。

假設我們檢視每月股票報酬，並為每一檔股票隨意指定 A 和 B 兩個變數的數值。A 體現的是這檔股票殖利率高或低，B 體現的是這檔股票的風險相對於大盤有多高。假設有一檔股票 XYZ，A 的值固定為 0.2%，B 的值固定為 1.2。我們可以說 XYZ 股的特徵是一檔低殖利率的股票，風險比整體市場高一點。（大盤的 B 值一定是 1.0，因為我們比較的是每一檔股票和大盤的報酬。）

假設有一位全能的巫師，每月都會撥動兩個轉盤，以決定所有股票和大盤的報酬率。第一個轉盤 I（指數）決定大盤的月報酬，假設這個月是 1.0%。第二個轉盤 ε（這是公司特有的隨機報酬），決定 XYZ 股特有的隨機報酬效應，假設這個月是 - 0.3%。把這些數字綜合起來，在這個月，XYZ 股的報酬是 $A + B \times I + \varepsilon$，就是 0.2% + 1.2 × 1.0% - 0.3% = 1.1%。

這個模型的美好之處，是在這當中，我們不需考慮 XYZ 股相對於 ABC 股或其他任何股票價格如何變動，我們僅要關心 XYZ 股相對於大盤的變動（或者，在實務上，比較的標準是某些指數，像是知名的標普 500 指數），這就是 B 要表達的意義。如果我們想考量 10 檔股票，而且只關心每一檔股票和大盤之間的關係，那麼在一個 10 乘以 10 的股票矩陣中，我們僅需要考量對角因素，就如圖 3-2 所畫出的關係。

		股票									
		1	2	3	4	5	6	7	8	9	10
股票	1	■									
	2		■								
	3			■							
	4				■						
	5					■					
	6						■				
	7							■			
	8								■		
	9									■	
	10										■

圖 3-2 對角模型中，陰影的對角方格是每一檔股票和大盤之間的關係。任何非對角線上的 i 股與 j 股的關係，都不重要。

　　換言之，可以把對角線上每一個「i 股對 i 股」的方格，想成是每一檔個股與大盤的關係。任何非對角線上的 i 股與 j 股的關係，在這裡的分析當中都不重要。夏普以技術性更濃厚的語言來講述：「我稱之為對角模型，因為如果你善用這套架構，就可以用非對角線上都是零的對角矩陣、再加一條數學式來寫出共變異數矩陣（一檔證券相對於另一檔證券的變動）。」[20]

　　此外，因為每一檔股票的公司特有隨機效應的期望值為零，

如果我們持有大量股票，大可相信這些效應每個月平均下來，基本上會抵銷。

夏普對角模式中的關鍵假設是，股票和其他股票之間的相關性，僅會透過該檔個股因應大盤（或者，用更一般性的說法是，因應某些其他共同因素）時的反應才會出現。這個模型最後被稱爲單一指數模型、單因素模型或市場模型。

夏普在論文中舉了一個例子，說明對角模型可以替嘗試執行量化投資組合分析的分析師省下多少成本。若要檢視 100 檔股票配對後的關係，使用當時一流的 IBM 7090 電腦 [21] 運算，要耗時 23 分鐘，成本爲 300 美元（換算成 2021 年的幣值爲 2,400 美元），最多可分析 253 檔證券。使用對角模型，運算時間可減至 30 秒，成本僅需 5 美元，甚至可分析 2,000 檔證券。[22]

接著，夏普用兩種不同的方法來測試對角模型。第一種方法是客觀預測技巧，他從 1940 年到 1951 年在紐約證券交易所掛牌的工業類股中隨機選出 96 檔股票，然後測試模型在 1952 年到 1959 年期間的表現。大致而言，檢視並比較所有已配對的證券之後，發現對角模型的表現良好，也可以相當準確地替這些證券未來的相對報酬與風險排序。夏普的第二種方法是仰賴經驗豐富的投資顧問提供輸入項，以估計模型的參數。模型的表現也相當不錯，同時，參與實驗的投資顧問也預見這類分析在未來對於投資組合選擇的相關工作可能大有助益。

　　然而，人們會記得威廉·夏普，並非因為他的對角模型研究，而是他的資本資產定價模型。夏普論文的最後一章〈證券市場行為的實證性理論〉（A Positive Theory of Security Market Behavior），就包括了後來發展出定價模型的結論。「這不算是阿爾奇安的想法，我認為不是，但這是他教我去做的。」[23]夏普假定，投資人在投資時對於證券報酬風險機率的看法，就彷彿套用了馬可維茲的投資組合分析，而他們的看法會以對角模型的形式體現出來。夏普以一個精準的預測為論文作結，也許當時他心裡就已經有了資本資產定價模型：「馬可維茲的公式代表以（追求最大效用）為根據的投資選擇過程，因此，這可能是未來順利發展出來的證券市場行為理論中的重要元素。」

給我一個 C，給我一個 A，給我一個 P，給我一個 M

　　1961 年 9 月，夏普接下西雅圖華盛頓大學商學院金融助理教授的職務。[24]「我 6 月寫完論文，9 月開始在華盛頓大學工作，我想著：『這個論文結果真的很棒，不知道我能不能把它變成通則？』於是我花了幾個月，努力思考如何不用把兔子塞進帽子裡

就能變出戲法。有沒有辦法做到一開始不用把兔子塞進帽子裡、但又能從帽子裡變出兔子來？我發現可以，答案就在眼前。」[25]

同年 12 月，夏普投了一篇論文給備受尊崇的學術期刊《管理科學》(*Management Science*)，題為〈簡化的投資組合分析模型〉(A Simplified Model for Portfolio Analysis)，裡面摘要了他論文中的規範性結果：為何對角模型是一套如此有用的實用工具。[26]這篇論文最終在 1963 年面世，是夏普發表的第三篇論文，也是他在財務金融領域的初試啼聲（他發表的另外兩篇論文，分別與煙霧稅及軍用飛行器設計有關）。[27]

夏普在華盛頓大學時，開始試著將其論文最後一章中發展出來的理論模型變成通則。「我認為我得出了一些真的很不錯的結果，我有了資本市場線、證券市場線、貝他值，應有盡有。但是，關於證券報酬間關係的嚴格假設，看起來像是被挾持的人質。因此，我開始嘗試將這個模型變成通則。結果，不用花太多心力，我就在沒有嚴格假設之下得出相同結果，這正是後來發表的 CAPM 版本。寫完論文之後，我在幾個月內就完成了工作，但因為出版和審閱總有難以預測的情況，本文花了一點時間才順利發表。」[28]

且讓我們來拆解夏普口中的「應有盡有」，當中包括資本市場線和證券市場線，兩者可以算是財務金融學裡最著名的圖表，幾乎過去 40 年來每一個企業管理碩士班的學生都知道（而

且很愛）。就跟多數經濟學家一樣，夏普在發展模型時思考著，如果證券的供給與需求完全達成平衡，換言之，也就是處於均衡（equilibrium）狀態，那會如何？每一個理論模型都是真實世界的簡化版，因此夏普從做出假設開始。

夏普假設，投資人會投資風險性資產，但也會以相同的無風險利率進行借貸，比如美國政府公債利率，這是美國政府可以從事短期借款的利率。以無風險利率借貸，擴展了投資人的投資機會。投資人購買美國政府公債就好比是放款出去，借錢則是在投資風險性資產。

夏普還在理論世界裡做了另一個假設，那就是每個人都想要持有盡可能「最好」（以馬可維茲的標準來看）的證券投資組合，這意味著在特定風險水準下持有預期報酬最高的證券。我們來回想一下：馬可維茲能找到各種滿足此條件的風險性證券投資組合，他稱之為「效率投資組合」。

將無風險貸款（或借款）與風險性資產投資相結合，得出的結果是，在馬可維茲找到的各種效率投資組合中，僅有一個特殊的風險性資產組合是所有投資人都想持有的：**市場投資組合**。理論上，這個投資組合包括了所有具市場性的證券：股票、債券、房地產、大宗商品等等，在圖 3-3 中以 M 來代表這個投資組合。夏普將各種以無風險利率借貸、然後投資於一個最佳風險性投資組合（即市場投資組合 M）的結合稱為資本市場線。

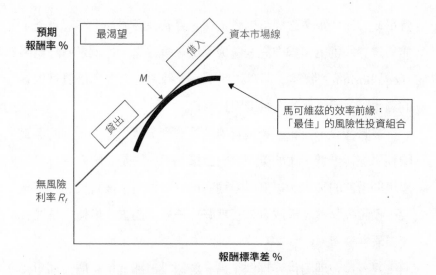

圖 3-3 以無風險利率借貸，拓展了投資機會。最佳的風險性投資組合（最
       接近圖中「最渴望」區域的組合）是投資組合 M，也就是市場投資
       組合。資本市場線代表以無風險利率借貸並投資於 M 的組合。

　　雖然在理論上來說，市場投資組合包括所有具市場性的證
券，但為了簡化，你可以想成是國內的股市，這個市場有一個
很好的代表指標，也就是一個廣泛的證券籃子，例如標普 500 指
數。夏普的模型認為每一種投資策略都應該是非常簡單的兩步驟
流程，第一，所有投資人應該把一定比例的錢借給政府，換言
之，應該要買一點政府公債。第二，所有投資人應該把剩下的財
富拿去投資市場投資組合，比如標普 500 指數。投資政府公債與
指數的組合比例，取決於個人承擔風險的傾向：投資人願意承擔

的風險愈高，就應在指數上投資愈高的比例。至於極少數喜歡承擔極大風險的投資人，可以用無風險利率去借錢，再把自有及借來的資金全數投入市場投資組合。

利用某些額外假設所帶來的益處，夏普得以梳理出模型中的其他重要結論。一旦他知道每位投資人都要持有的唯一風險性證券投資組合就是市場投資組合之後，就可以決定金融（或資本）市場裡**每一檔個別證券**的價格，而這也正是資本資產定價模型的名稱由來。投資人能從中得知證券的價格，也就能判斷該檔證券的預期報酬。

到頭來，在夏普的資本資產定價模型世界裡，投資人會因為承擔風險而得到獎勵，但僅限於承擔無法透過分散投資來化解的風險，這也正是所有投資人都要持有分散得宜的投資組合的理由。在夏普的模型中，投資人為了特定個股所支付的價格，並非取決於該檔個股獨立的預期波動性，重要的是這檔個股在一個廣泛且分散的投資組合中的**相對風險**。

根據這些假設，夏普得以找出股票預期報酬與風險之間的線性關係，亦即現在所說的證券市場線。一檔股票的報酬相對於市場報酬（這個變數就是現在所說的貝他值，寫成 β）愈敏感，股票的預期報酬就愈高，如圖 3-4 所示。

證券市場線的數學式，也就是現在知名的資本資產定價模型公式：

$$E(R) = R_f + \beta \times (R_m - R_f)$$

其中 E(R) 是個股的預期報酬，R_f 是無風險報酬率，β 是個股相對於整體市場的風險，$(R_m - R_f)$ 則是市場預期報酬高過無風險報酬率的部分，也就是所謂的市場風險溢價（market risk premium，簡稱 MRP）。[29]

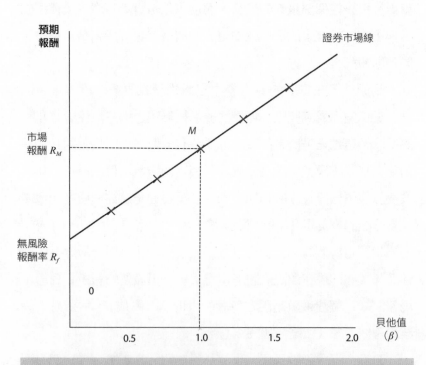

圖 3-4 證券市場線以個股的預期報酬來比較風險（以貝他值 β 來衡量）。根據資本資產定價模型，所有（以分散投資組合持有）的股票，都應該落在證券市場線上。

　　這個模型乍看之下很簡單，但進一步檢視，會發現它美妙又複雜、奧義深遠。該模型指出為何某些證券的報酬高於其他證券：因為要補償其風險。只要投資人持有的是分散得宜的投資組合，唯一重要的風險指標只有貝他值，也就是一檔證券報酬和市場投資組合之間的共變異數，其他的都不值一提；很多投資人可能難以接受這個論點。倘若單獨持有一檔證券，或許其他特徵也有其重要性，比如該檔證券報酬的標準差，但是根據夏普的模型，貝他值凌駕一切，其他所有特質都不見了。

　　在資本資產定價模型中，夏普發展出來的是一套均衡模型，然而，這套模型中用來衡量每一檔證券的相對風險指標，和他在論文中以對角模型發展出來的指標一樣：固定參數 B，這個指標後來以希臘字母貝他通行，寫成 β。[30] 憑直覺就很容易理解貝他值：貝他值高的股票（數值高於 1.0），是風險較高的股票，貝他值低的股票（數值低於 1.0），是較安全的股票。根據定義，大盤的貝他值為 1.0。如果一檔股票的貝他值是 1.5，這代表當股市上漲 1.0％時（例如下個月的走勢是如此），這檔股票的價格預期將上漲 1.5％；同樣地，如果預期股市將下跌 1.0％，那我們也可預期這檔股票將跌 1.5％。

　　夏普認為，這個均衡模型是他的論文的自然衍生。「我那時候在論文中寫過，後來再繼續擴大，我做的事就像所有接受個體經濟學訓練的人會做的一樣：（提問）看看是不是每個人都這樣做，如果每個人都來到市場裡的話會怎麼樣，價格調整、市場結

清⋯⋯，這代表了達成均衡。而我的發現是，在非常、非常嚴謹
而簡化的假設之下，『沒錯，孩子』，風險比較高的、預期報酬
也較高⋯⋯，但不是每一種風險都適用⋯⋯；市場運作順暢時能
賺到報酬的風險⋯⋯是那些⋯⋯無法分散掉的風險。」[31]

　　1961 年秋天，夏普在資本資產定價模型方面的研究大有進
展，他寫了一篇工作報告，在研討會和專題討論上與其他學術界
人士分享。財務金融和經濟學界常見的學術流程，是請學界同
仁提供回饋意見以求讓報告精益求精，然後再投到具聲望的同
儕審查期刊，期待能發表問世。1962 年 1 月，夏普首先在一場
芝加哥大學的專題討論會上提報其研究結果。沒過多久，他就提
交了論文，標題爲〈資本資產價格：在風險條件下的市場均衡
理論〉（Capital Asset Prices: A Theory of Market Equilibrium under
Conditions of Risk），投到頗負盛名的《金融期刊》，這是當時
此領域一流的學術出版品，馬可維茲也在這份期刊上發表其經典
論文。

　　夏普一開始收到一位匿名審查人員的負面回報，這位審查
人員評述道，夏普的假設中包含了一個重要假設，認爲所有投
資人對證券的預期報酬和風險都會做出相同的預測，這「十分荒
謬」，所有後續的結論也因而「沒什麼意思」。[32]夏普繼續嘗試
投稿到《金融期刊》，但一直要等到新主編上任後，他才成功。[33]
夏普說，「過程中主編換人，最後有其他審查人員進來，新主編
同意發表，這是 1964 年的事了。」[34]

到了 2021 年，夏普的論文如今已被奉爲經典，[35] 在 Google 學術搜尋（Google Scholar）統計中的引用次數十分驚人，超過 26,000 次。[36] 成千上萬的金融學教授與更多的商學院學生認識並愛上了夏普的模型，他們稱之爲「CAP-M」，發音是「cap-em」。少數人仍偏好稱之爲「C-A-P-M」，其中一個便是夏普本人。[37]「現在的我，當我想要鼓勵大家去了解 C-A-P-M 的結論時……我喜歡從肯尼斯‧阿羅的觀點出發，也就是阿羅－德布魯（Arrow-Debreu）[38] 的世界觀……基本概念是，當錢很稀有時，如果你想要錢，那你就要先付出更多；而如果你爲此多付了錢，預期報酬就會降低……其中兩大意涵是，第一，『沒錯，孩子』，承擔風險會得到獎勵，但僅限於承擔無法分散的風險；第二個意義是，你幹嘛要承擔不會得到獎勵的風險？看在老天的分上，拜託你分散投資！指數型基金是有知識作爲根據的……這些基本上是買了非常多證券並盡量壓低成本的基金。」[39]

夏普知道這篇論文將會是他最出色的作品。「我記得，資本資產定價模型這篇論文在審查編輯流程中漂泊了三年，到了 1964 年才終於發表。當時我就知道，我也很確定我是對的，這篇論文將是我寫過最棒的論文，什麼都無法讓我相信我的看法是錯的。那麼，唯一的問題是這篇論文有多好？那時我們還沒有電子郵件，[40] 所以我坐在電話旁邊，等著有人打電話或寫信給我，但沒有，零，什麼都沒有。經過約一年後，終於開始有人注意到了。當時我比較注重的是學術界專業人士是否接受這些想法，但這花

了一些時間。然而，一旦開始之後，你知道的，就有很多支持或反對的行動。

「落實此概念的情形相當冷清，看起來好像永遠都成不了，因為這牴觸了投資界業內人士所做的每一件事。甚至有人登廣告反對，一家投資產業專門雜誌刊登了一篇滿版廣告，圖中代表美國的山姆大叔（Uncle Sam）說：『指數化投資一點都不美國。』」[41]

「也有人認為，根據市值比例買進全部資產，這個想法很愚蠢；實際上需要的是請聰明人做點研究，諸如此類的。當時『隨機漫步』（random walk）運動沸沸揚揚，主要是出自於麻省理工，保羅・庫特納（Paul Cootner）寫的書就是以此為名。在《隨機漫步》一書出版後，保羅有一次在紐約對著 500 名證券業人士演講，介紹他出場的主持人是一名業界領袖。主持人在介紹完之後，便說：『庫特納教授，我想請問一個問題，如果你這麼聰明，那你為什麼不富有？』當然，現場響起如雷掌聲。保羅走向講台，並說：『嗯，我也要請問你一個問題，如果你這麼富有，那你為什麼不太聰明？』因為這句話，讓學術界與專業人士之間的交流倒退至少十年。」[42]

隨著資本資產定價模型的發展，夏普實際上是從所謂的專家或「選股神人」手上把投資這件事搶了回來，放回一般投資人手裡。他把投資變得平易近人，這是指，即使是投資知識不太充分的一般人，也能透過被動式投資組合或指數基金來賺取還不錯的報酬。夏普想了想：「這是好事，這是非常好的事。一方面，

我認為重要的是要理解，並非所有指數型基金都需同樣擔負起社會責任，因此，就我們所知，有很多比較偏狹（的基金），我們也把這些基金稱為指數基金，但這是嚴重誤用，這些基金進行的是……當沖交易或天知道的什麼東西，這些都是賭博和下注的行為。」[43]

 ## 在追求理論的路途上並不孤獨

儘管如此，在追尋一個讓人信服的證券價格模型的旅途上，夏普並不孤獨。「馬可維茲提出了一套必然追求最大化行為的模型，因此，不意外的是，並非只有我在探索這對於市場均衡有何意義。1963 年的某個時候，我收到傑克‧崔諾（Jack Treynor）寄來一篇未發表過的文章，裡面也有相當類似的結論。[44] 1965年，約翰‧林特納（John Lintner）發表了一篇重要文章，結論也非常相似。之後，簡‧莫辛（Jan Mossin）也發表了一個版本，在更一般性的條件下得出相同的關係。」[45]

現在大家所知的資本資產定價模型，可能是由經濟學家傑克‧崔諾發展出最初版本，他在論文中有提到夏普，但沒有明確引用。[46] 崔諾並非以經濟學家的身分開始他的職涯，1950 年代，他於哈弗福德學院（Haverford College）攻讀數學，接著於

1955 年取得哈佛商學院的企管碩士學位。1958 年暑假時，他讀到法蘭科・莫迪里安尼和默頓・米勒（Merton Miller）所寫、如今已經很知名的論文，文中指出在某些限制性假設之下，一家公司的資本結構、即其債權與股權的組合，不會影響公司的價值。[47] 崔諾深受啟發，寫了長達 44 頁的數學筆記，最後成為上述的未發表文章〈市場價值、時間與風險〉（Market Value, Time, and Risk）。他把這篇文章拿給那時他唯一認識的專業經濟學家，也就是哈佛的約翰・林特納。「他沒有給我太多鼓勵，我想，約翰八成覺得我的文章是一大堆胡言亂語。」[48] 後來，米勒拿到一份副本，拿給莫迪里安尼看，後者聯絡崔諾並鼓勵他研究經濟學。崔諾聽從建議，向他任職的李特顧問公司（Arthur D. Little）請了研修假（sabbatical），到麻省理工拜入莫迪里安尼門下。在莫迪里安尼的建議之下，崔諾把之前的文章分成兩篇，第一篇寫於 1962 年，題為〈談風險性資產市場價值的理論〉（Toward a Theory of Market Value of Risky Assets），直到 1999 年才放在一本書中發表。在麻省理工逗留一段期間之後，崔諾返回李特顧問公司時，接到莫迪里安尼的電話。莫迪里安尼說夏普正在研究資本資產定價模型，並建議崔諾和夏普交換文章讀讀看，他們照辦了。崔諾回憶道：「我在想，如果夏普要發表他的文章，那我發表我的又有何意義？」[49] 對崔諾來說，遺憾的是諾貝爾獎不會頒發給沒有發表過的研究。

　　崔諾這篇文章的目的，是建立起一套理論模型，用來衡量含風險資產的市場價格。崔諾的觀點和夏普不同，崔諾有興趣的是估計一家公司面對的資本成本；資本成本對於一家公司的預算管控目的及投資決策而言很重要。估計資本成本的關鍵要素之一是股權的成本，而從公司來看股權成本，就像股票投資人看預期報酬率一樣。崔諾的模型強調投資人希望獲得風險溢價作為補償；如果希望他們承擔更高的風險，就需要提出更高的預期報酬。崔諾不使用「市場投資組合」一詞，但他指出，在他的假設之下，任兩位投資人的持股內容都會是一樣的，差別在於金額不同。他也區分出夏普所稱的市場風險和可分散的公司特有風險。

　　一如崔諾，林特納所做的資本資產定價模型研究，靈感也來自於莫迪里安尼和米勒的研究。林特納取得堪薩斯大學的學士學位後，1945 年於哈佛取得碩士學位，之後繼續在那裡擔任企業管理學教授。林特納希望發展出一套衡量風險性資產價值的理論，以駁倒莫迪里安尼和米勒。他也許是在 1960 年或 1961 年時讀過崔諾的草稿，但他直到 1965 年才發表自己的研究，那已經是好幾年後的事了。[50] 在資本資產定價模型互相競爭的各個版本當中，林特納的模型可能是在數學上最精緻的一個版本，事實上，這篇文章裡有近百條方程式，還有 77 條注腳。林特納在自己的論文中向夏普的論文致意，提到當自己的文章定稿、即將送印時，夏普的文章已經問世了。有趣的是，林特納向幾位同仁致意，感謝他們協助討論並提供意見，但沒有提到崔諾。

　　林特納和夏普一樣，也關心投資人要面對的最佳證券選擇問題，模型中亦有相似的假設，例如以無風險利率借貸的能力。同樣地，林特納也和夏普一樣總結道，訂定股票價格時的重點並非報酬的風險性（或標準差），而是該檔股票的報酬相對於大盤如何變化。

　　1968 年，尤金‧法馬在一篇文章中檢視各種不同版本的資本資產定價模型，他提到夏普的模型和林特納的模型的方法相同，但夏普本人並未注意到自己得出的結論有多重要，其中一大重點還藏在第 22 條注腳裡。[51] 崔諾也同樣不知道自己得出的結論有多重要：「我們如今可以回顧過去，談一談資本資產定價模型的重要性，但若要說這裡有任何實質意義，當時都沒有人明確看出來。」[52]

　　在和夏普差不多的時代裡，挪威經濟學家簡‧莫辛是第四位提出資本資產定價模型其中一個版本的人。莫辛在 1959 年畢業於挪威經濟商業學院（Norwegian School of Economics and Business），並在如今更名爲卡內基美隆大學的卡內基技術學院讀完研究所。就和夏普一樣，莫辛論文的最後一章〈承擔風險理論之研究〉（Studies in the Theory of Risk Bearing）也是他的資本資產定價分析研究的基礎。莫辛很清楚自身研究的重要性，1966 年就發表這篇文章，[53] 早於他 1968 年才寫完的學校論文。夏普在《金融期刊》發表論文，莫辛則選了同樣聲名遠播、但數學傾向更重的經濟學期刊《計量經濟學》。不過，莫辛運氣不好，與金融類期刊相較之下，經濟學類的期刊在眾人心中素有運作步調

緩慢的印象,至今仍未改變。莫辛在 1965 年 12 月送交一份修改過的手稿給《計量經濟學》,這表示,他最初送出論文的時間不晚於 1964 年,也就是夏普第一次發表資本資產定價模型論文的那一年。

　　莫辛主要關注的是整體市場的均衡條件、資產的供給與需求。莫辛引用並批評了夏普的論文,提到他們兩人的主要結論是一致的,但夏普的結論「在均衡條件的規格上缺乏精確性,導致他的部分主張有某種程度上的不確定。」[54] 莫辛討論了夏普「所謂的『市場線』(即資本市場線)」,但可能是為了因應數學上要求嚴謹的學術期刊,他並沒有畫出這條線。莫辛討論「風險的價格」,這是指風險與報酬之間的平衡取捨,類似於今天知名的夏普比率(Sharpe ratio),但他批評這是一個令人感到遺憾的用詞,應該要改用「降低風險的價格」,並打了一個比方,說人們「必然會感到遲疑,不知該不該用『垃圾的價格』來指稱市政府收取的清潔費。」

　　學者當然可以成為反對黨,而且,關於經濟分析中適當的數學嚴謹性應該到哪個程度,也常有不同意見。然而,夏普的資本資產定價模型公式禁得起時間的考驗,其他人也在必要時補上了數學的不足之處。

資本資產定價模型之後

夏普直到 1968 年都留在華盛頓大學（只有他去了蘭德公司那一年例外），他在這段期間教授 16 門課程，涵蓋各式主題，包括財務金融、經濟學、電腦科學、統計和作業研究。[55] 反觀今日，財務金融學界的學者教學慣例，長期以來都是只教兩、三門課。夏普在學術界快速步步高升，1963 年獲得升遷，從助理教授升為副教授，1967 年再升為教授。他在華盛頓大學時，也為波音公司（Boeing Company）、國際商業機器公司（International Business Machines Corporation，即今日知名的 IBM）、蘭德公司、李特顧問公司、麥肯錫公司（McKinsey & Company）以及西方航空（Western Airlines）提供顧問諮商，並在總部設於華盛頓大學的著名期刊《金融與量化分析期刊》（*Journal of Financial and Quantitative Analysis*）擔任副主編。

夏普說他在華盛頓大學的歲月「忙碌且極有生產力」，這種講法實在太過低調謙虛了。從這時候開始，他的履歷上列出了 1961 年到 1968 年出版的 24 項學術出版品（用今天的標準來看，這是很了不起的紀錄），還寫了一本 BASIC 電腦語言的書，1970 年之前又出了兩本書。他的學術研究聚焦在拓展資本資產定價模型，並測試其實證應用。[56]

1968 年，夏普南遷至加州大學爾灣分校。爾灣分校吸引他之

處，是有機會參與一個實驗性的方案，協助創辦一所著重跨學門與量化的社會科學學校，夏普認為自己適得其所。遺憾的是，他的期望落空了。因此，當夏普有機會在史丹佛大學的商學研究所得到學術職位，他馬上跳槽。但他在爾灣分校時還是把《投資組合理論與資本市場》（*Portfolio Theory and Capital Markets*）一書寫完了，總結了他的資本資產定價模型研究。

夏普自 1970 年之後都待在史丹佛，一開始是現任教授，1973 年成為講座教授，之後則是榮譽教授（1989 年到 1992 年，以及 1999 年之後）。後來他說：「我在史丹佛那些年，是任何有志於研究和教學的人都會渴望的時光。」[57] 1970 年代，夏普繼續資本市場均衡模型的研究，把重點放在投資人的投資組合選擇有何意義。他的研究興趣很切合時代。1974 年，美國通過簡稱 ERISA 的《員工退休所得安全法》，針對私人退休金方案制定了規則與要求，其中有一條「謹慎人規則」（prudent person rule），要求管理退休基金的受託人管理投資時必須謹慎行事，包括要分散投資。這些規則及要求與資本資產定價模型相吻合，後者意味著要投資多元的市場投資組合。

1976 到 1977 學年度，夏普跟隨團隊至美國國家經濟研究局（National Bureau of Economic Research）參訪，團隊研究的議題是，相對於放出去的貸款金額，銀行應維持的最低法定資本額是多少。夏普著重的是存款保險與違約風險之間的關係。這個研究案提出警示，指出金融機構已經承擔了超額風險。歷經了 1980

年代的存款與放款風險之後，夏普說道：「關心美國存款與放款機構的那些人，要是在我們提出結論之後的十年間有注意到這件事就好了！」[58] 這句話也很適用於 2007 到 2009 年金融危機期間全球的金融機構。

1978 年，夏普寫了一本非常成功的教科書，書名只有簡單的幾個字：《投資學》（*Investments*）。直到 1999 年，這本書共出了六版。寫書期間，他針對知名的布萊克－修爾斯／默頓（Black-Scholes/ Merton）模型創造出一個簡化版。1970 年代末和 1980 年代間，夏普也在美林證券（Merrill Lynch）、富國銀行（Wells Fargo Bank）和法蘭克羅素公司（Frank Russell Company）提供顧問諮商，把他的研究付諸實行。夏普提到：「理論對實務來說很好，實務有助於你找出要研究哪些理論以及一套理論是否有用。因此，我常常處於一種左右開弓的狀態，在理論與實務的陣營都插上一腳。有時我會把重心放在某隻腳，有時又改放在另一隻腳。」[59] 在美林證券時，夏普主要參與設計服務，以估計貝他值和衡量風險調整過後的投資組合績效。在富國銀行時，他則參與創立指數基金，這是一個極富遠見的想法，發展出現今隨處可見的產品，複製標普 500 指數等大盤投資組合。

這段期間，夏普也發展出一個簡單的「報酬變異比率」衡量指標，亦即現在知名的夏普比率。從數學上來說，夏普比率是一檔股票或一個投資組合的報酬超過無風險報酬的部分、再除以報酬的標準差。這個簡單的指標如今大量用於衡量投資績效。

　　1980 年，夏普榮任美國財務學會會長，他的會長就任演說題目是〈分散式的投資管理〉（Decentralized Investment Management），談及大型機構投資人聘用大量投資組合經理這種常見做法。[60] 在資本資產定價模型裡，這很多餘，因為風險性資產的最佳投資組合不過就是市場投資組合而已。然而，夏普強調區分出**判斷上**的分散（指聘用幾位經理人去投資某個證券子集合）與**風格上**的分散（指投資不同證券的集合），是很重要的。

　　1985 年，夏普又放眼新的研究焦點：處理投資人在決定投資多少錢於各種不同資產類別（如股票、債券、房地產和現金）時會面對的幾個關鍵議題。他替投資人編纂了一套教育訓練素材，包含一本書《資產配置工具》（*Asset Allocation Tools*）、最佳化的電腦軟體和相關的資料庫。1986 年，夏普向史丹佛大學告假兩年，創立了威廉夏普事務所（William F. Sharpe Associates），這家顧問公司聚焦在研究與發展投資程序，以協助退休基金、捐贈基金和基金會進行資產配置決策。他在史丹佛的學術職務也在 1989 年時有所變動，從現任教授轉為榮譽教授，讓他免於一般的教學工作，可投入更多時間經營自家公司。

　　隔年，夏普再度獲得殊榮，與哈利·馬可維茲、默頓·米勒同獲諾貝爾經濟學獎，根據諾貝爾委員會，這些人得獎的理由是「他們在金融經濟學理論中的開創性成就」。華頓商學院的羅伯·李森柏格（Robert Litzenberger）在一篇獻詞中特別表彰夏普在金融經濟學的成就與貢獻：「（夏普的）開創性研究的影響所

及範圍超越學術圈，透過各式各樣的應用去解決投資與金融管理的實務問題，最終強化了資本市場的配置效率。應用範圍廣泛，從衡量共同基金與退休基金的風險調整後表現，一直到決定電力與電話等受規範的自然壟斷事業的價格，無所不包。」[61] 李森柏格特別提到夏普 1964 年的資本資產定價模型論文，說是「以簡單經濟學邏輯展現的絕技」。

至此，夏普似乎已來到事業生涯高峰，但他仍積極從事研究。1996 年，他與人共創金融引擎公司（Financial Engines），率先切入獨立線上投資顧問業務，把焦點放在退休投資業務上。[62]「我有一位法學院的同仁喬‧格倫菲斯特（Joe Grundfest），專攻證券領域，一直都待在美國證券交易委員會（Securities Exchange Commission，簡稱 SEC），我們一起喝咖啡，他對我發表一大篇演說，強調如果我真的想要影響做出這些決策的一般人，我們需要開一家公司，諸如此類的，這算是金融引擎公司的濫觴。他把我介紹給一位律師克瑞格‧強森（Craig Johnson），說他也可以幫忙開公司。基本上，金融引擎公司就是我們三個人創立的，目標是幫助一般員工更善用自己可得到的 401(k) 退休金計畫，替退休存點錢。當然，我們的構想是應用財務金融學術領域做出來的那些研究，這就是我們動手要做的事。」[63]

夏普說明他為何對於退休規劃和投資感興趣。「我和很多人多年來都十分關注我們所謂的財富累積階段，我們為了退休而存錢的階段。這是很困難的任務，因為這是一項跨越多個期間的問

題，旅途很長，我們可以先抄個捷徑，並告知客戶：『嗯，你擔心的是你退休那天可能的財富分配。』然後我們可以停在這裡。要經過多個期間才能到達這個時間點，但至少有一個分配是我們要選擇或分析的目標。

「如果你可以投資真正分散、真正廣泛的市場投資組合，你只需要把錢分成投資這個與投資其他風險低或極低的標的，不管是實質上的低風險或名目上的低風險。但現在，在 401(k) 退休金計畫中，卻沒了這樣的餘裕；你必須使用雇主提供的投資工具，因此這個問題又更加困難了。但我們可以說：『我們可以對照你在退休那天擁有的資金，用某種風險趨避指標來說明你的偏好特徵。』這種只有單一參數的方法，會大有幫助。我現在把心力都投注到提領階段。你在退休之後、或是退休那天要做什麼？不管是哪家公司或單位都好，你在離開之後的那幾年，要如何配置資金和投資？這是一個難度高得更多、更多、更多的問題。

「首先，你不知道你會活多久，也不知道你的伴侶會活多久。其次，你知道，現在有很多可選擇的投資策略，雖然在理想上，這些策略都有一些市場基礎，但不全都是市場投資組合與無風險的投資。還有，第三，我們其實並不知道人們的偏好是什麼⋯⋯你大概需要一個多期均衡模型，而不是一個單期的資本資產定價模型；但要做出來也不是難如登天的事。」[64]

除了在金融引擎公司的實務工作之外，夏普亦繼續進行創新研究。1992 年，他發展出一套用來衡量基金績效的簡單方法，

透過他所謂的資產類別因素模型（asset-class factor model），設法讓事情「亂中有序」：他把基金的整體報酬歸因到各種不同的股票和債券指數的報酬上。[65]他在普林斯頓大學以財務金融為題講課，回顧他之前的研究，並提出考量投資人行為的證券價格分析方法，以授課內容為基礎寫了一本書。[66]

 # 如果無法打敗市場，那就加入市場

夏普提出三大關鍵訊息，摘要了資本資產定價模型裡的根本見解。第一個訊息是市場投資組合很重要，這是唯一重要的風險性資產。「房地產業的三大原則是地點、地點、地點，從某方面來說，投資三大原則就是分散、分散、分散。」[67]投資市場投資組合，是分散投資的終極保證。

第二個訊息是要壓低交易成本。「講到成本，說實話，這就像烏比岡湖（Lake Wobegon）效應[68]論點：一般投資人無法打敗未扣除成本的一般投資人。如果你嘗試找出熱門股或是最出色的新任成長型基金經理人，或者是信奉財經名嘴吉姆・克瑞莫（Jim Cramer）[69]……你最終得要承擔額外的風險，平均來說也不會因此得到報酬，在交易過程中還花了很多錢。」[70]

第三個訊息與承擔更高風險、賺得報酬的不確定性有關。

「根據理論所言，至少廣泛來說，如果你承擔愈高的風險，且讓我們就指市場風險、經濟性風險；換言之，就是指你讓自己陷於某種境地，在時機不好時，真的會虧得一塌糊塗……那麼從某種意義上來說，應該是你『預期』報酬會比較高，或者換句話說，非常長期下來，你的績效會變得比較好；這裡說的「預期」是一個數學上或統計上的概念。這樣的配套給了你更高的報酬，但也帶給你更高的風險。在任何一個期間……你可能賺到較高額的報酬，你可能真的賺到很高額的報酬，但你也可能被倒打一耙，很多人都忘了（金融危機期間股價大跌）。」[71]

有人問夏普怎麼看指數投資，他回答：「我認為指數投資彌補了很多缺點，而且我認為指數投資是一個很好的想法，適合用來處理重要的資金。我並不是指每一分錢都要投入指數投資，但我是個指數投資的擁護者，而且必須是便宜的指數投資。」[72]

夏普指出另一項和散戶投資人從事主動式投資有關的成本。「要納稅的投資人還有另一個擔心主動型投資的理由，主動型投資會比被動式投資更經常實現資本利得，這些都要支付稅金，但你本來可以遞延繳稅、在某些情況下甚至可以完全免稅。」[73]

有沒有主動式的經理人能打敗市場？「當然，在任何特定期間，都有很多主動式經理人在扣除成本之前的績效可以打敗市場和其他被動式的同業，還有非常少數經理人在扣除成本後，可以贏過市場和被動式基金。問題是，要如何事先找到贏家？雖然我很想說，只要找出過去的贏家就好了，但證據並不支持這樣的

主張。某種程度上，這是因為很多過去的贏家只是運氣好而已。至於其他情況，專業投資人之間的競爭會導致價格調整，過去能勝出的方法就不再適用了。」[74] 資本資產定價模型中的另一項重要洞見是，或許有某些策略能提供更高報酬，勝過標普 500 等市場基準指標，但很多這類策略的核心，都只是以隱蔽的方式創造更高的貝他值而已。企管碩士課程上流行用一個丟硬幣的練習來證明這條原理，夏普正是大功臣。在這個範例中，由學生來丟硬幣，有些學生一連多次丟出正面，這就好比資質普通的分析師表現優異，追根究柢不過只是好運罷了。[75]

　　夏普摘要出他認為好的分析師應秉持的四大簡單原理：「分散、節省成本、考慮個人差異，以及放進脈絡當中。」據此，夏普繼續闡述道：「分散、分散、分散！持有的資產愈是接近整體市場投資組合，在你承擔的風險之下，你能賺得的預期報酬愈高。節省成本，則是要避免不必要的投資費用，尤其是管理費和交易成本。考慮個人差異，是要想到一些你所處情況獨有的因素，尤其是你在金融市場以外要面對的風險……最後，要放進脈絡當中。請記住，如果你賭的是市場價格錯了（因而大舉投資單一個股或類股），你就必須提出合理的理由證明為何你對了、市場錯了。資產的價格可不是由來自外太空的某個人所決定的。」[76]

夏普的完美投資組合

最後來談，夏普心目中的代表性完美投資組合是什麼？[77]「理想上，應該是要組成一個實質無風險的投資組合，例如抗通膨政府公債（Treasury Inflation-Protected Security，簡稱 TIPS，這種政府公債的本金和息票會跟通貨膨脹率連動）……以及用市值比率持有全球所有可交易的債券和股票。我所說的，至少在此時此刻，就是『世界型股債綜合基金』。接下來的問題是：『好，如果你現在真的想要投資這種標的，從目前可取得的工具來說，應該怎麼做？』我會去看各種指數型基金、ETF，並且非常、非常謹慎地檢視費用比率，因為你知道的，費用比率會積少成多。

「我把我自己的部分資金就放在這樣的投資組合裡，分成四個部分……分成四份的理由是，如果你利用這四大項而非其他工具，費用會比較低。這些標的剛好都是先鋒集團（Vanguard）的產品，你也可以去找嘉信（Schwab）或富達（Fidelity）的產品。這四大項是美國全股市基金（U.S. total stock market fund）、美國以外全股市基金（non-U.S.，這是一個代表全部股市的基金）、美國全債市基金、美國以外全債市基金。我應該要說美國以外全債市基金是有做貨幣避險的，而我不確定我對這一點有何想法，但現況便是如此。」

夏普針對這段話提出一些很重要的警語，主要是講給一般的

散戶聽：「以上說的是投資的方法，但你一開始要先存夠錢。大多數人、很多人都沒做到。」被問及投資人應該怎麼做、才能多存錢時，他回答：「犧牲，你知道吧？我是指，當你在看長壽的人生、做一點簡單的計算時，數字是很嚇人的。你就是要存非常多錢，因為除了社會安全局（Social Security）之外，不會有別人幫你做這件事。有些人可能希望社會安全局更慷慨一點，至少對低收入的人大方一些，但這可能很難做到。」

　　夏普也提到他參與的「聖戰」，想要讓投資人了解他們為了那些投資商品到底支付了多少費用。「費用事關重大，我認為，理解有（大量的）錢從想要存錢的人、尤其是想要為退休生活累積資金的人手中被轉走，並轉到金融產業，是非常重要的事……不必要的費用實在太多了。」投資人並不會因為支付了費用而得到任何實質的價值。夏普提到，很多正在準備退休的人手上有「大筆的錢」，這是之前沒看過的現象。他特別指出，確定提撥退休方案（defined contribution plan）裡的金額不斷成長：每個人「都想要從中分一杯羹。」從行為學觀點來看，很多新創造出來的產品「（聽起來）很棒」，但到頭來只是透過收取費用以榨取存款。從學術觀點來看，必須好好教育投資人，不要讓人們「被吸進玩弄人類行為傾向的系統」。夏普的完美投資組合包含的條件是盡量壓低費用，而且投資人一定要謹慎。財務顧問或許能為你的投資組合增添可觀價值，但你一定要知道自己付的費用買了什麼，你又得到了什麼。

CHAPTER

4

PERFECT
PORTFOLIO

尤金・法馬與 效率市場

　　我們不斷聽到有人在討論股票**價格**一詞，但卻很少去想這和股票的眞實**價值**有何關係。尤金·法馬（小名吉恩〔Gene〕）提出了一項非常簡單的假說，對於今日的人們如何思考價格相對於價值，影響甚鉅，甚至超越其他任何人：講到股票，你看到什麼就得到什麼。換言之，如果股票市場有效率，那麼市場價格就反映了所有人關於股票根本內在價值的最佳猜測。

　　法馬首先提出了「效率市場假說」（efficient market hypothesis，簡稱 EMH），然後傾注整個職涯，發展出各種方法以測試效率市場假說。效率市場的相關研究，讓學術界忙了好幾十年。聲名卓著的《財務經濟學期刊》（*Journal of Financial Economics*）在1978 年出版特別版專門談這個主題，主編麥可·詹森（Michael Jensen）寫道：「我相信，經濟學上不會有任何其他命題比效率市場假說有更多紮實的實證證據支持。本假說歷經測試，除了極少數的例外，其他都和各種市場的數據相吻合。」[1]

　　市場效率性的概念對於投資業影響深遠，不管是在主動式與被動式投資策略的辯證當中，或是風險在決定股票公平價值的角色上，這個主題到今天仍會引起迴響。這很重要，是因爲如果股票價格是公平的，我們就不應花時間想辦法打敗大盤，導致衍生主動式管理的成本。但如果市場不是很有效率，在法馬提出結論之後，你應該自問明顯的效率失靈原因何在、幅度多大、是否能加以利用，以及你的思考和行爲是不是眞的和其他投資人不同。法馬本人並未宣稱市場隨時隨地都處於完全有效率的狀態，而是

說多數情況下比較接近「有效率」，而且當中的差距很小，很難用來獲利。指數基金之所以會出現並蔚為流行，完全是因為效率市場觀點，而且又緊密貼合馬可維茲提出的「分散投資很重要」的訊息，再加上夏普大力強調市場投資組合的重要性。法馬的實證研究永遠改變了投資管理的實務操作，從而改變了完美投資組合應具備的組成。

 ## 兩大陣營：效率市場假說 vs 行為財務學派

為了領會法馬對於完美投資組合的貢獻，我們要先退一步去理解兩個互相對立的重要學術陣營，這兩邊都有好幾位諾貝爾獎得主為其增光：有一群人支持效率市場假說，比如法馬，另一些人從行為學的角度進行批判，比如羅伯‧席勒（第 9 章的主角）。1960 年代中期，法馬發明了「效率市場假說」一詞，描述一個價格永遠反映所有相關資訊的市場。市場具備效率性，是競爭與自由進出之後的結果。基本的經濟邏輯暗示了市場已經納入可得的資訊，理由很簡單，因為倘若不是如此，人們就可以藉由交易賺到錢。舉例來說，如果一檔股票的獲利成長性前景可期、價格偏低，大家就會買進，把價格推高到等於預期獲利的折

現值為止。到頭來，市場的競爭會在各方面顯現微妙的結果，包括股票對於新聞事件的反應，以及資產經理人非常難以創造出優於指數的績效，這正是測試效率性的試紙。

效率市場假說預測的第一件事是，股價將會遵循隨機漫步。在隨機漫步中，之後的變化是不可預測的，效率市場裡的股價變化也應無法預測；否則，人們就可以輕鬆從中獲利。昨天的價格變化對今天來說應該完全不重要，因為僅有相關的新資訊才應推動股價變化。（用精準的方式來說，股價在針對股利和風險溢價調整之後，應該要遵循隨機漫步。）

隨機漫步的概念可以回溯到 1827 年，當時的植物學家羅伯特‧布朗（Robert Brown）用顯微鏡來檢視水中漂浮的灰塵顆粒，注意到灰塵隨意散布的行為型態，之後為了紀念他，便命名為布朗運動（Brownian motion）。1900 年 3 月 29 日，一位法國研究生路易‧巴舍利耶（Louis Bachelier）順利完成論文口試，他在〈投機理論〉（The Theory of Speculation）論文中提出一個布朗運動模型來解釋類似的隨機變動，差別在於他的目標是證券價格，而不是灰塵顆粒；五年後，愛因斯坦才提出證據，指出原子與分子確實存在，漂亮地判定了布朗的觀察背後的原因。[2] 巴舍利耶的研究被世人遺忘了近半個世紀，後來才被芝加哥大學的數學家倫納德‧吉米‧薩維奇翻了出來，他翻譯了巴舍利耶的研究，並引起保羅‧薩繆爾森（第一位獲得諾貝爾經濟學獎的美國人）的注意。保羅‧庫特納於 1964 年所寫的《股市價格的隨機特徵》

（*The Random Character of Stock Market Prices*）一書裡登載了這篇翻譯作品，還有針對這個主題所做的其他實證研究。隔年，法馬發表論文證明股價變動的隨機性，過沒多久，他在 1970 年又發表了一篇重要文章，強調效率市場假說有強大的實證支持。[3]

　　1970 年代末，市場效率性的新觀點出現了。就像所有古典個體經濟學一樣，市場效率性假設投資人很理性，而市場的效率性不過就是把經濟學上的供給需求帶到資產市場裡。有一派行為學家的學者質疑這項假設；很多人從行為學的角度來批評理性，最知名的包括諾貝爾獎得主丹尼爾‧康納曼和他的長期合作夥伴阿莫斯‧特沃斯基（他之所以無法和康納曼共享榮耀，幾乎完全就是因為過世得太早），以及同樣拿下諾貝爾獎的羅伯‧席勒和理查‧塞勒（Richard〔Dick〕Thaler）。第 2 章也提過，康納曼和特沃斯基於 1979 年在著名的前景理論中提出一套決策模型，模型中的人在做決策時更在乎損失，其權重高於利得。這個模型利用心理學測試掌握到的實驗室證據，與預期效用理論並不相符，後者認為損益之間是有差別，但差異沒有這麼鮮明。行為學上對理性所做的批判，也導引出了實證研究，這些研究裡的投資人顯然不同於簡單理性行為模型所做的預測。行為學家指出，這些明顯不理性的行為可以歸因於投資人的偏誤，例如過度樂觀、過度自信、反應過度、規避損失、從眾行為、機率校準錯誤，以及心理帳戶（mental accounting）等等。第 9 章會再詳談這些行為學家的事。

試圖打敗市場

　　尤金・法馬的祖父母是來自義大利西西里的移民，1900 年代初來到美國，使他成爲自豪的第三代義裔美國人。[4]他的父母、姑姑、叔叔大約是在大蕭條開始時踏入職場，那時工作機會極少，因此他們都做勞力活。他父親是卡車司機，二次大戰期間在波士頓船廠的軍艦上工作。1939 年的情人節，法馬誕生於麻州波士頓郊區的薩默維爾（Somerville），沒多久後，二戰就爆發了。很快地，這一家人短途搬遷，越過神祕河（Mystic River）來到塔夫茲大學（Tufts University）所在的梅德福市（Medford）。

　　小時候，法馬念的是天主教文法學校聖詹姆斯學校（St. James），之後進了莫爾登天主教高中（Malden Catholic High School），這所學校在 1932 年由宗教組織薩威修士會（Xaverian Brothers）創立於麻州莫爾登市（Malden），專收年輕男性。法馬跟其他進入這所學校就讀的人一樣，都是出身自勞工階級家庭的和善年輕人，但有一點不同：他在學業上和運動上都投入了大量的時間及心力。他的體格並不出色，身高不到五英尺八英寸（約 173 公分），但他仍大量參與體育活動，而且很擅長其中幾項運動。他打籃球和棒球，也會跳高，在州運動會上拿了第二名。之後他回憶道：「唯一打敗我的那個人，是第一個跳過七英尺的美國人。但他連運動服套裝都沒脫，就贏我了。他穿著全套

上陣還是贏我。」[5]

　　不過，法馬醉心的是美式足球，他宣稱發明了翼鋒（split end）這個位置，這是擔任線鋒（lineman）的攻擊球員，但站在離攻擊線有一段距離之處；他把自己的發明歸功於生存本能：他努力避免被體型更大的防守截鋒（defensive tackle）打倒。[6] 和這項現代運動裡的許多球員不同，他既能攻也能守。他的同學說過：「我記得在美式足球場上，他是主動積極且無所畏懼的防守員。他在操演訓練時投注全副心力，他全神貫注，隨時都是。我特別記得某次春訓時對上沃本隊（Woburn）的練習賽。吉恩是外線衛（outside linebacker）的位置，他擊倒所有攔阻並順利擒抱。他總會堅持到底，全力以赴。」[7] 1992 年，法馬進入學校的體育名人堂，以表彰他在美式足球、棒球以及田徑方面的成就。一位高中同學提到他「性格非常堅毅，他的人生發展就反映了這一點。」[8]

　　法馬於 1956 年到 1960 年間就讀於塔夫茲大學，他是家族裡第一個進大學的。大二時，他和高中女友莎莉安‧迪米柯（Sallyann Dimeco）成婚，她讀的是天主教女子高中，就在他的學校對面。法馬一心想成為高中老師和體育教練，但在主修了兩年的羅曼語族（Romance languages）之後，他覺得很無聊，於是去修了一門經濟學課程。他隨即被迷住了，也接著去修更多課。

　　在塔夫茲大學時，法馬的其中一位經濟學教授是哈利‧恩斯特（Harry Ernst），他和法馬一樣是個有天分的運動員。恩斯

特才剛從波士頓學院（Boston College）畢業，學生時代就在高爾
夫球方面表現出色（1999 年時，他還榮登大學校隊名人堂），
畢業後的高爾夫球生涯也屢屢獲獎。[9]（恩斯特後來還有 12 次一
桿進洞的紀錄，而且都是在他 60 歲之後。[10]）恩斯特也經營股
市預測服務事業，大三、大四時，法馬就在恩斯特那裡工作，他
的部分工作是創造出一些預測市場的方法。用他收集到的歷史數
據來看，他的策略永遠都可行，但有一個問題：「我努力要替教
經濟學的恩斯特打敗市場，我想出機械性的策略。他總是要我找
來折半樣本*，看看套用新數據時，策略是否有效，但從來都不
成。」[11] 這項心得，對於法馬後來的效率市場研究大有影響。

 ## 那通改變一切的電話

　　塔夫茲大學幾位教過法馬的教授（包括恩斯特在內，大多
數都是哈佛的經濟學博士）鼓勵他去申請芝加哥大學的商學院，
繼續進修研究所。雖然法馬也申請了其他學校並獲得多校的入
學許可，但到了 1960 年 4 月，芝加哥大學仍沒有回覆他，因
此他直接致電學校，接電話的是學務主任傑夫・麥特卡夫（Jeff

---

* 譯注：hold-out sample，隨機將原本的樣本分為兩組，以做驗證。

Metcalf）。麥特卡夫解釋，學校並沒有他的申請紀錄，但他們相談甚歡，於是麥特卡夫問起他的成績。麥特卡夫還說，芝加哥大學有保留獎學金給符合資格的塔夫茲大學畢業生，並把獎學金給了法馬，後者很快就接受了。法馬後來思忖：「我在想，如果那天接電話的不是傑夫，眞不知道我的專業生涯會走上什麼樣的道路。這眞是奇緣！」[12]

法馬在 1960 年到 1964 年間於芝加哥大學攻讀經濟學博士學位，第二年時，他差不多把課都修完了，於是開始參加系上的計量經濟學專題研討。有一次，本華‧曼德博（Benoit Mandelbrot）受邀前來演講，他是 IBM 公司湯瑪斯華森研究中心（Thomas J. Watson Research Center）裡一位備受尊崇的數學家，也是哈佛大學的客座教授，如今大家熟知的是他在碎形（fractal）及其不規則幾何方面的研究。法馬樂於帶曼德博在校園各處走走，並向他學了很多機率分配相關的知識，包括曼德博所做的棉花價格研究。之前提過，許多人都很熟悉常態分配或鐘形分配，在這種分配型態當中，母體會群聚在平均數附近，看起來就像是一個鐘形。然而，曼德博也研究常態分配以外的其他尾部較爲「肥大」的分配，這代表了極端事件發生的機率比較高。

其他對於法馬影響重大的人，還包括後來拿到諾貝爾獎的默頓‧米勒，他成爲法馬在財務金融和經濟學方面的明師；還有哈利‧羅伯茲（Harry Roberts），這位統計學家以其審愼簡潔的實證研究啟迪了法馬。這些人，再加上芝加哥大學的萊斯特‧特斯

勒（Lester Tesler），全都極有興趣研究新興的股票行為領域。隨
著更強大的電腦問世，從事實證研究的時機正好到來。

　　第二年結束時，在米勒的建議之下，法馬選定了論文主題，
研究知名的 30 檔道瓊藍籌股的股票報酬分配，包括美國電話
與電報公司（AT&T）、克萊斯勒（Chrysler）、奇異（General
Electric）、通用汽車（General Motors）和寶僑（Procter &
Gamble）。他屬於第一批使用電腦研究股市的人，以福傳電腦語
言來寫程式。法馬回述道：「我在使用（芝加哥大學的大型主機
電腦）時，晚上要讓給物理系的某個人用……因為那時候的電腦
有限，只有幾台。我們會打電話給 IBM 說：『這台編譯器不能
用，現在它變成這樣了。』他們會笑。第二次之後，他們就笑不
出來了。」[13]

　　法馬 1963 年就修完博士課程，但一直要到 1964 年，他的論
文正式通過審核、刊登在隸屬於芝加哥大學的學術期刊《商業期
刊》（Journal of Business）之後，才獲頒博士學位。當時原稿都是
用打字的，那是一個繁瑣的過程。他說道：「如果你的論文有發
表過，就不用繳交打好字的論文。如果你交的是打字稿，就必須
遵守每一項嚴格的規定。負責審查的人對這件事很狂熱，因此，
如果你可以先發表，就能替自己省下很多時間，不用想盡辦法去
符合每一條打字規則。」[14]

　　法馬在畢業前（1963 年）就已獲得芝加哥大學的教職，他也
一直留在母校。他緬懷起早年時光，說道：「回過頭去看當時，

財務金融的課程都很荒謬可笑……我剛進系上時，教投資學的人沒有半個在教投資組合理論。當時已是 1963 年，馬可維茲的論文發表於 1953 年，但還是沒有人在教。我跑去找默頓‧米勒，問他：『我應該教什麼？』他說：『我們聘請你，是希望你能教新東西。』因此我找來馬可維茲的書、拿給學生並對他們說：『這就是我們要學的東西。』」[15] 法馬於 1966 年從助理教授晉升爲副教授，1968 年成爲教授，1973 年之後則擔任講座教授。「待在學校很適合我的個性。我這人講起話來辛辣又強勢，評論別人的研究時不太圓滑，學校裡到處都是這種人。大家都對彼此不留情面，但這並不是針對誰。」[16]

 ## 揭露肥尾效應的隨機漫步

　　法馬的博士論文〈股票市場價格的行爲〉（The Behavior of Stock-Market Prices）事實上是一篇傑出力作，[17] 他確切地回答了一個困擾投資人和分析師幾十年的問題：過去的股價能預測未來的股價到什麼程度？

　　還記得，法馬在塔夫茲大學時曾嘗試設計能獲利的交易策略，但並未成功。「當我來到芝加哥大學，」他提起舊事，「很多人在談這些事，我也忽然茅塞頓開，想到這或許就是賽局的本

質，報酬根本不可預測，因為市場的運作極有效率。這就是整套
理論的起點。」[18]

　　嘗試在過去股價中找到幾何學型態以指向某種趨勢（這一
派稱為技術分析，也稱為圖表學派）的投資人和分析師，堅稱
過去的價格裡有著重要資訊，這些分析師假設歷史會重演。舉
例來說，如果過去的價格形成了頭肩頂型態（head-and-shoulders
pattern），圖表學派就預測股價會持續跌到肩線以下，就像其他
股票的價格圖表也形成類似的頭肩頂型態時一樣。相較之下，隨
機漫步假說指出，要預測股價並不會比挑中正確的彩券獎號容
易：某些號碼過去出現過，這些號碼在未來出現的機率不會比較
高，也不會比較低。法馬以他所謂「令人反胃的細節」證明，當
他套用到手中以 1958 年到 1962 年 30 檔道瓊成分股日報酬構成
的龐大資料庫中（在當時，這套數據的數量十分龐大），隨機漫
步模型是成立的，任何號稱能預測股價變化的方法都不能可靠地
發揮作用。[19]

　　隨機漫步有幾種不同的類型，一般而言，這是用來描述一種
無可預測後續隨機步伐的過程。來看看以下的範例：你和一名夥
伴一起進行一個擲硬幣賽局，以丟三次決勝負，每一次擲出，正
面與反面的機率都相同。如果你擲出正面就得到＋ 1（你贏得一
元），如果擲出反面就得到－ 1（你輸掉一元）。顯然，你在每
一步中輸贏的期望值都是零，整個賽局的期望值也是。重點是，
賽局中每一次可能擲出哪種結果，都是隨機的。如果你連續丟出

兩次正面，再丟出一次正面的機率仍是一半一半，跟你連續丟出兩次反面的機率是一樣的。

現在，別管擲硬幣，來考慮股價。法馬證明，一如擲硬幣，過去的股價無法預測後續的價格變化。股價昨天漲了 1%（這就好比是擲出一次正面），並不意味著今天會漲或跌。法馬也證明，後續的股價變化遵循一種機率分布，不是擲硬幣時的正／反面機率分布，而是比較接近典型鐘形或常態分配的型態。

法馬總結：「判讀圖表或許是很有趣的消磨時間的方式，但對股市投資人來說並無實質價值。」[20] 此外，他發現統計上的證據與曼德博的棉花價格研究一致，指出股價變化或報酬的尾部比常態分配的預期更肥大，換言之，經常出現某種極端的當日利得或虧損，但如果股票報酬真正遵循常態分配的話，這種情況應該幾十年才會出現一次。

在法馬的經典研究之後的 50 餘年間，市場見證了太多次的肥尾事件。比方說，1987 年 10 月 19 日，道瓊成分股平均跌幅達到前所未見的 22.6%，但兩天之後，這些股票的價格又漲了 10.1%。在 2007 到 2009 年的金融危機期間，以及 2020 年新冠肺炎（COVID-19）疫情初期，當日的漲跌幅達幾個百分點都是很尋常的事。一般認為，這些肥尾事件、也就是更近期所說的「黑天鵝」事件，已經不像過去所想的這麼罕見了。[21] 重要的結論是，在較肥大的尾部確實存在的前提下，股票的報酬風險會高於廣為使用的常態分配模型所預測的水準。這些肥尾經常和反對效率市

場假說混爲一談，然而，自法馬發表論文以來，肥尾已經成爲效率市場假說的一部分。股票報酬的不可預測性，和股票報酬的分配型態並無關係。

 ## 大事件：股票分割所蘊藏的資訊

　　法馬正在寫論文時，總部位在芝加哥大學的知名股市數據來源與財金智庫證券價格研究中心（Center for Research in Security Prices，簡稱 CRSP）仍處於發展初期，數據檔案還不能供他使用，等到法馬寫完論文，這些檔案也開始能供人利用。證券價格研究中心的共同創辦人是商學院教授兼前任副院長詹姆士・羅利（James Lorie），他跑來找法馬，因爲他很擔心沒有人要用這些數據，研究中心也會因而失去資金支持。「你不能想個辦法嗎？」羅利這麼問法馬。「而我說：『好吧，那磁帶裡有什麼東西？』[22] 那時我才剛寫完論文，我靠自己收集數據。他說：『我們有股價，還有股票分割的資料。』裡面有的（除了股價之外）就只有這個了。股票分割。我說：『好吧，那就來研究股票分割。』」[23]

　　股票分割，是指假設一家股價爲 60 美元的公司，以兩股新

股（同樣只是假設）來換一股舊股；這種換股方式一般稱為兩股換一股（two-for-one stock split）。股東現在手上持有的股數多了兩倍，但因為每位股東的股數都多了兩倍，因此持股比例不變。你可能會預期現在每股的價格比過去少一半，但是，有時分割當天的股價，最後的價格卻高於預期，比方說，新股的股價來到 31 美元。如果以效率市場來詮釋這個結果，代表市場參與者認為這份股票分割的宣告，其中包含與股票有關的新資訊，例如這是一個預期獲利和股利會成長的指標。

　　法馬和證券價格研究中心的另一位共同創辦人勞倫斯‧費雪（Lawrence Fisher）合作，再找來研究生麥可‧詹森和理查‧洛爾（Richard Roll），嚴謹地研究股票分割。[24] 他後來輕描淡寫地說：「詹森和洛爾當時是博士班學生，因此我把麻煩的事交代他們去做，這篇論文就是這樣生出來的。」[25] 這群人收集了涵蓋各家公司的 940 椿股票分割相關資訊，時間從 1927 年到 1959 年，跨越 33 年；現在這類研究稱為「事件研究法」，他們首開先例。為了將分割時的相關資訊分解出來，他們對照了分割當月的整體股市，把宣布股票分割當月的股價做調整。之後，他們將所有公司的數據總和起來，檢視分割前後 30 個月的股價。最後，他們計算從第－ 30 個月到第 0 個月（代表分割當月）、然後繼續到第＋ 30 個月相對於整體股市的總體累積超額報酬，亦即所謂的「剩餘」報酬（"residual" return），如圖 4-1 所示。

　　他們發現，累積平均剩餘報酬在分割前明顯提高，在宣布分割前幾個月尤其明顯，但在分割之後，平均剩餘報酬呈隨機分布，約在零值上下。分割之前，各家企業的表現都很好，而且「預期獲利和股利都有大幅成長。」[26] 股票分割多半和企業宣布提高股利有關。由於企業通常不願意調降股利，因此，調高股利釋出的是企業前景看好的信號。累積平均剩餘報酬會拉高並不讓人意外，這張圖表引人注目的是，分割過後的累積平均剩餘報酬相對平坦。分割之後，就沒什麼特別的事了。不論分割股票傳遞了什麼訊息，都會馬上且永遠納入股價當中；訊息並不會在投資人之間慢慢傳開、再拉高股價。

　　法馬、費雪、詹森和洛爾（這四人常被稱為 FFJR，他們姓氏的第一個字母組合）重複這項實驗，將數據分為兩組股票，其中一組之後有調高股利（在投資人的意料之中），但另一組沒有。在前一組樣本中，他們發現了類似前述的情況，差異是在真正調高股利前後，分割後的剩餘報酬正值會稍高一點。然而，在另一組樣本中，分割後的剩餘報酬為負值，就像是投資人預測會調高股利、但最後卻沒有一樣。他們總結道，宣布分割當天出現的正值與之後接近零的剩餘報酬值，是市場確實快速回應了宣布股票分割中所傳達的資訊。

　　作者群將研究結果投到《國際經濟評論》（*International Economic Review*），供其考慮發表。以一般流程來說，期刊主編會指定一位或多位評審盲審，也就是在作者身分未知之下進行審查。評審

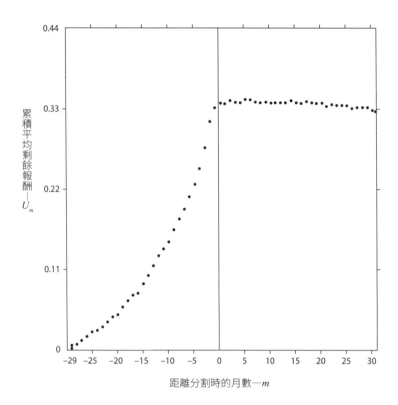

圖 4-1 公司在股票分割前後幾個月的累積平均剩餘報酬。本圖為重印，出處為：Eugene Fama, Lawrence Fisher, Michael Jensen, and Richard Roll, "The Adjustment of Stock Prices to New Information,"International Economic Review 10 (1969): 13。

會評論論文，可能會建議主編退稿，或是要求作者修正以達到可刊出的程度。這篇論文送出後，有一年多都沒有收到主編的回覆，法馬認為這代表被拒絕了。但事實正好相反，作者群後來收

到一封短箋，說評審事實上說的是「太好了，我們會刊登」，這
是過去幾乎從來沒聽過的反應！這位評審的身分後來揭曉，原來
就是法蘭科‧莫迪里安尼，他本人日後也獲頒諾貝爾經濟學獎。

　　法馬後來提到，與日後的事件研究相比，這篇論文的獨到之
處是裡面沒有用來強化結論的正式統計檢定。自此之後，就出現
了成千上萬的事件研究（附帶統計檢定）。

 ## 展現優雅的形式：效率市場

　　如果說街上的一般大眾可能聽過法馬所做的什麼研究，大概
就是效率市場假說。法馬替芝加哥大學商學院寫了一篇文章，後
來於 1965 年以〈股票市場價格裡的隨機漫步〉（Random Walks
in Stock-Market Prices）為題重新發表於《金融分析師期刊》
（*Financial Analysts Journal*），[27] 他在文中寫出「效率市場假說」
一詞之時，也創造出一個歷久不衰的詞彙。在那篇文章裡，法馬
原始的說法是：「平均而言，競爭會導致新資訊對內在價值造成
的效果完整體現，並『即時』反映在實際價格上。」效率市場
就是指「市場裡有眾多追求最大利潤的理性行為人彼此積極競
爭，每個人都嘗試預測個別證券未來的市場價值，而在這個市場
裡，每個參與者幾乎都能自由取得重要的現有資訊……那些已發

生事件之新資訊所帶來的影響,已經反映在個別證券的實際價格上⋯⋯換言之,在效率市場裡,任何時候,證券的實際價格都是其內在價值的良好估計值。」

這個詞彙就這樣流行起來。事實上,1970年時,法馬針對此主題寫了一篇回顧性文章,發表在《金融期刊》,這可能是他早期對於效率市場理論最大的貢獻。[28] 顧名思義,回顧性文章是回顧某個領域由各個不同學者發表過的研究結論,有時候也包括該文作者本人。

在這篇影響力極高的回顧性論文中,法馬綜合了效率市場主題中多數已知的理論和實證研究,然後分成三種不同的效率市場假說版本。效率市場的定義是「市場裡的價格永遠完全反映可得的資訊」,據此,他將研究人員拿來檢測效率市場假說的資訊分成三大類。他定義的弱式(weak-form)檢定,是指僅考慮歷史資訊的檢定,例如技術分析師或圖表學派所使用的資訊。他定義的半強式(semistrong-form)檢定,是考量了所有可得的公開資訊,比如宣布獲利狀況或股票分割、於年報內發布且被基本面分析師拿來使用的資訊。最後,他定義的強式(strong-form)檢定,是考量了所有可得資訊,包括僅有內部或專業人士才知悉的資訊。

在法馬的回顧性論文中,弱式檢定一面倒支持效率市場假說。他摘要的研究結論顯示,股價變動呈現隨機漫步,當中也包括巴舍利耶於1900年所做的出色研究。此外,其他研究人員也

嘗試在股價中找到模式，但就像法馬的博士論文一樣，都無功而返。而且，有人嘗試系統性地複製技術分析師所使用的流程（例如，某些篩選規則是當股價漲幅達一定比例後，就代表要買進並持有，直到價格跌至一定幅度），也無法創造任何超額利潤。

半強式檢定也無法拒絕效率市場假說。之前提到由 FFJR 所寫的那篇文章，除了是最早的事件研究之外，也證明了宣布要進行分割的股票所隱含的資訊，會在宣布分割前後以超額報酬的形式體現，但在宣布之後就不見蹤影；這和半強式的效率市場假說一致。法馬在芝加哥大學的博士班學生（此兩人後來也很快成為教授）雷‧波爾（Ray Ball）和飛利浦‧布朗（Philip Brown），應用同樣的方法來研究獲利時的宣告，進一步支持了半強式的效率市場假說。[29] 他們以公司相對於整體市場而言、當年獲利是增加或下滑，作為樣本分類標準。在年底發布獲利公告之前，獲利增加的公司，整體來說超額報酬為正值；當年度獲利下滑的公司，超額報酬則為負值。在發布獲利消息當月前，在公布的獲利訊息中被預測到的資訊不會高於 10～15%，這是另一項支持半強式效率市場假說的證據。法馬的另一位學生、同時也是未來的諾貝爾獎得主邁倫‧修爾斯（第 6 章的主角），在他的博士論文裡某個部分也提到，在宣布二次發行普通股、反映出某人大舉賣股的負面資訊時＊，市場會出現負面反應。

另一方面，實證證據常和強式效率市場假說相衝突。市場價格中通常不會納入內線訊息，因此可以利用內線訊息來賺取利

潤。舉例來說，研究人員發現，紐約證券交易所負責替某些股票造市、決定價格以媒合買方和賣方的專員，不意外地能以他們的獨占資訊賺得獨占利潤，這顯然駁倒了強式效率市場假說。前文提到的修爾斯，他的博士論文也指出企業幹部擁有獨占資訊，他們也可以善用自己的優勢。與內線交易相關的強式效率市場假說無法成立，並不令人意外。法馬從來沒說過市場時時刻刻無處不效率，他反而暗指市場其實隨時處於無效率的狀態，只是程度輕重而已。反制內線交易的法律與道德，到頭來都會有某些效果，因此，只有某個人才知道的私密資訊並不會顯現在市場價格當中。內線消息拒絕了效率市場假說，這一點正好證明了效率市場假說真正是一項可驗證的命題。

法馬要做的下一項強式檢定，理所當然是檢視專業人士（比如共同基金經理人），看看他們利用除了過往股價之外的其他公開資訊所做的大量分析，能否有機會賺得高於預期的超額報酬。詹森收集到的樣本，包括 1945 到 1964 年的 115 檔共同基金和相關數據，他使用第 3 章討論的資本資產定價模型作為預期報酬的基線，做了一項突破性的研究，最後得以用響亮的「否」來回答這個問題。[30] 基金經理人永遠都可以只持有債券加上被動式市場投資組合，因此，以共同基金高於無風險資產的報酬部分、對整

＊　譯注：指大股東出脫持股，而非公司發行新股。

體市場報酬高於無風險資產的報酬部分做的迴歸圖，就能衡量經理人有沒有利用私下的資訊打敗市場、幅度又是多少；這段差距通常稱爲 α 値（alpha）。如果基金經理人擁有的資訊優於一般的市場參與者，而且與持有被動式股票投資組合加債券的人相比之下、能賺到超額報酬，那他們的 α 値就會是正値，而且具顯著性。詹森發現，平均來說，基金經理人創造出來的 α 値爲負値（如今稱爲詹森 α〔Jensen's alpha〕），就算還沒扣除費用，也一樣是負的。這表示，一般而言，基金無法勝過「買入並持有市場投資組合」的策略。此外，只有三檔個別的基金在統計上顯著勝出，遠遠低於一般人所預期的機率。

　　法馬最近評論了詹森研究的重大影響。「在（1960 年代的）華爾街，沒有標準，而且共同基金也很少，你大可隨口說你的績效有多好又多好。說出『且讓我們來衡量看看吧』，是很直接的挑戰。幾年後，資本資產定價模型問世，接著麥可‧詹森以共同基金的績效爲題寫論文，說眞的，那就像引爆了炸彈。現在，某種程度上來說，你不能逃避實際去驗證你的表現，否則肯定也會有別人去算。這開啟了整個延續至今的績效評估產業。」[31] 到現在，即使學者已經能在研究數據中找到各式各樣違反效率市場假說的情況，但卻少有投資經理人能穩穩地打敗指數，對指稱市場在經濟意義上並無效率的觀點來說，這是一個難以破解的事實。

　　法馬 1970 年發表於《金融期刊》的那篇文章，創造出來的學術進展還不僅限於提出三種效率市場假說形式。在這篇回顧性

論文中，法馬詳述了「聯合假說問題」。要檢驗市場是否有效率，涉及兩項驗證：（1）市場是否將所有可得資訊都納入價格中，以及（2）構成價格的特定方法，尤其是價格會因為風險而折掉多少。由於我們都不知道市場如何構成價格，因此必須仰賴各種模型，如夏普的資本資產定價模型。法馬提到：「根據（預期報酬）假設做出來的測試結果，除了市場的效率性，某種程度上也取決於假設的效度。」[32] 所以，如果某個效率性測試被否決，那可能不是因為市場無效率，而是因為用了錯誤的價格構成模型。因此，一個市場效率性的測試永遠都是同時在測試市場的效率性，以及測試中所用的資產定價模型的效度。市場效率性測試的推論，是多數資產定價模型的測試假設市場是有效率的，因此，這些測試也是聯合測試。就像法馬說的：「資產定價和市場效率性永遠密不可分。」[33]

21 年後，法馬針對自己 1970 年的經典論文寫了一篇後續回顧，提到市場效率性的文獻量已經大幅增加。[34] 他更新了自己提出的三類市場效率測試，轉而聚焦在三類相關的測試：一般性的報酬可預測性（取代弱式效率市場假說）、事件研究（取代半強式效率市場假說），以及內線資訊測試（取代強式效率市場假說），同時重提聯合假說問題的重要性。

然而，法馬這篇論文也特別提到過去 20 年來，有些研究開始駁倒效率市場假說。研究人員發現當週與下週報酬之間有正向關係，小型股尤其明顯。更長期間的報酬也顯現出某種關係，舉

例來說，過去三到五年表現不佳的股票，在未來的三到五年多半表現更佳；過去表現好的股票也呈現相反關係。席勒（第9章的主角）所做的研究指出股價的波動性高於股利；這是從根源上質疑市場效率性，因為今日的股價應該是市場對於未來會實現股利的平均評估值，而且平均數永遠都會比用來計算平均數的個別數字來得平緩。在大量研究相輔之下，法馬提出的反擊論點是，會出現這種現象，只是因為真實市場的平均數會隨時間不斷變化，這點是一大挑戰，挑戰的並非市場效率性，而是市場均衡模型。透過這番辯證，每一位研究財務金融的人都了解到預期的長期市場報酬會有大幅變動，造成席勒看到的價格波動性，也符合法馬、肯恩‧法蘭區（Ken French）以及其他人觀察到的現象：長期來說，價格確實可以預測報酬。

法馬主張，即使有這些相衝突的結論，再加上聯合假說問題導致詮釋結果時充滿了不確定，市場效率性仍至關重要。法馬寫道，研究市場效率性「改變了我們對於報酬行為的看法，包括不同的證券、跨越時間的情形。千真萬確的是，即使學者不認同這些驗證結果對於效率性而言的意涵，但大致上都同意驗證得出的事實。實證工作改變了市場專業人士的觀點與實務操作。」[35]

市場效率性的相關爭論，繼續在投資管理的競技場中沸沸揚揚，讓嘗試打敗市場的主動式經理人對上嘗試模仿市場的被動式經理人。法馬說：「有很多證據指出，即使是專業人士，也並未

證明自己具備任何選股或預測市場拉回的能力。我們根據報酬來認定其技巧高超的多數人，可能只是運氣好而已。」[36] 好運或許比聰明來得更有利，但不保證未來會一樣幸運。

市場效率性的概念，已經擴大到股市之外，甚至跨入籃球界。2015 年到 2016 年的美國籃球協會（NBA）賽季，所有人都盯著衛冕隊伍金州勇士，他們在這一季打破紀錄，贏了 73 場且僅輸了 9 場。球隊的成就一大部分要歸功於明星後衛史蒂芬・柯瑞（Stephen Curry），以及他擅長三分球（在 23 英尺 9 英寸的線外進籃可得三分，而在線內較接近籃框處成功投籃可得兩分）的敏捷身手。《華爾街日報》一篇報導指出，打造出這支球隊的核心是善用「隱藏在眾目睽睽之下的市場無效率」，具體來說就是三分線。[37] 無論是位在 23 英尺或 24 英尺，NBA 球員投球進籃的準確度並無太大差異，但是從 24 英尺以外投球會多得一分，這會拉高每一場球賽的得分並多贏幾場，勇士隊就證明了這一點。在柯瑞的七季賽事裡，他從三分線外出手的命中率高達 44%，是紀錄中最高的比率之一。打造出一個善於成功投進三分球、且鼓勵球員多投三分球的球隊，讓勇士隊得以「勝出」並超乎預期，這也就是《華爾街日報》指稱的市場無效率。當然，在競爭激烈的版圖中，這樣的優勢能否持續下去是個問題，畢竟勇士隊成功挺進 NBA 總決賽後，在七戰四勝的賽程中輸給了克里夫蘭騎士隊。或許，NBA 說到底還是一個效率市場。

資本資產定價模型檢定：貝他值生氣勃勃！

　　法馬剛進入芝加哥大學任職時，多數的投資課程重點都放在學習如何挑出價值被低估的股票。1963 年，他在芝加哥大學開設第一門專門教馬可維茲投資組合理論與夏普資本資產定價模型的課。法馬說：「資本資產定價模型的出現，就像暴風雨過後的清新空氣。」[38] 夏普的模型使資產定價在理論上向前躍進了一大步，羅伯特‧默頓（第 7 章的主角）和其他人又繼續躍進，擴大原本的模型，比方說提出多期或跨期的版本。那麼，這個模型在實務上的效果到底如何呢？

　　法馬和他之前的博士生詹姆士‧馬克白（James MacBeth）是最早一批針對資本資產定價模型做檢定的人，而且顯然也是最有創意的。「法馬－馬克白檢定法」成為檢驗資本資產定價模型的黃金標準，問世之後，在將近 50 年的時間裡受到廣泛應用。[39] 法馬最近說：「這篇論文已經成為檢定資產定價模型橫斷面迴歸的創始論文。」[40] 法馬－馬克白檢定法使用迴歸分析，找出股票報酬相對於該公司資本資產定價模型貝他值之間的直線關係，如果迴歸顯示出正向且顯著的關係，代表支持模型。倘若在模型中加入其他變數，例如股票報酬的變異性或標準差，那就不會出現顯著性。

　　法馬和馬克白用了幾種巧妙的方式設計分析。首先，他們檢視股票投資組合而非個股，以利減少數據中的雜音，比較有機會找出關係。第二，他們很小心估計比研究期間更早期的貝他值，以利避開因為估計和檢定期間相同而在統計上引發的眾所周知的問題。第三，他們不是拿投資組合報酬平均數的貝他值來做迴歸，而是每個月都做迴歸分析，然後計算得出的時間序列（*time series*）估計值。

　　法馬和馬克白得出的結果大致上支持資本資產定價模型，但不是只有他們得出正面結論。差不多就在同一時刻，布萊克、詹森和修爾斯使用一種稍有差異的方法，也得出了類似的結論，差別在於他們的研究支持的是不同版本的資本資產定價模型，這個模型中納入的是一個貝他值為零的投資組合，而不是無風險利率。[41] 資本資產定價模型顯然穩健，因此成為衡量績效的標準，不僅學術界會使用，實務界的執業人士也會使用：一般人已經不再接受基金經理人只會誇口基金創造了多少報酬。如今，基金**相對於市場**的績效很重要，以貝他值來描述的基金**風險**亦然。法馬說過：「被動式管理有了立足點，主動式經理人也明白了自己永遠要如履薄冰。」[42]

三因素模型：貝他已死！

　　早期測試的結果雖然都支持資本資產定價模型是有效的，但隨著時間過去，也開始出現明顯牴觸模型的結果。然而，這些結果通常都被含蓄地指稱是「異常」，而不解讀成否定資本資產定價模型。舉例來說，桑傑‧巴蘇（Sanjoy Basu）發現，獲利股價比（earning-to-price）高的股票，平均來說表現優於獲利股價比低的股票，就算控制住以貝他值來描述的市場風險之後也是如此。[43] 同樣地，羅爾夫‧班茲（Rolf Banz）發現，市值較小的股票，平均來說表現優於市值大的股票，就算控制住以貝他值來描述的市場風險之後也是如此。[44] 巴爾‧羅森柏格和他的共同作者群也找到類似的異常，淨值市價比（book-to-market）高的股票，表現優於淨值市價比低的股票。[45]

　　法馬和經常一起合作的肯恩‧法蘭區，消化吸收了前述研究得出的想法，於 1992 年與 1993 年的兩篇論文中發表了結果。如今，無論是學術界或投資界，處處都可看到這些法馬－法蘭區模型。[46] 法馬近期表示：「資本資產定價模型基本上已歷經 20 年，之後，就像所有模型一樣，就有所謂的異常（出現了）。首先是羅爾夫‧班茲的小型股效益論文，接下來我們還看到槓桿及其他方面的研究，於是，我們在 1992 年寫出〈股票預期報酬的橫斷面〉（The Cross-Section of Expected Stock Returns）這篇論文，將

所有這類結果整合在一起。事實上，我不認為這篇文章很重要。我說過：『這當中根本了無新意。』這篇 1992 年的論文實際上講的是異常百百種，再也不能丟在一邊視而不見。此外，資本資產定價模型的核心預測從來沒有發揮作用。平均報酬與貝他值之間的關係，一直以來都太過平緩了。」[47] 法馬進一步省思：「我的猜測是，如果一次只看一個，這些異常就是新奇的現象，指向資本資產定價模型只是一個模型、一種近似物，因此不能期待模型解釋整個預期報酬的橫斷面。我找不到其他方法來解釋 1992 年這篇文章的影響力，此文並無新意……顯然，把所有負面證據放在同一個地方來看，能讓讀者接受我們的結論，同意資本資產定價模型無用。」[48]

　　法馬和法蘭區的 1992 年論文回顧了資本資產定價模型的關鍵訊息：理論上包含所有已投資財富的市場投資組合，對每個投資人來說都是最佳的投資組合。用馬可維茲的方式來說，市場投資組合具平均數－變異數效率性，在特定風險水準之下的預期報酬最高。如果成立，這意味著兩件事。第一，市場投資組合裡個別證券的預期報酬，是該證券貝他值的正線性函數。換句話說，平均而言，一檔股票的貝他值愈高，賺得的報酬就愈高。第二，市場貝他值（market beta）本身就足以說明預期報酬的橫斷面。＊

＊　譯注：這可以解釋不同證券會出現預期報酬的差異。市場貝他值即最原始的貝他風險指標，從這裡開始，後面還有以其他因素衡量的貝他值，因此特別稱為市場貝他值，並非恆等於 1.0 的大盤貝他值。

如果還有其他因素能解釋股票報酬，那麼原則上應已納入貝他值之中。

法馬和法蘭區在 1992 年的論文中不僅評估了以個股的市場貝他值來解釋平均報酬的橫斷面，還用上了規模（市值，其衡量基準是股價乘以流通在外股數）、獲利股價比、槓桿（相對於總資產的債務量），以及淨值市價比。他們總結道：「兩種很容易就能衡量的變數：規模和淨值市價比，綜合起來可以掌握到平均股票報酬中的橫斷面變異……此外，驗證的時候如果容許使用與規模無相關性的變化型貝他值，市場貝他值和平均報酬之間的關係就會變得平緩、不明顯，就算只有一個解釋變數（貝他值），也是一樣。」[49] 換言之，當他們根據驗證期間之前的貝他值來建構投資組合，貝他值和投資組合報酬之間的關係就不再存在，然而，資本資產定價模型的預測會出現正向關係。

這番驚人的結論，在財務金融學界和投資圈裡都引發騷動。法馬接受《紐約時報》採訪時，坦言他對結果的解讀是：「事實是，貝他值是唯一能解釋股票報酬的變數，這個論點已死。」[50] 他的言論成了一句如今惡名昭彰的狂熱金句：「貝他已死！」[51]

不過，法馬最近提出很重要的說明，以澄清他替貝他值發出的訃聞。「這樣說並不對，正確的說法應該是：還有太多其他因素有助於解釋平均報酬，因此，就算你在平均報酬與貝他值之間找到強力的正向關係，還是會面臨這個問題：有很多模型並未掌握到的因素，看來能捕捉到平均報酬的變異性。」[52]

　　常有人說，要打敗一個模型，就要靠另一個模型。如果從實證觀點來看貝他確實已死，那還有什麼可以取而代之？法馬和法蘭區於1993年發表的後續文章，給了這個世界資本資產定價模型的替代品，而這個特殊的替代品是根基於他們在實證上的發現，而不是深入的理論支持。

　　在這篇1993年的文章裡，法馬和法蘭區延伸之前的研究，根據規模和淨值市價比創造出其他的因素。在資本資產定價模型裡，證券的預期報酬會比無風險利率高多少，完全取決於一個因素：市場。唯一重要的只有市場貝他值，這是單一檔股票報酬率對於市場報酬率的敏感度，而且，以統計上的意義來說，市場貝他值解釋了報酬的橫斷面，白話來說，就是為何某些股票在特定期間的報酬高於（或低於）其他股票。

　　法馬和法蘭區提出兩個額外因素，創建出他們的三因素模型。他們將第一個額外因素稱為「市值」因素（small minus big，簡稱SMB），指的是小型股與大型股之間的報酬差異。第二個額外因素稱為「淨值市價比」因素（high minus low，簡稱HML），指的是淨值市價比高的股票與淨值市價比低的股票之間的報酬差異，前者通常稱為價值型股票，後者稱為成長型股票。（價值型股票的本益比通常也比較低。）

　　這兩個額外因素的根據是過去的實證研究結果，而不是從理論論證當中想出來的。法馬和法蘭區主張，就像資本資產定價模型所指，有些風險因素是市場投資組合無法掌握的。為了驗證模

型，他們收集了 1963 年到 1991 年的每月股票報酬，使用簡單迴歸技巧，以確認三因素對於股票高於無風險利率報酬以上的超額報酬、能解釋到哪種程度。法馬和法蘭區先根據市值把所有股票放進五個「籃子」裡，接著根據淨值市價比，把每一個籃子再分成五個籃子，將美國股市分成總共 25 個投資組合。市場因素仍能解釋大部分的平均報酬率，但這 25 個投資組合的貝他值都接近 1.0。換言之，一旦迴歸中加入另外兩個因素，市場貝他值就不能解釋報酬的橫斷面，從這層意義上來說，貝他已死。對照之下，市值因素和淨值市價比因素能為模型增加顯著的解釋力，而且用這些因素區分後計算的貝他值（不同於資本資產定價模型裡的市場貝他值）非常分散。戰爭已經開打，新的模型來勢洶洶。[53] 多虧了法馬和法蘭區，現在有了一種新方法可用來選擇股票並評估投資組合績效。

　　法馬最近反思了法馬－法蘭區三因素模型的演變歷程。他說，任何資產定價模型，例如資本資產定價模型，都是從市場投資組合開始的。「然後就有了默頓延伸出來的研究（跨期資本資產定價模型），在這個延伸模型中有很多可能成為候選標的的其他投資組合，但願能與各個用來描述某種狀態、例如大漲或大跌的狀態變數（state variable）連上關係。某種程度上來說，我們是以那個模型來建構我們自己的模型，儘管這樣說其實有點牽強，因為我們並沒有要找出任何狀態變數。因此，我認為，從理論性模型無一有效這一層意義來看，我會說這實際上是一種實

證資產定價練習。最根本的理論性模型是消費資本資產定價模型（consumption CAPM），（以實證上得到的支持來說）這很糟糕。」[54]

　　夏普將風險型投資組合（加上無風險資產）界定為市場投資組合（亦即馬可維茲效率前緣上的切線投資組合），法馬據此將自己的想法和馬可維茲的平均數－變異數（報酬－風險）概念連在一起。「資本資產定價模型已經陷入絕境，因此，我的想法是，或許我們要做的是找到一組投資組合，構成具備平均數－變異數有效率的切線投資組合，而且是暫時性的，也許這就是我們能夠做到的最佳地步了。因此，你要善用數據的特質，去辨識可能適當的模型是什麼。我們還沒有到盡頭，因為你會想要在過程中再加一些限制式，你會想要歸結出一些可以用來解釋報酬的所謂投資組合因素。」[55]

　　就像刮鬍刀一開始只有單刀鋒，後來慢慢演變成雙刀鋒、又增為三刀鋒或更多，標準資產定價模型也從單因素到三因素，如今已經來到五因素，這就要提到法馬和法蘭區於 2015 年所做的研究。[56]更近期的研究得出結果，指出三因素模型無法解釋報酬差異，之後，這兩人又加了兩個新變數：獲利能力變數（robust minus weak，簡稱 RMW），這是指「獲利能力穩健公司減去獲利能力疲弱公司」的報酬差異，以及另一個投資變數（conservative minus aggressive，簡稱 CMA），意指「低量保守投資公司減去大量積極投資公司」間的報酬差異。他們的結論

是，這個五因素模型確實比三因素模型更能解釋平均股價報酬的模式，但法馬最近提到：「我們提出一個五因素模型，看起來非常穩健，但我認為這還沒有經過充分的驗證，而我也對於投資因素存疑，因為有一種現象是，那些大量投資的無法獲利小型股，會讓所有資產定價模型出問題。」[57]

然而，這些三因素與五因素模型對市場效率性而言有何意義？法馬是否已經成為市場效率性的懷疑論者？這就要看你怎麼解讀了。雖然這些新模型不必然以特定的財務金融理論為基礎，但如果市值因素和淨值市價比因素等變數、反映出資本資產定價模型裡沒有捕捉到的未知風險因素，那麼，投資小型股或價值股未必是一個超越大盤或賺得超額報酬的方法；投資這些類股反而會承擔除了市場風險之外的風險。因此，藉由投資小型股或價值股而賺到較高報酬的投資人，只是因為承擔了額外的風險而獲得補償罷了。讓我們回到這個問題上：「這些因素究竟是代表未知的風險，還是指向市場無效率？」就像法馬所說的：「學術界針對平均股票報酬的市值溢價和價值溢價所做的研究，已經扭轉了投資管理產業，供給面和需求面皆然。」[58] 另一種觀點是，在千百種可能的投資策略中，只有一小部分風險相關布局真的會造成影響。

資產獲利的可預測性

　　除了在市場效率性概念這點厥功至偉之外，法馬在預測資產獲利的領域也大有貢獻，包括美國國庫券、美國長期公債，以及股票。預測資產獲利是主動式投資組合經理尋找的聖杯，相關研究大多出現在 1970 年代中、直到 1980 年代末與之後。這方面的研究剛好契合法馬的市場效率性研究。

　　法馬有一項最早期的可預測性研究，重點放在美國國庫券。[59]從方法論的觀點來說，這項研究很重要，因為他拿目前價格和歷史價格變化相比較，以檢視歷史價格變化中是否含有任何未反映在現價上的額外資訊，這是一種對效率市場假說所做的驗證。名目與實質（亦即經通膨調整後）利率之間的關係為人所熟知，簡單來說，名目利率應等於實質利率加上預期通貨膨脹率。法馬將一個月到六個月期的國庫券殖利率，拿來和之後的通貨膨脹率相比：名目利率能否預測未來的通貨膨脹率？或者，除了名目利率之外，還有其他因素能預測通貨膨脹率？法馬發現，名目利率已足以掌握所有相關資訊，以預測未來的通貨膨脹率。

　　秉持同樣的精神，法馬以遠期利率作為未來即期利率的預測指標。[60]遠期合約是雙方之間針對未來某樁金融交易中之利率簽訂的契約。法馬特別想看的是，過去即期利率的預測力是否高於

遠期利率。他發現遠期利率的預測力和過去的即期利率一樣，這符合效率市場假說。

法馬和比爾‧舒沃特（Bill Schwert）合作，一起研究不同資產報酬（包括股票）和通貨膨脹之間的關係。[61] 出乎意料的是，他們發現股票報酬和預期通貨膨脹之間有顯著的負向關係，換言之，股票顯然不是良好的通貨膨脹避險標的，至少在短中期來說不是。如果是意外的通貨膨脹，上述關係也成立。法馬進一步研究股價和通貨膨脹之間的關係，以進一步解析這個意外的結果，[62] 他發現，這種負面關係其實代表著股票報酬與實質活動或經通膨調整後活動之間的正向關係，比方說資本支出，這些又可以用資金需求來解釋。

法馬和羅伯‧布利斯（Robert Bliss）搭檔，回過頭來繼續檢視遠期利率是否能預測未來的利率，這一次，他把重點放在一年期到五年期的美國公債上，而不是短天期的美國國庫券。[63] 法馬和布利斯的論文，是另一個說明法馬如何在實證上展現機敏能力的例子。且把預測未來利率想成預測明天的天氣，[64] 如果預測明天的天氣和今天一樣（以統計學家的觀點來說，要利用迴歸方程式），你的預測看來會滿準確的，但這是很空洞的測試，因為我們知道天氣有一些典型特性：以統計術語來說，這稱為序列相關性（serial correlation）。若要驗證你的預測能力好不好，比較好的方法是找出今天天氣與明天天氣之間的**變化**，拿今天天氣與你所做預測之間的**差異**來做比較。法馬和布利斯就是這樣做的，結

果和法馬之前的研究相符,預測一年後的利率變化,基本上就像是把今天的天氣報告當成是明天的天氣預測,沒有太多可以加油添醋的;然而,預測二到四年後的利率變化又是另一件事,此時,遠期利率就很有預測力,而且在較長期間之下,預測會更準確。他們將這種長期變化的可預測性歸因於景氣循環,換言之,他們發現利率有一種週期性的行為,這也彰顯出為何有些東西應該是可預測的。

法馬和長期夥伴法蘭區再度聯手,檢驗是否可預測長期股票報酬。[65] 1980 年代中期之前,多數股票報酬可預測性的研究,都把重點放在嘗試預測下個月的股票報酬,或是找出這星期與下星期、今天與明天之間的模式。法馬和法蘭區檢視了股票投資組合(根據其規模或產業組成)及其明年之後的報酬。他們發現,以三到五年的期間來說,會出現很強的負相關性,換言之,過去三到五年表現很好的股票投資組合,在未來三到五年多半表現不佳,反之亦然。他們特別提出兩種截然不同的可能解釋:一種是投資人並不理性,一種是長期下來預期報酬會有所變化。

在一篇相關的後續追蹤論文裡,法馬和法蘭區檢視了美國整體股市的股利殖利率(股利除以股價)和預期股票報酬之間的關係。[66] 以二到四年的期間來說,股利殖利率可以解釋約四分之一的報酬變異,相比之下,如果是以月報酬或季報酬來看,能解釋的部分不到 5%。當股價相對低(股利殖利率就相對高),預期報酬就高,反之亦然,這當屬直覺的一部分。此一發現本身及其

代表的意義並無新意，但法馬和法蘭區指出，期間拉長時，預測
能力也會提高，而且就像法馬之前做的某些研究一樣，背後有一
個經濟學的道理：預期報酬遭遇負面衝擊時，會附帶對股價造成
方向相反的衝擊。

 ## 書籤：當牛頓和愛因斯坦合而為一

　　由於法馬對於財務金融專業的貢獻既深又廣，使得他在諾貝
爾經濟學獎得主當中獨樹一格。拿到諾貝爾經濟學獎的人通常很
早就到頂峰了，但他自 1960 年代展開專業生涯之後，每十年都
帶動了深具影響力的研究。他最常受到引用的三項研究，發表時
間分別落在不同的十年期間。在一篇強調他於此領域影響力的文
章中，長年擔任《財務經濟學期刊》主編的比爾‧舒沃特（他曾
是法馬的學生），以及同樣也是長年擔任《金融期刊》主編的勒
內‧斯圖茲（René Stulz）等兩位財務金融學者認真思考了他的
生產力：「我們推測，這是一位強悍智者所得出的成果，他深愛
自己所做的事，並且具備無懈可擊的工作倫理。」[67]

　　法馬於 1970 年代寫了兩本書，是任何認真的財務金融領域
學生的必讀書目。《財務金融理論》（*The Theory of Finance*）[68] 是
他和諾貝爾獎得主默頓‧米勒合著的作品，揭示了企業財務金融

的理論基礎，極具權威性，因此被稱為「白色聖經」，[69]該書也成為博士學程的必讀書目，而這群人並非原始設定中的讀者群。「我們是在教企管碩士班財務金融入門課的過程中寫出這本書，就是這樣。我不確定有多少學生真的讀完了，但我們是為了他們才寫的。也因為這樣，這本書在市面上的知名度很低。」[70]

法馬的另一本書是《財務金融的基礎》（*Foundations of Finance*），[71]綜合並擴充了他過去所做的市場效率性研究，也謹慎地鋪出了一條道路，供日後的實證學者跟上來。這本書的源頭是法馬和同事費雪・布萊克（Fischer Black）不斷在爭論的一個問題。「布萊克、詹森和修爾斯針對資本資產定價模型的驗證，寫了一篇至今仍很出名的論文。當時費雪人在這裡，他每天早上很早就會過來，七點鐘，而我已經在工作了。我們會爭論，我不斷告訴他：『費雪，你在布萊克－詹森－修爾斯這篇論文中做的事，就是進行橫斷面迴歸分析而已，就只是這樣。』他們有一套很複雜的投資組合方法，我說：『你只是在做迴歸而已。』他說：『我才不是。』到最後，我寫了《財務金融的基礎》的其中一章，向他證明那就是橫斷面迴歸，然後我說：『嗯，我們何不把這本書的其他部分也寫出來？』這就是這本書的由來。」[72]

除了聲名響亮的資產定價與市場效率性的領域之外，法馬在其他主題上的貢獻也十分卓著，其中一個便是「代理問題」（agency problem）。雖說股東是一家公司最終的擁有者（亦即當事人），但他們把經營企業的責任交給經理人，也就是代理

人。由代理人經營公司，可能會出現意外的「問題」，比方說，和股東並不契合的經理人可能會有動機支付過高的薪資給自己，並且耗用不必要的辦公室福利。法馬和他之前的博士班學生麥可‧詹森，探索了可以減緩代理問題的方法，例如透過強大的董事會。事實上，他有兩篇最常受人引用的論文便屬於這個領域，這項成就尤其讓他感到自豪。「我把自己想成是實證學家（而且一心一意要投入這件事），所以，我很喜歡自己在代理理論上所做的研究，因為這代表理論上的構想有時也能灑進實務的組合裡面，為其生色。」[73]

法馬也屬於早期就接受金融資料庫的人，預示了現代金融經濟學裡的大數據應用。他除了仰賴芝加哥大學的證券價格研究中心資料庫之外，還很早就開始使用 1962 年成立、目前屬於標準普爾公司的電腦統計資料庫（Compustat database）。自 1960 年代起，他就用這些資料庫來做股利方面的研究。他感興趣的領域之一，是公司設定的股利支付目標多高，以及隨著公司獲利增加，這些目標會有何變化。另一個主題則是「股利消失的奇特情形」，分配股利曾經是實務慣例，1970 年代，五家美國企業裡有四家會發股利，但到了 1990 年代末，五家公司裡僅剩一家會發。他也對總體經濟學迭有貢獻，包括貨幣的角色、通貨膨脹的可預測性、匯率的不確定性實際上是多大的風險，以及銀行與存款的角色。

法馬欣喜地說起他在芝加哥大學生涯中和幾位博士生的

關係，包括他進入大學任職後很快就遇見的「一生難得一遇連隊」，這群人包括詹森、洛爾、波爾、馬歇爾‧布魯姆（Marshall Blume）、修爾斯和其他知名學者。[74]「所有投資到這些人和其他約百名我的博士生身上的心血，都賺回了好幾倍，我在他們的事業生涯中向他們學習了很多。」[75] 這些人之中有一位拿到諾貝爾經濟學獎（修爾斯），還有六人成為美國財務學會（此學術領域的頂級學會）的會長，另有四人成為聲譽卓著的（財務金融與會計領域）期刊的主編。[76]

法馬過去的學生，有些後來則成為成功的投資經理人。大衛‧布斯（David Booth）和雷克斯‧辛奎菲德於 1981 年創辦了德明信基金顧問公司（Dimensional Fund Advisors，簡稱 DFA），2021 年時管理資產總值超過 6,000 億美元，該公司很多產品的基礎都是法馬－法蘭區的研究。（2008 年，布斯捐贈三億美元給重新命名的芝加哥大學布斯商學院〔University of Chicago Booth School of Business〕。）克里夫‧阿斯內斯（Cliff Asness）和約翰‧劉（John Liew）於 1998 年共同創辦 AQR 資本管理公司（AQR Capital Management），目前管理資產總值近 1,500 億美元。

法馬長久以來都和德明信基金顧問公司有往來。「布斯來找我說：『我要開一家公司，你要加入嗎？』我說：『當然好，我從來不曾參與過企業經營，所以我要加入。』自此之後，我就和他一起合作……一開始，他們推出的是微型市值基金，相當於紐約證交所成分股中市值最低 90% 的那些股票，這是很小的股票投

資組合。我在 1970 年代做了很多研究，利用遠期利率結構預測較長期債券的報酬，他們很快就根據這些做出一些產品。後來，等到法馬－法蘭區的相關研究出現之後，論文甚至還沒發表，他們的客戶就要求所謂的價值型投資組合。他帶了一位客戶過來大學這邊，我用電腦展示結論，然後這位客戶就說：『好，這個產品我要買 2,000 萬（美元）。』現在，他們所有的產品某種程度都是以（法馬－法蘭區）模型為核心，不管是美國的產品或國際型的產品都一樣。他們的公司很大……在 2008 年到 2009 年之間不斷成長。這是一種證明，如果人們買進的是效率市場，就不會像買進主動式投資一樣，那麼容易就被市場轟出去。」[77]

法馬覺得，德明信基金顧問公司基金的績效，是顯現效率市場發揮作用的範例，而不是反例。「我向來會區分資產定價與效率市場。效率市場是資產定價的（連體）雙胞胎，你無法將之分割。這家公司處理的，是當中的風險－報酬部分。因此，我認為他們的產品風險更高。他們有純粹價值投資組合、小型股投資組合和大型股投資組合，基本上，他們有各種偏向價值的投資組合。」[78]

法馬被尊為「現代財務金融實證研究奠基者」。[79]多數作者都會用到他的市場效率性定義，但卻很少提到他，這正好證明了他的影響力無遠弗屆，這個概念已經深深嵌入人心了。主編舒沃特和斯圖茲提到：「『效率市場』在全世界已經是家喻戶曉的詞彙。效率市場觀點啟發了無數的法律、規範和政策，影響了投資

人做投資決策與評估績效的方法。」[80] 他們觀察到，法馬的論文並非「技術性的傑作」，也沒有使用最先進的計量經濟學，「反之，他的這些（三篇最常受人引用）論文（分別談市場效率、企業治理和資產定價），每一篇都替金融經濟學家開闢出新的道路，讓他們深思自己的領域。」[81] 最後要提的，是科克倫對於法馬某些貢獻的觀察：「他宣告了隨機漫步，之後他在報酬預測迴歸中提出了最關鍵的反駁證據。他驗證了資本資產定價模型，之後又以三因素模型提出最關鍵的修正。這相當於牛頓和愛因斯坦合而為同一個人了。」[82]

 ## 法馬的完美投資組合

最近有人請法馬評論什麼才是投資人的完美投資組合，他的完美投資組合要從市場投資組合開始。「每一個資產定價模型基本上都說市場投資組合是核心，你要從這裡開始。」[83] 然而，自他於 1992 年和法蘭區發表著名的論文之後，他的投資哲學已經有所改變，超過這個範疇了。「在 1992 年以前，在我們寫〈預期股票報酬的橫斷面研究〉之前，我會說每個人都應該持有市場投資組合。現在我會說不是這樣，你的偏好可能會使你稍微偏向小型股、價值股或其他別的。我仍認為市場投資組合是中心，多

數人都應該要持有，因爲這是很便宜的投資方法。持有先鋒集團或類似企業的市場投資組合，是非常平價的。市場上有很多供應商以極低的成本銷售這種產品，但你要很小心，因爲有些人用很高的成本在做這件事。」[84]

法馬繼續說：「我認爲沒有**一種**完美投資組合這種事。我認爲，至少以我目前的世界觀而言，現在有的是一個多維曲面，其特質是裡面有各種不同偏向的連續性投資組合集合，而市場投資組合是這個範疇的中心。總的來說，投資人必須持有市場投資組合，就是這個，而且不管你想用的是哪一個模型，這就是當中的效率投資組合。之後，你可以決定是否要有一點偏倚，偏向其他我們認爲存在不同風險的維度，這部分就是個人選擇了。就像大衛・布斯說的：『分散投資是你的好哥兒們。』如果你決定要有所偏倚，你也會希望盡你所能，以最分散的方式去達成。」[85]

當法馬被問及是否認爲可能會有過度分散這種事，他的回答是：「我認爲不會有這種事。如果你問華倫・巴菲特，人們應該如何處理投資組合，他會說：『被動式投資。』」[86]法馬在此指的是巴菲特遺囑中給財產受託人的指引：「10%的現金放在短期政府公債，90%放在成本極低的標普 500 指數基金。」[87]法馬也評論了巴菲特身爲主動式投資人的投資績效。「每個人都說他是證明了市場有某種無效率的證據，就這一點來說，他是很有意思的案例，但其中有兩個問題。第一，沒有人說你經營企業不能增添價值，沒有人說人力資本這種事是胡說八道。另一點則是，我

們有成千上萬（的商業人士），而我們從中挑選出最成功的，這些人的成就是出於運氣而非技巧；而且，要長時間維持幸運，這樣的機率有多高？所以說，由於人就是因為成就而受到認同，若要釐清這一點，可能會遭遇很嚴重的統計問題。」[88]

　　法馬提出他對主動式管理的其他顧慮，尤其是根據過去績效來聘用與辭退經理人。「我認為投資人面對的一大問題，是他們不理解結果的不確定性是多麼事關重大。舉例來說，我常對機構投資人和財務顧問演講，機構投資人特別會根據過去三到五年的報酬來變更投資組合，我會給他們看模擬結果，讓他們知道那基本上都是雜訊。以過去三到五年的報酬來說，裡面幾乎沒有任何關於預期報酬的資訊。這個結果讓他們很震驚。現實是，天下沒有白吃的午餐，股票的預期報酬率愈高，伴隨的風險就愈大。」[89]法馬的完美投資組合，基本上從追蹤標普 500 指數等廣泛市場的基金開始，接下來，如果你決定要深入的話，可以稍微偏向自己喜歡的風格，如價值股或小型股，但在此同時要體認到，若要賺到更高的預期報酬，唯有承擔額外的風險。

約翰‧柏格與
先鋒投資組合

如今，在威廉‧夏普、尤金‧法馬以及許多傑出人士的倡導之下，投資低成本指數基金的方法已經極為常見。事實上，光是投資美國指數基金的金額就有好幾兆美元。這一切都始於一位先驅——約翰‧柏格（John C. Bogle），或者，他比較喜歡人家稱他傑克（Jack）：1975 年末，他成立了全世界第一檔指數共同基金：第一指數投資信託（First Index Investment Trust），最初的資產為 1,100 萬美元。這檔基金及其姊妹基金慢慢茁壯，變成先鋒集團。柏格於 2019 年逝世，此時集團的管理資產總值已經超過五兆美元。

柏格雖非學者，但他在普林斯頓大學念書時針對共同基金所寫的論文，可以說對於投資業有極大的影響力，幾乎超過任何其他財務金融論文的總合。事實上，普林斯頓大學經濟學教授柏頓‧墨基爾（Burton Malkiel）便若有所思地說，光是柏格提出的成本重要假說（cost matters hypothesis）就讓他有資格拿到終身職了。[1] 先鋒集團戲劇性地浴火而生，是一次基金合併失敗後的產物。啟發柏格的人，是史上最偉大的財務金融學家之一——保羅‧薩繆爾森，他在《投資組合管理期刊》（*Journal of Portfolio Management*）發表的論文刺激了實務界的人，創造出複製如標普 500 等指數的低成本基金。柏格也回應了這番挑戰，在他協助之下創造出來的財富，就算把所有其他經理人都加起來，可能也比不上。舉例來說，據估計，先鋒集團的費用率和美國共同基金收取的平均費用相較之下，光是 2018 年，先鋒的低廉費用就替投

資人省了 200 億美元。[2] 柏格被稱爲「讓投資產業大放異彩的最偉大投資人鬥士」，[3] 任何完美投資組合內都會包含指數基金，這一點就讓他實至名歸。

 ## 大錢就在波士頓

柏格和他的雙胞胎兄弟大衛（David）於 1929 年 5 月 8 日生於紐澤西州佛農鎮（Vernon），過沒幾個月股市就崩盤，大蕭條時代來臨。[4] 他們的父母小威廉‧葉慈‧柏格（William Yates Bogle Jr.）和喬瑟芬‧羅琳‧希普金斯（Josephine Lorraine Hipkins），之前的日子過得很不錯。威廉於一次大戰時在英國皇家飛行隊擔任飛行員，戰後在他父親老威廉‧葉慈‧柏格（William Yates Bogle Sr.）創辦的美國製磚廠（American Brick Corporation）和美國製罐廠（American Can Company）工作。[5]

然而，在 1929 年股市崩盤期間，這個家族的財富遺產化爲烏有。柏格決心幫忙重振家業，十歲時就開始送報。他和雙胞胎兄弟後來就讀位於紐澤西海岸邊的瑪納斯寬高中（Manasquan High School），柏格在學校裡表現優異，但他的家庭生活過得緊張焦慮，父親失去美國製罐廠的工作，雙親也分開了。

柏格千辛萬苦地維繫，讓這裡還像是一個家。他母親決定，

雙胞胎應進入紐澤西州布萊爾斯鎮（Blairstown）的寄宿名校布萊爾學院（Blair Academy），他們的大哥也讀那裡。柏格的舅舅是一位投資銀行家，安排他們拿到工作獎學金。柏格於 1947 年以優等成績從布萊爾學院畢業。

普林斯頓大學給了柏格豐厚的獎學金和學生工作機會，他接受了。他主修經濟學，但也去上莎士比亞、英國歷史和藝術史。柏格在微積分和國際貿易這兩門課讀得很辛苦。在經濟學課程上，他首先讀到的是保羅·薩繆爾森新近出版的《經濟學：入門分析》（*Economics: An Introductory Analysis*），當時的柏格還不知道，薩繆爾森將大大影響他日後的事業。

大三時，柏格開始思考幾個主題，以完成大四論文，這是他主修經濟學規定要完成的項目。1949 年 12 月，在普林斯頓大學某個陽光燦爛的日子，他將要走上一條革新整個投資產業的路。「那時我在普林斯頓大學大三已經念到快一半了，我在新建的燧石圖書館（Firestone Library）閱覽室裡，[6] 努力要趕上新近的經濟學發展，這是我的主修。我正在讀 12 月號的《財富》雜誌，[7] 我翻到第 116 頁，那篇文章的標題是〈大錢就在波士頓〉（Big Money in Boston），這個因緣際會的時刻形塑了我整個事業生涯與人生。」柏格回憶道：「這篇文章是一個出發點，我幾乎是在那一刻就決定要以開放式投資公司的歷史和未來展望為題寫論文。」[8]

這篇文章描述了麻州投資人信託的運作，這是歷史最悠久、規模最大（2.46 億美元）的開放式投資公司（如今比較慣用的

說法是共同基金），成本低且分散得宜。麻州投資人信託也擁有當時美國最大群的股東。公司的董事長梅瑞爾‧葛瑞斯沃德（Merrill Griswold）幫忙起草《1940 年投資公司法案》（Investment Company Act of 1940），希望能推動投資信託，成爲小額投資人的理想投資工具。麻州投資人信託以讓人放心、安心爲號召來銷售投資產品。與當時多數基金不同的是，麻州投資人信託幾乎完全投資普通股，86％的資產都是穩定付息至少十年的股票，並持有 30 檔道瓊成分股裡的 20 檔。《財富》雜誌的那篇文章提到：「麻州投資人信託有興趣的是投資中的長期股息支付能力；他們不是頻繁買進賣出型的交易者，著眼的並非短期利潤，不做空，也從不用保證金買入。」這篇文章也強調了這個小產業的成長潛力。柏格說：「以前人們說這個產業很小，爭議性卻很高。產業的總資產約 20 億到 20.5 億（美元）。我想說：『嗯，好吧，反正我也微不足道，又很愛爭論，而且過去還沒有人針對共同基金產業寫過論文。』」[9]

柏格對共同基金的歷史和原始益處深思熟慮了一番。「第一檔眞正的共同基金是麻州投資人信託，始於 1924 年。在背後推動這個產業前進的，是常識：我會說，第一點，分散，這是一項極度遭到低估的益處；第二點，效率；第三點，以當時來說，相對低的成本；還有第四點，我總是把這一點放在最後，那就是管理，因爲管理無法增添價值，但是有管理階層照看投資，某種程度上會讓人覺得比較放心。順帶一提，當時一般的共同基金和指

數基金很像，有人負責管理，但都是年復一年追蹤市場。」[10] 柏格說：「《財富》雜誌（1949 年那篇）文章所說的那個產業，想的就是去賣手上的產品服務：讓小額投資者能安心、放心的基金，一個主要聚焦在照看基金的產業。反觀今天我們看到的這個產業，主要重點只放在銷售上，這個產業由行銷主導我們要做什麼、要賣什麼，短期的績效才是重點。」[11]

　　柏格也說到投資業在某些方面變得更好，但在其他方面卻不然。基金規模現在更大了，數目更多，而且從目標和投資政策來看也更多樣化。過去十檔基金裡，有九檔和大盤相似，現在這麼做的基金，八檔裡不到一檔（截至 2003 年）。基金管理重心也從投資委員會移轉到明星經理人，然而，「後來證明大多數的明星都是彗星，在某個瞬間點亮了基金的天際，然後就熄滅了。」[12]週轉率變高了。如今擁有大部分股票的不再是個人，而是中介機構如退休基金。共同基金主要的考量點都是怎麼賣，而不是考慮買方；費用在資產中的占比也明顯提高。柏格反思道：「《財富》雜誌那篇舊文章提到大部分基金所做的事，只不過是分給投資人『一小塊的道瓊指數』，並預言似地補充了一句：『持有道瓊指數也不壞。』但如今，不管是變好或變壞、可能算變壞吧，選擇共同基金已經變成一門藝術了。」[13]

在普林斯頓大學寫的那篇論文

　　1951 年 4 月，柏格寫完論文，題目爲〈投資公司的經濟性角色〉（The Economic Role of the Investment Company）。[14] 一開始並不輕鬆，因爲他很難針對這個主題收集到資料。舉例來說，他寫信到美國投資公司協會（National Association of Investment Companies）請求對方提供資訊，於七個月後收到回覆，裡面只有極有限的數據。他也從維森博格每年針對投資公司所做的調查概要當中收集資訊，並且讀了他所找到的一切與《1940 年投資公司法案》相關的內容。「那時我們不像今天有這麼多資料，但我檢視大量基金的績效，發現這些都無法打敗市場。這是一顆在我心中種下的種子，等到 1974 年我創立第一檔指數共同基金，就開出了花朵。」[15]

　　假如重現柏格在 1950 年左右的環境下看到的產業狀態，那會是共同基金的成本低於今日，投資期間較長，而且以分散投資來說，這些基金通常都採取中庸之道的分散路線。[16]「每一檔大型基金看起來差不多都像道瓊指數，從波動性來看的話，這一點更是明顯。維森博格在其共同基金的數據年報中，提報了基金相對於指數的波動性，有幾檔基金的波動性可能是 105％或 107％，這是指波動性（比大盤）大約高了 7％。你也會找到一些基金的波動性低了 10％，但是，沒有波動性高了 30％或低了

30%的基金。當然，平衡型基金是另一回事，這類基金的波動性就是要符合其屬性，也就是只有市場波動幅度的三分之二。」[17]

然而，到了 1960 年代，就出現了積極進取的「冒險投機基金」（Go-Go fund），承諾為投資人創造更高的報酬。根據柏格所言，這類基金裡有些使用可疑的手法提報出色的績效，比方說，向某家公司以半價買進股票，卻以全額計入投資組合當中。「用這種方法創造優秀績效很容易。有一檔名為冒險進取（Enterprise）的基金，大談要改造整個產業，有一年，他們的年漲幅達到 104%，這讓人人眼睛一亮，大家都搶搭這班車，後來，也包括我。」[18]

柏格補充道：「有件事我記憶猶新，論文裡也有寫到，我引用美國證券交易委員會檢視投資產業[19]時所說的話，基本上，共同基金可以藉由以事實基礎、統計基礎為憑的聰明人士表決制來提供有用的服務，這是任何散戶股東都無法做到的。」[20] 換言之，共同基金這類金融機構應肩負起規範性責任，留意散戶股東的最佳利益。

柏格在論文中針對「開放式投資公司」、亦即共同基金的未來，做出什麼結論？「第一，共同基金應以『最有效率、誠實且經濟實惠的方式』管理，應調降基金的銷售費用和管理手續費。第二，共同基金不應引導大眾『期待用管理施展奇蹟』，因為共同基金『不可宣稱優於（無管理的）市場平均。』第三，『（基金的）主要功能是管理其投資組合（也就是對投資人資產的信託

責任），聚焦在『企業的績效上⋯⋯（而非）放在短期間（股票）股份價值的大眾評價。』第四，基金的主要責任『必須是對其股東負責』，爲散戶投資人和機構投資人提供相同的服務。」[21]

　　幾十年後，柏格重新省思他在普林斯頓時寫的論文，以及他寫這篇論文時企圖達成的目標。「這篇論文可能會被視爲先鋒集團的設計藍圖，但我並沒有打算用來設計什麼，當時我只是一個充滿理想主義的年輕人，想要匡正這個世界。我希望共同基金能降低管理費用，我希望他們降低銷售費用，我希望他們以最經濟實惠、高效率且誠實的方式運作，我希望他們不要宣稱優於市場指數，因爲不可能打敗指數。因此，我的論文裡最重要的重點，就是以基金股東的利益爲優先。」[22] 他在論文裡也寫到，基金投資產業的未來「可以藉由把重心放在調降銷售費用（或是佣金費用，當時一般是 6 ～ 9%）和管理手續費」，以發揮最大的成長潛力。[23]

 ## 威靈頓基金：要開貝果店，還是甜甜圈店？

　　柏格正在努力完成大學學業時，他的家庭在費城過得很辛苦。他的父母分開了，母親也行將就木。畢業後，他自然希望在

費城附近找到工作。他去當地幾家銀行謀職，甚至還去了一家券商，之後才來到威靈頓基金（Wellington Fund）。[24] 瓦爾特‧摩根（Walter L. Morgan）在 1928 年 12 月 27 日創辦威靈頓基金，1929 年年中開始營運。一般人會認為，當時並非創辦基金的好時機，但是這檔基金採用平衡型投資取向，廣泛分散到股票和債券上。[25] 基金原名為工業與電力證券公司（Industrial and Power Securities Company），1935 年才更名為威靈頓基金公司。1972 年前都由摩根擔任董事長，之後則由柏格主掌大局，領導接下來的 27 年。（摩根於 1998 年過世，他過世前三個月才剛剛過完百歲生日。）

摩根是柏格的明師，他膝下無子，將柏格視如己出。「他很了不起，是體現正直誠實的中流砥柱，是個多才多藝、文武雙全的人。」柏格回憶道：「他對公司的各個面向都很有興趣。」[26] 摩根的哲學是要保持簡單：把散戶投資人的帳戶集合起來，變成一個大型且分散的基金，交由專家以極高的效率管理。柏格於 1951 年時受聘進入公司。

「瓦爾特‧摩根說，僱用我是他這輩子做過最好的商業決策。我會去做每一件摩根先生希望我做的事，包括把照片掛在他說要掛的位置。一段時間之後，我可以自己決定要把照片掛在哪裡。我們的關係密切而良好。不是真的親密到不行，但絕對是互相欣賞與尊重。他在我身上看到他喜歡的特質。很怪的是，我自

認是一個極普通的人，沒有太多可以誇耀的；我的智力可能比平均高一點，但也沒有高那麼多。如今我坐到了一個很有意思的位置上，甚至還有一個馬克思主義炸彈客革命家考慮對付我。」[27] 柏格讚嘆威靈頓基金一以貫之的投資取向。即使平衡型基金的報酬低於全股票型基金，但資金仍不斷湧入威靈頓基金。然而，基金的成長也開始減速，到了 1960 年代，威靈頓基金的績效已經落後於同類別的平衡型基金。

1960 年，柏格以約翰・阿姆斯壯（John B. Armstrong）為筆名，為《金融分析師期刊》寫了一篇文章〈共同基金管理案例〉（The Case for Mutual Fund Management）。[28] 這篇文章如今讀來格外諷刺，因為柏格力主**反對**追蹤道瓊工業指數等廣泛指數的共同基金。他寫道，從 1930 年到 1959 年，「一流的普通股基金績效優於道瓊工業指數。」這項研究的根據是四檔最古老的分散投資普通股基金，其中三檔的績效優於道瓊指數。有趣的是，柏格引用《金融分析師期刊》1960 年刊登的一篇文章，[29] 該文卻為「無管理」的指數基金提供了論據；而他有異議的是一般常見的誤解：認為道瓊工業指數「無人管理」。

柏格指出，道瓊指數「是根據其目標管理，就跟共同基金一樣。共同基金的目標是成長或收益等等，道瓊工業指數的目標是要代表一般市場，並據以改變。」[30] 他繼續爭論道，主張一檔買進道瓊工業指數的「無管理」共同基金，有幾個弱點：市場的波

動性可能更高，他的研究也指出這一點；無管理的基金可能無法
完全投資，因為必須持有一些現金以因應流動資金需求；週轉成
本可能有損績效。

柏格最近評論了他 1960 年那篇文章，以及文中對相較於主動
式管理基金的「被動式管理」所做的攻擊。「我在那篇文章裡要
表達的，事實上是不應該有道瓊指數基金。倘若你澈底了解如何
經營一檔追蹤道瓊指數的基金，就會知道要追蹤這個指數極為複
雜，而且因為指數是股價加權，基金的週轉率會很高，還有，股
票數目總數一定要等於 30。當時，要經營一檔追蹤道瓊指數的基
金，成本非常高。當時我是在維護現狀，而那是很合理的現狀。」
他指的是當時許多基金都分散投資，而且成本相對低廉。[31]

1960 年代，投資哲學出現變化，脫離了過去的保守觀念。柏
格當時就觀察到：「『冒險投機基金』處於全盛時期，『我們已
經進入新紀元』的想法隨處可見。1965 年，摩根先生把責任託付
給我，要我整備公司以便因應未來，我的反應很迅速，但，唉，
也很不明智。我相信我們需要聰明的新任經理人來經營（威靈
頓）基金，我們需要新增一檔積極成長的基金加入『產品線』，
而且我們應該分散到共同基金以外的領域，跨足退休金管理。」[32]
柏格之後詳述摩根是如何把他叫進辦公室裡，對他掏心掏肺。
「『我不想面對現在這個紀元，我不懂，我太保守，我希望從今
天開始由你經營這家公司。』我想：『當然，你選我一定是對的。』
當時我 35 歲，我的自信心比我的經歷應有的還多了一點。」[33]

柏格找了幾個方法，要把股票基金引進公司裡。他和幾家公司洽談，包括後來變成百能投資公司（Putnam）的法人投資人公司（Incorporated Investors）、西岸公司資本集團（West Coast firm Capital Group），以及富蘭克林坦伯頓基金（Franklin Templeton Fund）的前身，但他們都沒興趣。他講起接下來發生的事：「後來，有一家波士頓的小型顧問公司──桑德克杜蘭潘恩與路易斯顧問公司（Thorndike, Doran, Paine & Lewis），該公司管理一檔伊維斯特（Ivest）基金，那是一檔冒險投機基金，績效好到火熱，但甚為可疑，實際上還有一點憑空捏造。他們也提供『精明出眾的投資經理人』，還把這句話寫在報價裡。威靈頓基金就這樣和伊維斯特基金合併了，事情很順利，直到行不通為止。」[34]

柏格用了一則他鍾愛的比喻，說明為何將冒險投機型經理人帶進威靈頓基金。「有一家很棒的貝果小店，賣的是營養、紮實、堅硬、對人有益的貝果，但外面到處是甜甜圈店，賣的是完全沒有營養的甜食，很容易變成碎屑。然而，如果街上其他人都在買甜甜圈，完全沒有人買貝果，那貝果店老闆只有一個選擇，就是開始賣甜甜圈。」[35]

想要在保守經營 40 年的基金中加入更積極的基金策略，以賺得更高的報酬，用柏格本人的話來說，最後是「難堪的失敗。（威靈頓）基金的報酬糟透了，1966 年時資產有 21 億美元，到了 1975 年暴跌至僅 4.75 億美元，縮減幅度高達 74％。」[36] 他最

近在反省和伊維斯特的合併時說：「我知道這是一場賭博，我知道不會持久，因此，我在慶祝晚宴上送給每一位（伊維斯特的高階主管）一個小小的銀製名片夾，每個名片夾裡都焊了一枚美元銀幣，銀幣中間刻上『平靜』（Peace）一詞。但根本沒有平靜可言，一切四分五裂。他們說我傲慢自大，說我不喜歡集體決策，對這兩件事，我只能說，他們大致上說對了。但他們也沒什麼集體思考，他們當中有一個主導者，卻講得像是集體達成共識一樣。所以，到最後看的就是誰的權力大。在合併過程中，我給了他們超過應有程度的權力。摩根先生說『做你想做的事』，我可以說，我是一個很糟糕的談判者。」[37]

「合併的前五年，你可以說柏格真是天才，但是到了差不多第十年年底，你會說：就算把美國線上（AOL）和時代華納（Time Warner）合併案算進來，這仍是史上最糟糕的合併案。一切都七零八落。他們的管理技能是零，他們毀了自己創立的伊維斯特基金，之後又創辦了兩檔基金並毀了兩者，而且他們還毀了威靈頓基金。公司開始急速縮小，造成傷害的人明明是他們，最後卻決定開除我。我對董事會說，對我們來說最好的辦法，是回復到幾年前的原狀，讓他們回頭經營他們的顧問業務。基金業務毫無價值，我們就付錢買斷吧。要讓董事接受這種說法，也真是太超過了，但他們還願意說：『給我們一些選項，讓我們知道可以做什麼。』」[38]

因此，柏格端出了選項，而且不只提了一個，他一開口就是

兩個革新基金管理的辦法。「我待在一家小公司，但我剛好想到兩個重大的構想。一是成立一家共同基金公司，重點不放在資產管理公司的股東，而是基金的股東；這就是我們要端上檯面的結構性方案。至於我們拿出來的策略性方案，則是指數基金。我們創造出第一檔指數型共同基金，一直要到1990年代中期才流行起來，總共花了20年。現在，指數型共同基金獨占了金融領域的話語權，也永遠改變了基金產業。」[39] 這兩個重大構想之下的產物，便是先鋒集團。

 ## 先鋒集團與「柏格的傻念頭」

柏格被威靈頓管理公司開除（但仍是威靈頓基金的董事長與執行長）之後，他開始思索接下來要做什麼。「我要如何在撲克牌局上贏回我在擲骰子時輸掉的？我去城裡幾家機構探詢過，看看他們想不想要更積極地經營共同基金業務，沒人有興趣。我曾想過在德拉瓦州買下一家由杜邦（DuPont）家族持有的公司，然而這始終沒有成員，因此我只剩下一個選擇：說服威靈頓基金的董事（我仍是董事長兼執行長），要他們別重蹈威靈頓管理公司（這是威靈頓基金的服務供應商）的覆轍，也就是請他們不要開除董事長和執行長。」[40] 董事會答應柏格成立一家新公司，只要

不涉及投資管理和經銷業務即可。

「你可以說，創辦先鋒集團是我嘗試『起而行』，以證明我多年前在論文中的『坐而言』是對的。是行動強化了我早先說的那些話。」[41] 柏格說明了公司名稱的緣起：「我將新公司取名為先鋒，這是源自於海軍的歷史：英法尼羅河河口海戰是英國史上最偉大的勝利之一，英軍在阿布吉爾灣擊沉了法國艦隊。有一路兵力便是由**皇家先鋒號**（HMS Vanguard）上的海軍上將霍雷肖‧納爾遜（Admiral Horatio Nelson）領軍。」[42]

柏格說起引進第一檔指數型共同基金的事，一開始名為第一指數投資信託，後來更名為先鋒 500 指數基金（Vanguard 500 Index Fund）。「先鋒集團於 1974 年 9 月成立，1975 年 5 月開始營運。初始的協議是先鋒的業務僅限於行政，不涉入投資管理或經銷，這些職能會留在威靈頓管理公司。然而，基於策略性的理由，我判定我們必須投入管理業務。我想要打造的先鋒集團，是可以自行控制我們要經營的基金種類、營運方式、交由誰負責經營、我們的股份要賣給哪些人，以及要透過哪些人來經銷股份。」[43]

柏格思考他在論文裡提到的無管理指數基金。他進一步研究過去 30 年來、業內約 60 檔股票基金的平均報酬率，他發現，在不考慮指數成本之下，一般的基金績效每年落後標普 500 指數約 1.5％。如果計入週轉成本（但不考慮銷售費用），他估計，基金的平均年報酬率為 9.6％，相比之下，指數報酬為 11.1％。他出示

證據給董事們看，告訴他們如果 1945 年花 100 萬美元投資這些基金，到了 1975 年，會增值爲 1,600 萬美元；但是，相較之下，投資市場指數的話，可增值爲 2,500 萬美元。「董事認爲我發起共同基金是僭越職權，他們提醒我不可涉入管理業務。我告訴他們，這種基金並無管理，不管你相不相信，他們買單了。」[44]

1976 年 6 月，《財富》雜誌刊登了一篇正合時機的文章：〈指數基金──實現這個想法的時機到來了〉（Index Funds─An Idea Whose Time Is Coming）。[45] 愈來愈多學術研究指出股價傾向於遵循隨機漫步，也有更多人支持效率市場假說，認爲價格會即時且完全反映所有相關資訊（尤其是法馬的研究，我們在第 4 章討論過）。換言之，學術界說，不管做多少基本面分析，都無法讓報酬超越市場本身。市面上有一些退休基金投資指數策略，主要是透過富國銀行運作。[46] 然而，據《財富》雜誌這篇文章所言，幾家聲譽卓著的華爾街公司，例如摩根保證信託公司（Morgan Guaranty Trust Co.），「以蔑視的態度來回應指數型基金……摩根信託部門的執行副總裁哈里森‧史密斯（Harrison Smith）認爲，指數基金根本不是一項值得銀行認眞關注的議題，摩根信託公司的績效無法打敗平均值這種說法，惹惱了他。」[47]

無論如何，爲一般大衆推出的指數型基金問世了。1976 年 8 月 31 日，隨著第一指數投資信託首次公開發行，第一檔指數型**共同**基金就此誕生，發起人正是先鋒集團。誕生的過程歷盡艱辛。「我們很有信心，認爲首次公開發行必會大爲成功，」柏格

敘述道，「我們精密計算，確保這檔指數基金絕對出色，也納入了華爾街四家最大型零售券商作為主承銷商，他們的目標是 1.5 億美元。然而，在結算帳目時，第一指數投資信託的承銷量僅有 1,130 萬美元，與目標相差了 93％。當承銷商告訴我慘遭失敗的消息時，他們建議我們取消這檔交易，因為這麼一點資金根本不足以買齊標普 500 指數裡的 500 檔成分股。我還記得我說：『不，我們不會這麼做。你們難道不明白我們現在擁有的是全世界第一檔指數基金嗎？』」[48]

對於指數基金的出現，競爭對手的反應很苛刻，柏格還記得有一家特別過分。「中城的一家券商（路索德集團〔Leuthold Group〕）在華爾街四處張貼海報，海報上大嚷著『指數基金一點都不美國。幫忙消滅指數基金！』」[49] 基金成立之後吸引到的新資金少之又少。一直要到 1982 年，基金的資產才突破一億美元的水準；1984 年之前沒有任何公司推出競爭的基金。

柏頓‧墨基爾後來稱許柏格的遠見：「指數型基金現在如此受歡迎，導致我們很容易就忘了傑克‧柏格在創立這些基金時是多勇敢、多堅持。人們說這些基金是『柏格的傻念頭』（Bogle's Folly），因為做的事不過就是複製市場報酬而已。但這當然非常重要。在學界，很多人都了解當中蘊藏的智慧，卻只有柏格真的去實踐。」[50]

薩繆爾森效應

從 1974 年 9 月 24 日（先鋒集團在這一天正式成立）到隔年開始營運之間，柏格在《投資組合管理期刊》創刊號上讀到一篇很快就會發揮極大影響力的論文，執筆者是諾貝爾獎得主保羅・薩繆爾森，題為〈判斷的挑戰〉（Challenge to Judgment）。[51] 薩繆爾森主張，指稱投資組合在選股與投資績效上具優越性，是無法證明的說法。雖然某些經理人的績效在某一年或許能優於市場平均，但卻無法重複且持續地做到這一點。即使如夏普、布萊克、修爾斯以及其他受人尊崇的學者，也無法找出「這些天生就具有持續優越投資本領的少數族群或方法。」

柏格回憶道，讀到這篇文章就像是「魔法時刻降臨。芝麻開門，我在論文裡寫到的指數型基金概念被挖了出來。」[52] 他在最恰當的時機碰上這篇論文。「我在讀薩繆爾森的論文時，突然靈光一現。我很快就明白，這條不證自明的命題極為合理妥適：對指數型基金投資人來說，成本就是一切；主動型基金經理人主要在意的是他們自己的獲利能力，卻漠視了客戶需擔負的成本。」[53]

這篇文章「懇求『一些大型基金會在內部成立追蹤標普 500 指數的投資組合，就當成是建立一個單純樸實的模型來比對內部選股能人到底有什麼本領。』」柏格還記得：「面對這項挑戰，我根本抗拒不了。[54] 所有同業都有機會創立第一檔指數型基

金，但只有先鋒集團有動機去做。我合理認為，新成立的先鋒集團（所有人並非外部人士，而是自家股東）應該在這個新概念上『成為先鋒』。我們的目標是以最低成本提供分散得宜的基金，並聚焦在長期上。」[55]

柏格在整個事業生涯中多次和薩繆爾森有所交流，但他們第一次的相遇要回溯到他的大學時代。「（1948 年）我在普林斯頓大學開始念大二時，選了第一門經濟學課程，我們的教科書是薩繆爾森所寫的第一版《經濟學：入門分析》。老實說，我覺得這本書很難讀，我在這個新領域初試身手的表現很糟，期中考只得到 4 ＋（換算成今天的標準是 D ＋）。我的平均分數至少要維持在 3 －（即 C －）才能拿到普林斯頓給我的全額獎學金，如果學期末我的成績未見進步，我的大學生活就完了。我垂死掙扎，但我做到了，低空飛過。」[56]

薩繆爾森於 2009 年過世，在這之前，柏格只見過薩繆爾森六次，但是他們固定通信。1993 年，薩繆爾森替《柏格談共同基金》（*Bogle on Mutual Funds*）一書寫了推薦序。在一封 2005 年的書信往來中，薩繆爾森對柏格說：「我對你的任何微小影響，都不及先鋒集團為我的 6 個孩子和 15 個孫兒所做的。願達爾文保佑你！」[57]薩繆爾森在 2005 年對波士頓證券分析師學會（Boston Security Analysts Society）演說時，說出他對柏格最大的讚美。「我把柏格的發明與車輪、字母、古騰堡印刷術、葡萄酒和起司的發明並列：這種共同基金從未讓柏格變得富裕，但卻提

高了共同基金擁有者長期的報酬，這是太陽底下的新鮮事。」[58]

　　薩繆爾森在更早期也對柏格讚譽有加。1976 年 8 月，《新聞週刊》（Newsweek）登載了薩繆爾森的文章〈指數基金投資〉（Index-Fund Investing），薩繆爾森於文中提到自己多年前在專欄裡就寫過，他注意到某些富有的投資人和企業退休基金開始善用指數投資，但多數投資人都沒有便利的投資工具可用：這種工具「要模仿整個市場，不需支付費用（指銷售費用），而且要將委託週轉率和管理手續費盡可能壓到最低。」[59] 但到了 1976 年 8 月，薩繆爾森樂見他「暗中的祈禱獲得了回應：如今有了一檔名為第一指數投資信託的產品（即柏格的先鋒集團推出的指數型基金）。」[60] 薩繆爾森在文中提到，這檔基金滿足了他列出的五項審慎條件要求中的四項：每個人都能以相對小額的 1,500 美元進行投資、對應標普 500 指數的表現、費用極低（約 0.2％）、週轉率極低，並提供最廣泛的分散投資。唯一的缺點，就是收取的銷售佣金達 6.01％，而這最後一點的祈求很快也獲得了回應。

　　一旦設立指數共同基金的概念積蓄出動能，下一步就是要驗證其在技術面上的可行性。柏格去找一位在他公司任職的投資組合經理詹恩‧塔多斯基（Jan Twardowski），此人剛從華頓商學院畢業，很熟悉電腦程式設計。塔多斯基最近和柏格聊起過去，說道：「我歷歷在目，一切彷彿昨日。有一天，你走到我的辦公桌旁問我：『你覺得你能不能經營一檔指數型基金？』我說：『嗯，讓我先研究一下。』幾天後你又回來找我，並說：『詹恩，

你那個指數型基金的專案研究得怎麼樣了？』我回答：『我想我可以負責一檔指數型基金。』我記得，接下來你就向證券交易委員會提交申請書了。」[61]

　　柏格選擇複製標普 500 指數，因為這是一個市值加權指數，降低了技術面的複雜度，而且退休基金普遍都以此作為基準指標。先鋒的銷售佣金一開始是 6.01％，以當時來說很常見。然而，不到六個月後，就在 1977 年 2 月，先鋒發動了一套無銷售費用的經銷系統。「當董事提醒我不得接手經銷時，我對他們說我沒有要接手，我是要消除它。」柏格如是說，「這不能說不是實話，但別人可能會覺得有點不坦白。到了 1977 年 2 月，我們已經達成目標：一個提供行政、投資管理與經銷服務的完整共同基金綜合企業，一步一腳印把先鋒打造成業界的低成本供應商，消除了銷售費用、推出指數基金，明白體現了這些益處。」[62]

　　柏格也談到學界對於投資領域的貢獻：「你可以說，我們今日能有這個金融中介、亦即代理的社群，都是靠著學術界的貢獻才催生出來的。我寫論文的時候，散戶投資人的持股占比為 92％，其他 8％則在機構手上。如果看一下分散投資的概念（這是基本的馬可維茲理論），並加入夏普所說的投資人決定投資方案中要承受多高風險水準的理論，在在指向投資人需要中介機構。在現代投資組合或效率市場假說的協助之下，投資人也因此開始轉向分散的投資方案，而不再只靠自己分散投資。我認為這是一件好事。」[63]

先鋒集團的成長

　　先鋒集團的成長堪稱驚人，剛開始可說是毫不起眼，但一路走來，管理資產總值已經超過五兆美元。不過柏格淡化了自己的角色。「先鋒 500 指數基金絕對是第一檔指數型共同基金。我不想一直說自己對於投資大眾多有貢獻，我只是竭盡全力為一般投資人打造更好的世界，在這方面，也同時要造福退休基金和機構投資人，而創辦先鋒集團就是其中的核心，先鋒過去是、現在也是唯一的真正**共同**基金公司。」[64] 先鋒集團的成長，有一部分是呼應了金融市場從 1982 年起的蓬勃發展，但集團的成長速度遠遠勝過整體產業。柏格說：「我們自成一格。我們一定要成為全世界最低成本金融服務供應商的幹勁，是成功的必要條件。」[65]

　　柏格認為，少有企業堅持什麼，但先鋒集團卻有，簡單來說，就是照看基金。「公司為股東有、股東治、股東享。」[66] 他解釋道：「管理公司為基金所有，其年獲利約 120 億美元（2007年），大部分（98％上下）都以降低費用的形式返回給基金股東。如果沒有這樣的架構，就很難推出指數型基金。我們約在引進指數型基金時就採取無費用的架構，之後把焦點放在成為共同基金界的低成本供應商。我們 1975 年 5 月開始營運時，我的規劃中第一件事就是要創立一檔指數型基金，要靠低成本才能經營

起來。這是一個雞生蛋、蛋生雞的問題，先鋒集團是雞，指數型基金是蛋，哪一個才是最重要的？」[67]

柏格仔細想了想先鋒集團的成長關鍵是什麼：「一開始就推出共同架構，設計上就是為了服務股東，賣點是成本優勢，這在債券領域特別明顯，現在我們不用去尋求在市場上有競爭優勢的殖利率，因為費用率約為 12 個基點（即 0.12%），相比之下，競爭對手是 82 個基點。在貨幣市場能贏得更輕鬆，貨幣市場沒有太多辦法能提高殖利率，因此，成本愈高，報酬就愈低。長期來看，這番道理在股票市場也同樣成立，只是短期內未必能明顯看出來。因此，關鍵優勢便是架構、架構、架構。接下來，則是策略。我們聚焦在成本最能造成顯著差異的地方，那就是指數型基金。任何一檔指數型基金和另一檔追蹤相同指數的基金多多少少都一樣，因此，成本最低的基金將勝出。同樣的道理也適用於債券基金、貨幣市場基金，或任何性質上較類似大宗商品的基金。所以說，重點是架構，以及遵循架構的策略，這裡的重點不太是我，我不像是建築大師路德維希・密斯・凡德羅（Ludwig Mies van der Rohe）那樣的決策者，我認為我剛好跟他說的相反。那是一個機制性的部分。但除了那以外，還有一個使命性的部分。」[68]

據柏格表示：「很明顯的是，我們正處於指數化引起的革命當中。這重塑了華爾街，重塑了共同基金產業。但指數化做的事很簡單：把股票市場報酬的配置從華爾街拉出來，轉到一般人身上。

我們已經做很久了，但離終點還很遠。」[69] 他之後補充說：「『先鋒』一詞的含意之一是領導和新趨勢，我必須說，我之所以必須成為出色的領導者，是因為我需要找到我的第一位跟隨者。」[70]

 ## 成本重要假說

　　2003 年，在《特許金融分析師雜誌》（*CFA Magazine*）的一篇文章裡，[71] 柏格發明了一個詞叫做「成本重要假說」（CMH），這是拿更有名的效率市場假說（EMH）來玩文字遊戲。柏格稍微嘲弄了薩繆爾森原本對於效率市場假說的崇敬有加，他寫道：「成本重要假說得出的結論明顯到不得了，而且全面適用：投機者在數學上的期望值，就等於交易成本所造成的損失。」換言之，「無論市場有效率或無效率，投資人這個群體必定會因為交易成本而損失等值的市場報酬。」

　　柏格如此形容這兩個假說：「不管是學界、股票經紀人或投資人，大家都知道的一件事是效率市場通常是對的，但不必然永遠都對。如果你認為市場效率很高，但事實上並不然，你就要為此付出一些代價，而這種事不時會發生。但成本重要假說永遠是對的。」[72] 在成本重要假說的火炬之下，他發出的戰鬥令明確又響亮：「現在我們也該知道金融中介體系的成本是多少，知道因

爲週轉而支付的成本高不高，知道經理人爲投資人創造的實質淨報酬是多少，並評估共同基金產業提供的不理性投資選擇對投資人造成的不良衝擊。現在也該是時候，我們要更認眞考慮接受被動式投資全股市、當成一種獨立清楚的資產類別。爲明日的投資人打造一個更好的世界，永不嫌遲。」[73]

柏格隨後以他的成本重要假說爲基礎繼續延伸，從幾個面向拿來和效率市場假說相比較。

效率市場假說	成本重要假說
有很強大的證據支持	證據多到不得了
解釋起來很穩健	解釋起來顯而易見
大致上成立	永遠成立

柏格以無庸置疑的減法邏輯作爲成本重要假說背後的論據：金融市場裡的總報酬減去金融中介機構的成本，就等於實際上交給投資人的報酬。「無論市場多有效率或多沒效率，投資人群體賺得的報酬一定低於市場的報酬，少掉的數值就等於他們產生的總和成本，這是投資的核心事實。」[74]他如此宣告。但是，這些總和成本裡有哪些項目？

柏格歸類出持有共同基金時要考量的三種成本。[75]「我們最常談到且最容易計算的一項，就是基金的費用率，」換句話說，就是每年的費用占資產的比率。「用低費用率的基金投資，就

像我說的，在低成本的池子裡釣魚，是確保你能提高報酬的一個方法。第二項成本，我們就沒有那麼注意了，而且我們不會常常去量化這一項，那就是銷售佣金的影響；如果你買的是要支付銷售費用的基金，就有這一項。第三項是一種隱藏成本，我們知道那確實存在，但不知道到底有多高，那就是投資組合的週轉成本。共同基金會以驚人的速度轉換投資組合，平均的年週轉率是 100％。根據我的估計，任何基金的投資組合只要週轉率達到這個數值，你每年就要多付出 1％的成本：0.5％花在買入這些證券，其中包含對市場衝擊造成的成本，另外的 0.5％是把證券賣掉的成本。」

　　投資人如何降低週轉成本？柏格提供一項簡單的建議：「如果你想消除週轉成本、亦即我提到的第三種成本，那很簡單，是世界上最簡單的事：去買指數型基金。」除了共同基金裡的週轉成本之外，他也提出警告，要小心個人投資組合的週轉率。「交易是你的敵人，因為交易的根據是情緒。」[76]

　　最近，柏格量化出主動式管理基金的「全包成本」，拿來和先鋒的指數型基金相比。[77] 根據他的計算，主動式基金的平均費用率是 1.12％，交易成本為 0.50％，「現金拖累成本」（因為基金多半要持有儲備現金）為 0.15％，銷售費用與手續費為 0.50％，加總起來為 2.27％。然而，先鋒的指數型基金費用率僅 0.06％。此外，主動式管理基金在稅賦上也很無效率（起因於要課稅的已實現資本利得，相較之下，未實現的利得無須課稅），

與指數基金相比之下差了 0.45％，兩者之間的差異因此來到
2.66％。柏格舉了一個例子，假設有一位 30 歲的投資人，投資期
間為 40 年，股票報酬率為 7％，他指出，指數型基金的投資人
會比主動型管理的投資人多出 65％的退休財富。柏格的結論是：
「不要讓複合成本的暴君壓制複合報酬的魔法。」

關於道瓊指數的預測

　　2007 年 12 月 17 日，柏格參加一場為《財富》雜誌讀者舉
辦的問答講座；1949 年時，這份刊物登出的文章啟發了柏格的
靈感，讓他寫出普林斯頓大學那篇論文。當天道瓊指數為 13,167
點，有人問他道瓊指數在十年內會怎麼變動，原因何在。柏格回
答：「會略高於 20,000 點。」[78]

　　2017 年 1 月 25 日，道瓊指數首次漲破 20,000 點，他的預測
準到會讓很多魔術師都眼紅。柏格最近回想起那個講座，說道：
「我不知道我為什麼會這麼想，但我一定是事先做過一些功課才
這麼說的。」[79] 那麼，他實際上是怎麼辦到的？

　　柏格在一系列的文章裡解釋了他的祕訣，包括一篇他最近和
小麥可・諾蘭（Michael Nolan Jr.）合寫的文章。[80] 他靠的是奧坎剃

刀法則（Occam's Razor），這套啟發式的法則說「去蕪存菁之後最簡單的解決方案，很可能就是正確的解決方案」；他的根基則是凱因斯 1936 年經典之作《就業、利率與貨幣一般理論》介紹的概念。據凱因斯說，報酬來源有兩種：一種是冒險（enterprise），當中就包括企業獲利；另一種是投機（speculation），與市場心理有關。

柏格定義了冒險報酬，亦即投資報酬：最初期的股利殖利率，再加上預期獲利成長。這個定義符合知名的股利折現模型 $R_t = D_0 + G_t$，其中 R_t 是一段期間的預期報酬（例如十年），D_0 是 t 期間一開始時的股利殖利率，G_t 是 t 期間內每股盈餘名目年成長率，代表了預期股利成長率。[81] 他加了一個項目來掌握凱因斯所說的投機報酬：$\Delta P/E_t$，換句話說，這就是 t 期間內本益比的預期變化率。

柏格將得出的模型稱爲「柏格股票報酬來源模型」（Bogle Sources of Return Model for Stocks，簡稱 BSRM/S），他以這個模型作爲預期未來股票報酬的基準。他指出，投資報酬在過去一個世紀與更早之前都極爲穩定，但投機報酬元素則否。另一方面，投機報酬通常也會回歸均值（revert to the mean），換言之，如果市場的本益比高於歷史的平均值（約爲 16 倍），那麼，在接下來的十年期間通常都會下滑；當本益比低於平均值，就會出現相反的現象。

　　柏格於 2007 年得出十年預測值的完整回答如下：「現在道瓊的殖利率是 2.2％，相較之下，標準普爾是 2％。由於我預期股票的報酬率為 6％到 7％，因此道瓊一年應該要成長 4％到 5％。在未來十年裡，假設年成長率是 4.5％，十年下來就會成長 55％，那就是比 20,000 點稍高一點，可能多一點或少一點。但是，懷抱這種預期的人要做好準備，這一路上會有很多的高低起伏。」[82] 換言之，根據他的公式，在股利殖利率為 2.2％且預期成長率約為 4.5％之下，預期股市報酬成長率（含股利）約為 6.7％，當中不包括任何投機報酬。

　　為何排除投機報酬元素？就像柏格說的：「如果你回顧上一個世紀的美國商業史，就會發現股票的（本益比）效應為零。所有創造出來的報酬都是投資報酬、股利殖利率和企業獲利成長，本益比效應（即投機報酬）有漲有跌，百年來上上下下，到頭來就和一開始時一樣。因此，請忽略投機謀略，專心賺取根本報酬，這才是讓股票成為良好投資的理由。」[83]

　　說到底，柏格不認為自己在預測景氣。「我不認為這是預測。（預告道瓊指數將稍高於 20,000 點）看起來像是預測，但我認為這是提出合理的期待。」[84]

柏格的完美投資組合

看完柏格令人驚豔的計算之後,現在我們回來看看他認為是什麼構成了完美投資組合。他針對投資新手提出以下的基本建議:「以簡單為憑;以廣泛分散、低成本的基金擁有美國企業或全球企業。」[85] 他的建議,不是叫你去挑一檔你認為績效可能會比一般表現更強的基金。他說:「不要再嘗試撈針,投資大海就好。擁有整個美國股市。在今日,要做到這句話,就跟說起來一樣容易,」[86] 只要投資低成本的指數型基金就好,例如先鋒集團提供的那些產品(那是當然的)。

根據柏格所言,投資有四大要項:獎酬、風險、時間和成本。「只有一個要項是我們無法控制的:獎酬。但我們可以掌控其他三項。」[87] 透過分散投資可以緩解風險,消除「個別股票的風險、市場類股的風險,以及經理人選任的風險。」[88] 關於最後一點,他說得很明白:「基金投資人相信,自己可以輕易找到優越的基金經理人;他們錯了。」[89] 拉長投資期間,有助於好好生一窩蛋,因此,他建議的投資期間是:「永遠持有。」[90] 他給較資深投資人的建議則是:「要忽略反映在金融市場裡的短期情緒雜音,聚焦在企業具生產力的長期經濟發展上。」[91] 還有,低成本能拉高報酬,如他的成本重要假說所示。

投資人的資產配置應如何隨著時間變化?柏格的基本原則是

這樣的：「你一開始應該大量投資股票，持有一些債券和股票指數型基金。當你比較接近退休或要退休時，你應該持有大量的債券指數型基金和股票指數型基金。」[92]

柏格表示，稅務是一個重要考量。「要小心稅金。如果你把基金放在退休金方案裡，你可以不管稅金，但若你是放進私人帳戶，就要考慮涉及的稅賦成本。」[93] 據他估計，「光以稅賦的效率來說，主動式經理人每年約輸給指數 120 個基點。」[94]

柏格自己的投資組合在他過世前又是怎麼樣的？他身體力行他所傳揚的道理。「我大部分都指數化，85％到 90％都放在股票基金，但我也留著一些我稱為『傳承基金』的資產，那些是從我經營威靈頓管理公司以來投資多年的標的，包括威靈頓基金、溫莎基金（Windsor Fund）、探險家基金（Explorer Fund）、盛值基金（Primecap Fund），以及其他同類基金。我持有這些基金，而這些基金給我的也差不多就是市場報酬率，因為這些產品的分散度都很高，這在我的基金中占 20％，我不打算改變。我應該談一談債券部分，我放在我的退休方案帳戶裡，是我最大宗的投資……而在我的個人帳戶裡，我持有 100％的市政債券基金，其特性跟指數非常相像。」[95]

柏格的債券基金中大約有一半是中期債券，另一半是較短期債券。[96] 以投資債券的百分比來看，「投資人使用其他方法的結果可能糟很多，可以考慮套用讓債權投資組合比率等於年齡的經驗法則。」[97] 他評論目標日期基金（target-date fund）時提

到：「這些產品還可以，但我不認為是萬靈丹。以年齡為基礎的系統（例如投資債券的比率等於投資人的年齡）是否比其他系統更好，還有待觀察。」[98] 此外，「你不應該投資以短期為基礎的債券。」[99]

柏格並不熱衷於經常再平衡（rebalance）資產配置目標，也不支持戰術性資產配置或市場時機操作。在最好的情況下，一年再平衡的次數都不應該超過一次。[100] 他的資產組合約為50%投資股票，50%投資債券。[101] 他認為，了解自己是什麼樣的投資人也很重要。「你是投資人還是投機人？如果你不斷在改變，你是在投機。」[102] 舉例來說，他覺得投資大宗商品就是投機；只要你的主要意圖是打算用比買入價更高的價格賣給別人，那就是投機。

柏格對擔心波動的股票投資人提出以下建議：「把眼睛閉起來。」[103] 他鼓勵投資人持續性地投資。「如果賺到的報酬比較低，嗯，最糟糕的行動就是去尋求更高的收益。你只能再多存一點錢。」[104]

柏格提出警告，指出投資人太過強調資產，太不注重預期的退休收入，包括社會安全退休金。「投資人犯下大錯，太過注重帳戶的價值，又太不關心他們想要得到的每月收入。市場很可能嚴重下挫，但股利不變。」[105]

雖然柏格大力支持指數投資，但他明確區分出傳統指數型基金（traditional index fund，簡稱TIF）與指數股票型基金（ETF），

這是他最終熱愛的幾個主題之一。「TIF是我創造出來的，用來指稱**傳統指數型基金**，例如原始的大盤、低成本、無銷售費用的指數基金，設計上是買進後『永遠』持有。」[106] 範例之一，是複製標普500指數的先鋒基金，但這個類別裡也包括國際指數基金和債券指數基金。另一方面，ETF又比較專門化了，然而，即使是廣泛型的ETF，例如同樣也複製標普500指數的道富集團（State Street）SPDR基金，交易量和贖回量都出現了大幅震盪。以TIF來說，「你不能挑選市場的區塊，你是以極低的成本挑選整個市場，TIF的現金流量波動性也比較低。至於ETF，嗯，你永遠不知道會發生什麼事。從2007年到2009年，TIF沒有哪一個月出現資金流出，但ETF會出現某個月市場走高時吸引700億美元進來，下個月市場走低時被贖回400億美元，短短兩個月，市場走高與市場走低之間的現金流就差了1,100億美元；而傳統指數型基金的高低差可能僅有20億美元。所以說，持有部位有差別、你對市場未來幾年走向的看法有差別。ETF代表的是非常不同的市場，這是一個交易型的市場，是一個投機型的市場，是一個冒險者的市場。」[107] 柏格的建議是堅守傳統指數型基金。

說起個人的完美投資組合，柏格把錢投資到他所主張的地方：他幾乎完全投資在股票和債券指數上。有趣的是，他在捐贈投資上的比例稍有不同。柏格在布萊爾學院設立了一個獎學金基金，由他負責管理。在他過世前十年，他把90％的資產配置在威靈頓基金（這檔基金是廣泛的美國股票和債券組合）和一檔平

衡型指數基金。「這裡的想法是不要把所有資金都投資到平衡型基金，因爲可能會發生某些狀況，導致經理人需要調整。然後，我擬定了兩種權宜計畫以防萬一，把5%的資金放在某個新興市場指數，接下來我希望你好好聽清楚，我把另外的5%拿來投資黃金。這個投資組合在設計上是要永遠持有、撐過所有極端情況。這樣一來，就變成兩檔平衡型基金，約62%是投資在股票上。」[108]

　　對於一個完美投資組合裡的資產配置該是什麼樣的，柏格提到，退休前後真的不需再平衡或是做出重大改變。「我的總結是，固定再平衡並不是很糟的做法，但沒有必要。我得出的結論是，60%比40%（分別指股債的占比）可能是最好的選擇，不要在目標日期退休方案中從80%比20%調整爲20%比80%。」[109] 當他88歲時，投資組合仍在股債之間平均分配。「但是，」他說，「我把一半時間花在擔心我是不是買太多股票，另一半時間擔心我是不是買太少股票了。」[110]

　　柏格在1994年的經典之作《柏格談共同基金》（2015年有新版）裡，樹立起幾個堪稱智慧之柱的原則，[111] 其中之一是當你有幾個可行的方案能解決某個投資上的問題時，最簡單的那個通常也是最好的。在複利的魔法之下，時間會讓累積的資本大幅增長。不管任何投資，分散都是關鍵。請記住，風險、報酬與成本，是「永恆投資三角形」的三個邊，中間點有一個強大的磁鐵，不斷把市場報酬拉過來。你可以有穩定的本金或是穩定的所

得流，但無法兩者兼得；就算有可能，你也很難得知市場不知道的東西。還有，要以長期來思考。

柏格重述他的四項主要投資概念，他相信其他的都可以忽略。[112] 首先，不要執著於再平衡投資組合，一定要的話，一年一次通常就夠了。

第二，股票投資要聚焦在美國市場。「我們的投資人保護措施做得最好，也有最好的法律制度。」[113] 投資那些總部設在美國的跨國企業，已經是間接布局國際市場；很多人（包括先鋒集團的研究團隊）[114] 認爲這樣的立場太極端。柏格同意將 20％的資產配置到國際股票是很好的，然而，在國際市場從事更高比例的股票投資，在他看來，邊際效益極低：「如果你將比重從 20％增到 40％，而海外股票的績效每年勝出 2％，這已經很驚人了，但你得到的效益僅有 0.40％。」[115]

第三，分散投資時，唯一必要的資產類別是債券，其他的資產類別投資都不是必需，例如房地產或其他替代性投資。

第四，要保持簡單。這代表要考慮低成本的投資，如指數型基金。「沒有任何理想投資組合或完美投資組合能夠忽略成本。」[116] 換言之，無論投資標的是股票、債券或其他投資類別，都要考量取得與持有資產時的成本對最終報酬所造成的衝擊。舉例來說，如果你選定的投資，持續性成本比另一項類似的投資高了 3％，30 年後，你最終獲得的價值只有低成本選項的 40％。[117]

由於柏格多年來提供了諸多穩健的投資建議，因此，當他收

到支持者的來信也就無須訝異了。「其中最棒的一封信，是一位從航空公司退休的機長寫來的。我給投資人的建議，是把他們的401(k)退休金計畫對帳單丟進垃圾桶，連偷瞄一下都不要。等你要退休時再打開信封，旁邊還要找一位心臟科醫師待命，因為你會大吃一驚。這位機長寫信給我說：『親愛的柏格先生，我偷看了，而我只想說聲謝謝你。』」[118]

　　最後，柏格的主要建議之一，是不管市場發生什麼事，都要避免想要有所行動的衝動，比方說，不要因為聯準會發布消息而採取行動。「當你聽到導致市場變動的消息，而你的證券經紀人打電話叫你：『做點什麼吧。』你只要對他說我的原則是：『什麼都別做，站著看就好。』」[119] 柏格在自己 2012 年的《文化衝突：投資，還是投機？》（*The Clash of the Cultures: Investment vs. Speculation*）書裡強調了短期投機（例如當沖）與買進後持有的長期投資、兩者之間的文化差異——他的立場自然顯而易見。他的最後一個建議是：「投資的祕訣便是沒有祕訣……只有至高無上的簡單法則……當你透過廣泛的股票指數基金持有整個股市、始終以配置到全債市指數基金來平衡你的投資組合，那你就創造出了最佳的投資策略……持有指數型基金，利用其成本效率、稅賦效率，以及保證你能賺到該賺的市場報酬部分，根據定義，這就是一套贏家策略……堅持下去！」[120]

邁倫・修爾斯與
布萊克—修爾斯／默頓
選擇權定價模型

　　知名的數學家和物理學家通常會擁有和他們姓名永遠相連的神祕公式，這就是他們留下的歷史遺產。畢達哥拉斯留下了 $a^2 + b^2 = c^2$，牛頓留下了 $F = ma$，愛因斯坦則留下了 $E = mc^2$。然而，這對經濟學家而言卻是極難得的殊榮，經濟學家出名的賣點是他們的憂鬱*，而不是他們在數學上的精準度。

　　邁倫・修爾斯是布萊克－修爾斯選擇權定價公式的共同原創者，這是一條可計算出複雜證券價格的數學公式，例如股票選擇權、權證，以及其他所謂的衍生性證券（這種證券的報酬取決於或衍生自其他證券的報酬）。舉例來說，IBM 的股票買入選擇權賦予持有人權力，可以在選擇權到期當天或之前以事先約定的價格買進 IBM 的股票。IBM 的股票買入選擇權的價值，衍生自 IBM 股票的價格；當 IBM 的股票上漲，買入選擇權的價值也跟著上漲。選擇權市場是一個有組織的交易場域，標準化的選擇權合約可以在此交易。1973 年，修爾斯和費雪・布萊克發表了現已成為經典的論文，談選擇權與其他衍生性證券的定價，得出在整個社會科學界最知名的公式之一。同年，他們的同事兼友好的對手羅伯特・默頓，將布萊克－修爾斯模型加以延伸並發表論文，為衍生性商品的工具套組再添新軍。他們的貢獻通常被連結起來，共稱為布萊克－修爾斯／默頓選擇權定價公式。

　　不過，修爾斯的成就不只這條公式而已，身為實證金融領域

---

* 譯注：蘇格蘭史學家稱經濟學是「憂鬱的科學」。

早期的先驅之一，他套用嚴謹的統計方法來衡量共同基金經理人的績效，並驗證資本資產定價模型（參見第 3 章）等金融理論。與多數研究投資學、但不親身投資的學者不同，光是學術上的成就並沒有辦法滿足他，他也參與多項商業性的創業活動，將理論付諸實踐，這也讓他更深入了解市場中的實務操作。因此，修爾斯非常適合幫助我們建構完美投資組合。

 # 銀白色的大北方

　　邁倫‧修爾斯於 1941 年 7 月 1 日（加拿大國慶日）生於安大略省蒂明斯市（Timmins），[1] 蒂明斯市是安大略省北部的一個金礦小城，修爾斯出生時人口已經不到 29,000 人，但 1990 年代高峰期時有超過 48,000 人。這個地區的繁榮吸引他的父親在大蕭條時期來此開設牙醫診所，他的母親和舅舅則在此地創立了一家連鎖百貨公司。修爾斯跟多數加拿大人一樣會溜冰、打一點曲棍球，[2] 雖然他從來無緣進入大聯盟，但很多他的同鄉做到了：國家曲棍球聯盟（National Hockey League）裡有超過 24 位出生於蒂明斯市的球員，其中包括比爾‧巴瑞科（Bill Barilko），1951 年史丹利盃（Stanley Cup）的總決賽中，他在第五場的加時賽中的經典射門，幫助多倫多楓葉隊打敗宿敵蒙特婁加拿大人隊，摘

下史丹利盃的冠軍。[3] 蒂明斯市不只是知名曲棍球員的出生地，[4] 暢銷鄉村歌手兼作曲人仙妮亞‧唐恩（Shania Twain）自兩歲起就在這裡生活成長。修爾斯曾經俏皮地說道：「仙妮亞‧唐恩的經濟學和我唱的鄉村歌曲一樣好。」[5]

修爾斯十歲時，一家人搬到南方 500 英里遠的安大略省哈密爾頓市（Hamilton），這座製造業城市有 50 萬人口。哈密爾頓市長期以來都是斯泰科爾（Stelco）和多法斯科（Dofasco）等鋼鐵大廠的基地，因此被稱為加拿大的鋼鐵首都（Steel Capital）。令人難過的是，修爾斯的母親到了哈密爾頓市不久後便罹癌，在他剛滿 16 歲時就過世了。大約就在此時，他雙眼的角膜出現瘢痕組織，影響了視力，直到十年後才順利完成角膜移植手術。在此同時，由於閱讀上的困難，使他學會抽象思考，也成為很好的傾聽者。

由於母親和舅舅的事業，修爾斯開始燃起對經濟學與財務的興趣。當他的舅舅過世，導致整個家族因為百貨公司起了紛爭，也讓他接觸到重要的經濟議題，例如當事人－代理人衝突問題和契約問題。在學校中，他身兼好幾個社團的財務長。他賭博，以求了解機率和風險，而且他在就讀高中和大學時便投資股市。

修爾斯對影響股價的因素深深著迷，他回憶道：「北加拿大有很多礦業公司，像是銀礦公司、金礦公司，我的父母和住在附近的舅舅阿姨總是在看下一次何時又會發現金礦或銀礦，這能讓他們賺到大錢。他們會去買可能只要幾分錢的股票，期待會漲到

好幾元。」[6]他看著家人這麼操作，但他們的成績不算太成功。「有一部分吸引我的是，我會問：『除了試著去打聽謠言、根據可能發現金礦或銀礦的謠言做出行動之外，還有沒有其他思路或方法？』」[7]少年修爾斯會去讀報告和投資類書籍，搜尋投資成功的祕密，但徒勞無功。

修爾斯決定留在哈密爾頓市，進入麥克馬斯特大學（McMaster University）。他主要修習的課程都是博雅課程*，主修經濟學，1962 年畢業。他的一位教授是芝加哥大學經濟系的畢業生，指引他去接觸未來諾貝爾經濟學獎得主喬治·斯迪格勒（George Stigler）和米爾頓·傅利曼的研究，這些內容讓修爾斯深感佩服。「這讓我真正想要開拓自身的數學與其他技能，當然還有經濟學，因為我認為這是很棒的領域，是一門真正能吸引我的科學。」[8]當時的他和現在一樣，認為在這個領域打下堅固的基礎非常重要，且對此充滿熱情。「我認為，要在任何領域展現創意……，一定要理解那個領域、理解根本的理論是什麼、這一門科學的基底又是什麼，這才能讓人迸發創意，因為你必須要回歸基本原則才有創造可言。奠下正確的根基，是你真正能增添價值的方法。僅有從技術面來做，才能端出很多（想法）……我認為，科學裡的一切都是從你收集的資料歸納而來……；你先是歸

---

* 譯注：liberal arts，博雅課程是指歐洲傳統的教養內容，就像中國和日本所強調的四書五經。

納性的，然後在某個時間點停下來，接著你就變成演繹性的。你必須演繹。說起來，也就是整合和區分──整合是加總起來，區分是判斷哪些要拋掉、哪些要留下。」[9] 修爾斯曾經考慮是否要讀法學院，但後來他決定進入芝加哥大學攻讀企管碩士學位。

 # 風中之城芝加哥

　　芝加哥大學吸引修爾斯之處是這裡素來的盛名，可以讓他跟著最出色的人學習、發揮自己的最大潛力。[10] 他於 1964 年取得企管碩士學位，1969 年拿到博士學位。此時正是個幸運時機，因為修爾斯將加入尤金‧法馬所說的「自他 1963 年進入芝加哥大學後很快就遇見的一生難得一遇博士生連隊」，成為其中一員。[11] 除了修爾斯之外，這個連隊裡還有麥可‧詹森、理查‧洛爾、雷‧波爾、馬歇爾‧布魯姆、詹姆士‧馬克白和羅斯‧瓦茲（Ross Watts）。如果修爾斯沒記錯的話，法馬是他們所有人的論文審查委員會主委，詹森和洛爾日後更成為修爾斯的終身摯友。

　　修爾斯原本打算遵從母親遺願，拿到企管碩士學位之後加入舅舅的出版社，但他在芝加哥大學度過的第一個夏天改變了他的事業發展路線。身為外籍學生（他是加拿大籍），他在美國的工作機會有限，需要在學校內找份差事。[12] 雖然他從沒碰過電腦程

式設計，但他透過電腦系主任兼管理科學教授羅伯（鮑伯）‧葛拉夫斯（Robert〔Bob〕Graves）院長，找到一份初級程式設計師的工作。幾位教授馬上就請他在程式設計上協助他們的研究專案，修爾斯想辦法找藉口，說自己沒有經驗，並建議他們去找資深程式設計師，比較能滿足需求。「鮑伯說我在這裡排第七，所以不用擔心。所以我就說了，我（只）排第七，你們得等比較有經驗的人進來。幾天後，我回去找鮑伯，對他說，除了我之外沒有別人出現，（他說）喔，除了你之外沒有別人了。」[13] 修爾斯有空的時候，就全心投入學習程式設計，他很快就愛上了電腦，成了一位電腦高手。

　　除了愛上電腦之外，修爾斯也愛上了經濟學和經濟研究。他旁觀自己在程式設計方面的客戶（也就是那些教授）如何提出與從事他們的研究方案，偶爾也會請他們解釋手上的研究，甚至冒險提出一些設計上的改進方法。除了法馬之外，修爾斯的程式設計客戶中還有另一位諾貝爾經濟學獎得主：默頓‧米勒，他是財務經濟學的教授。修爾斯從來都不確定米勒是看出了他的學者特質，還是因為不想失去一名程式設計師，總之米勒建議他去讀博士。神奇的是，他甚至連申請都免了，人家就只是跟他說：「嘿，來念博士班吧。」[14]

　　當時，財務經濟學還是經濟學的新興分支，芝加哥大學就在這股新成長潮流的中心。修爾斯開始對於相對資產定價產生興趣，也想知道套利（意指嘗試賺得無風險報酬）阻礙投資

人賺取異常利潤到什麼程度。他的博士論文長達 93 頁，題為
〈對競爭市場假說的檢驗：新發行與次發行的市場〉（A Test of
the Competitive Market Hypothesis: The Market for New Issues and
Secondary Offerings），他在論文中給自己的任務是判斷有交易證
券的需求曲線型態。這篇論文被譽為「具原創性且強而有力的理
論兼實證研究，可支持效率市場假說。」[15]

　　若要說明修爾斯論文的原創性，需要先理解一些背景。他一
開始聚焦在風險和報酬的關係，不僅檢視個別證券，也看投資組
合，試圖理解這些關係在「無摩擦」環境下（即沒有任何交易成
本）和「充滿摩擦」的情況下分別會如何。[16] 修爾斯觀察到，可
以用風險和報酬特徵來替不同的證券分類。

　　哪些因素決定了證券的價格？在經濟學裡，價格由供給和
需求決定，這是公理。供給曲線與需求曲線顯示了價格（傳統
圖表中是在垂直軸）與商品數量（在水平軸）之間的預期關係。
供給曲線多半是上斜：如果價格提高，供給者就會準備多賣一
點。反之，需求曲線多半下斜：如果價格提高，消費者通常會降
低需求。

　　但修爾斯並不是單純檢視證券的供需而已，他還提出論據，
指出價格會根據市場參與者收到的新資訊而變化，比方說，「聽
到消息」或知悉某檔證券真實基本環境條件的大型投資人，可能
因為即將出現壞消息而放出信號。換言之，這些新資訊不只是單
純讓需求曲線上移或下移，而是可能導致曲線在價格－數量軸上

的位置發生移動。據修爾斯說：「這是財務金融界第一次宣告以理性預期取向來理解經濟行為，這是指，只有新資訊可以改變證券的需求，跟一個人想要多賣或少賣特定證券無關。」[17]

修爾斯論文中的實證調查，證實了他自行發想的理論。在這次的成就之後，他繼續和米勒合作，設法衡量風險以及不同的風險對證券報酬造成的效應。

 ## 當布萊克遇見修爾斯

1968 年，修爾斯基本上已經寫完論文，但尚未正式口試，這段期間他在思考下一步該怎麼走。他拿到兩份工作邀約，一份是德州大學奧斯汀分校的教職，年薪 17,000 美元，附帶誘人的機會，可為當地的富豪提供諮詢。另一份是麻省理工學院的教職，年薪 11,500 美元，看不出有任何從事諮商顧問的機會。[18]

最後，修爾斯決定移居波士頓，成為麻省理工史隆管理學院的財務金融助理教授，保羅‧庫特納、未來的諾貝爾經濟學獎得主法蘭科‧莫迪里安尼，以及史都華‧邁爾斯（Stewart Myers）等人都是他的同事。[19] 實際上，是米勒和法馬在幕後悄悄運作，向莫迪里安尼推薦人選，說麻省理工學院應該給修爾斯一份工作。修爾斯後來開玩笑說：「那時候我還以為我是被流放邊疆，

下放到小聯盟去了。在當時的芝加哥大學，他們不喜歡把自家出去的人又聘回來。」[20]

修爾斯在史隆管理學院的第一年就遇見了費雪‧布萊克，後者當時是劍橋市李特顧問公司的顧問。修爾斯當初是透過芝加哥大學的同學詹森認識布萊克；詹森之前剛寫完談共同基金績效的博士論文。[21] 布萊克接受委託，要替一位客戶做共同基金研究，他聯絡詹森，向他索取一份他在這個領域的研究。詹森又向修爾斯提起，他去了麻省理工之後，如果想見見有意思的人物，就應該去找布萊克。等到修爾斯在麻州安頓好生活，便打電話給布萊克，兩人就在李特顧問公司裡的餐廳共進午餐。

修爾斯和布萊克最早的合作是跟詹森一起的，而且與第一檔指數基金的發展非常有關係。[22] 修爾斯來到麻省理工之前，他和總部設在舊金山的富國銀行合作一個顧問專案，替約翰「麥克」‧麥克奎恩（John "Mac" McQuown）提供諮詢，麥克奎恩於1964 年受聘成為富國銀行管理科學分部的主管，該部門的業務涉及使用電腦將投資流程分解為小部分、評估各個小部分，然後開發出一個可用來預測投資績效的可靠模型。富國銀行交給麥克奎恩一個名為「投資決策」（Investment Decision Making）的專案，意在更加善用銀行的電腦運作資源。麥克奎恩對於將分析應用到財務金融上的可能性很著迷。芝加哥大學的財務金融教授詹姆士‧羅利和勞倫斯‧費雪，曾對美林證券的高階主管做過簡報，內容啟發了麥克奎恩，於是他親自走訪芝加哥大學，有人將他介

紹給法馬和米勒。在這個改變一生的時刻，麥克奎恩見到了幾位研究人員，他們正積極收集資料並研究是哪些因素影響股價。他把這次經驗帶回富國銀行。

1968 年夏天，修爾斯以顧問身分和麥克奎恩合作三個星期，他被交付一項任務，要評估管理科學部門內部的投資管理流程，並報告他發現的結果。[23] 他日後回憶道：「實際上，我的報告說的是，他們在如何使用分析師的參考資料與（如何）打造投資組合模型上發展出非常優秀的科技，就像是學管理科學的人所做的一樣好。但我說（他們）沒有任何參考資料可輸入模型。我也認為某種程度上（這）是一個死胡同。因為我們是在嘗試新東西，（他們）或許應該反其道而行，研究在這個投資環境下該如何善用被動投資，而不是著眼於主動式投資。」[24]

六個月後，麥克奎恩聯絡修爾斯，提到富國銀行很欣賞他的被動式投資概念，想要贊助進一步的研究。修爾斯還記得麥克奎恩理直氣壯地說出「以前從來沒人談過被動式管理。」[25] 修爾斯對這個專案有何想法？「對我來說，被動意指……當時我僅想到複製或類似複製指數。但隨著指數的成分改變，你要做取捨；不跟著調整的話，會因為投資架構並未完全貼合指數而引發基點成本（basis cost）、亦即報酬會比較低；或者，即時調整或是隨著時間慢慢調整的話，會導致交易成本產生。」[26] 修爾斯敘述他如何回答麥克奎恩：「我說我是一名年輕的助理教授，必須留在波士頓教書，但我遇見一個我認為很有趣且充滿活力的人，他叫費

雪·布萊克，他提過可能會離開李特顧問公司並自行創業，所以
我就說：『我來打個電話給他好了。』我和費雪曾聊到他是否可
能提供顧問諮商，這會是一個激勵因素，促使他離開李特公司、
自己創業。」[27] 布萊克也真的這麼做了，他創立的公司名為財務
金融事務所（Associates in Finance）。富國銀行有意進行研究，
檢視風險與報酬間的取捨，布萊克之前和詹森談過這個主題，因
此，布萊克與修爾斯聯繫詹森，三個人開始合作。

　　這次合作的產物，是一篇名為〈資本資產定價模型：一些實
證檢定〉（The Capital Asset Pricing Model: Some Empirical Tests）
的論文。[28] 不同於夏普與其他人發展出來的傳統資本資產定價模
型的預測結果，他們的研究指向證券的預期報酬（指高於美國公
債殖利率的超額報酬）並非完全和股票的貝他值（指股票報酬
相對於整體市場的敏感度）成一個特定比例，這個結果很讓人意
外。然而，他們發現貝他值仍是決定平均股票報酬的重要因素。

　　這篇論文也指出可用一個方法來處理「衡量上的錯誤」問
題。貝他值的估計值一定會有偏誤，這是因為無法透過直接觀察
來取得貝他值，導致上述問題發生。他們提出的解決方案，對後
來的實證研究和今天的標準實務操作來說都是一大貢獻；他們利
用調查股票投資組合而非個股，以降低這種偏誤。

　　修爾斯和布萊克、詹森合作的同時，也發生了另一個偶然。
1969 年，默頓（第 7 章的主角）加入麻省理工史隆管理學院的財
務金融組，他和修爾斯的相遇以及兩人之間的共同興趣，使得他

們提出本章一開始提到的著名公式，並在 1997 年同獲諾貝爾經濟學獎。費雪．布萊克若非已於 1995 年過世，他也很可能是這個備受崇敬的團隊當中的一員。

 # 改變世界的 17 個公式之一

數學家兼作家伊恩．史都華（Ian Stewart）說，這個大家稱為布萊克－修爾斯或布萊克－修爾斯／默頓選擇權定價模型的公式，是「改變世界的 17 個公式」之一。[29] 布萊克－修爾斯模型到底告訴我們什麼？這條以發明者為名、改變全世界的公式，描述的是買入選擇權在某些假設下的正確價格，然而，若要完全理解他們的這項成就，還是有必要再多做一些說明。

證券是可交易且具貨幣價值的金融工具；股票是證券，選擇權也是。選擇權這種證券的價格，衍生自另一種標的證券的價格，也因此，它們在屬性上才會被稱為衍生性商品。選擇權是一種以股票為基礎的特別衍生性商品，比方說，有信心的投機客雖然手上沒有股票，仍能透過購買「買入」選擇權來賺得股票所有權人享有的上漲。投資人可以買進蘋果（Apple）的股票，隨著蘋果的股價漲跌有賺有賠。但是，哪有投資人會想要虧損，尤其是實實在在的真金白銀？解決方案就是買入選擇權，這種衍生性

商品以相對小額的投資，讓人賺到股價上漲時的漲幅，通常只需投入股票現值的一小部分，而且下跌時的虧損有限。

這套遊戲如何運作？買入選擇權的買方，買的是特定期間內（通常是隔年之內）以預先決定的價格買進蘋果股票的權利、而非義務，這個價格稱為行使價（exercise price）或履約價（strike price）。假設蘋果的股價是每股 100 美元，買入選擇權的行使價可能是 105 美元，到期日是現在起算三個月內。如果蘋果股價在接下來三個月內任何時間點漲破 105 美元，持有買入選擇權的人可以行使權力，以 105 美元的價格買進股票。假使蘋果股價漲到 108 美元，那麼，持有買入選擇權的人可行使權利，以 105 美元買進，然後以 108 美元賣出，獲利 3 美元，也就是當天的股價 108 美元與行使價 105 美元之差額。反之，如果蘋果股價在接下來三個月從來沒有漲破 105 美元，那麼持有者就不會行使買入選擇權，在這種情況下，買方損失的就只有一開始為了購買買入選擇權所支付的金額。

那麼這個金額該是多少？從古希臘以來，一直到 17 世紀末在阿姆斯特丹交易所中交易的標的（參見第 1 章），不同形式的選擇權已經存在了好幾百年，但是，從來無人能以穩健的假設計算出買入選擇權的理論價格。在偶然之下，布萊克和修爾斯於同一時間各自去尋求解決方案。

費雪‧布萊克寫過，他在選擇權定價方面所做的背景研究可回溯到 1965 年，就在他剛剛進入李特顧問公司任職的時候。[30]

傑克‧崔諾是他在李特顧問公司的同事，我們在第 3 章談過，崔諾獨力發展出一個資本資產定價模型。崔諾激發了布萊克對於財務金融理論的興趣，使布萊克花了更多時間檢視金融模型。他寫道：「風險性資產市場的均衡概念，在我看來非常美好，這意味著證券的風險性愈高，預期報酬一定要愈高，否則投資人就不會持有；除非投資人沒有算到他們可以靠分散投資消除的風險部分。」[31]

　　布萊克開始嘗試將資產定價模型應用到股票以外的其他資產。崔諾的某些研究與估計一家公司內部的現金流有關，他設計出一條微分方程式來解決這個問題。簡單來說，這條微分方程式是一條數學式，與一個（或多個）變數對另一個（或多個）變數的變化率有關。有些微分方程式的研究者眾，也已經找出了解答，有些微分方程式則極難求得解答。布萊克檢視了崔諾的研究，在他的微分方程式裡發現一個錯誤，但他們兩人找到了修正方法。

　　在這樣的背景下，大約在 1968 年，布萊克開始研究能否導出一條公式來為權證估價。權證通常是由想要募資的公司所發行，原則上，其運作方式就像一種特別的選擇權。權證會賦予持有者在某個特定期間內，以預先約定的價格買進更多公司股份的權利、而非義務。1968 年時，這些權證通常都在櫃檯買賣中心交易（有時候還真的有個櫃檯）。

　　布萊克在這個問題上有些進展，他發現權證的價值是股價

與其他因素的函數。他進一步簡化問題,假設某些比較複雜的因素不存在,例如交易成本。雖然布萊克擁有應用數學博士學位,但他並未花太多時間研究微分方程式,也不確定正確的方法是什麼。布萊克也擁有物理學的學士學位,但當時他不知道他導出的公式是熱力學裡一條知名熱傳導方程式的其中一個版本,已經有已知解了。他自己想不出答案,就把問題放在一邊。

　　約在此時,修爾斯指導著幾位正在撰寫碩士畢業論文的麻省理工學生,[32] 其中幾個人對於買入選擇權很有興趣,並從櫃檯買賣中心交易商手冊中取得選擇權定價資料。此外,修爾斯的同事保羅・庫特納也收集到一些麻省理工可取得的選擇權資訊。這些學生試圖套用資本資產定價模型,將選擇權在到期日的價值折算為現值。這絕對算不上是全世界最糟糕的想法,但修爾斯馬上看出這麼做並不適當。據修爾斯說:「我一直在檢查結果,這有點蠢,尤其是我可以看出折現率不斷在變動……選擇權的標的風險並不是常數。因此,我開始動手打造一個貝他值為零的投資組合,這是一個避險投資組合的概念。但我無法把動態弄對……我在做的是動態。某一天下午,我和費雪在討論,我們談到指數型基金,以及如何應用我們在富國銀行做的研究,你知道的,就是布萊克-詹森-修爾斯研究、我們的股利論文,以及這項研究衍生出來的其他論文。我提到選擇權和我當時的進度,費雪說他也正在研究選擇權。我給他看我完成的部分,他也給我看他完成的部分;他卡住了,我也卡住了。因此我們開始結合彼此的想法,

後來就變成這樣了。」[33]

布萊克說起他的直覺，[34] 他說，假設你在找一條可以計算買入選擇權價值的公式，你會認為公式取決於標的股票的價格、選擇權的行使價、選擇權的到期日、利率；這條公式會指出選擇權的價值相對於股價小幅變動時如何變化。

這就是布萊克的洞見。如果選擇權的價值在股票上漲（或下跌）兩美元時增加（或下跌）一美元，然後你買進一股股票、同時又賣空兩股買入選擇權，就能替你的部位避險。（賣空〔short〕跟買入／做多〔long〕剛好相反。當你賣空時，證券價值下跌時，你會有利得；價值上漲時，你就虧損。）這個以做空兩股買入選擇權、做多一股股票所組成的整體性「避險部位」（hedging position）、或說是「複製投資組合」（replicating portfolio），表面上看來全無風險，然而，倘若真是如此，這個投資組合的報酬就應該等於短期利率，亦即無風險證券的報酬。布萊克就說了：「這個原則給了我們選擇權公式，到頭來，僅有一條選擇權價值公式具有此特性：讓選擇權加股票的避險部位報酬永遠等於短期利率。」[35]

布萊克提到，這是一種聯手突破。「我們開始一起研究選擇權問題，而且進展神速。」[36] 布萊克回憶道，他和修爾斯把焦點放在選擇權公式對標的股票波動性的依賴度上，而不是去看其預期報酬。這讓他們得以針對股票預期報酬提出各式各樣的假設，例如無風險美國國庫券利率。

他們發現一篇凱斯·斯普倫科（Case Sprenkle）於 1961 年寫的論文（當時他才剛從耶魯大學的經濟系博士班畢業），其中提出一條評估選擇權到期日預期價值的公式。[37] 有了這條公式，他們得以用利率將到期日時選擇權的預期價值折算為現值，然後套進斯普倫科的公式，之後，他們拿已知的熱傳導公式來比對這條公式。這是很簡單的解決方案，布萊克和修爾斯馬上就知道他們找對了選擇權定價公式。

修爾斯記得的突破點和布萊克有點不一樣，不是在於誰的貢獻，而是在於洞見與靈感。「我們都有這些工具。我記得庫特納的書，[38] 也讀過庫特納書裡幾篇談選擇權定價的文章。我讀了詹姆士·邦納斯（A. James Boness）的論文，[39] 裡面提到選擇權的預期終期價值。然後我說：『好吧，費雪，我們何不試著放進無風險利率，因為那會變成微分方程式。把這個微分，就是一個封閉形式的解決方案，然後我們就會看出來那是什麼了。』因此，我們就做了微分。我們把這放進我們的微分方程式⋯⋯瞧，就是這個了。就在此時，我們第一次理解無風險利率隱含了哪些意義。因為這條公式這麼說了，我們可以假設標的資產的預期報酬等於無風險利率，然後用無風險利率折現。」[40]

以下就是最後發表的公式，充分展現了其美妙之處：

$$w(x,t)=xN(d_1)-ce^{r(t-t^*)}N(d_2)$$

$$d_1=\frac{\ln x/c+\left(r+\frac{1}{2}v^2\right)\left(t^*-t\right)}{v\sqrt{t^*-t}}$$

$$d_2=\frac{\ln x/c+\left(r-\frac{1}{2}v^2\right)\left(t^*-t\right)}{v\sqrt{t^*-t}}$$

　　對外行人來說，這看起來像神祕的古埃及文，但我們可以找一套語言翻譯機來用。在這套公式中，w 是買入選擇權的價格，$w(x,t)$ 符號則代表選擇權的價格同時是 x 和 t 的函數，x 是目前的股價，t 是目前的日期。買入選擇權的到期日是 t^*（通常念成 t-star），行使價是 c，短期無風險利率是 r，標的股票報酬的變異數為 v^2，因此，標的股價報酬的標準差是 v，這也就是波動性。最後，e 是一個數學常數（2.71828...），是自然對數的底數（這是數學界的基本常數之一），$N(d)$ 代表累積常態密度函數（cumulative normal density function），跟標準化檢定裡的百分數很相似。

　　$w(x,t)$ 符號的意義是，指出選擇權的價格是股價和時間的函數，但事實上，我們知道 w 還取決於其他三個變數：行使價或履約價 c、無風險利率 r、標的股票報酬的波動性 v。如果你知道這五個因素的數值，就可以判定任何買入選擇權的價值。所有這些因素都能取得，唯有標的股票報酬的波動性例外。執行布萊克－修爾斯公式的挑戰，就是要好好估計波動性。

　　且讓我們來看看布萊克－修爾斯公式如何為買入選擇權定價。假設 IBM 股票的交易價為 130 美元，你可以買這檔股票的買入選擇權，賦予你權利在接下來三個月內某個時間點以 132 美元（即履約價）買進股票。你查了一下金融資訊網，看到美國國庫券的殖利率是 2.5%，這是無風險利率。最困難的部分是波動幅度，但你可以用這檔股票報酬的標準差來估計，得出數值為 30%。套入這些數值後，公式會精準顯示買入選擇權應該值多少：以我們舉的例子來說，這個數值為 7.17 美元。極為明顯的是，倘若履約價格低一點（比如 125 美元），那買入選擇權的價值就會高一點，同樣地，當 IBM 股價上漲、當履行選擇權的時間拉長、當利率上漲、當 IBM 股價的波動性升高時，這份買入選擇權的價格也會跟著上漲。

　　修爾斯最近在思索選擇權定價，以及他與布萊克和默頓對於這個領域的發展之貢獻。「選擇權定價有兩個面向：一是技術面本身，另一方面則是這個模型。」[41] 在此，修爾斯做了重要的區分，將技術和模型分開。布萊克－修爾斯這類的模型，聚焦在替特定的定價問題尋找解決方案，比如買入選擇權，這必須要做一些特定的假設，例如標的證券的波動性是固定的、利率是常數，才能解出答案。布萊克－修爾斯模型做出這些假設，是為了套用數學公式，以「封閉形式」來解決定價問題。因此，模型是現實的萃取物，在估計模型的估計值時會有誤差，比方說，模型預測的買入選擇權價值便是如此。模型的表現，取決於假設的特質，

舉例來說，如果波動幅度或利率有變化，模型預測出來的買入選擇權價格就不會是準確的。

修爾斯解釋道：「模型……根據定義來說，本來就會有錯誤，因此，會有人說布萊克－修爾斯模型根本沒用，但有沒有用要取決於假設是什麼，以及假設做得好不好。」[42] 相對於模型，衍生性商品技術面則是利用數學概念來理解假定的關係。比方說，透過技術面，可以檢驗擁有股票與股票選擇權的投資人，若能同時買賣且不計交易成本，投資組合風險會發生什麼事。技術的發展讓我們知道，如果出現 A 的話就會造成 B 結果，這有助於創造出模型。技術與模型對於衍生性商品（例如有交易的選擇權）來說，都很重要。

修爾斯繼續說道：「費雪‧布萊克、鮑伯‧默頓和我一起發展出來的技術，是真的在思考如何創造出一個複製投資組合……這項技術讓我們得以在每個不同期間改變風險、改變波動幅度、改變利率，以及讓我們得以思考在每個不同期間如何建構避險投資組合，又如何隨著時間演變。我們發展出來的是一套微分方程式，描述選擇權如何隨著時間、利率與波動幅度的變化而變動，預期報酬拿掉了，因為我們建構的是避險投資組合……我們假設波動幅度是常數，得出一個很漂亮的模型。即使我們知道那是人工的，但我們得到了一個模型……我認為衍生性商品技術的整個發展或使用，讓我們得以改變財務金融界的整體生態。」[43]

論文發表之路

根據 Google 學術搜尋的數據，2021 年時，這篇論文的引用數已達可觀的四萬餘次，[44] 是有史以來最多人引用的財務金融論文之一。雖然如此，布萊克和修爾斯的經歷與夏普非常相似，發表之路走得並不容易。布萊克和修爾斯起初認為，他們應該發表一篇只描述方程式的論文就好。

他們接下來的想法，是把公式套用到企業的情境中。他們想到了典型的公司資產負債表。公司擁有資產，購置資產的資金來自於各種負債，比如債券，或是普通股（透過發行股份）或權益（保留盈餘）。假設公司所有的負債都是「零息」債券（"pure discount" bond），而且到期日都相同（假設為十年），期中不支付任何票息。在這個狀況下，債務也有可能違約。布萊克與修爾斯的洞見是，這家公司的股東實際上持有的是公司資產的選擇權，就像是債券持有人持有公司，但給了股東買回資產的選擇權。十年後，普通股的價值會等於資產的價值減掉債券的價值或零（取兩者中的較大值）。

布萊克和修爾斯在研究選擇權定價公式，並將技術應用到企業財務上的同一時間，默頓和薩繆爾森也在嘗試擴充與應用選擇定價技術。這是一種友好的競爭，但無論如何都還是競爭。修爾斯最近思忖道：「我和費雪在我們的祕密基地悄悄進行研究，」

暗中較量著是自己這方、還是默頓和薩繆爾森那邊有領先優勢，「在有了長足的進展之前，我們並沒有眞正與默頓和薩繆爾森好好聊聊。」[45]

1970 年夏天，布萊克和修爾斯以論文的早期版本做了一場簡報，在富國銀行針對資本市場理論所舉辦的大型研討會上發表，並談到選擇權在企業財務上的應用。默頓也參加了這場研討會，但他早上睡過頭、錯過他們的簡報，之後才發現原來他們也在研究類似的應用。當默頓知道他們在做的研究之後，就像一般學者會做的一樣，他秉持著智性上互相較勁、但又彼此合作的精神，花了很多時間和修爾斯討論。修爾斯的說法是：「幾星期後（默頓）來我的辦公室對我說：『我聽說你那個不同（指不同於默頓所做的研究）的選擇權模型已經找到了證據、或說所謂的證據』……我們確實對此爭論了一番。」[46]

到了 1970 年 10 月，布萊克和修爾斯已經擬出草稿，題爲〈選擇權、權證以及其他證券的理論性評價公式〉（A Theoretical Valuation Formula for Options, Warrants, and Other Securities）。布萊克將論文送到最古老、最富盛譽的經濟學刊之一《政治經濟期刊》（*Journal of Political Economy*）；這份期刊從 1892 年開始發行，由芝加哥大學出版社出版。修爾斯回憶道：「由於我們和芝加哥大學的聯繫，所以就先把論文送到《政治經濟期刊》。我們沒有送交財務金融類的期刊，因爲我們認爲這項研究的應用廣泛得多。」[47] 送出去不久之後，布萊克就收到所謂的直接退稿

（desk reject），這是指期刊主編決定直接退掉提交的論文，根本連徵求評審委員「盲審」的看法都免了。退稿信指出，他們的論文對這份期刊來說太過專精，比較適合送交《金融期刊》，也就是馬可維茲和夏普發表他們的經典論文之處。布萊克接著將論文提交給名聲同樣響亮的經濟學期刊：1919 年創辦、由麻省理工學院出版社發行的《經濟與統計評論》（*Review of Economics and Statistics*）；但他立即又收到退稿信。

這麼快就被退稿，布萊克懷疑至少有部分理由顯然是因為回郵地址並非學術機構，因此沒有人認真看待這篇論文。於是布萊克和修爾斯「重寫論文，強調公式背後導引出的經濟學」，[48] 並在 1971 年 1 月時換了一個新題目：〈資本市場均衡與企業負債定價〉（Capital Market Equilibrium and the Pricing of Corporate Liabilities）。米勒和法馬對這篇論文很有興趣，為布萊克與修爾斯提供了詳盡的意見，並建議《政治經濟期刊》的編輯群或許應該更認真考慮這篇文章，布萊克和修爾斯也再度把論文寄給這份期刊。不久之後的 1971 年 8 月，他們收到一封接受這篇論文的回函，但前提條件是要根據評審的建議修正。

布萊克和修爾斯在 1972 年 5 月前完成了修改，修改後的論文最終標題為〈選擇權與企業債務的定價〉（The Pricing of Options and Corporate Liabilities）。最後，1973 年 5 月－6 月號的《政治經濟期刊》登載了這篇文章。[49] 於此同時，他們以模型

實證檢驗結果寫了一篇後續論文，登在 1972 年 5 月的《金融期刊》上，比上述那篇理論性模型論文的發表時間更早。[50]

 ## 先回風中之城芝加哥，然後擁抱加州夢

1973 年，修爾斯回到芝加哥大學，這一次他是教職員，而不是學生了。[51] 他在這裡和布萊克共事（布萊克於 1972 年在芝加哥大學首次獲得學術職位，[52] 後來於 1974 年轉往麻省理工），並得以與法馬和米勒等同事交流。修爾斯的研究興趣拓展到包括稅賦和資產定價檢驗，他與布萊克及米勒合寫論文，檢視股利稅賦對於證券價格造成的影響；他也和喬治‧康斯坦丁尼德斯（George Constantinides）合作，檢驗稅賦對於最適資產清算造成的效果。

修爾斯積極參與證券價格研究中心，這是 1960 年用美林證券的一筆獎助金成立的研究中心，目的是建立每月股票價格的歷史資料庫。[53] 1974 年，修爾斯接下共同創辦人詹姆士‧羅利的位置，成為執行董事，一直做到 1980 年。（另一位共同創辦人是勞倫斯‧費雪。）修爾斯投入經營證券價格研究中心，發展出每

日數據的大型檔案，他和喬‧威廉斯（Joe Williams）合作，使用非同步數據來估計貝他值，現在以修爾斯－威廉斯貝他值的形式永遠留存。[54]

1981 年，修爾斯訪問史丹佛大學，1983 年時成為商學院與法學院的終身教職員。他密切往來的同事有老將威廉‧夏普和詹姆士‧范霍恩（James Van Horne），以及幾位前途光明的新人如傑洛米‧布羅（Jeremy Bulow）、阿娜特‧阿德馬蒂（Anat Admati）、保羅‧菲德來（Paul Pfleiderer）和麥可‧吉本斯（Michael Gibbons）。他在史丹佛時和密友馬克‧沃夫森（Mark Wolfson）合作，研究投資銀行業與誘因，以發展出稅務規劃理論，之後出書，目前已經出到第六版。[55]

修爾斯是位罕見的金融經濟學者，在理論模型與實證檢驗模型兩方面都有重大貢獻。「我認為所有科學都在做一件事，所有企業也都在做同一件事，那就是嘗試著如何能一邊找到理論、一邊獲得經驗，然後將理論與經驗愈拉愈近、愈拉愈近。因為我們總是想著首先需要理論，這是第一，然後要有經驗，這是第二……沒有理論，經驗沒有意義；沒有經驗，理論也沒有意義。」[56] 修爾斯思忖他參與證券價格研究中心建置資料庫的相關工作，說道：「我要做實證研究，但沒有數據，我們必須開發數據。我非常努力，以確保我們確實能開發出數據。而當我們得出數據之後，就要讓整個社會都能取得，從而讓大家都能做實證研究，回過頭來再回饋理論，理論便能因此變得更豐富。這兩者要

密切配合。有些東西會被駁斥、有些新東西會出現。各式各樣的難題紛紛匯聚到這一門專業裡，如此一來，其成果就是打造出一門更豐富精采的科學。」[57]

1990 年，修爾斯的興趣轉向衍生性商品在金融中介機構裡的角色。投資銀行等金融中介機構通常扮演媒合的角色，拉攏證券的買方與賣方。修爾斯在所羅門兄弟投資銀行（Salomon Brothers）擔任顧問，並成為銀行的常務董事，身兼固定收益衍生性產品銷售與交易團隊的共同主管，但同時也保有史丹佛大學的職務（他自 1996 年起就是該校的榮譽教授）。1994 年，修爾斯加入幾位所羅門兄弟銀行前同事的行列，創辦了長期資本管理公司（Long-Term Capital Management），這檔避險基金聚焦於把金融科技應用到實務上。這檔基金有幾年非常成功，但在 1998 年面臨了歷史性的重大資本重組（第 7 章會進一步詳盡討論這個事件）。[58]

1997 年，憑著非凡的成就，修爾斯獲頒諾貝爾經濟學獎，與默頓共享榮耀。諾貝爾頒獎典禮上的講詞盛讚修爾斯：「您的方法為許多領域的經濟估值開拓了一條路，也創造出新的金融工具，協助社會進行更有效的風險管理。」[59]但還不只如此；理解金融選擇權的價值，能夠幫助社會通盤理解彈性可以創造出哪些經濟價值，同樣地，這又是技術與模型之間的論述了。

衍生性商品市場與資訊

　　不管是修爾斯、布萊克或默頓，皆非衍生性商品概念的發明者，但他們對於選擇權定價的貢獻大大提升了效率，讓衍生性商品的應用出現爆炸性成長。[60] 他們在 1973 年發表了內含布萊克－修爾斯定價公式的論文，在這之前與之後，衍生性商品是兩個不同的世界。雖說早在 17 世紀就已經有股票選擇權了，但在 1970 年代之前，一般人還是認爲買入選擇權基本上等同於賭博，甚至有透過散播謠言或假消息來操縱市場的傾向。證券交易委員會的一位官員就說，他從來沒看過哪一次操弄市場的事件裡沒有涉及選擇權。18 世紀與 19 世紀時，英國、法國和美國多個州都禁用選擇權。1929 年股市崩盤之後，股票選擇權更被美國聯邦政府全面性嚴格禁止：一直到 1970 年，許多衍生性商品的交易仍是非法的，例如標普 500 指數期貨。

　　1960 年代末，芝加哥期貨交易所（CBOT）和芝加哥商品交易所（CME）等兩大交易所通常交投清淡，交易員經常坐在黃豆交易廳的台階上看報紙。不過，交易所開始將眼光放到五花肉、蝦子和木夾板之外，跨入金融期貨，引進和股市指數相關、而非以實體產品爲標的的衍生性商品。時機正好，1973 年刊出了知名的布萊克－修爾斯論文，同年，芝加哥選擇權交易所（CBOE）成立，是第一個掛牌交易選擇權的市場。在芝加哥選擇權交易所

成立並推動標準化選擇權合約之前，選擇權的交易方式比較鬆散，是在所謂的櫃檯買賣中心、或者透過交易商網絡由雙方直接交易。芝加哥選擇權交易所並沒有立刻一鳴驚人，在交易的第一天當中，大部分時候，交易員都圍坐在一起下雙陸棋和西洋棋，但是，布萊克－修爾斯／默頓的選擇權定價公式引爆了衍生性金融商品的大量使用。到了 1984 年，以交易的金融資產價值而言，芝加哥選擇權交易所僅次於紐約證交所。[61] 如今，芝加哥選擇權交易所是全美最大型的選擇權交易所，除了針對個別股票，也提供如標普 500 等指數的選擇權，而這是美國最活躍的指數選擇權。[62]

　　布萊克－修爾斯模型中有很多假設原本都很不實際，比如交易成本為零、不限制賣空；但這個世界也開始在變化，佣金很快便大幅下滑。布萊克－修爾斯模型幾乎馬上就發揮了影響力，從技術上的甜蜜點衝擊了新興的選擇權市場。這個模型幫助交易所擺脫「選擇權交易即是賭博」的汙名，將這項實務操作變成與效率定價及避險有關的正當合理之舉。在芝加哥選擇權交易所剛開始營運時，交易員甚至就已經將這套公式納入他們的交易策略裡。帝傑證券公司（Donaldson, Lufkin & Jenrette Securities）便和修爾斯及默頓訂下合約，請他們提供理論上的價格，才發現有些買入選擇權的價值被高估了 30％至 40％。

　　早在 1974 年，德州儀器公司（Texas Instruments）就在推銷一台內建布萊克－修爾斯模型與「避險比率」的手持式計算機，

可以算出一個避險投資組合裡要做多與要做空的證券數目。修爾斯嘆了一聲：「當我（向德州儀器公司）要求權利金時，他們說我們的研究已經屬於公共領域；當我要求他們至少給我一部計算機時，他們建議我自己去買。我從來沒買。」[63] 但計算機速度很慢，難以用來進行即時交易，布萊克（與其他人）做出紙本的選擇權價格表並進行銷售，讓交易員可以隨身攜帶，作為憑據。有些互相競爭的交易員會哄騙使用這些表格的人把資料丟掉，要對方「像個男人般做交易」。選擇權的價格最終開始收斂到理論上的水準，創造出新的現實，選擇權交易所也開始蓬勃發展。[64] 選擇權愈是受到尊重，這套公式也就更可敬，反之亦然；選擇權成為重要經濟學裡的一部分，不再是賭徒的新計謀。國際清算銀行（Bank of International Settlements）於 2020 年的一份報告中指出，[65] 全球櫃檯買賣的衍生性商品名目金額為 559 兆美元（名目金額是指衍生性商品標的證券的面值），未結清合約的市場價值為 11.6 兆美元。

衍生性商品，尤其是與整體市場相關者（如標普 500），其重要性還有另一個理由：這些衍生性商品當中含有至關重要的資訊。每一次股價或選擇權價格的變動，都是在發出信號，指出股票或選擇權應該值多少，但是，由於股票和選擇權的定價方式有重大差異，這些信號便會有不同的解讀。

衍生性商品裡含有哪些資訊？且讓我們回到布萊克－修爾斯模型的關鍵輸入資料。再次假設我們對買入選擇權感興趣，但這

一次是標普 500 指數。買入選擇權取決於五個因素：標的證券的
價格（在本例中，是標普 500 指數的價格水準）、行使價、選擇
權的到期日（同樣假設是三個月）、無風險利率（三個月期美國
國庫券利率）、標的證券的波動幅度（以本例來說，是代表美國
股市指標的波動性）。我們很容易就能得到前四項因素，唯一無
法直接取得的是波動幅度。

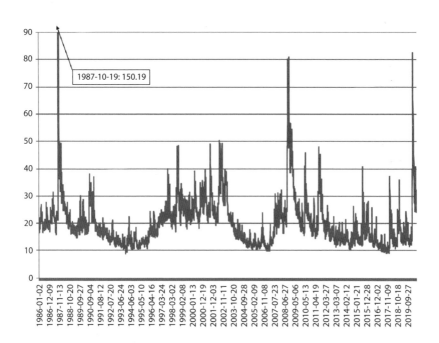

圖 6-1 芝加哥選擇權交易所波動指數，1986 年 1 月到 2020 年 7 月（2004
年之前為回溯測試之數值）。資料來源："VIX Index Historical
Data," CBOE, http://www.cboe.com/products/vix-index-volatility/
vix-options-and-futures/vix-index/vix-historical-data。

　　且讓我們假設交易員已經訂出這項特定選擇權的適當價格，
若是如此，因為我們知道其他四個因素和價格，所以就能回推出
隱含的市場波動性。事實上，芝加哥選擇權交易所就根據這套流
程創造出一個指數：波動性指數（Volatility Index，簡稱 VIX），
通常以報酬標準差的百分比表示。波動性指數過去的數值如圖
6-1 所示。[66]

　　波動性指數也稱為恐慌指數（Fear Index），是衡量投資人
恐慌程度的指標：投資人對於未來的股市價值愈不確定，波動性
指數的值就愈高。但是，將波動性指數狹隘地說成是恐慌指數，
是一種幫倒忙的行為。波動性指數為市場提供了一種保險機制，
擁有一種極具社會性用途的功能。透過波動性指數，你可以推測
波動性，也可以替自己買保險，以防範負面的波動變化。

　　修爾斯最近提到：「選擇權的市場定價，比現貨市場傳遞了
更多訊息。你可以在 1987 年的股市崩盤中看到這一點……市場
給我們大量的資訊，點出市場裡的風險正在發生什麼改變。」[67]
查一下紀錄就可以核實他的說法。1987 年 10 月 12 日（星期一）
與 10 月 16 日（星期五）之間，股市下挫 8.6%，但波動性指數
漲幅達到驚人的 48%。10 月 19 日（星期一），美國股市出現史
上最大的單日跌幅，道瓊工業指數下跌超過 20%。

　　修爾斯拿股票價格裡的資訊和選擇權市場裡的資訊差異來做
對比。「我們在看股票時，股價裡的資訊很豐富，但這裡面包含
兩個部分。股價裡有風險的變化、對風險變化的預期，也有對於

現金流成長的預期。如果裡面有兩個要素、但你只有一個數值，就很難把這兩個要素分開。在選擇權市場裡，布萊克－修爾斯技術與默頓的改進版美好之處，基本上在於把要素分解出來，告訴你風險是什麼。」[68] 換言之，股價的漲跌，可能是因為股票的預期現金流成長出現變化，或是認知上的風險有變化，但是，選擇權價格的變化一定和風險的變動綁在一起，選擇權評估的是由市場量化的風險。

修爾斯提了一個選舉預測市場的例子，比如愛荷華大學的愛荷華電子市場（Iowa Electronic Markets），在這個市場裡，期貨的市場合約報酬以政治事件結果為基準。「這次選舉誰會贏？我們有選舉市場。人們會說：『市場怎麼會知道選舉的事？』選舉每四年一次，或是差不多這個時間⋯⋯市場是很驚人的，與名嘴相比之下，市場準得很。」[69]

 衍生性商品是金融界的大規模毀滅性武器？

1998 年，知名的控股公司波克夏海瑟威（Berkshire Hathaway）收購通用再保險公司（General Reinsurance Corporation），後者是一家從事再保險業務的公司。通用再保險公司和多數大型保險

公司一樣，也使用衍生性證券，有一部分是用來替長期曝險做避險。波克夏海瑟威的總經理兼投資高手巴菲特寫給股東的信向來備受期待，在其中一封致股東函中，他覺得有必要針對通用再保險公司於 2002 年提報的重大虧損做說明，他把部分的虧損歸因於會計慣例和衍生性商品的定價。巴菲特也將這個場合當成一個開端，用來分享他對於衍生性商品的更廣泛意見。巴菲特在信中寫道：「衍生性商品這個精靈現在已經從瓶子裡衝出來了，這些工具的種類和數量幾乎一定會以倍數成長，一直到某些事件清楚凸顯出它們的毒性為止。各國央行與政府到目前為止並無有效的方法以控制這些合約造成的風險，甚至連監督都做不到。就我的觀點而言，衍生性商品是金融界的大規模毀滅性武器，其帶有的危險雖然現在仍蟄伏未明，卻可能致命。」[70]

這不是巴菲特一時隨便說說的想法。在他 2008 年的致股東函中，他特別評論了布萊克－修爾斯／默頓選擇權定價模型。「布萊克－修爾斯定價公式在金融界的地位接近神聖權威……然而，若是將公式套用到更長的期間，會出現很荒謬的結果。持平而論，布萊克和修爾斯大概都很清楚這一點，但他們的忠實追隨者可能忽略了他們第一次發表公式時附加的警語。」[71]

2015 年時，巴菲特又重申他在 2002 年對於衍生性商品的看法，他指出「在某個時刻，這些東西可能會引起大麻煩……衍生性商品助長了大量的投機。」[72] 巴菲特使用的範例指出，與買進

股票通常三日交割的期間相比，很多衍生性商品的合約期限很長，他提到當市場長期關閉（例如 911 襲擊事件之後、二次大戰期間），會引發嚴重的市場不確定性；當市場重新開啟，幾乎什麼事都可能發生。但是，巴菲特也強調如果運用得當，衍生性商品將扮演重要角色。

身為公式共同創作人的修爾斯，對於巴菲特把衍生性商品形容成大規模毀滅性武器，有何看法？「嗯，我認為有趣的部分是（巴菲特）講到此事的時間，那是他收購通用再保險公司之時，這個組合裡有很多、很多長天期的選擇權合約，比如 20 年、30 年的合約。當他真正買下這家公司，才發現債務多於他之前收購時認為的規模，因為選擇權的報酬價值比他預想中更高。我想，他就是因為這樣才說長天期的選擇權是大規模毀滅性武器。」[73] 把這個問題放在相關的背景條件下來看，比方說前例有很多長天期的證券，包括長達百年、甚至幾世紀的債券，只要利率等關鍵因素有小幅變動，都會對今日的價格造成重大影響。

修爾斯繼續說：「我相信，宣稱選擇權是大規模毀滅性武器這種話，與你如何運用選擇權、或者說運用選擇權裡面的槓桿有關；我們也有數不清的多種方法可以使用選擇權或衍生性商品來做槓桿或其他事，經濟體中多的是其他方法。但無論如何，都有槓桿這個要素，這就是另一種適者生存。關於衍生性商品或選擇權，很有趣的是，總會有一個買方和一個賣方，從這一點來看，

這是一個零和賽局。所以說，如果有一個買方支付過高的金額買下選擇權，就會有一個賣方願意跳進來修正選擇權的價格，等於保護了另一方不至於訂錯價。我認為很多人都忘了這件事。市場價格下跌，衍生性商品的價值就會下跌，其他工具的價值也跟著下跌。」[74]

買賣選擇權這類衍生性商品還有另一項好處，選擇權能讓投資人完全量身打造所得分配。舉例來說，假設一位投資人擁有一檔正在升值的股票，他想持有股票，但又擔心持有到最後可能會虧損，那他就能透過買入選擇權來規避這個風險，特別是透過所謂的「賣出」選擇權（"put" option）：這種選擇權讓持有者可用特定價格賣出標的證券。如果投資人無法承受損失，購買賣出選擇權會是很好的保險，但通常要支付很高的權利金（premium）。（反之，如果投資人**可以承受虧損**，出售賣出選擇權則能成為很好的保障。）修爾斯繼續說：「但我認為基本問題是：『從最佳估計的意義上來說，這些價格是最好或最準確的嗎？市場真的失控了嗎？』我認為，不是，並不是這樣的，你沒有看到長期的情況。選擇權的市場定價傳達的資訊多過現貨市場，1987 年時市場崩盤，我們就看到了這一點，期貨市場的定價比現貨市場更準確。現貨市場甚至沒有交易；投資組合裡的選擇權市場則提供了更豐富的資訊，告訴我們市場裡發生了什麼事。有些人會虧錢沒錯，但也有些人在選擇權上賺到錢。如果誤用，就像有人會把所有資本孤注一擲拿去買威朗製藥（Valean）的股

票[75]，價值暴跌時，也同樣會虧錢。我認為，選擇權或衍生性商品之所以有錯誤的名號或遭到誤稱，純粹是因為這些是最新的東西。」[76]

修爾斯認為衍生性商品在 2007 到 2009 年的金融危機期間扮演何種角色？他承認「選擇權對這個社會來說意義重大。」[77] 然而，談到選擇權本身在金融危機中扮演的角色，他則存疑。「如果你看到自從（2007 年到 2009 年的）危機之後，衍生性商品仍活躍著，甚至還大幅成長，那你就會很驚訝地問道：倘若這些東西如此可怕，怎麼還會有無數人在用？（喬治）斯迪格勒說過，能不能留存下來是非常好的價值判斷方法；這些商品留了下來，而且蓬勃興盛、不斷壯大。（2007 年到 2009 年）危機期間確實有一些事浮上水面，主要是美國國際集團（AIG）訂錯合約價格，但這是該集團的內控問題，而非衍生性商品本身的問題。人們很喜歡單純為了做交易而買賣衍生性商品，也不管這些商品是否有公平定價……拿這些選擇權來做交易的話，很有意思的是，你會多次賺到小錢，然後偶爾虧一次大錢，就算是（信用評等）AAA的架構也會有這種事。若你要純做交易的話，完全不能保證結果會如何。因此，這裡的重點是公司內部的風險管理議題，也就是公司治理議題，而非要不要用這些工具。」[78]

修爾斯的完美投資組合

　　與馬可維茲、夏普和其他人相比之下，修爾斯對於完美投資組合的思維大不相同。[79] 其他人著重的是完美投資組合的組成，但對修爾斯來說，完美投資組合的重點完全在於風險管理。修爾斯相信，如果我們更認真去聽市場要告訴我們的事，尤其是衍生性商品市場，我們就能調整曝險程度，避開下跌的「尾部風險」和「回撤」（drawdown）（比如金融危機期間發生的狀況），但在此同時又能善用上漲的「尾部獲利」（tail gain），從而更能達成目標。但是，為了理解修爾斯的邏輯，我們要先理解投資人真正在乎的是什麼，以及如何衡量複合報酬（compound return）和財富成長。

　　修爾斯一開始先觀察投資人想要達成什麼目標，再從中推斷什麼對他們而言才是重要的。「以我的觀點來看，投資人在意的是最終財富（terminal wealth），他們在意複合報酬，他們在意資金回撤。他們希望的是，面對某個程度的回撤，他們能夠盡量維持在最好的狀態。」且讓我們詳細檢視修爾斯所說的最終財富、複合報酬和回撤是什麼意思。

　　我們先從最終財富開始。投資人有某些目標，比方說在退休之後想過著某種生活。一旦投資人決定自己退休後想要的生活方式（買間小屋或四處旅行），就可以決定在「最終」日期需要多

少財富，才供得起他們想要的生活。最終財富取決於他們的投資
（例如每年提撥到401(k)退休金計畫）和這些投資的年度報酬率。

　　接著，我們來詳細說明複合報酬。修爾斯提到，投資人應在
乎複合報酬（也稱為幾何報酬〔geometric return〕）、而非平均
報酬（也稱為均值報酬〔mean return〕）。前者考量的是你的起
點財富與終點財富，後者則是從每年的財富變化得出一個簡單平
均數。

　　複合報酬永遠低於均值報酬，而且報酬的波動性愈大，
對於複合報酬的影響就愈大；修爾斯將這種現象稱為凸性風險
（convexity risk），亦即所謂的波幅拖累（volatility drag）。修
爾斯解釋：「要是你有一個選擇，假設你的投資組合變動幅度是
＋20％與－20％，平均來說，變動幅度是零（這是均值報酬）。
但是，＋20％與－20％不是很好的結果，因為你可能賺了20％
之後又賠了20％，若你（一開始）的投資是100元，後來就剩下
96元。[80] 假如是第一年先虧損20％，那就變成80元，到了第二
年，你用80元賺了20％，只會回到96元。在這個例子中，凸性
成本就是4％。我們知道，波動幅度愈大，凸性成本就愈高……
你承擔的超額波幅愈大，你損失的複合報酬就愈多。」學者和老
練的投資人都很清楚波幅拖累的概念，但是，變動的波幅本身會
對複合報酬造成負面衝擊這一點，就沒有這麼多人理解了。

　　修爾斯說，複合報酬的關鍵，是將你的投資組合風險控制在
一個目標水準上。如果你的投資期限是十年，那麼每一年發生的

事都很重要，「因為複合報酬會加乘，而不是平均。」此外，要避免使用平均報酬。「（算術）平均報酬是一個有誤的指標。這或許能評估一位經理人的表現平均來說是否出色，但沒談到典型投資組合在投資上的狀況。換言之，問題就是，當一個人想要渡河，而他又不會游泳，你不會對他說，這條河的『平均』深度僅有十五公分。」我們只有一輩子可活，只會過一次河。「如果你渡河時踩進深六公尺的地方，而你又不會游泳，那就淹死了，你沒有辦法再回來。」

最後，且讓我們來理解修爾斯所說的回撤和尾部的影響。回撤指的是投資組合價值從最高到最低的跌幅，換言之，回撤是另一種思考風險或波動性的方法。修爾斯說：「為何回撤如此重要？因為要是你可以縮小回撤的幅度，基本上就能提供投資組合更高的最終價值。這其實就是影響最大的尾部事件。」修爾斯提到幾個異常事件，特別是美國股市在 1987 年 10 月 19 日單日跌幅超過 20％這件事。如果投資人能避開這些尾部事件、這些真的很糟糕的異常情況，那麼，他們預期中的最終財富就能受到更好的保障。

然而，尾部事件有兩種：一種是負面的，一種是正面的。修爾斯說道，以完美投資組合來說，投資人不僅要避免負面的尾部風險，更要善用正面的尾部利得。修爾斯在駿利亨德森投資公司（Janus Henderson Investors）擔任投資策略長，他和同事合作，協助解讀選擇權市場發出的資訊，以確立個別證券的預期報酬分

配，例如微軟及同資產類別的其他個股、大宗商品和債券；他們善用這些資訊來建構投資組合，將預期尾部利得最大化、預期尾部損失最小化。「重點不是分配的中段，對於最終財富影響最大的不是波動性，而是分配的尾部。尾部比中段重要多了。如果你要談完美投資組合，就要集中在尾部⋯⋯其他事都不重要⋯⋯倘若你能夠管理投資組合的風險並消除尾部損失，績效就會好很多。然而，風險管理並不只有避免尾部損失，也要搭上尾部利得，這是對稱的，你不會只想要降低風險就好。」

把焦點放在複和報酬、最終財富最大化、避免回撤上，雖然看似已經足夠，但修爾斯感嘆說投資這一門專業太過注重相對報酬、而非絕對報酬。「我們的表現比基準指標好多少？我們做得有沒有比標普 500 指數更好？」修爾斯相信，以相對報酬為重，「實際上忽略了投資最重要的部分，那就是絕對報酬。說到投資，有一件很有趣的事卻一直被忽略：相對報酬忽略了基準指標本身，也忽略了基準指標本身的風險。所以，談到我認為什麼是理想的投資組合，我認為就是要聚焦在絕對報酬，而非相對報酬。」

當世人大量轉向被動式投資且大致上都接受了指數型基金之時，仍有人深思這些策略當中的既有風險，可說是振聾發聵。修爾斯提到：「如果你持有指數型基金，比如標普 500 指數，標普 500 指數的風險長期下來不可能都是固定的。成分股會變化，有時候科技股的影響比較大，有時候公用事業股的影響比較大。因

此，指數的波動幅度或風險，也會不斷改變。」就算是以廣泛市場為基礎的指數，一樣有成分風險，[81] 不斷變化的波動幅度會損害複合報酬。

修爾斯說，指數型基金還有另一個問題。指數中個股的價格相對於另一檔個股的變動、亦即所謂的相關架構（correlation structure），會隨著時間而改變。比方說，在 2007 年到 2009 年的金融危機期間，股票多半一起跌；之後的幾年，股票多半一起漲。「所以說，當相關架構改變了，這些時候便沒有分散投資可言。因此，從理論的觀點來思考，假設相關性固定不變，假設平均數固定且報酬固定，那沒有問題，但這（被動投資的根基，資本資產定價模型）是一個單期模型，而不是一個多期模型。」然而，就算是多期模型，也需要很長的時間才能從重大虧損當中恢復。修爾斯強調，因為複合報酬之故，每一期都很重要。

修爾斯主張，在尋求完美投資組合時，投資人要處理兩個基本問題。第一，「每位投資人都必須自問，以全球的角度來看，資產的限制是什麼？我有沒有自我設限，僅投資較有限的資產？」換言之，除了特定的最終財富目標之外，投資人還要考慮自己的資產集合（如股票、債券、房地產等等）與各個資產類別中的限制，比方說，假如投資人已經在銀行業工作，那就要避開銀行股。第二，投資人必須考慮如何結合主動與被動策略來管理風險。「建構最適合的投資組合，以利長期管理風險……可以利用主動式投資組合或主動式投資組合加上被動式投資。之後……

投資人必須決定自己希望在哪個風險水準下操作投資組合。」

　　修爾斯和馬可維茲、夏普的不同之處，是他認為主動式管理在完美投資組合中占有一席之地。以修爾斯在發展出第一檔指數型基金時功不可沒的角度來說，這有點諷刺。「我不認為買進後持有的投資組合或是 60 ／ 40（60％股票加上40％債券）的資產配置就是最佳配置，因為風險總是不斷在變化，例如指數型基金的風險。」修爾斯強調風險是一輩子都很重要的事。「因此，理想投資組合必須從談時間開始，因為我們只有一生的時間，而時間非常重要。我希望大家重新聚焦在思考時間。你要如何操作投資組合，取決於你的風險有多高，以及你希望長期下來如何管理風險。」雖然市場上有目標日期基金這類產品，會根據投資人的年齡自動改變股票和債券的比例（投資人年齡愈大，相對於較安全的債券，投資風險性股票的比率就會愈低），但修爾斯並不太擁護這類產品。「理想投資組合應考慮到風險，而不是債券和股票的比例。目標日期基金說『你年輕時應該投資股票，你年老時應該投資債券』，這並非正確的模式。」

　　那麼，投資人應如何管理自己的投資組合？「正確的模式是風險。年輕時，你想承擔的風險是什麼？這個風險要如何化成你已實現報酬的函數？人力資本是你財富架構中的另一個部分，你要花多少（相對的）人力資本去承擔風險？所以，說起來，設定特定風格的目標日期基金……思考的是數字上的資產配置，而不是我們應該考量的部分（以風險來說）。風險是什麼？這個風險

如何變化？風險的動態是什麼？……未來的新型目標日期基金，將會變成管理風險的基金。」修爾斯提出了一種方法，由投資人先決定自己覺得可接受的最大回撤幅度，再隨著資產類別中的預期風險變化，來改變資產配置（可能在股票和債券之間調整）。

投資人該如何預期風險變化？修爾斯說，要做到這一點，方法就是傾聽選擇權市場。最終，修爾斯希望「看到……具備技能的人或是經理人開始定義前文所述的投資組合，並提供給投資人，藉此思考（如何以更積極的方式來管理風險）。之後，投資組合可以選擇不同的風險水準，以及人們可耐受的不同回撤程度，藉此來操作投資組合……這必須是動態的。」

修爾斯希望納入不同資產類別的市場所提供的風險資訊，依此來管理投資組合的風險。以美國股市為例，我們要檢視和標普 500 指數相關的衍生性商品所提供的資訊，例如波動性指數，波動性指數會給予我們一個以市場為根據的預期市場波動幅度估計值。若把焦點放在分配的尾部，我們可以深入檢視價外選擇權（out-of-the-money option），指的是只有市場出現極端變化時、才會履行的選擇權。這類選擇權的價格，提供了關於尾部風險的寶貴資訊。

「使用這些資訊來建構理想投資組合，就能根據風險及風險的變化來改變投資組合的組成。假如投資人可以讓投資組合的風險維持固定，就能大幅降低會發生的凸性成本，因為你容許投資組合變動……如果不使用市場裡的資訊來建構理想投資組合，

那就算不上理想。因此，你需要檢視價格，也要知道市場如何告訴我們資訊。衍生性商品市場就在告知我們資訊，現貨市場就在告知我們資訊，期貨市場與其他市場也為我們提供大量資訊。我認為，善用共識或群眾智慧會比較好，畢竟那是幾百萬人在做決策。」修爾斯為創造現代衍生性商品市場出了一臂之力，現在他希望投資人能傾聽這些市場，以建構完美投資組合，完成一個圓滿的圓。

CHAPTER

7

PERFECT
PORTFOLIO

羅伯特・默頓，
從衍生性商品到退休規劃

想像一下，如果你是羅伯特・金・默頓的兒子，會是什麼感覺？他是傑出的哥倫比亞大學教授、現代社會學之父，也是「非預期結果」（unintended consequence）、「角色典範」（role model）、「焦點團體」（focus group）和「自我實現預言」（self-fulfilling prophecy）等眾人耳熟能詳的概念的原創者；1994年，他獲頒極負盛名的美國國家科學獎章（National Medal of Science），這是由美國總統親手頒發的榮耀。再想像一下，你還跟他同名。無論你在你自己選擇的領域（比如金融經濟學）中有多出色，你總是要背負很多期望。

羅伯特・寇克斯（鮑伯）・默頓出於對父親的敬重，以防別人搞混他是哪一個同在學術界的出色羅伯特・默頓，他做了什麼事？他在信中的署名通常都是「那位社會學家之子」。[1] 現在，想像一下，身為一位自豪的父親，兒子在他的領域裡獲得最高成就──瑞典中央銀行紀念阿爾弗雷德・諾貝爾經濟學獎（Sveriges Riksbank Prize in Economic Sciences in Memory of Alfred Nobel）、亦即一般所說的諾貝爾經濟學獎，而且這個兒子還跟自己同名，那是什麼感覺？你要怎麼做才能避免別人搞混？嗯，羅伯特・金・默頓在信函中會署名「那位經濟學家的父親」。

第6章談過，羅伯特・寇克斯・默頓也在研究選擇權定價公式，與邁倫・修爾斯及費雪・布萊克同一時間，也走相同的路線。布萊克說起和默頓的「漫長討論」，默頓提出了大量的建議，強化了他們著名的選擇權定價論文；也講到他們之間「混合

了競爭與合作的關係。」[2] 因此，修爾斯和默頓於 1997 年同獲諾貝爾經濟學獎，真是再適當也不過了。

默頓和修爾斯同樣也參與多項商業性活動，包括取得一項退休規劃方法的專利。他對於建構完美投資組合傾注了許多思考。

 # 年輕的交易員

羅伯特・寇克斯・默頓（那位社會學家之子）1944 年 7 月 31 日生於紐約州紐約市，成長於紐約郊區哈德遜河畔黑斯廷斯（Hastings-on-Hudson），他妹妹一家人現在還住在這裡。[3] 他的父親（逝於 2003 年）於 1910 年生於費城，出生時名為梅耶・羅伯特・薛克尼克（Meyer Robert Schkolnick）。青少年時期他表演魔術，用羅伯特・梅林（Robert Merlin）當藝名，後來他把姓氏改成默頓。[4] 羅伯特・寇克斯・默頓的母親蘇珊娜・卡拉特（Suzanne Carhart）逝於 1992 年，她出身自紐澤西州一個衛理公會加貴格教派的家庭，是全職家庭主婦。蘇珊娜的母親住在他們家。

默頓念公立高中時，修了數學和科學，包括一門由麻省理工學院設計的物理課。他是一個好學生，但不是班上的頂尖人物。「小時候我有一項技能，可以列出一長串數字，然後飛快地加總出答案。就是因為這樣，高中時（做的職業測驗）說我會成為會

計師或工程師，因為他們會問你比較喜歡遛狗還是加總大額的數字，我說加總大額的數字。」[5]

他是美式足球隊員，也參加賽跑，但兩方面都不出色。他的同學包括詹姆士・雷恩瓦特（James Rainwater）和傑克・斯丹柏格（Jack Steinberger）的兒子，這兩人當時都是哥倫比亞大學的物理學家，且之後都會獲得諾貝爾物理學獎（分別於 1975 年和 1988 年獲獎）。當地另一位桂冠得主是馬克斯・泰勒（Max Theiler），他開發出對抗黃熱病的疫苗，於 1951 年獲得諾貝爾生理醫學獎。還有另一位出色居民威廉・魏可瑞（William Vickrey），這位哥倫比亞大學的經濟學家於 1996 年獲頒諾貝爾經濟學獎，比默頓早一年得獎（但魏可瑞在公布得獎名單三天後不幸過世）。

默頓的父親帶他認識了棒球、魔術和股票市場。他之後回想起自己的童年：「我想，我小時候在學校只做了最低限度的功課，但數學真的是例外，我很喜歡數學。我喜歡棒球和其他東西。除此之外，小時候我會假裝開公司，我還假裝開了一家銀行，我記得好像取名叫 RCM 美元與儲蓄公司，我用這家銀行想辦法爭取存款並做投資。還滿小的時候，應該是十歲左右吧，我第一次投資了股票。我會去追蹤、看看各家公司之類的。但我整個童年，實際上應該說直到我大學那幾年，我一直都在參與股票市場，一向對財務金融有興趣，然而我從來沒想過把這當成全職工作。你知道，我一直認為這是放學或下班後的消遣。直到讀研

究所的時候，我很晚才決定要轉入經濟學這一行。」[6]

　　對一個追著棒球賽的紐約男孩來說，那也是一段美好的歲月。默頓支持的是布魯克林道奇隊，這是當時紐約的三支棒球隊之一；另外兩支是同在國家聯盟的紐約巨人隊，以及美國聯盟的紐約洋基隊。默頓知道所有球員的打擊率和投球紀錄。道奇隊在 1941 年、1947 年、1949 年、1952 年和 1953 年包辦國家聯盟的冠軍錦旗，但每一次都在世界大賽輸給城裡另一頭的對手洋基隊。1951 年，道奇隊經歷棒球運動史上最嚴重的慘敗之一，他們原本的戰績是領先國家聯盟對手巨人隊十三場半，但巨人隊一路狂追、連勝七場，迫使對手到最後要打三場加賽。兩隊戰成一比一打平，在最後一場加賽（這也是第一場美國全國電視轉播的棒球賽）中，道奇隊在九局下半以四比二領先，此時巨人隊的巴比・湯瑪斯（Bobby Thomas）打出一支三分全壘打，後來被稱為「全世界都聽見的驚天一轟。」終於，1955 年時，道奇隊在七場賽事中勝過洋基隊，在紐約贏得第一次、也是唯一一次的世界大賽冠軍。有件事對默頓來說必是一大打擊，那就是道奇與巨人兩隊在 1957 年的賽季之後雙雙移往加州，對抗持續著，但現在變成洛杉磯道奇隊與舊金山巨人隊之爭了。

　　差不多就在道奇隊拿下世界大賽冠軍之時，默頓也將他的熱情轉向汽車。事實上，他十歲時第一次投資股票就是買通用汽車，這並非偶然。[7]隔年，他利用縫紉機製造商勝家公司（Singer Corporation）的收購案，完成一椿風險套利交易（買進收購目標

公司的股票，賣掉從事收購的公司股票）。[8]同樣也是 11 歲那年，他開始數著日子，期待達到考駕照的最低門檻 16 歲。他知道幾乎每一部最新車款的馬力和引擎大小，參觀了汽車展與改裝車賽；15 歲時，他買下第一部車並進行改裝。默頓繼續改裝高性能車並參加比賽，甚至花了兩個夏天在密西根州迪爾伯恩市（Dearborn）的福特汽車公司（Ford）打工，其中有一年在先進車輛設計部擔任工程師。「我熱愛解決問題，我喜歡工程類型的事物，那時我認為以後我會成為汽車工程師。」[9]

默頓將滿 17 歲時，在別人介紹之下認識了君恩・蘿絲（June Rose），她是一位電視連續劇演員。兩人於 1966 年成婚，當時默頓才剛從哥倫比亞大學畢業。他們有三個孩子，一女二男。1996 年，默頓與君恩分開了。

1962 年，默頓進入哥倫比亞學院，這是哥倫比亞大學的大學部。進大學一天後，他就轉到哥倫比亞的工程學院，選修了好幾門純數學與應用數學的課，他特別喜歡偏微分方程式與微積分。他也修了一門經濟學入門課（課堂上用的教科書是保羅・薩繆爾森的經典之作）、夜間部的會計和股市投資課程，以及一門英國文學課。雖然默頓大二英文課的分數很低，這門課卻導致他發表第一篇論文〈斯威夫特筆下飛島國的「不動」運動〉（The 'Motionless' Motion of Swift's Flying Island），刊登於《觀念史期刊》（*Journal of the History of Ideas*）。[10]默頓質疑強納森・斯威夫特（Jonathan Swift）在《格列佛遊記》裡虛構的飛島國拉普塔

居然能維持靜止不動；因爲根據斯威夫特描述的上下顛倒力量來看，這座島實際上應該是不斷旋轉才對。

1966 年畢業後，默頓進入加州理工學院攻讀應用數學博士學位。他享受學習更多數學知識，尤其樂見此地鼓勵學生主動投入自己的研究領域，而不只是被動學習教材。「我一向熱愛數學，但我愛的向來是數學的應用，而非純數學。」[11] 就讀加州理工學院時，他繼續投資交易。「那時我第一次知道可轉債。我在加州理工時，會在早上六點半做交易。我會交易櫃檯買賣的選擇權，尤其是權證，還有可轉債，雖然我根本不知道我在做什麼。」[12]

然而，在加州理工讀了一年之後，默頓開始尋找別的東西。在準備撰寫數學領域的論文時，他開始深思此刻感受到的人生十字路口。他注意到他的人生裡有兩件事。「第一，我正在追著股市跑，開盤之前就會做一些事；我沒有干擾到研究，但我就是這麼做了。另一件事是，我開始利用數學與應用領域檢視各式各樣別人正在研究的問題，範圍從電漿物理到水箱水波與流體力學，但這些都無法讓我感到熱血賁張。」[13]

此時是 1960 年代中期，美國總統是林登‧詹森（Lyndon B. Johnson）。「當時的經濟顧問委員會（Council of Economic Advisors）主席瓦爾特‧海勒（Walter Heller）發表宣言，指稱我們已經解決重大的總體經濟問題……例如惡性通貨膨脹……以及嚴重失業……我想了想，然後說：『這眞是了不起。想像一下，你只要在這個領域做一點小事，就能嘉惠幾百萬人的人生。』

這對我來說是一大刺激。」[14] 當時，他對於正統的經濟學所知甚少，因此他決定去加州理工的書店裡做進一步調查。「我買了一本數理經濟學的書……後來才知道這本書很糟糕，但我當時並不知情。然而，我認為，這本書很糟糕這一點很重要，因為就有一個孩子讀了這本書之後說：『嗯，也許我可以做點什麼事。』」[15] 默頓決定離開加州理工，去攻讀經濟學博士學位。他向六家有出色經濟學系的大學提出申請，但僅有一家錄取他，還給了他全額獎學金，那就是麻省理工。

 ## 麻省理工：從學生到教授

　　哈洛德‧佛瑞曼（Harold Freeman）的學術生涯多半都在麻省理工度過，大學時他主修數學，1931 年拿到理學士的學位。[16] 他先成為經濟系的講師，之後的 1936 年到 1938 年，又去哈佛大學念書。1939 年，他返回麻省理工擔任助理教授，1944 年晉升為副教授，1950 年成為教授。二戰期間，佛瑞曼是哥倫比亞大學統計研究小組的一員，負責設計抽樣方法來做戰時產業的品質管制。

　　默頓於 1967 年申請進入麻省理工時，佛瑞曼已經是統計學家，也是麻省理工經濟系的成員。佛瑞曼審查了默頓的申請文件，認出幾位替他寫推薦信的數學家。佛瑞曼說服經濟系在默頓

身上賭一把，他也因此進入博士班就讀。

　　默頓說，當時負責為第一年新生提供建議的佛瑞曼審視了他提的課程計畫之後評論道：「如果你照這張表操課，學期末時你就會因為太無聊而離開這裡了……去上保羅‧薩繆爾森的數理經濟學課。」[17] 在這門課中，默頓不僅能和薩繆爾森互動，也遇到其他很有意思的同學，包括斯坦利‧費希爾（Stanley Fischer），此人後來成為出色的經濟學家，寫了一本著名的經濟學教科書，成為以色列央行（Bank of Israel）總裁，也是聯準會的副主席。默頓以薩繆爾森的書《經濟分析基礎》（*Foundations of Economic Analysis*）來學習經濟學，學期中也針對減去人口成長變動後的最適經濟成長率寫了一篇論文，並於 1969 年發表（後來成為他博士論文裡的其中一章），[18] 這一切都要感謝佛瑞曼當初提的簡單建議。

　　除了上課之外，默頓與薩繆爾森真正培養出良好的互動關係，是因為薩繆爾森來找默頓幫忙。「保羅拿了一疊破破爛爛的黃色紙張來找我，他正在寫一些東西，要把哈密頓算符數學（Hamiltonian mathematics）應用到成長理論上，他問我能不能讀一下，這當然不是經濟學課程的功課，但他問我能不能幫他檢查一下。一個 20 幾歲的研究生竟然可以和保羅‧薩繆爾森合作，我不會說：『你是瘋了吧。』我說：『當然好。』我一臉沒事的樣子離開了，我跑回家，然後就像任何一個 20 幾歲的人會做的事一樣，我熬了一整晚，一讀再讀、一讀再讀，隔天還是盡

可能裝作沒事的樣子去學校,當然,完全不讓他知道我熬了一整晚。我說:『薩繆爾森教授,這是我的筆記。』」[19] 熬夜的那一晚,默頓發現薩繆爾森的草稿裡有一些錯誤。「下一次我進教室時,他就給了我一份工作。」[20]

　　默頓擔任薩繆爾森的助理時,發現他們倆人對於權證和可轉債等衍生性證券都有興趣,也有類似的背景經歷。如果你回想一下第 6 章,就會記起權證是由想要募資的公司發行的證券,讓現任股東可選擇在特定日期之前以特定價格買入額外的股份。可轉債在某種程度上也很類似,是一種由公司發行的證券,一開始是債券,一旦股價漲到某個價格水準以上,就能轉換成股票。由於這些特質,使得這兩種證券的行為和有交易的買入選擇權很相似。

　　默頓很高興地發現他玩的權證和可轉債交易變成了真正的研究。1968 年,他開始和薩繆爾森合作,擴大薩繆爾森之前的權證定價研究,1969 年完成另一篇得以發表的論文(也變成他博士論文裡的另一章)。[21] 1968 年秋天,在首屆麻省理工－哈佛大學數理經濟學聯合研討會上,默頓發表了他的首次學術研討會演講,聽眾包括兩位未來的諾貝爾經濟學獎得主:1972 年得獎的肯尼斯‧阿羅和 1973 年得獎的華西里‧李安鐵夫(Wassily Leontief)。

　　默頓繼續順順利利地發表文章,但他連博士論文都還沒寫完。在其中一篇文章中,他處理了每位投資人都要面對的一個重

要決策議題，正式名稱爲「投資組合選擇問題」：決定今天要消費多少、又要爲了明天儲蓄多少，以及如何在風險性與無風險投資（比如購買國庫券）之間配置這些儲蓄，同時設法追求最高的終身效用或滿足感。[22] 他完成博士論文之後，又發表了另一篇文章，他在文中用比較實際的「連續時間」（continuous-time）架構來檢視同一個問題，價格在這個模型中會不斷變化。[23]

默頓的金融市場經驗與知識給了他很多靈感，使他提出相關的假設納入模型中：「因爲我在市場裡做交易，所以很清楚一件事，那就是即使你很密切、很密切地追蹤股價，你還是沒辦法預測下一次跳動時價格會是多少。如果現在有美國電話與電報公司的股票正在成交，下一次的交易價格可能一樣，也可能上漲或下跌，不管時間多短，都很難預測。我所做的一切研究，都是爲了掌握這一點。」[24] 他在連續時間隨機過程（continuous-time stochastic process）領域的突破性研究，最終匯聚成一本獲得高度評價之作《連續時間財務》（*Continuous-Time Finance*）。[25] 他的關門弟子羅伯・賈羅（Robert Jarrow）多年後提到：「我將鮑伯視爲數理金融學之父……鮑伯發明了連續時間財務，這是數理金融的核心……在商學界，沒有其他領域像數理金融這樣、在業界與學界間有大量的概念交流。」[26]

默頓在博士論文的最後一章，針對薩繆爾森的權證定價模型做了實證研究。[27] 他檢視由三大洲公司（Tri-Continental）、阿利根尼公司（Allegheny）和亞特力士公司（Atlas）等三家公司

發行、未設定最後到期日（以購買更多股份）的「永久性」權證
（"perpetual" warrant），發現薩繆爾森的模型表現大致上比其
他人提出的方案更好。默頓在總結部分提到，他已經計劃未來的
研究方向是要發展出更好的定價理論，尤其是針對買入選擇權這
類期間有限的權證。

　　默頓的博士論文帶動的發表產能，可說是無限充沛。寫完一
份經濟學的博士論文之後、能衍生出一篇在期刊上發表的文章已
經算了不起了，更別說四篇了，但這還不是全部。正當他要完成博
士論文之際，就已經很認真投入其他工作，為三項重要的研究奠
下基礎，而且都是在 1973 年發表或在重要學術研討會上做簡報。
在這三篇文章中，他將夏普的資本資產定價模型從單期擴充為多
期，[28] 擴大選擇權定價模型的應用，跨入到決定負債的價格，[29]
還解決了選擇權定價問題（就像布萊克和修爾斯一樣）。[30]

　　默頓將資本資產定價模型擴充為多期，對於夏普的原始模型
而言是非常重要的貢獻；原模型很符合直覺，但也限制重重。夏
普的模型是單期模型，而且無法充分融入預期效用理論，預期效
用理論可是現代個體經濟學的基石；默頓的模型涵蓋多期，而且
和效用理論直接相連。「我可以得出一個更加實際、更加通用的
模型，並證明得出的成果很有意思。」[31]

　　大約在 1969 年時，默頓就快寫完論文，薩繆爾森提名他成
為哈佛大學的初級研究員，但默頓被刷下來了，沒有得到這份職
位，因此他繼續在一般的學術就業市場找工作，前往多家大學的

經濟系面試。默頓在麻省理工找到工作，但不是經濟系，而是史隆管理學院。未來的諾貝爾經濟學獎得主法蘭科‧莫迪里安尼，當時由經濟系和史隆管理學院交叉聘用，他邀請默頓進來，並向他保證就算沒有受過正式的財務金融訓練，也能在史隆管理學院教書。40餘年後，默頓在他位於麻省理工史隆管理學院的辦公室回想過去：「事情進展很順利，我已經發表了幾篇文章，還有幾篇也快登出來了。為何要離開這個富有生產力的環境呢？我感到非常安心，因此我很樂於接受這份工作。」[32] 在史隆管理學院的面談過程中，默頓首先見到的是邁倫‧修爾斯，他才剛從芝加哥大學過來。

 ## 默頓在選擇權方面的洞見

在布萊克、默頓和修爾斯之前的時代，選擇權如何交易？默頓說：「在舊有的選擇權市場裡，交易員會在報紙上刊登言詞聳動的廣告，並列出價格，但是，選擇權的價值每一分鐘都在變化。你能想像在報紙上登價格嗎？真是太奇怪了。還有最莫名其妙的選擇權定價工具，一堆不知道從哪裡跑出來的立方根規則這類東西。」[33]

1960年代末，布萊克與修爾斯聯手，默頓獨自作業，他們努

力發展出決定買入選擇權價格的公式。就像默頓說的：「當時我
們在競爭。邁倫就說了：『我們不要什麼都跟默頓說，他可是對
手。』誰做得對、誰就贏了，就這樣。在此同時，我們也會合作。
我們都有興趣去找出這到底是怎麼運作的。這是一種研究領域向
來都有的緊張關係，是一種健全的競爭，一種互相尊重。」[34]

　　布萊克和修爾斯的關鍵洞見之一，是避險的行動（例如做空
買入選擇權，同時持有股票的多頭部位）能夠消除**系統性風險**、
亦即市場風險（這就是夏普資本資產定價模型裡貝他值所指的風
險），因此可以不受整體市場報酬的上下波動影響。精準正確地
結合選擇權與股票，可以創造出不受整體市場報酬影響的投資組
合報酬，換言之，只要有正確的結合，投資人就能打造出沒有任
何市場風險的投資組合，或者，使用夏普資本資產定價模型所用
的術語：投資組合的貝他值為零。「他們的見解是，如果動態且
頻繁地進行交易，就能創造出一個用選擇權避險的投資組合，而
避險的概念是指消除系統性風險，也就是貝他風險。以當時來
說，這是非常普遍的實證做法：消除貝他。」[35]默頓如是說。

　　雖然他們兩人在這一點上的看法相同，但是默頓對於他們的
避險想法感到懷疑，認為並不可行。「我（對修爾斯）說：『我
覺得這樣不可行。』然後我又說：『但我會看一下。』因此，
我去看了。由於這項研究是在發展動態投資組合理論……我就
放到連續時間的脈絡下去看。我所有的研究都是這麼做的。就這
樣，我去做他們做的動態。他們做的，是消除貝他值，根據資本

資產定價模型，結果是消除貝他值的避險投資組合的預期報酬、等於無風險利率……我看了一下，然後說：『等一下，如果你用連續交易來做，這會成立。貝他值會消掉，事實上，連西格瑪值（sigma）都消掉了。』」[36] 他說的西格瑪值是指投資組合的所有風險，而不只是貝他風險（即市場風險）。讓默頓大吃一驚的是，他發現這種避險策略之下不僅沒有貝他值，而且是根本沒有風險，或說沒有波動性。

默頓在某個星期六下午打電話給修爾斯，在電話裡大聲嚷嚷說他們是對的。[37] 他對修爾斯說：「你們想的完全正確，但背後的理由錯了。」[38] 避險不僅消除了系統性風險（或說市場風險），甚至根本消除了**所有風險**！令人大吃一驚的是，將兩種風險性證券放在正確的組合之下，投資組合的報酬和買進無風險證券（如國庫券）一模一樣。這是一把鑰匙，解開了讓其他研究人員搞不清楚的買入選擇權定價祕密。

默頓是怎麼發現的？他後來解釋：「除了定名爲布萊克－修爾斯模型[39] 之外，我對這個模型最大的貢獻，是證明如果交易期間愈來愈短，他們提出的這套動態交易規則將會消除所有風險，這代表即使選擇權不存在，你還是有辦法合成選擇權。只要遵循一套規則來交易股票與無風險資產，我就可以創造出報酬和選擇權完全一樣的投資組合。」[40] 只要憑藉「無套利」（亦即沒有無風險獲利）的假設，就可以得出買入選擇權的價格。

這個模型通常稱爲布萊克－修爾斯模型，但根據費雪‧布萊

克的說法，默頓對於「他們的」選擇權定價模型的發展，貢獻卓
著。「鮑伯對別人論文的貢獻，就像他對自己的一樣。比方說，
我和邁倫‧修爾斯寫的選擇權論文中，一個很重要的部分就是得
出公式的套利論點，是鮑伯給了我們這個論點，這篇文章或許應
該稱為『布萊克－默頓－修爾斯』論文。」[41]

　　默頓完成並潤飾了工作報告〈選擇權理性定價理論〉（Theory
of Rational Option Pricing）[42] 之後，便開始尋找發表管道。[43] 他
的同事保羅‧邁克沃（Paul MacAvoy）剛剛成為一份相當新的期
刊的主編，由貝爾實驗室（Bell Laboratories）發行的《貝爾經
濟學與管理科學期刊》（Bell Journal of Economics and Management
Science）。雖然這篇報告很長，但邁克沃表示有興趣發表，甚至
提出以 500 美元買下手稿；這個價錢很誘人，當時默頓的年薪僅
有 11,500 美元。默頓有禮地請邁克沃延遲刊登文章，要等布萊克
和修爾斯的文章先登出來，因為他的文章裡有提到他們的模型。
因此，雖然默頓最終版論文的日期標示為 1972 年 8 月，但兩篇
文章幾乎同時在 1973 年春天刊出。由於這兩篇文章問世的時間
剛好和芝加哥選擇權交易所開張同時，因此馬上就造成衝擊。

　　布萊克－修爾斯和默頓的文章能發揮作用，有一部分原因是
時機正好。默頓就說了：「我們當時有預測到這會引起如此大的
反應嗎？沒有，當然沒辦法。如果我們是在 1960 年到 1962 年間
完成研究，在文章發表之後，可能也無法在實務上發揮直接的影
響；但那時是 1970 年代。在 1973 年中到 1974 年底之間，股市

實質下跌了 50％。公債殖利率來到二位數，1981 年的高峰時超過 20％。通貨膨脹率來到南北戰爭後、前所未見的水準，政府引進了某些價格控制措施，之後又放棄了。忽然之間，修正全球貨幣的布列頓森林協定（Bretton Woods agreement）被揚棄，世界各國的貨幣出現近 30 年來的第一次震盪。那時也出現第一次石油危機，石油價格從每桶 2.5 美元漲到 13 美元。而且，這些事件都發生在高失業率的環境之下。新的風險大量出現，從各個地方爆發出來，在整個系統內到處流竄。」[44]

如今，布萊克－修爾斯／默頓模型已是處處可見，應用範圍早已超越替買入選擇權定價了。比方說，如果你有房貸，你的償付權是一種選擇權，你的違約權也是一種選擇權。默頓最近也提到：「全世界有幾百兆美元的這類東西在四處湧動。」[45]

# 默頓模型

布萊克－修爾斯和默頓都認同選擇權定價會對企業財務造成重大影響，而且，他們又再一次各自發展出最初的選擇權定價應用。第 6 章提到，當布萊克和修爾斯 1970 年夏天在富國銀行的研討會上發表見解時，默頓因為睡過頭而錯過他們的演講，因此直到後來才發現雙方的想法類似。

默頓最近說，自己的貢獻大致上是為衍生性證券這個新世界提供了一套系統性的方法，範疇不僅限於買入選擇權。「如果我可以用現金（或任何資產）交易股票，並透過我們得出的規則做交易，規則有點像是製造流程，例如拿三顆蛋打在一起，用 45 秒打散，這只是一種指示。如果你遵循所有規則，沒有犯錯，而且你可以在無摩擦的條件下交易，那麼另一邊就會精準得出報酬。這表示，我可以合成……不管是哪一種衍生性證券，我都可以這樣做出來。」[46] 默頓根據 1974 年論文中所描述的概念，後來發展出知名的默頓模型（Merton Model）。[47]

假設有一家公司有股權和單一類別的債務，例如債券。公司（或說其資產）的整體價值，就等於其股權與負債的市值總和，長期下來，不管資產發生什麼狀況，股權持有人和債券持有人都能共同分擔。為了簡化範例，且讓我們假設債券不付息，到期日為五年。五年後，股權的價值是多少？

到頭來，這種情況下的報酬結構，和以整家公司為標的、行使價等於債券面值的買入選擇權一模一樣。換言之，資產的價值愈高，股權價值也跟著水漲船高。但如果五年後資產的價值不及債券的面值，那麼股權持有者就會「走掉」（這代表他們不會行使選擇權），債券持有者會得到資產剩下的價值，也就是破產了。因此，債務的價值等於資產的價值減去股權的價值，可以透過選擇權定價來決定債務的風險。

　　這個默頓模型和他之前的選擇權定價研究不同，花了比較長的時間才風行起來。默頓之後也提到：「（1974 年）這篇文章並沒有席捲全世界。」[48] 他提到某些投資銀行使用這個模型替所謂的垃圾債券定價，到最後，有一家 KMV 風險管理公司修改了模型，假設任何時間點都可能發生違約，而不限於到期日。[49] 雖然做了一些變動，但 KMV 仍將修改後的模型稱為默頓模型。1999 年前後，包括摩根大通（JP Morgan）、高盛（Goldman Sachs）、德意志銀行（Deutsche Bank）和瑞士信貸第一波士頓（Credit Suisse First Boston）在內的幾家大型銀行與投資公司，原先使用的都是自家專有的模型版本，此時都躍躍欲試，想要確立一個標準版。（KMV 最終被信用評等公司穆迪〔Moody's〕收購。）

　　當時，市場上愈來愈需要像默頓提出的這類模型，以理解幾間家喻戶曉的公司債券到底發生什麼事，怎麼會落入垃圾債券或非投資等級的地步，例如全錄公司（Xerox）。傳統模型無法反映出這些公司債券的下跌，但默頓模型可以透露出公司債券的價值即將下跌的信號。此外，信貸衍生性商品也愈來愈受歡迎；這類衍生性商品的用意，是把債權人要承擔的違約風險（即信貸風險）區分開來，移轉到願意承擔的另一方。默頓指出，這種新的模型類別很重要，因為「這些模型不僅可用於定價，也可指出風險架構，讓你了解風險如何變化，你又能做哪些嘗試、利用其他工具來針對這種風險做避險。」[50] 比較不周密的方法會分別檢視

股權和債券的定價，但默頓不同，他指出債券的價值本來就和公司資產的價值緊緊相連。默頓模型提出一套統一的債務證券價格理論。

　　不過，默頓模型的應用不限於公司債。在更廣泛的層次上，可以將個別公司的債務總合起來加以檢視，同時與政府的借貸相對照，然後結合金融機構與央行的中介角色，在一國、甚至全球的範疇內，建構出一個整體的金融系統模型。默頓指出由默頓模型和他的其他研究所激發出來的金融系統模型，其重要性何在：「包括各國央行與聯準會在內，現今全世界任何大型的金融機構，如果不利用針對金融系統的電腦數學模型和衍生性證券的價格資訊，就無法發揮功能；這些可以用來移轉風險，也可以從價格中萃取出相關的風險資訊。」[51]

 ## 從理論到實務

　　默頓既是科學家也是工程師；事實上，他被尊稱為第一位金融工程師。[52]科學家多半偏理論，他們會觀察這個世界並希望理解各種事物；工程師則多半比較務實，他們想要的是改變這個世界並做出點東西。本書的其中一位作者（羅聞全）主張，唯有相應領域出現工程實務時，一套知識體系才會成為一門科學。[53]因

此，1952 年由哈利・馬可維茲開啟了財務金融科學，但一直要等到 1970 年代，巴爾・羅森柏格將風險因素 BARRA 模型引進投資業，帶入了馬可維茲的理論概念，並讓市場看到如何透過這些概念在實際環境下建構投資組合，才成為一門真正的科學。默頓的博士論文指導教授與合作對象保羅・薩繆爾森說默頓是「財務金融界的牛頓」，認同了默頓是一位科學家。

默頓和修爾斯（與默頓同獲諾貝爾獎）一樣，一腳踩在學術界，另一腳踩在投資界，兩個世界都因此受惠。他有次說了一個故事，關於他和修爾斯在香港做的一樁交易。他們交易一檔選擇權，標的股票的價格已經跌到某個水準之下，在這個點時，選擇權已經被取消，這是所謂的下跌出局選擇權（down-and-out option）。他們透過在數學上決定適當的邊界條件，來解決這種選擇權的定價問題。「之後我在寫選擇權定價的文章時……便試著說明如何把這套技術用在很多不同事物上。我的應用（之一）就是下跌出局選擇權。後來我才發現，原來早已演變出一個名為奇異選擇權（exotic option）的產業……下跌出局選擇權就是……最早的原型產品。如果我不曾參與實務，就永遠不會聽說這東西的存在，更別說解決問題、然後寫出來了。」[54]

默頓於 1969 年第一次提供顧問諮商服務，對象是當時加州一家對於權證定價很感興趣的銀行。[55] 他在幾個顧問諮商專案上和修爾斯合作，包括 1972 年時替帝傑證券公司的投資銀行發展選擇權定價策略和避險模型。1976 年，默頓和修爾斯創辦第一

檔以選擇權為基礎的共同基金，讓投資人可以投資股票市場，但
又能在市場下跌時提供保障，這是 1980 年代風行的投資組合保
險產品前身。

　　1988 年，默頓加入當時由約翰・古佛蘭（John Gutfreund）
領導的全球性投資銀行所羅門兄弟，擔任董事長辦公室的特別
顧問。該行的國內固定收益套利部門主管約翰・梅韋瑟（John
Meriwether），吸引了很多默頓以前的學生進入銀行，多數都是
博士。[56] 梅韋瑟於 1991 年離開所羅門兄弟銀行，1993 年時，他
有個構想，想要開一家新公司，在全球從事固定收益套利，比方
說，利用相似債券在不同市場裡交易的價格差異，這就是名為長
期資本管理公司的避險基金。默頓和修爾斯都在十一位創辦人之
列，其中有七人和麻省理工、哈佛商學院或兩者有密切關係。這
檔避險基金從投資人身上募得超過十億美元，在當時是非常大額
的投資。

　　長期資本管理公司在營運上使用了幾項相關的策略，背後
主要策略是檢視兩種類似資產之間的價格歧異，買進價格被低估
的、做空價格被高估的，當兩種資產的價格逐漸收斂時，就能賺
到錢；這就是所謂的收斂式交易（convergence trade）。[57] 舉例來
說，根據選擇權定價相關的量化模型，交易員可能會偵測出長天
期美國公債與名為利率交換（interest rate swap）這種相關衍生性
證券之間出現價格上的歧異，然後買進前者、賣出後者。另一種

則名爲相對價值策略（relative value strategy），運作方式類似。不過，雖然預期價格會收斂，但並不保證一定會，除非拉到很長期。除了這兩項主要策略，長期資本管理公司最初還有少數的走向型交易（directional trade），但這類沒有做避險的部位，風險就高得多。

　　長期資本管理公司賺得的報酬很驚人。從 1994 年 2 月 24 日到 12 月 31 日間，扣除費用後的基金報酬爲 19.9％，當時大盤的標普 500 指數卻呈下跌局面。1995 年和 1996 年，報酬分別爲42.8％與 40.8％，遠勝市場報酬。1997 年時，到 8 月前基金又再漲了 11.1％，但 1997 年基金的報酬低於市場報酬。到了 9 月，長期資本管理公司的資本已經從 10 億美元成長到 67 億美元，再從衍生性商品的槓桿結構來看，長期管理資本公司掌控的資產超過 1,260 億美元。此時，創辦人考慮把資本返還給多數外部投資人。到了當年年底，公司資本又再增加 75 億美元，淨報酬率則達 17.1％，公司將 27 億美元返還給外部投資人，資本剩下 48 億美元，其中的 19 億美元由主要人員與員工持有。

　　然而，長期資本管理公司的風光並沒有天長地久下去，到了1998 年 8 月，基金該年至此跌掉超過 40％。俄羅斯政府放手讓政府公債違約，使市場大吃了一驚。長期資本管理公司某些交換（swap）產品上的關鍵部位，反過來變成不利因素，因爲不同部位之間的利差嚴重擴大，而不是如預期般緊縮。8 月底，道瓊工

業指數出現一次最大的單日跌幅。從年初算起，基金跌了 52%，
而且資本仍不斷在虧損。由於部位的槓桿倍數高，長期資本管理
公司來到破產邊緣。因為長期資本管理公司在與金融機構交易方
面有很大的影響力，聯準會擔心破產會引發感染效應，因此監督
一項紓困方案，由許多大型金融機構再為長期資本管理公司注
資 36 億美元，換得該公司 90%的股權。這家公司 1998 年的虧損
中，約有三分之二都與交換產品及股票的波動性有關。[58]

　　默頓後來在反省長期資本管理公司這件事時說：「有人犯了
錯，金融市場也發生了難以預見的情況。但引發這場危機的並非
模型裡的失誤或這類錯誤……是一連串的賭注和市場裡一連串的
事件才促動事件（從而引發虧損）。」[59] 確實，長期資本管理公
司所做的許多賭注最後如預期收斂了，但速度不夠快，不足以讓
基金存活下去。

　　2003 年，默頓成為德明信基金顧問公司的董事，尤金‧法
馬也是董事會的一員。德明信基金顧問公司最初的焦點是投資小
型股公司，背後根據是學術研究結果指向小型股績效勝過大型
股，但後來的策略性焦點轉向把學術投資概念轉化為投資產品。
2009 年，德明信基金顧問公司收購了默頓協助開發的退休金規劃
軟體系統智慧之巢（SmartNest），之後他也成為公司的常駐科
學家。

衍生性商品的世界

　　自默頓在 1970 年代初期開始研究選擇權以來，金融經濟學的世界有了長足的發展，包括很多人強化了布萊克－修爾斯／默頓定價模型，但默頓本人謹慎指出財務金融模型的限制：「如果把財務金融當成一個領域……唯有在這裡，當我說我有一個模型，意思是這個模型會得出應該發生或預期會發生的結果。模型裡會有誤差項。誤差項是不應該出現的，但任何模型都不完整，一定會有誤差。從某方面來說，財務金融的重點就是誤差項。如果沒有不確定性，財務金融就會變成一個很無聊的領域。」[60] 換句話說，模型可以幫助我們理解重要元素，比如風險，但模型永遠無法解釋一切，一定會有誤差。

　　1997 年，默頓評論了自選擇權定價理論發展 25 年以來、所出現的各種應用：「隨著廣大的櫃檯買賣衍生性商品市場出現，交易市場開始交易各種選擇權和期貨，標的包括個股、股票指數與共同基金投資組合、每一種不同到期日的債券和其他固定收益證券、貨幣和大宗商品，包括農產品、金屬、原油和煉製品、天然氣，甚至還有電力。」[61] 默頓繼續提到其他應用，像是與購買房地產相關的產品、收購電影版權、員工認股選擇權、保險合約、許可證，以及離岸鑽井權等等。史丹佛大學金融學家達雷爾‧杜菲（Darrell Duffie）向布萊克、修爾斯和默頓致敬時，說

到現代金融世界裡衍生性商品的進一步應用：「投資銀行慣常在顧客要求之下賣出內含幾乎是各式各樣選擇權的證券，之後採用動態避險策略來應付淨部位所引發的綜合風險，」[62] 其中就包含最早由默頓提出的那些避險策略。

康乃爾大學的金融學家羅伯‧賈羅（他是默頓的學生）同樣推崇這些貢獻，也不吝寫進自己的論文〈向諾貝爾獎得主羅伯特‧默頓與邁倫‧修爾斯致意：改變世界的偏微分方程式〉裡（In Honor of the Nobel Laureates Robert C. Merton and Myron S. Scholes: A Partial Differential Equation That Changed the World）。[63] 賈羅觀察到，選擇權（在定價正確的前提下）對於保險和投機來說，是很有用的工具。他強調，布萊克－修爾斯／默頓選擇權定價技術「相當於在財務金融界這個稀落且相對貧瘠的領域，灑下能創造神奇成長的肥料」，孕育出全新的衍生性商品大豐收。賈羅總結道：「很多學者，包括我本人，都相信布萊克－默頓－修爾斯選擇權定價理論是經濟史上最成功的經濟學理論應用之一。」

對默頓來說，衍生性商品這類金融性工具是進步的關鍵，因為這些工具有能力將全世界不同的金融體系串在一起。「衍生性商品等工具，教我們如何將不同的事物分解成不同的部分，然後再組裝起來，讓這些工具更有效率地發揮作用。舉例來說，現在你可以用各種不同的方式買股票、投資期貨、交換產品和人壽保險，這些工作對於金融體系到目前為止以及日後的演變大有影

響。在我們的理論中，我們可以用更有效率的方式來善用市場和工具，以執行財務金融的核心功能。」[64]

　　常有人問默頓，衍生性商品市場的發展是增加、還是降低了整體市場的風險。他回答：「我們衡量與管理風險的能力大幅提高，但這不必然代表我們就更安穩了。」[65] 他往下說：「我來打個比方。假設你在險惡的天候下開車，你會說四輪傳動的車比二輪傳動的安全。現在，如果我們觀察過去 15 年的情況，會發現每英里駕駛路程的行車意外事故數量完全沒有改變。就有人說了：等一等，四輪傳動的車真的讓我們更安全嗎？實際上來說，這個答案是『否』，因為如今的事故數量和過去一樣多。那麼，這表示四輪傳動是白費工夫，還是我們錯了？我想，你我都知道答案。真實的情況是，人們確實得到了能讓人更安全的車子，但前提是你的行為要像過去一樣；這是必須先理解的關鍵要項。我們個人、個別或集體承擔的風險，並非固定的常數，而是我們選擇的。實際上發生的是，當我們看到更新、更安全的工具，我們會說，對，我們可以更安全地做跟以前一樣的事；或者，我們可以承受和以前相同水準的風險，去做以前覺得風險太大而不敢做的事。因此，有了四輪傳動的汽車，當你看到窗外的六吋積雪時，你會說：這沒問題，我可以開過去拜訪家人。所以說，現在要問的問題不是我們是否更安全了；該問的問題是——我們是否過得更好了？」[66] 默頓主張我們確實變得比較好：我們有一個比

過去更好的金融體系、有更好的工具供我們使用，透明度也更高了，儘管金融體系也變得更加複雜。

 # 默頓的完美投資組合

默頓仍活躍於研究和教學，暫時還沒有退休計畫，因此，身為學者與實務家的他，把最新的焦點放在退休領域，頗令人玩味；但退休也是他在思考完美投資組合時的背景條件。他的起點是馬可維茲的突破性「報酬與風險」研究，也就是平均數－變異數架構：我們希望在工作的這幾十年內賺到足夠的錢，藉由自己省下來與投資存下來的這些錢，在退休後過得舒舒服服。由於我們通常會將部分或多數存款拿去投資風險性資產，因此，我們渴求的報酬不一定能實現。

默頓提到，想要在特定風險水準之下、追求最高報酬的平均數－變異數架構很實用，但現今「也該是時候擴充模型，試著用真實世界裡的人生財務規劃，來掌握各式各樣的風險面向。控制或管理風險的三大主要方法是避險、分散投資和保險，然而，目前為家庭提供實務操作的諮商顧問引擎都僅聚焦在分散投資……我們需要擴充工具組合。」[67] 他舉了一個例子，建議我們應該以支出為目標，例如預期中的大學教育費用。顧問會針對這些費

用，明智地提出以大學教育成本爲目標並據以指數化的產品。

默頓闡釋道，爲了更清晰地了解風險是什麼，我們首先需要更清楚理解「無風險」是什麼意思。「人們不會停下來想一想無風險資產其實很重要……這種資產會告訴我們什麼叫風險……無風險資產是指……無論你的目標是什麼，一定會支付款項、讓你達成目標的資產。所以，你寫下你所有的目標……如果我可以買進一種資產，能支付我目標中的一切項目……那對我來說就是無風險資產。假設你的目標不同，那這對你來說就不是無風險資產……以上這番見解的重要性是，認知到在你仔細定義什麼是無風險資產之前……你其實並不知道風險是什麼。如果你不知道風險是什麼，卻還要做投資相關決策，那你的麻煩就大了。」[68]

換言之，完美投資組合是指投資人各自投資自己的無風險資產，不承擔任何風險。假設一個人現在有 100 萬美元的退休資產，如果他打算在五年後退休，爲了餘生可以過著他喜歡的生活，他需要針對通貨膨脹做過調整後相當於 100 萬美元的資金，去買進可以提供終身收益的年金；如果是這樣的話，他現在可以拿這 100 萬美元投資美國抗通膨債券（TIPS）。這種政府公債無風險，而且根據通貨膨脹指數化，帳面價值與支付的票息都與消費者物價指數連動。但如果他手上的資金不到 100 萬美元，那他就得把部分資金投入風險性較高的資產，才能達成目標。

倘若去美國專利商標局（U.S. Patent and Trademark Office）查一下，我們可以看出默頓認爲這在實務上要如何辦到。2005 年，

他為一套退休收益規劃方案申請專利，合作對象包括投資界的專家羅伯托‧門多薩（Roberto Mendoza）和彼得‧韓考克（Peter Hancock），以及波士頓大學的齊維‧波狄（Zvi Bodie），專利號為 20070061238。[69] 正式說明如下：「此發明的具體形式為提出一種在通常情況下用於退休收益規劃的方法與裝置。規劃收益流方法的一項具體形式，包括獲得與個人相關的資訊，其中包含此人的推估所得與推估支出之價值。之後計算推估支出與推估所得的差額，並在相當即時之下從各種拍賣形式的年金當中選購，而買入的年金所提供的金額，能支應計算出來的差額。」後來這項專利被德明信基金顧問公司收購，默頓也正是這家公司的常駐科學家。

默頓一輩子都愛車，他沒有直接明說什麼是完美投資組合，而是用了一個汽車的比喻。「一切都發生在引擎蓋之下……這是巧妙之處所在；重點是，要替顧客把事情變得很簡單……就像汽車一樣。你不用知道引擎如何運作，你只需要坐進車子裡，轉動車鑰匙，然後提問：『煞車夠力嗎？舒適嗎？』這就是我們努力在做的事。」[70] 你的完美投資組合要由會使用動態交易策略的專業經理人來打造。為何要交給專業人士？「自己來做這件事，會面臨極大挑戰……如果你必須靠自己不斷交易，你在生活中就沒辦法做別的事了。」另一個理由則與投資知識有關：「這和學歷無關，而是一種勞務分工。有人收取幾百萬美元、投入全職工作，就是為了找出未來哪一位經理人表現更好。」

解決方案是什麼？據默頓說：「就是為人們提供有意義的選

擇和有意義的資訊，而有意義和重要是兩回事。」[71] 他用另一個汽車的比喻來解釋「有意義」和「重要」的差別。如果你在看兩部車，正準備決定要買哪一輛，而有人告訴你其中一輛的引擎壓縮比是 9 比 1，另一輛是 9.3 比 1。「依據我在這方面的權威性，我可以告訴你，壓縮比對於燃油里程、加速、可靠度和你要用哪一種汽油來說都很重要，因此這是非常重要的資訊，但對你來說毫無意義。講到投資也是一樣，我們都知道資產配置對結果來說很重要，所以這是重要的資訊。你可以問我要 65％ 比 35％（指投資組合裡的股票與債券比例）還是 70％ 比 30％，但這並無意義。我想知道的是，我有多大機會可以在退休後維持我的生活水準？如果我採取某個策略的話，我會怎麼樣？」[72]

　　默頓批評現行的確定提撥制退休金方案的規範。雇主必須揭露 401(k) 退休金計畫裡提供的基金相關資訊，例如過去的績效，但是一般人並不知道如何根據這些資訊決定要選擇哪些基金。默頓提出的解決方案如下：「我會把每一個你毫無概念的決定都拿掉，比如汽車引擎的壓縮比。」取而代之的，是根據你的目標回推並提供專業協助。「我可以承諾，你餘生能過著你在工作歲月後半部分已經習慣的生活水準……如果你同意的話，那就要換你問：『我們要如何達成這個目標？』嗯，但現在的狀況是，人們花了整個職涯的時間估計自己在某個年齡與某種狀態的條件下，要如何才能維持某種生活水準……這應該是專業人士要做的事。」[73] 默頓說，必要的資訊是你現在的年齡、你期待的退休年

齡、你的所得、你預計會拿到的社會安全福利金，以及為了在退休後維持你想要的生活品質所需的最低所得。利用這些資訊，專業人士就可以接手，程式就能計算出你達成目標的機率。[74]

　　參與退休金方案的人經常忽略這個因素：「你在工作生涯中最重要的資產，就是你的未來提撥金（future contributions）。……年輕時，我是指不到 40 歲時，多數的退休資產都是未來提撥金，這些資產很安全，」與你希望的生活水準相比之下尤其如此。[75]默頓用一個例子來說明這些資產的重要性。2007 年 8 月，就在伴隨著股價大跌的大衰退（Great Recession）即將發生之際，假設有兩個人全部的退休資產都放在股票。到了 2009 年 3 月，兩個人的退休金方案價值都跌了 40%，這是很可怕的結果。再假設其中一人比另一人年輕。比較年輕的那個人，此時可能僅有 10% 的退休資產放在確定提撥制方案中，其餘 90% 是他的未來提撥金；以他的退休總資產來算，他的損失僅 4%。然而，年紀較長者的退休資產可能有 90% 都已經在確定提撥方案裡，因此整體的損失是36%，真是一場災難。「除非你考慮這些其他資產，否則我要怎麼替你做出最好的確定提撥制方案決策？可能有兩個人的配置完全相同，但最終結果南轅北轍。」[76]默頓指出，光是以年齡來做判斷，並非最佳的風險指標，但傳統的「目標日期基金」或「生命週期資產配置」（"glide-path" fund）卻根據年齡設定，專斷地調整資產配置。「調整時必須要考慮到你持有的資產具有不同的風險特徵，最重大的資產是你的未來提撥金。」[77]

　　默頓相信，最好的方法是為人們提供資訊，讓他們理解欲達成退休目標要付出哪些心力，然後再給一些簡單的選項。假設你的目標是要達成 100％，而你現在已經做到 70％ 了。「我會對你說：『好，你想讓自己在目前的條件下達到更好的狀況，在退休時過得更好。你只有三個方法可以提高達成目標的機會：多存點錢、延長工作時間，或是多承擔一點風險。』就這樣了。接下來，我告訴你：『如果多存 1％，那會如何？』提高儲蓄，意味著減少支出。你會得到回饋意見：『好，如果你可以做到，你的資金比率就能從 70％ 提高到 81％。』那你會說：『喔，那會提高很多。』接著你會問：『等一下！如果我多存這 1％，那我下個月可以花的錢就變少了，我要怎麼辦？』……好，你願不願意把工作時間延長一年？……要不然，你最後的選擇就是多承擔一點風險。我要如何把這些傳達給你？嗯，關鍵是要以有意義的方式傳達。」[78]

　　默頓協助開發的軟體，使用視覺性的投影片為人們提供立即的回饋，讓他們知道改變儲蓄率、工作年限或承擔的風險水準之後，對他們的退休目標會有什麼效果。他平淡地說，如果你不想多存點錢、工作久一點或多承擔一些風險，「那你唯一能做的就是調整目標。」[79] 企業界自 2005 年起開始使用他的軟體，這項技術目前仍不斷在演進。

　　他在德明信基金顧問公司裡應用這項技術，領導有管理的確定提撥制方案，後來轉型成確定提撥制的目標退休解決方

案（Target Retirement Solution）[80]，接著又變成供散戶投資人投資的目標日期退休收益基金（Target Date Retirement Income Funds）[81]，這些策略，基本上是嘗試為投資人打造出量身訂製的動態完美投資組合。這些產品不是典型的退休金方案，比如固定配置 70% 的股票和 30% 的固定收益，而是把重點放在動態更新投資人的配置，好讓他們在退休時能享有期望的收益。溝通內容與重點在於退休收入，是投資人能購買的抗通膨年金金額，而不在於目前的帳戶餘額。就像默頓說的：「有管理的確定提撥制退休金方案的祕方，就是如果你願意就某個目標達成協議，像是一年要領到 58,000 美元的所得，而且在退休後要能抗通貨膨脹；我和我的競爭對手同樣都會從夏普比率開始著手，但我會根據這個目標使用動態策略，而不是 70% 比 30% 的投資組合，然後我向你保證，我會打敗他們。把重點放在目標上，很可能得以將資產拉高 20%。」[82]

　　默頓提到，在過去，倘若一般人工作 40 年、65 歲退休、活到 75 歲，就必須用 40 年工作的所得來支應 50 年的消費，因此，需要存下約 25% 的收入。[83] 然而，如果是現在的勞工，在退休之後還要活 20 年、直到 85 歲，若要以 40 年的工作所得來支應 60 年的消費，就必須存下約 33% 的所得。但一般人存的錢都太少了。此外，我們需要存多少錢，還取決於我們在退休後想過什麼生活。「到了你要退休時，你已經習慣當下的生活方式了，目標是要有足夠的資金，可以維持你在工作生涯後半段享有的生活水

準。珍‧奧斯汀（Jane Austen）不會說她的小說《傲慢與偏見》裡的主角達西先生值一萬英鎊，而是一年一萬英鎊。」[84]

有了上述概念之後，且讓我們一窺引擎蓋底下發生了什麼事。德明信基金顧問公司的確定提撥制退休產品連結了三種簡單的投資組合：一項全球性的股票指數、兩項抗通膨債券投資組合：存續期間不盡相同，中期、長期都有。[85] 德明信基金顧問公司的目標日期退休收益基金也與之類似，有一項主要投資股票的全球性投資組合（但也包括一些債券），再加上抗通膨投資。舉例來說，2030 目標日期退休收益基金，設定的目標客戶是計劃在 2030 年左右退休的投資人，其中 37％的資金投資美國股市，22％投資國際股市（包括一些新興市場股市），14％投資全球債券（政府公債與優質公司債），27％投資抗通膨債券。[86]

默頓自己的投資組合裡有什麼？「在我的退休金帳戶裡，有抗通膨公債、一檔全球指數型基金……我有一檔避險基金，讓我能布局某些不尋常的領域……還有，當然，我擁有自住用房地產。」[87] 默頓觀察到：「如果要保障你的生活水準，最好的避險策略可能是以抗通膨公債為基礎的終身年金，以及在你計劃永久居住的地方擁有一間自用住宅。」[88]

默頓的最後一項意見，是與退休規劃準備（或說缺乏準備）相關的廣泛議題，以及他協助推動的哪些工具在這方面可以使上力。「我想傳達的訊息是，退休問題是一項全球性的挑戰，這實際上是一個工程設計的問題，而非科學問題。這有解決的辦法，

就是打造出一套具永續性的系統。我們有工具去做、也能做到，但從執行面上來說，這是一個很複雜的工程設計問題。因此，是的，未來你還能夠做到更多（精緻的退休規劃）。」[89] 追尋完美投資組合的旅程尚未結束。

馬丁・萊柏維茲，
從債券大師到投資策略專家

馬丁（馬帝）‧萊柏維茲（Martin "Marty" Leibowitz）常被尊稱為債券大師（Bond Guru）。不管是否熟悉他所做的廣泛研究，很少有人否定他屬於華爾街中第一批先鋒，他改變了投資人對於債券與其他固定收益的想法；他把債券從笨拙又無聊的買進後持有資產，變成充滿活力且讓人興奮的投資。

不過，萊柏維茲對於投資專業的貢獻不僅限於債券。1992年時，威廉‧夏普曾說萊柏維茲的整體研究是投資分析的「上乘之作」。[1] 萊柏維茲是特許金融分析師協會（CFA Institute）旗艦出版品《金融分析師期刊》史上最多產的作者之一，從1974年到2019年總共發表了42篇文章，幾乎是一年一篇。他也是《投資組合管理期刊》史上最多產的作者之一，從1974年到2019年總共發表了25篇。透過數量龐大的書籍著作，萊柏維茲以債務導向投資（liability-driven investment）的創始者為人所熟知；這是一種考慮個人或退休基金現金流需求的投資取向。

但還不只這樣。很少人能集滿特許金融分析師協會頒發的三項最高榮譽，萊柏維茲便是其中之一：他於1995年獲頒尼古拉斯‧莫洛多夫斯基獎（Nicholas Molodovsky Award），此獎推崇的是改變投資專業走向，並提高投資專業成就標準的傑出貢獻；1998年獲頒詹姆士‧佛庭獎（James R. Vertin Award），此獎是表揚他創造出對投資專業人士而言、極具相關性與永恆價值的研究體系；2005年獲頒專業卓越獎（Award for Professional Excellence），此獎是頒給成就超群、實務表現出眾且具備真正

領導能力的投資專業人士，其人能鼓舞人心，並反映了投資產業的榮耀。1995 年，他成爲首位進入固定收益分析師學會名人堂（Fixed Income Analysts Society's Hall of Fame）的人；2014 年，國際量化金融學會（International Association for Quantitative Finance）提名萊柏維茲爲「年度最佳金融工程師」。

　　萊柏維茲是罕見人才。他是實務人士，但他的研究與領導風範甚至比最出色的學術菁英更豐富，因此，他很適合爲完美投資組合提供洞見。

 ## 從貧窮到富有

　　萊柏維茲於 1936 年生於賓州約克市（York），這裡一度被稱爲白玫瑰市（White Rose City）。[2] 當時的約克市，是一個被眾多阿米許人（Amish）農莊包圍的小型工廠型市鎮。1940 年，約克捲筒餅公司（York Cone Company）推出知名的約克薄荷夾心餅，這種點心現在已經改由好時公司（Hershey）生產。[3] 他的父母經營一家服飾店，是當地第一家引進分期付款方案的零售商。「我們過得很簡樸，」他回憶道，「在任何方面都抱持不可浪費的態度。不可浪費食物，不可浪費自己的心力，不可浪費別人的時間，不可浪費金錢。我想，這種簡約的環境發揮了作用，讓我

有興趣想辦法把事情變得有效率、更經濟,更符合經濟一詞的效率性。」[4]

　　萊柏維茲的父親於 1940 年過世,之後一家人先搬到舊金山,然後是巴爾的摩,接著又搬到田納西州橡樹嶺市(Oak Ridge),他姊姊在此地找到工作,成為美國原子能委員會(Atomic Energy Commission)的物理學家。萊柏維茲則在橡樹嶺市念高中,1950 年,他贏得田納西州青少年西洋棋冠軍。隔年他 15 歲,拿下頗富盛名的福特基金會(Ford Foundation)獎學金,進入芝加哥大學。

　　萊柏維茲在芝加哥大學研讀物理及博雅課程,1955 年取得文科學士學位,隔年拿到物理學碩士學位,這一年他 20 歲。他在物理系有一位同學叫卡爾‧薩根(Carl Sagan),薩根是一位贏得普立茲獎的科普作家,也是行星科學家,他的《宇宙》(Cosmos)影集是公共電視史上最多人觀看的節目。[5] 萊柏維茲念的不是商學系或經濟系,但他和商學院的教授詹姆士‧羅利結為好友,後者日後創立了證券價格研究中心。有一位對萊柏維茲影響甚深的物理學講師羅倫斯‧富里德曼(Lawrence Friedman),他離開芝加哥大學轉往克里夫蘭的凱斯技術學院(Case Institute of Technology)投入新興的作業研究領域,這個學門採用數學技巧來改進商業和軍隊的運作。萊柏維茲對於這些問題的務實性很著迷,這股熱情之後促使他離開物理學領域。「我一向對數學很感興趣,尤其是應用數學來解決我身邊各式各樣的問題。」[6]

　　萊柏維茲當時對作業研究甫生興趣，他前往聖地牙哥，在當地的通用動力公司（General Dynamics）新成立的作業研究部門找到一份工作。1958 年，他在史丹佛研究院（Stanford Research Institute）謀得一職，這家成立於 1946 年的非營利獨立研究中心是史丹佛大學的分支機構，其重點是將實驗室的研發帶入市場。[7] 1958 年，他在《美國作業研究學會期刊》（*Journal of the Operations Research Society of America*）上發表一篇短文，題為〈選擇效能指標涉及的形而上學考量〉（Metaphysical Considerations Involved in Choosing a Measure of Effectiveness）。之後，在同一份期刊上，他與史丹佛大學的教授傑拉德・李柏曼（Gerald Lieberman）共同執筆，發表第一篇專業性文章〈異質性在地防空系統的最適組成與部署〉（Optimal Composition and Deployment of a Heterogeneous Local Air-Defense System），檢視抵抗敵機攻擊的最適防禦策略。[8]

　　1959 年，萊柏維茲決定搬到紐約市，因為他覺得每個年輕人至少要在紐約市待上一年。他在電腦模擬實驗室系統研究集團（Systems Research Group）裡找到工作，在此和哈利・馬可維茲有所交會，後者正在另一家競爭對手公司開發一套程式語言 SIMSCRIPT。

　　1964 年，萊柏維茲接下商業關係集團（Commercial Affiliates）的新職，這是一家傘型企業，旗下有三間地毯製造與經銷公司，集團創辦人是吉姆・馬可斯（Jim Marcus），也是他朋友的父親；馬可斯在業界資歷已有 70 年，素以富有遠見聞名，他的開創性

貢獻改變了這個產業的面貌[9]——他成功開發出一套新的尼龍地毯製程。替馬可斯效命的日子裡，也讓萊柏維茲學到諸多寶貴的商業管理心得。[10] 他在公司裡擔負的職責愈來愈多，涉及各式各樣的營運作業議題，例如協調新廠址、設計倉儲系統和設定電腦化銷售分析系統。「那時真讓人滿足，因為真的可以做出具體的產品，」萊柏維茲回述道，「而且你可以把這些實質的產品交給顧客、看到這些產品安裝完成，很多時候，還能親眼看見產品發揮了功能及其美妙之處。」[11] 這一路上，他還取得了兩項與材料處理有關的專利。

　　萊柏維茲一開始的選擇和很多同事一樣，不走傳統的攻讀博士路線。但他後來態度軟化，一邊做全職工作，晚上去紐約大學知名的柯朗數學研究所（Courant Institute of Mathematical Science）上課。過了幾年排程緊湊的日子，1969 年，他拿到了數學博士學位（機率與統計的次領域）。就讀紐約大學時，他認識了莎拉‧佛萊兒（Sarah Fryer）並墜入愛河，兩人於 1966 年結婚。她的父親前幾年已經過世，於是領著新娘進場的人是她的舅舅席德尼‧荷馬（Sidney Homer），此人未來對於萊柏維茲的事業發展路線有極大的影響力。「席德尼聰明絕頂，他年輕時在很短時間內就念完了哈佛，之後在華爾街找到一份工作，讓他的藝術與音樂家族大失所望……他在華爾街一路扶搖直上，很多人直接稱他為『債券市場的吟遊詩人』（Bard of the Bond Market）。」[12]

　　1960 年代末，地毯工廠的業績蒸蒸日上，萊柏維茲應要求為這家不斷成長的企業發展出適當的財務金融結構。他嘗試說服馬可斯，該是時候掛牌上市了。公司上市時，他妻子的舅舅荷馬在當時以交易債券為主的傳奇華爾街公司——所羅門兄弟與赫茲勒公司（Salomon Brothers & Hutzler）擔任高階主管。所羅門家的裴西（Percy）、亞瑟（Arthur）和賀伯（Herber）三兄弟於 1910 年創辦了這家公司，當時莫頓‧赫茲勒（Morton Hutzler）是在紐約證交所有一席之地的股票經紀商；公司在 1970 年時拿掉赫茲勒的名字，變成了所羅門兄弟公司，有時也簡稱為「所家銀行」（Sally B）。[13] 荷馬是普通合夥人，負責債券市場研究部。[14] 在 1968 年的一場社交聚會上，萊柏維茲向荷馬請教首次公開發行的流程，並問他能否幫忙，但荷馬指出這屬於企業金融的業務，所羅門兄弟公司在這方面才正要起步。

　　與此同時，荷馬也對萊柏維茲提出問題。荷馬「之前寫了很有趣的利率發展史，他把這當成業餘嗜好，渾然不知最後這變得多重要。不僅替他贏得當時許多參與債券市場的相關人士的敬重，並讓他接管了所羅門兄弟公司。」[15] 荷馬問萊柏維茲懂不懂債券，他回答，他不太懂（這可能是他最後一次說這種話）。荷馬解釋，他之所以這樣問，是因為他知道萊柏維茲是一位數學家，並透露自己正在寫一本書，題目暫定為「債券裡的數學」（The Mathematics of Bonds），他寫了大約 50 頁的手稿，但他

的計算不太對。特別是，一般認為票息與到期日不同的債券會出現的價格行為，與荷馬用數學算出來的不一致。他希望萊柏維茲可以找出錯誤並幫忙修正。「因此，我說：『嗯，債券的殖利率是從哪裡來的？』他給了我一本厚厚的表格書，那幫不上忙，但簡介部分有提到如何計算債券殖利率。」[16]

萊柏維茲很快就掌握了算出債券殖利率的數學公式，之後做了一些反向工程，以了解問題的來源。荷馬對此感到相當佩服且感激。

但萊柏維茲很困惑。他很好奇，為什麼荷馬會來找**他**解決問題？「『這很奇怪；你們所羅門兄弟銀行內部肯定有數學家吧？』但席德尼說：『喔，沒有，銀行裡完全沒有這種人才。』這麼一來，我就有了個想法（小小的燈泡亮起來了）：他們真的需要一位數學家。」[17] 此時，萊柏維茲就對這一行著了迷，他想要在華爾街闖出一番事業，具體來說，是在所羅門兄弟銀行。他想要創造一個新的職位：企業內部數學家。

 ## 內幕故事：進入所羅門兄弟銀行

荷馬在 1920 年代中期展開事業，當時優質的長期債券殖利率極為穩定，約為 4.25%，很少能透過利率從事投機交易。[18] 殖

利率在 1930 年前大幅上漲到 5.5% 左右，根據殖利率和債券價值之間的典型反向關係，債券價值因此下跌。隨著債券的商業發展，開始有人承銷債券並經銷給散戶投資人與機構投資人，例如銀行、退休基金和保險公司。雖然某些債券在交易所上市與交易，但有愈來愈多機構投資人開始放眼交易所以外、放在櫃檯買賣市場的債券，在櫃檯買賣市場裡更能以大量整批交易買賣幾千種債券，每一張的面值都是 1,000 美元。

大蕭條期間，低品質的債券殖利率高漲到 15%，優質債券的殖利率則掉到 2.75%。公司債市場幾乎只剩機構投資人在交易。債券市場在 1940 年代與 1950 年代逐漸走穩，殖利率再度回到 4% 到 5% 的區間。到了 1960 年代，投資人不看公司債，而是著眼於政府公債。新發行公債的承銷量很大，次級市場也很熱絡。然而，到了 1960 年代末，通貨膨脹率開始上揚，債券殖利率再度漲到 9% 以上。

1969 年，萊柏維茲透過荷馬得到一個所羅門兄弟銀行的面試機會，之後就進了這家公司（而且接受減薪）。進來之後，萊柏維茲觀察到，當所羅門兄弟公司裡的交易員嘗試安排「債券交換」（bond swap）、用舊的債券組合換殖利率較高的新債券時，常常備感挫折。銀行如果能在原始債券剩下的期間提高收益，他們很願意承擔稅務上的損失，但最常見的情況是，內部計算結果指出殖利率提高的部分帶來的額外收益不夠高。萊柏維茲無法抗拒這個誘人的挑戰。

　　為了解 1960 年代末最先進的債券定價技術，且讓我們來看看 1969 年《金融分析師期刊》的一篇文章，開頭寫道：「基本上，投資圈裡每個人都知道如何算出特定債券的價格：先取得某些基本資訊（票息、到期日與殖利率），然後去《殖利率手冊》（*Yield Book*）查價格。」[19] 出版標準《殖利率手冊》的是金融出版公司（Financial Publishing Company）。你不用理解價格與殖利率之間的關係，只需要知道如何在一本厚厚的表格書裡查到數字，如圖 8-1。這篇文章的主要用意是告訴讀者，任何債券的價

債券殖利率表

7% 票息率 殖利率	年分與月分							
	10-6	11-0	11-6	12-0	12-6	13-0	13-6	14-0
4.00	125.52	126.49	127.44	128.37	129.29	130.18	131.06	131.92
4.20	123.58	124.46	125.33	126.18	127.01	127.83	128.63	129.41
4.40	121.68	122.48	123.27	124.04	124.79	125.53	126.26	126.96
4.60	119.81	120.54	121.25	121.94	122.62	123.29	123.94	124.57
4.80	117.98	118.63	119.27	119.89	120.50	121.09	121.67	122.24
5.00	116.18	116.77	117.33	117.88	118.42	118.95	119.46	119.96
5.20	114.42	114.94	115.43	115.92	116.39	116.86	117.31	117.74
5.40	112.70	113.14	113.57	114.00	114.41	114.81	115.20	115.58
5.60	111.00	111.38	111.75	112.11	112.47	112.81	113.14	113.46
5.80	109.34	109.66	109.97	110.27	110.57	110.85	111.13	111.40
6.00	107.71	107.97	108.22	108.47	108.71	108.94	109.16	109.38
6.20	106.11	106.31	106.51	106.70	106.89	107.07	107.24	107.41
6.40	104.54	104.69	104.83	104.97	105.11	105.24	105.37	105.49
6.60	103.00	103.09	103.19	103.28	103.37	103.46	103.54	103.62
6.80	101.48	101.53	101.58	101.62	101.67	101.71	101.75	101.79
7.00	100.00	100.00	100.00	100.00	100.00	100.00	100.00	100.00
7.20	98.54	98.50	98.45	98.41	98.37	98.33	98.29	98.25
7.40	97.12	97.03	96.94	96.85	96.77	96.70	96.62	96.55
7.60	95.71	95.58	95.45	95.33	95.21	95.10	94.99	94.88
7.80	94.34	94.16	94.00	93.84	93.68	93.54	93.39	93.26

圖 8-1 債券殖利率表（由本書作者編製）。

格都是未來票息流的現值，再加上到期日可以收到的債券面值現值（以殖利率折現至到期日），換言之，這是最基本的債券定價公式。

1960 年代末，金融市場動盪不安，《殖利率手冊》裡的表格愈來愈沒用。隨著利率上揚，1967 年到 1969 年間，長期政府公債的價格每年都在下跌，道瓊工業指數在 1969 年時則下跌超過 15％。此時對荷馬來說正是時候，他再度回去撰寫他較先進的論債券價格著作，很快地，萊柏維茲也加入了。

荷馬先前思考的寫書點子加上萊柏維茲的新工作，他們的合作可說是天時地利人和。萊柏維茲來到位在華爾街 60 號的所羅門兄弟銀行時，這裡有著擁擠的交易室、沒幾間大辦公室，其中一間就是荷馬的。萊柏維茲回想：「那個大房間裡有一部行情自動記錄收報機響個不停，三不五時，收報機的紙帶就會斷掉，使大家驚慌起來，他們會拿著透明膠帶跑過來修理紙帶。他們沒有螢幕，他們對彼此大吼大叫，他們也沒有電腦，甚至連計算機都沒有。因此，他們要翻查（《殖利率手冊》裡的）這些大表格，去找特定殖利率下的債券價格是多少，特定價值之下的殖利率又是多少，那是很瘋狂的場景。我不敢相信，這裡就是到目前為止（美國）政府公債成交量比全世界任何地方都大的**那一家**債券公司。」[20]

萊柏維茲最初分到一張小辦公桌，靠近公司債交易區，就在這個狂熱交易室的右邊。他可以使用分時共用的 IBM 電腦，使用者不必自購（以當時而言）昂貴的個人電腦裝置，也可以跑程

式。[21] 利用分時共用的安排，他得以解決其他人已奮戰許久的問題。他直覺上認為這家公司需要一位內部的數學家，這是對的。資深合夥人紛紛來到他的辦公桌前排隊，請他提供解決方案。

接著，當債券殖利率飆漲到 8% 以上，萊柏維茲也成為更加寶貴的資源，因為《殖利率手冊》裡的殖利率最高僅到 8%。「我擁有城裡唯一的殖利率計算機，可能也是全世界唯一的。那時他們真的很需要我。資深合夥人彼此相爭，搶著要排在隊伍前面，我變得很搶手！我在所羅門兄弟銀行就這樣稍微站穩了腳步。」他很快便成為一小群分析師的主管，之後又被任命為投資系統總監。

萊柏維茲進入所羅門兄弟銀行不久之後，有人給他一份達特茅斯（Dartmouth）的彼得·威廉森（Peter Williamson）所寫的文章，標題是〈電腦化的債券轉換方法〉（Computerized Approaches to Bond Switching）。[22] 接下新職的萊柏維茲對這篇文章深感著迷，並仔細研讀。這篇文章提出了一個擁有兩種債券的「債券人」會遭遇的問題，比方說，此人擁有一種高等級的公用事業債券和一種政府公債，而且預期兩者之間的殖利率利差正在緊縮，那麼，殖利率要變動到什麼地步，才會導致出售政府公債並買進更多公用事業債券，變成有利可圖？威廉森和一個由四名研究生組成的團隊，開發出一套福傳程式來解決這個問題，文章裡擷取了一些程式碼。「彼得並不算解決了問題，」萊柏維茲說道，「但加上我之前悟出的《殖利率手冊》裡內含的殖利率性

質，顯而易見，基本問題就是金融機構如何比較兩種殖利率不同的債券。」

　　萊柏維茲說得很清楚，威廉森對於市場環境所做的假設並非**完全**錯誤，但對於債券票息率的重要性，他確實僅一筆帶過；債券通常每六個月支付一次票息，這些票息可以再投資。萊柏維茲最後寫了一套電腦程式，以探究相同的再投資率對於各種到期日（此時債權人會把錢拿回來）以及票息（債權人每半年收到一次的利息）不同的債券而言，有何不同的意義。舉例來說，如果一檔債券最初的殖利率是9％，後來跌到7％，持有這檔債券直至到期日的實際報酬就會下降，因為再投資的票息報酬率下降了。「我拿給交易室裡的一些人看，他們說：『這不可能是對的。』他們已經習慣了殖利率就是殖利率，沒什麼好說的。因此，這篇文章在交易室裡被丟來丟去，後來席德尼看到了，他說：『嗯，這真的很有趣。』這也激發出他的靈感，用這套分析寫了一系列文章。」[23] 荷馬最初的寫書計畫開始轉變，從原本以債券相關數學為題的書轉化成更大的格局，包括五篇由荷馬和萊柏維茲所寫的研究文章。荷馬把這一系列文章標示為「給投資組合經理人的備忘錄」，供所羅門兄弟公司的客戶參考，這也就是現在一般所說的研究報告（research report）。[24]

　　為理解萊柏維茲和荷馬的發現，我們需要往後退一步，先掌握一些債券的基本概念。債券是由需要借入資金的政府或企業所發行的證券，每一張證券都是以1,000美元的倍數計算，這

就是債券的票面價值（face value），也稱爲面值（par value）。以下舉例說明，而爲了簡化之故，我們假設債務人發行最低面額 1,000 美元的債券。債務人同意在特定時候（即到期日）償還借款，例如從現在起算的五年後。債務人也同意按面值的一定比例來支付利息（這就是票息率），假設爲 4%。利息以票息支付，每半年付息一次。在這個範例中，我們可以算出票息是每六個月 20 美元，一年總共 40 美元，是 1,000 美元的 4%。債券的殖利率、亦即所謂的到期殖利率（yield to maturity）或「承諾」殖利率（"promised" yield），是讓買進債券的價格等於未來現金流（這就是票息款和到期時的票面價值）的折價價值的利率。當債券以票面價值發行與賣出，債券的殖利率就等於票息率。

在上述計算中有一項重要的假設，那就是任何收到的票息都會再投資，其利率等同於殖利率；但這是特殊情況。雖然債券可以持有至到期日，但通常有一個活躍的次級市場可以交易債券。問題是，這裡的債券公平價格是多少？答案是取決於離到期日還有多少時間、票息支付款，以及最重要的：現行利率。

回過頭來講前述的例子，假設利率（殖利率）忽然跌到 3.5%。會發生這種情況有幾個原因，比方說，如今投資人判定通貨膨脹會比之前預期的更低。現在，這張債券的公平價格是多少？如果債務人今天發行新債券（再度借錢），新債券可以票面價發行，同樣也是五年到期，票息率僅有 3.5%。那麼新的投資人會選擇以 1,000 美元買進新債券、每年收取 35 美元的票息、賺

得 3.5％的殖利率，還是買進票息率為 4％的舊債券？

　　結果是，由於舊債券的票息比較具吸引力，因此投資人會準備用高於舊債券票面價 1,000 美元的價格買入。事實上，根據金錢的時間價值去計算，投資人會願意支付 1,022.75 美元（買進舊債券）。以這個價格來說，舊債券的殖利率和新債券一樣，都是 3.5％。這是債券價格與殖利率之間的反向關係，當殖利率下跌，債券價格就上漲，反之亦然。然而，一開始發行時即買進 4％票息債券的投資人或債權人，就算持有至到期日，也無法在債券的壽命期內賺到 4％的**已實現**報酬，因為初始投資人之後只能以 3.5％再投資票息，而不是 4％。

　　這是萊柏維茲和荷馬的重要洞見，就在他們的第一篇備忘錄裡，發表於 1970 年 10 月 5 日，標題為〈利息的利息〉（Interest on Interest）。不同於過去幾十年殖利率非常穩定的情況，1970 年代從一開始就充滿不確定性，不知道殖利率能否維持在高水準。也因此，荷馬和萊柏維茲希望強調「利息的利息」與票息再投資的重要性。他們注意到，以一般的債券來說，總複合報酬中超過一半都是來自再投資票息的利息，而不是票息本身。他們的第一張表檢視了一張當時典型的債券，票息為 8％，到期日為 20 年。根據《殖利率手冊》，總票息收益應該為 1,600 美元（每年 80 美元，總共 20 年）。假設所有票息都以 8％的票息率再投資，利息的利息將會是 2,201 美元，總複合報酬則是 3,801 美元，利息的利息在總報酬裡占 58％，已實現總複合殖利率為 8％。根據

《殖利率手冊》的傳統看法，整個故事就到這裡結束。

　　但荷馬和萊柏維茲繼續延伸了故事，讓大家知道如果再投資殖利率忽然下跌或上漲的話，後續發展會是如何。當殖利率跌到 6％，再投資利息的利息就會變成 1,416 美元，總報酬則僅有 3,016 美元，利息的利息在總報酬中占 47％，已實現總複合殖利率為 7.07％。反之，當殖利率漲至 10％，再投資利息的利息為 3,232 美元，總報酬來到 4,832 美元，利息的利息在總報酬中占 67％，債券的已實現總複合殖利率為 9.01％。

　　因此，無法保證投資人一定能收取到承諾的 8％報酬率。萊柏維茲後來說這些結果「對很多讀者而言是在攻擊標準殖利率衡量方法，債券圈裡有一些偏向強硬派的人非常憤怒。（而且這種強硬派的人很多！）」[25]

　　發表備忘錄之後，荷馬收到無數憤怒的信函與來電，來自朋友和客戶都有。「傳統殖利率的概念已經深植在他們的想法裡、他們看事物的觀點裡；他們無法接受當中有錯，也不接受我已經證明或我試圖要證明的看法是對的，但確實是（無庸置疑的）。」[26] 萊柏維茲之後接下一份工作，負責回應每一位來抱怨的客戶，而且還要說服他們認同自己和荷馬是對的，萊柏維茲也因此有機會和債券圈的領導者們交流。「有些人被我的書面說明安撫了，但很多人沒有，這導致一些非常緊張的抱怨（在所羅門公司內部）。最終，幾乎每個人都接受了我的論點，所羅門公司的良好聲譽得以維持——甚至可能得到提升！」[27] 過不了多久，

萊柏維茲的洞見就變成新的一般認知了。

　　荷馬和萊柏維茲釐清了債券報酬的評估方式，對許多大型投資人造成實質且深遠的影響。在利率相對高時，「差不多所有債券投資組合都以低於應有水準的大幅折價出售。（所羅門兄弟銀行）很難找到保險公司與退休基金考慮交易那些閉鎖的債券，因為他們必須承擔虧損，且他們覺得虧損補不回來。他們在決定能否回補損失時，使用各式各樣錯誤的公式，這麼一來，大量的未清償債券就因為人為因素而閉鎖著。後來發現，如果適當地計入再投資殖利率來檢視計算式⋯⋯實際上很多虧損都能回補，也因此有理據解開某些投資組合、恢復交易。我做這件事，除了期望帶來一點益處以外，也讓公司裡的資深合夥人開始欣賞我。」[28]

　　荷馬和萊柏維茲接下來的兩篇備忘錄，聚焦在價格波動性：當殖利率或利率變動時，債券價格會有何變化？這兩篇備忘錄比較沒有爭議，大致上獲得認同。一般人認為到期日長的債券波動性會高於到期日短的債券，但荷馬與萊柏維茲證明，讓人意外的是，這並不必然成立；事實上，某些票息低的債券就算到期日短，波動幅度也很大。另一篇備忘錄檢視了不附票息的債券在面對殖利率變動時的價格反應，這是在零息債券出現之前的一項重要洞見。

　　然而，影響力最大的，還是荷馬與萊柏維茲的最後一篇備忘錄，主題是債券交換，屬於債券投資組合管理實務界的一個重要領域。[29]

簡單來說，債券交換就是買進一檔債券、同時賣出另一檔。在當時，並沒有特別區分交換的目的。荷馬和萊柏維茲率先對不同類型的交換進行系統性的區分，並指出利率的變動如何影響獲利能力。第一類是替代交換（substitution swap），這是指票息、到期日、品質與流動性等特質相似、但殖利率不同的債券彼此交換。第二類是市場間價差交換（intermarket spread swap），這是當兩種不同類債券之間的利差太小或太大時進行的交換。第三種是利率預測交換（rate anticipation swap），目的是要預測出利率變化對哪一檔債券價格較有利。最後一類是純收益增長交換（pure yield pickup swap），這種交換不會預測利率變動，而是單純出售殖利率較低的債券、換取殖利率較高的。這是第五篇、也是最後一篇備忘錄，爲債券產業創造出全新的詞彙。

這幾篇備忘錄在美國與國際市場上廣爲流傳，很快也出現日文版與德文版，甚至還成爲所羅門兄弟銀行競爭對手的培訓方案教材。紐約金融學院（New York Institute of Finance）與普林帝斯霍爾出版公司（Prentice Hall）敦促他們將這些備忘錄集結成書，於是荷馬和萊柏維茲又加了幾章，並新增一份技術面的附錄，描述計算金錢時間價值的基本原理，例如現值和殖利率，令人意外的是，許多讀者認爲最有價值的就是這個部分。荷馬和萊柏維茲於1972 年完成這本書，名爲《殖利率手冊內幕：債券市場策略的新工具》（*Inside the Yield Book: New Tools for Bond Market Strategy*）。[30]

荷馬與萊柏維茲的合作成果，成爲了一部經典。這本書於

1972 年出版之後，再刷了 25 次，現在出到第三版，由史丹利‧柯吉曼（Stanley Kogelman）和安東尼‧波瓦（Anthony Bova）共同執筆修訂。[31] 因為荷馬和萊柏維茲之故，主動式的債券策略取代了無趣的買進後持有取向，也永遠改變了債券投資。

　　從技術面來說，這本經典的出版時機也剛剛好。1973 年，電腦正開始在債券定價上扮演更重要的角色。隨著荷馬與萊柏維茲書中提到的方法更為人所接受，所羅門兄弟銀行也成立了債券投資組合分析團隊，這是美國第一支固定收益量化分析團隊。萊柏維茲後來在思及所羅門兄弟銀行的債券部門時說道：「只能說太棒了，那是一個很棒的學習之地，也是很棒的成長之地。」[32]

　　1970 年代，萊柏維茲的團隊積極開發電腦程式，以利更有效地衡量主動式債券策略的績效。[33] 在 1970 年代末和 1980 年代，他的團隊參與了多項債券產業的創新（我們將在後文中討論其中一些項目），包括存續期（這是衡量債券波動幅度的指標）在財務金融上的應用、第一個債券績效指標、零息債券和分割債券（strip bond，把政府公債票息重新包裝，變成獨立的債券）的發行、免疫策略（immunization strategy）、資產與負債配對，還有導引出現代房貸證券化的分析基礎。萊柏維茲於 1977 年成為所羅門兄弟銀行的普通合夥人，1981 年成為常務董事，1986 年成為研究部門副總監，直接向亨利‧考夫曼（Henry Kaufman）匯報。1991 年，萊柏維茲成為所羅門兄弟銀行研究部門總監（研究內容涵蓋股票及債券），並兼任公司執行委員會成員。

投身於免疫策略

　　萊柏維茲有時被稱爲資產－負債管理（asset-liability management）之父或債務導向投資之父，他幫忙闡述了債券存續期與免疫的概念，而且他或許是專項投資組合理論（dedicated portfolio theory）領域最多產的作家。且讓我們稍微往後退，以理解這些概念的意義。

　　在股票投資組合中，我們看到夏普的貝他值捕捉到一檔股票相對於整體市場的風險，同樣地，債券的存續期（以年爲單位）也捕捉到了債券的風險。債券的存續期，是指債券投資人平均要等多久才能收到債券所有的現金流（以現值加權）。存續期反映了債券價格對於利率變動的敏感度；投資人要等愈久才能收到現金流，債券的風險就愈高。舉例來說，一張票息率爲 5% 的 10 年期債券，存續期約爲 8 年，如果利率上漲 1%，債券的價格會下跌約 8%。不可把債券的存續期和債券的期間或到期日搞混了，後者指的是債券到期要償付本金的時間。

　　免疫策略意指投資人的投資期間要配合投資組合的存續期，以利將任何利率變動的潛在影響降至最低。萊柏維茲曾寫過一篇得獎文章，1986 年發表於《金融分析師期刊》，他把存續期的概念擴大到債券以外，應用到整體投資組合上，股票也包含在內。[34] 如今，我們開始看到他的想法如何整合在一起。專項投資

組合理論所講的，是將可預測的現金流入、與流出（或負債）
的金額及時間精準配對，依此打造一套投資組合的流程。在另一
篇 1987 年發表於《金融分析師期刊》的獲獎文章中，萊柏維茲
凸顯了利率變動對於資產與負債這兩者的重大影響，強調對於退
休基金經理人而言，聚焦在資產和負債之間的差額、或說是剩餘
（surplus）的重要性。[35]

　　資產－負債管理（即債務導向投資），拓展了投資的觀點。
投資人或基金經理人不再僅專注於投資和報酬，也必須要放眼負
債，並統合爲一個整體。且讓我們來看看萊柏維茲在資產－負債
管理領域如何嶄露頭角。

　　1980 年代，精算師在退休基金管理上扮演十分重要的角色，
因爲他們負責估計已承諾未來要支付給現任與已退休員工的款項
的價值。退休金經理人的角色，是確保公司的資產超過這些負債
的預估價值。估出價值的標準實務做法，是使用約 4% 的折現率
來計算未來現金流出的現值。然而在 1980 年代初，通貨膨脹是
一大顧慮，由保羅・伏克爾（Paul Volcker）領軍的聯準會緊縮貨
幣政策，利率拉高到超過 10%。以金錢的時間價值爲基準，如果
預估的現金流出以這種更高的利率折現，那麼負債將大幅減輕。
公司的退休金會更有餘裕，公司本身的價值也會更高。

　　萊柏維茲檢視另一種方法。「我開始做一些數學計算，想知
道基本上若要對這些債務免疫，其免疫金額是多少，以及要如何
組成一個無疑可以支應這些負債的投資組合，而且僅用精算師算

出的負債價值中的一小部分金額來做這件事。」[36] 他和同事們替
客戶解決了問題,同時也為債券投資組合管理留下長久的貢獻,
其中一項和精修存續期的概念有關,成為後來所稱的存續期目
標調整(duration targeting)。「存續期目標調整一詞,是我和
史丹利‧柯吉曼在 1990 年代初、連同我的同事泰瑞‧藍吉帝格
(Terry Langetieg)一起發明的。[37] 我們發現,當債券經理人愈偏
向績效導向時,他們多半會重新調整存續期目標,而非像過去那
樣持有至到期日。」[38] 存續期目標調整的背後概念,是在報酬與
風險之間維持平衡。萊柏維茲和同事們證明,如果投資期間超過
存續期約兩倍長,調整存續期目標的流程能實現的報酬,就非常
接近原始的殖利率水準,**無關乎**殖利率是上漲或下跌!

　　資產-負債管理最適合應用在確定給付制的退休金方案,但
萊柏維茲證明了相關原則也適用於個人,只是答案不見得如此直
截了當。我們來看他舉的例子,假設你即將退休,但以你想過的
生活而言,你現在手上的資金只能支應 80% 到 90%。「你要承
擔風險嗎?要承擔多少?如果你的資金達到 90%,我會認為至少
過得去,你還擁有一定的自由度。如果你發現自己的財務狀況惡
化到只剩 80%,那就非常痛苦了,所以說,是的,你會想要消除
風險,維持在 90% 這個點上。另一方面,如果你發現 90% 的資
金已經能讓你享有非常舒適的生活,你覺得你有一定程度的自由
去選擇生活方式,而且未來可能有不少剩餘,那麼你可能會持有
風險性的資產,以賺得更高報酬。」[39]

　　萊柏維茲如何想出這麼多廣為人接受、又能納入實務的概念？「這麼多年來，我在所羅門兄弟銀行任職時和客戶的談話，讓我學到很多。」他說：「實際上，讓企業退休基金免疫的這個議題，靈感來自一位客戶藍恩‧威斯納（Len Wissner），他很清楚當時的市場環境需要一個解決方案，而免疫策略正好可以提供答案。」[40]

 ## 資產配置：如何度過顛簸時期

　　1995 年，萊柏維茲接到約翰‧畢格斯（John Biggs）的電話，後者是美國教師退休基金會－大學退休股票基金（TIAA-CREF）的董事長，基金資產超過 3,000 億美元。他想邀請萊柏維茲擔任基金的副董事長兼投資長，監督基金的股票投資組合。萊柏維茲在所羅門兄弟銀行過得很開心，想要拒絕這份好意，然而，除了 TIAA-CREF 的受託人如羅伯特‧默頓和史帝夫‧羅斯（Steve Ross）對他施壓之外，他的妻子莎拉也推了一把，讓萊柏維茲決定做出改變。莎拉是洛克斐勒大學的神經科學家，加入了美國教師退休基金會的方案。萊柏維茲看了她收到的月報表，很佩服這些人。為了釐清他的想法，莎拉問他：「你在所羅門兄弟銀行之後，想要去哪裡？」他承認，他想要去像 TIAA-CREF 這種地方。

之後她又問：「像這樣的地方有多少？」然後他就明白了，就算有，也不會太多。[41]

在所羅門兄弟銀行待了 26 年之後，萊柏維茲大膽冒險，進入新的機構。很快地，他就成爲 TIAA-CREF 所有投資的投資長，業務範圍包括股票、債券和房地產。「我什麼事都參與，和出色的人們共事。」[42] 他備受重視，以至於當他在 2001 年滿 65 歲、到達 TIAA-CREF 規定的退休年齡時，基金會請他留下來多待三年。在 TIAA-CREF 之後，沒想過要退休的萊柏維茲欣然接受另一個機會，2004 年進入摩根士丹利（Morgan Stanley），這家公司給了他難以抗拒的條件。「我成爲常務董事，還可以自由探究金融理論與投資實務的許多不同面向。」[43]

隨著視野愈來愈廣，萊柏維茲的研究也轉向債券以外的議題，他有興趣的一大領域是資產配置，亦即投資組合內的資產組合。一般來說，退休基金和捐贈基金多半將 60%的資產配置到股票、40%配置到債券，但有些基金已經開始分散投資，進入「非傳統」資產類別。萊柏維茲在摩根士丹利的同事安東尼·波瓦加入他的行列，寫了一篇澈底扭轉傳統資產配置問題的文章。[44]

他們特有的方法，是重新設想貝他係數的概念。在萊柏維茲和波瓦之前，貝他係數主要用在股票環境當中，代表個別股票相對於整體股市或像標普 500 指數這類基準指標的風險。但他們做的是，估計各種**資產類別**相對於美國股市的貝他值，包括：債券、不含美國股市的國際股市與新興市場股市、創投與私募股權

等非公開上市的股權、大宗商品、房地產（包括私有房地產和不動產投資信託）、絕對報酬（避險基金），以及現金和貨幣市場基金。大宗商品的貝他值為負值，就分散投資的角度而言，這是絕佳的標的：當美國股市上漲時，大宗商品多半會下跌，反之亦然。不出所料，現金的貝他值為零。他們處理的其他所有資產類別的貝他值都為正值，範圍從房地產的 0.07 到私募股權的 0.96。

　　接著，萊柏維茲與波瓦檢視了典型與非典型退休基金以及捐贈基金的**投資組合**整體貝他值。傳統 60％加 40％配置的總貝他值約為 0.6，不管這 40％的債券是美國債券或現金都一樣。然而，出乎意料的是，看來大不相同的投資組合，總貝他值竟然相似。舉例來說，一個有效貝他敏感度為 0.55 到 0.60 的投資組合，特徵是分散度極高，組成為 20％美國股票、20％美國債券、15％國際股票、5％新興市場股票，以及絕對報酬、創投、私募股權和房地產各 10％。以另一個風險指標標準差（衡量投資組合報酬的整體波動性）來看，前述這個多元化投資組合的波動性介於 10％到 11％，很接近傳統 60％加 40％的資產配置。萊柏維茲指出：「多數機構的投資組合……貝他值為 0.6……我們在 TIAA-CREF 做的研究，讓我看到真實世界裡多數資產配置變化型的股票貝他值都接近 0.6。我們發現，隱含的股票風險主導了多元化的投資組合，即使在一般時候也是如此，且無論組成成分為何，這些多元化投資組合的貝他係數敏感度，基本上和 60％加 40％的投資組合一樣，這讓我和許多投資專業人士大吃一驚。我們訝

異的不是股票風險居於主導地位這一點,而是這麼多機構的投資組合,無論是捐贈基金、主權財富基金、基金會、偏債務導向投資的退休金方案,全都可以套入基本 60%加 40%投資組合的風險概況。」[45]

萊柏維茲進一步表示:「我們寫了一篇名為〈風險的收斂〉(Convergence of Risks)的文章,檢視人們想要避免的三類風險:一年內出現虧損的風險、三年內跌至初始價值以下的風險,以及回撤風險。我們指定了各種不同的機率,檢視標準數值和簡單常態分配,結果是,這些不同類型的風險經常都會收斂到 60%加 40%投資組合的差額區間內。」[46]

另一項驚人的發現是,投資組合的總波動幅度中,大部分(約 90%)都能用總貝他值來解釋。萊柏維茲針對這項發現提出解釋:「不管一檔基金的分散度有多高,每一檔基金大致上都會由股票的波動幅度主導,約 90%的短期風險都和股票的波動有關。就算是分散度最高的基金,這一點也成立。多元化基金對於股票波動的敏感度,就和僅包含固定收益與股票的傳統 60%加 40%的基金配置一樣。分散投資無法幫你降低短期風險。當市況很糟糕,例如 2008 年時,除了流動性不足的問題外,這些多重資產投資組合之間的相關性,會導致情況更加惡化。諷刺的是,在非常糟糕的市況之下,多元化基金的惡化程度會比傳統 60%加 40%的基金更嚴重。但另一方面,多元化基金的長期報酬會高上很多。還有,如果一檔基金真的能熬過非常長期的期間,其累積

的報酬會是抵禦風險的最佳利器，但這表示你必須要能撐過那些嚴重下跌的時期。這又讓我們回到流動性議題：你必須要有足夠的流動性，才能度過顛簸時期。」[47]

 ## 超額報酬獵人與風險放牧人

萊柏維茲接著處理另一個投資的核心問題：尋求優越的風險調整後報酬，也就是所謂的 α 值，或者，用他的話來說是要找到「主動式投資的聖杯。」[48] 如果你還記得的話，α 值（創造此詞的是尤金‧法馬的學生麥可‧詹森）指的是投資人賺得高於資本資產定價模型中貝他風險值所預測的預期報酬，這是貨真價實的聖杯。

《金融分析師期刊》歡慶 60 周年時，邀請包括萊柏維茲在內的名人投稿，省思目前的投資理論與實務狀態。[49] 不過這裡還有個玄機：他們收到指示，要寫出一篇可讀性高的文章，不可用任何的數字、表格或數學式。對萊柏維茲這樣的數學家來說，這可不是輕鬆的任務，但他仍然交出一篇遵行嚴格指引的文章，而且就登在馬可維茲的文章旁邊；萊柏維茲感嘆馬可維茲的文章「是很出色、很能激發思考的深入研究，但有很多圖表、數字和數學式！」[50]

　　萊柏維茲的文章題目很巧妙，叫做〈超額報酬獵人與風險放牧人〉（Alpha Hunters and Beta Grazers），[51] 這個篇名讓他贏得許多讚賞，多過任何他寫過的文章。萊柏維茲所說的風險放牧人堅信市場有效率，並採用投資指數型基金等被動式部位配置。他之後評述道：「放牧貝他值是一種被動式的投資組合建構方法，接受主要風險（基本上就是股票風險），擁有大範圍且長期維持的資產組合。」[52]

　　對照之下，超額報酬獵人則是尋求超額報酬的主動型投資人。萊柏維茲做了很重要的區分，區別出兩大類的超額報酬，第一類是「配置超額報酬」（allocation alpha），這對一般人而言較為常見，就是把投資組合的風險報酬架構調整得更平衡，例如調整以國內股票為主的投資組合、提高全球股票的布局。這類超額報酬「就像是尋找蛋白質類飲食的文明人在超市購物時會找到的東西一樣，決定要選什麼，取決於個人的口味和飲食上的限制。」[53] 換言之，這是一種比較細緻的放牧。

　　對照之下，「真正主動型的超額報酬」（truly active alpha）就比較難找了；就像萊柏維茲說的，要找到這類超額報酬需要「堅持不懈地追蹤（並獵捕）那些因為市場無效率而出現的、稍縱即逝又模糊難辨的機會。」[54] 有些無效率包括：投資時仰賴過去的績效當成未來績效的指標、從眾行為、投資人的頑固觀點、價格目標修正、無效率的再平衡程序、投資組合波動性叢聚，以及過度偏重故鄉市場。他指出，前述很多偏離的情況或許能創造

出短暫的機會，可能得以解釋像巴菲特和大衛・史雲生（David Swensen，因管理耶魯大學捐贈基金的出色成績而知名）這些投資人爲何能持續創造超額報酬，同時解釋爲何這類投資人寥寥可數。尋求超額報酬「可以視爲另一種生活方式、另一種文化、另一種風險承擔。」[55]

投資人要如何尋求不同類型的超額報酬？萊柏維茲鼓勵投資人「跳出基準指標以外思考」。方法之一，是不受限於「只做多」的投資方法，考慮使用槓桿和做空，比方說，建構一個130％比30％的投資組合，做空的比率在投資組合中占30％，再拿做空的收益去投資更多股票。[56]另一種方法是尋找他所說的公司的「特許業務價值」（franchise value）、也就是一家公司的加值成長要素，並投資特許業務價格遭到低估的股票。[57]

 ## 捐贈基金模型：何謂惡龍風險？

以過去累積的這些見解爲基礎，萊柏維茲、波瓦和 TIAA-CREF 的前同事布雷特・哈蒙德（Brett Hammond）聯手，把資產配置與分散投資的概念綜合起來，替捐贈基金打造了一個新架構，同時也適合散戶投資人。萊柏維茲坦承：「我一直認爲散戶投資人的問題更具挑戰性，比方說，他們不像很多機構投資

人所宣稱的，擁有近乎無限期的投資期間；如果情況惡化，散
戶投資人也沒有贊助人提供各種支持。因此，這項研究的第一
項益處，就是更理解人要如何面對退休。他們必須、或說多數
人應該在退休時轉向風險較低的投資組合；這個概念已經流傳多
年，生命週期類型基金普遍接受這種看法。60％加40％配置的
模型如此盛行，當然意味著股票市場的貝他值確實如理論所說，
是主要的風險來源，但也代表如果你可以找到方法創造和投資組
合無相關性的報酬，這些便會是很好的報酬，也是終極的超額報
酬。正是這些發現，最後讓我們寫出《投資的捐贈基金模型：報
酬、風險和分散》（*Endowment Model of Investing: Return, Risk, and
Diversification*）一書。」[58]

　　該書先從馬可維茲的平均數－變異數架構開始談起，這是該
書的基礎。投資人想要建構的多元化投資組合，要能在可接受的
特定風險水準下創造最高預期報酬。在這套架構裡，萊柏維茲、
波瓦和哈蒙德憑藉的基礎，是之前的萊柏維茲－波瓦模型，用來
衡量資產類別相對於美國股市的貝他值。他們接著將資產類別的
報酬分解爲股票的貝他係數元素，以及讓投資組合報酬超越貝他
值水準的超額報酬元素。由於股票風險在典型捐贈基金與退休基
金的資產配置中占有支配性地位（本章稍早也談過），因此，他
們的方法也不同於透過單純分散投資以降低風險的傳統方法。他
們的新建議是，反轉慣常的資產配置流程：不要一開始先從股票
和債券等資產類別下手、之後再慢慢加入房地產與大宗商品等非

標準資產。你要反其道而行，根據基金設定的既有限制，從創造超額報酬的資產類別中選取可接受的數量，將非標準資產的超額報酬放在核心，之後，再納入傳統股票／債券資產，作為將投資組合風險拉到貝他值期望水準的「擺動」（swing）資產。

　　要對非傳統資產類別設下哪些限制？答案取決於不同的風險思維。萊柏維茲說：「『惡龍風險』（dragon risk）是我向克里夫‧阿斯內斯借來用的詞彙（他答應了），這個詞在歷史上是用來指稱地圖上以粗體字標示『此地有惡龍』的某個未知地帶。[59] 我認為這是個絕妙好詞，可用來定義人們對於自己放入投資組合中的某個資產類別有多安心。這種安心程度，是決定資產配置權重的關鍵因素。為何不將房地產投資的比重拉到 30％或 40％？如果不設限的話，輸入標準數據的平均數－變異數模型，最佳狀態會是固定收益為零、房地產比重很高、大宗商品比重很高，而且新興市場股票的比重也很高，這樣就結束了，但沒有人會做出這種投資組合。」[60]

　　非傳統資產類別的限制，要根據投資人對於惡龍風險的最大耐受度來決定。萊柏維茲、波瓦和哈蒙德做出結論，他們的捐贈基金模型其實並非用來降低短期波動性的技術，而是一套用來累積超額報酬以達成長期目標的策略。模型的重點是提高報酬率，而不是控制風險。關鍵是要聚焦在長期，且要有能力度過短期挫折與流動性危機，如 2007 年到 2009 年出現的狀況。

萊柏維茲的完美投資組合

　　捐贈基金模型和完美投資組合的概念相契合。這套方法是為了捐贈基金與退休金方案等機構投資人而開發的，但也可以用在散戶身上。模型不以股票和債券等傳統資產為起點，而是從非傳統資產下手，比如房地產、大宗商品、避險基金、私募股權等等，這些資產類別與傳統類別相較之下，或許能提供更高的報酬。一旦打造出核心項目，就可以加入股票和債券，將投資組合的風險拉到期望水準。「首先，重點是要知道你能承受多高的風險，我認為這種事用說的很簡單，但其實很難驗證。」萊柏維茲說：「很多機構投資人自認為非常長期導向，但若你看到他們在2008 年或是其他較溫和的衰退期間的表現，就會發現他們的長期主義態度在某個壓力點就分崩離析了。人們一開始都深信自己是長期導向，但在經歷一些事後就變得不那麼確定，最終到某個點就恐慌了。」[61]

　　市況變糟時，投資人應該怎麼做？「一般的標準答案是『維持正軌』，這通常是對的，但不是永遠都對。除了在錯誤的時間或面臨糟糕的時機時、想要消除風險的情緒性反應之外，散戶投資人多半還會有另一種考量，但也不限於散戶，那就是當你來到一個臨界點，市場風險與你的耐受度相較之下已經無可容忍，基本上會讓你動搖，說出『不要再堅持了』，接著削減一些部位，

換得睡幾天好覺；或者說，如果你在該睡覺時卻睡得不安穩，請
讓你自己回到晚上能好好睡的那種狀態。」[62] 萊柏維茲的完美投
資組合「絕對不是買進後持有。雖然買進後持有在一開始是好建
議，但等到要結束時就不是好建議了，而且在這一路的過程中也
未必都是好的。」[63]

　　投資人能承受的風險，會影響他們能投資的資產類型。萊柏
維茲用退休基金的資金比率（即投資資產金額相對於未來債務折
現值的比率）來打比方。換言之，「與你的需求相比之下，你有
多少資產和已經確定的未來收益？如果你的『一般化資金比率』
很高，那代表你處於很安穩的立場，你有能力承擔風險。」在這
種情況下，你可以把投資組合中較高的比例放在風險性資產上，
像是傳統的股票，或者，如果有的話，可以考慮風險較高的另類
投資，比如私募股權或創投基金。[64]

　　萊柏維茲謹慎地反駁鋼鐵紀律這種事。「投資裡沒有絕對，
因此，有能力承擔更高風險，並不必然代表你就**應該**承擔更高的
風險。假設市場比預期中風險更高或更昂貴，報酬風險比遠低
於合理水準，那麼，就算你的一般化資金率很高、有能力承擔
更高的風險，或許也不該這麼做。這些從來都不是輕鬆的決定，
如果你是投資人，我認為你要準備好、試著做判斷，並不是持續
性的、也不是日常小狀況，而是要在前景已明顯偏離正軌時有所
行動。」[65]

　　萊柏維茲提到，在另一種情況下，就算投資人的風險胃納

量夠大，投資風險性資產可能也非適當之舉。「當你不需要時，為何還要去冒險？試想，有一個人生活簡樸、沒有繼承人、不特別想贊助慈善事業。此人已經擁有他想要的了，那為何還要去承擔更高的風險？……對他來說，多出來的報酬並無任何邊際價值。」[66] 這類投資人可以簡單地投資於更安全的資產。

　　萊柏維茲思考了散戶投資與機構投資的差異。「我認為，替散戶提供建議是更複雜的，這是因為和個人處境有關的特定情境更複雜，當中涉及各類要素，例如生活事件、緊急事件、稅賦、遺產稅等等。另外還有其他更複雜的因素，更別說面對散戶時，你幾乎永遠都要處理多重目標，而且這些目標的優先順序還會不時變化，」[67] 比方說，資產水準和投資時間長短。

　　以散戶投資人適合的資產類別來說，他們應該要擁有股票和債券。為何要將固定收益納入投資組合內？除了可降低波動性、提供相對穩定的報酬之外，「固定收益有時也被視為面對危險股票市場的避險工具。」[68] 這都要回歸到馬可維茲發現的分散投資的益處。「哈利‧馬可維茲漂亮地指明，分散投資是最便宜的報酬來源。」這是因為分散投資不僅能降低風險，「也能降低無法賺得報酬的意外人為風險。」[69] 換言之，「你不會想承擔意外的風險，但如果你不分散投資，便等於承擔無法賺得報酬的意外風險。也就是說，你希望承擔你想承擔的風險等級，你希望所承擔的風險基本上是由你選定的貝他敏感度來決定。」[70] 馬可維茲也指出：「股票的波動性遠高於其他投資工具（如固定收益），也

因此，股票才會成爲幾乎所有投資組合的決定性因素。」在最極端的情況下，僅持有一檔股票是不理性的行爲，除非你遵循的是演員威爾‧羅傑斯（Will Rogers）的哲學：「我只買會漲的股票，如果不漲，我就不買。」[71]

萊柏維茲提到退休規劃中有一個很重要的領域，值得我們多加注意，那就是通貨膨脹。「現代人可以更合理地預期未來退休後 20 年或 30 年的花費。以這麼長的時間而言，即使通貨膨脹水準很低，也會對於以名目數字來看很舒適的退休生活造成嚴重災難。我認爲，目前美國的財務金融討論中，並未適切反映這個議題。」[72] 爲了說明這個議題，且讓我們假設通貨膨脹率爲 3％，如果現在的年度支出爲 50,000 美元，30 年後就會成長爲 121,000 美元以上。

在資產配置組合方面，目標基金愈來愈流行。這類基金會隨著投資人的年歲漸長而自動調整，將配置從風險較高的股票轉移至風險較低的債券。萊柏維茲相信「目標日期基金對於某些投資人來說很有用，但我擔心的是他們典型的再平衡協議太過呆板僵硬。」[73]

對於完美投資組合的追尋，萊柏維茲有一些臨別贈言：一切都要回歸兩個基本概念。「第一，要知道你眞正可以忍受的風險水準多高。第二，想辦法事先針對可預見的風險訂下權變方案，萬一這些風險眞的出現了，你才有可遵循的行動方針。要記住，講到風險，就是眞正可能會發生的事件。如果你準備好應對這些

負面事件，就能減緩相關的財務壓力，至少有一定程度的效果。我們從 2008 年學到了一件事，那就是投資人面對危機情境時經常展現出失常的反應：很多投資人無法動彈、不採取任何修正行動；有些則機械性地調整投資，通常過早回到市場裡；有些人只能賣掉股票，因為他們發現自己面對嚴重的流動性緊縮，這些問題常常是之前就可預知的。所以，身為投資人，你一定要有能因應流動性需求的計畫，以面對嚴重的問題。你也應該事先做好規劃，決定自己要如何進行再平衡，並向前邁進。」[74] 想要創造完美投資組合，你要先從計畫下手。

羅伯・席勒與
非理性繁榮

羅伯（鮑伯）・席勒最知名的研究，就是挑戰「金融市場有
效率」這個普遍認知。雖然諾貝爾獎委員會之後指出這是他研究
裡的中心要旨，當初卻遭到諸多學術界專業人士的嚴加批評。對
他來說，要承受自己的研究遭遇排山倒海的攻擊，並不容易。當
時他對一位同事說：「我真希望自己沒寫過這篇文章。」[1] 儘管
席勒的思維有時充滿爭議，卻讓我們得以剖析他不斷變化的完美
投資組合。

席勒是位另類人物。在專業上獲得成功的經濟學家，多半會
在特定的狹窄研究領域留下印記，使用傳統的技巧，並以這一行
普遍接受的現有文獻為基礎繼續發展下去，但席勒卻形容自己的
研究興趣不拘一格、奇特古怪。

他是相對罕見的經濟學家，願意單純因為某件事引起他的興
趣而打破專業上的慣例，借用其他學門的想法，並透過調查來收
集原始資料（經濟學家常把調查稱為「俗濫」的研究）。

他和多數經濟學家有別之處，也在於他把時間奉獻給新聞寫
作，替《華爾街日報》和《紐約時報》等刊物大量撰文，也以一
般大眾而非學術菁英為目標讀者，寫了很多書。但是，說起對他
日後的成就貢獻最大的，是他早期生活中的發展經驗。

一位不拘一格的經濟學家從何而來

席勒自認是立陶宛裔美國人，他的四位祖父母都在 1900 年代初從立陶宛移民到美國，[2] 他說他們是「有獨立精神的人，投入了新文化。」[3] 他亦自稱是汽車產業的產物。「1914 年，亨利‧福特（Henry Ford）宣布要支付給生產線工人的日薪為五美元，比當時的薪資高了兩倍……（他）收到如洪水般湧入的應徵函。我有一邊的祖父母當時住在麻州加德納市（Gardner）、在爐具店工作，另一邊的爺爺則在芝加哥做裁縫師。兩組人馬都採取了行動，來到胭脂河市（River Rouge）的工廠應徵，兩邊都被錄取了。如果他們沒有來到底特律，我的父母就不會相遇，也就不會有我了。」[4]

席勒小學時在公民教育這一科的分數很低，因為他躁動不安又非常愛講話，很多人擔心他二年級就要被留級。即使到現在，他還是很容易因為讀到的內容而分心，但對於引起他注意的事物則非常專心投入。小時候的愛講話，如今則變成了樂於接受記者訪問。一位小學時期的理科老師激起他對科學與「真正的」科學家（意指和經濟學家等社會科學家不同類）的崇拜，他也具備通常只有專家才有的在意細節的特質。

愛因斯坦在 1930 年於《紐約時報雜誌》刊登的文章〈宗教與科學〉（Religion and Science）啟發了席勒。對愛因斯坦來說，

「宇宙宗教情懷」（cosmic religious feeling）是透過宗教信仰培養出來的諸多推動力之一，每一個不信奉武斷教義的人都有這樣的情懷，也是「最強烈、最高貴的科學研究動機」。愛因斯坦認為，出於這種宇宙宗教情懷而奉獻一生去理解萬事萬物，能爲人帶來力量，眞正的科學家正是具有這種宗教信仰的人。對席勒而言，「從某種意義上來說，科學變成了我的宗教。」[5]

席勒的父親是一位創業家，他發明了一種特殊的工業用鍋爐並取得專利，但因爲他的健康狀況不佳，因此難以發展事業。席勒日後也在想，經濟學這一行太不關注發明了。「應該要有更多文章拋出構想去試風向，討論如何用一套完全不同的架構來成立經濟機構並提出方法，就算是還沒完全成熟的概念也好。」[6]

席勒在 11 歲那年讀到約翰・肯尼斯・高伯瑞（John Kenneth Galbraith）寫的《富裕社會》（*The Affluent Society*），激發出他對經濟學的興趣。[7] 1960 年時，他已經是就讀底特律附近南界高中（Southfield High School）的高中生，他在放假時向哥哥約翰（John）借讀一本保羅・薩繆爾森寫的大學教科書《經濟學：入門分析》，使得這股興趣更加濃厚。（薩繆爾森在經濟學領域有著幾乎難以計數的貢獻，於 1970 年獲頒諾貝爾經濟學獎。）

席勒在高中畢業後獲得美國國家科學基金會（National Science Foundation）的獎學金，可支應一些頂尖大學的費用，但他們家還是付不起剩下的部分。[8] 1963 年，他選擇就讀附近的卡拉馬祖學院（Kalamazoo College），讀了一年之後，轉學到較大

型的密西根大學，他哥哥也在這裡就讀。「我在卡大（卡拉馬祖學院）的經驗很美好，助我定下了未來的方向。我還記得，我很崇敬卡大經濟學系的大人物布魯斯‧提蒙斯（Bruce Timmons），因此才會投入經濟學；與我在卡大修讀經濟學的體驗則比較無關，我記得我的經濟學原理只拿到 B ＋，我曾有一段時間以為這代表我在經濟學方面沒有天分。」[9]

密西根大學規定要修一種外語，席勒選擇了俄語。班上其他同學在大三時都會出國，但他沒有地方去。「我想，加入大型大學報社（《密西根日報》〔*Michigan Daily*〕）的團隊會很有趣，比全班同學都出國、自己落單好多了，所以我就這麼做了。」[10]

席勒就讀密西根大學時，開始替大學日報寫文章，他很享受報導當中的事實查找部分。有兩位教授激勵了他：經濟系的肯尼斯‧博爾丁（Kenneth Boulding），他推動一般系統的概念，想要把各種科學串聯起來；心理系的喬治‧卡棟納（George Katona），他讓席勒深深記住了心理學在經濟學上的重要性，這最後引領他走向行為經濟學。

席勒很掙扎，不知道研究所要選擇念什麼，他慎重考慮的領域有物理學和醫學。雖然醫學極具吸引力，但他無法想像自己扮演典型的醫生角色、過著以看診構成的規律日子，因此，在一部分的因緣際會之下，他選擇了經濟學。「我年輕時對每件事都很有興趣，所以覺得必須把所有興趣限縮成一件事真是一大悲劇。最後我選的這件事就是經濟學。」[11]

理性的開端

席勒於 1967 年完成學士學位，之後直接到麻省理工學院攻讀博士。他的一位同學傑諾米・席格爾（第 11 章的主角）成爲他的終身摯友，席格爾後來在華頓商學院成爲出色的教授，現在以他的書《長線獲利之道：散戶投資正典》（*Stocks for the Long Run*）而聞名。在麻省理工時，席勒得以和薩繆爾森親自交流，在讀過他的教科書之後，席勒很榮幸能受教於薩繆爾森，也很欣賞他以數學科學的角度切入經濟學。

席勒的博士論文指導教授，是 1985 年獲得諾貝爾經濟學獎的法蘭科・莫迪里安尼。莫迪里安尼將經濟學理論結合眞實世界的應用，是非常具有吸引力的指導教授人選。當時，莫迪里安尼和亞伯特・安藤（Albert Ando）合作，在賓州大學打造一個大規模的美國總體計量經濟模型，稱爲 MPS 模型（MIT-Penn-SSRC model），該模型使用大量的歷史經濟數據來預測經濟行爲。席勒之後聲明，他並不認同莫迪里安尼在這個分支領域所做的研究，而且對於這類模型抱持懷疑態度，他質疑模型背後根本的「理性預期」假設。「我其實不相信這些模型，它們老是錯的。但我想從中獲得一些洞見，我一直在思考這件事，也一直在思考如何量化事物。」[12]

席勒在研究所做的最初研究，也以理性預期爲核心。理性預

期理論指出，人會根據可得的資訊做出理性的決策。平均而言，經濟未來的狀況應該會反映在目前的預期裡，換言之，當人提出理性預期、預測經濟體未來會發生什麼事時，雖然不見得永遠都對（比如對於一年以後的利率預期），但平均來說，理性預期都是對的。

有趣的是，從他和尤金‧法馬的辯論來看，理性預期和市場效率性基本上是同一個概念，惟兩者仍稍有差異：理性預期是一種達成一致性的情況，模型**裡面**出現的預期就應該是模型**得出**的預期；市場效率性則比較像是一種用來描述這個世界的說法。

席勒在1972年寫完博士論文，題為〈理性預期與利率結構〉（Rational Expectations and the Structure of Interest Rates）。[13] 薩繆爾森是博士論文委員會的一員，羅伯特‧默頓也是。席勒在這篇182頁長的論文裡發展出一個模型來描述利率的時間架構（亦即殖利率曲線），這是企業或政府可用來借錢的一系列利率，取決於債券發行時的到期利率。他的模型是以對未來利率的預期為基礎，他發現，如果用公司債殖利率來檢定，這個模型的表現很好。寫完博士論文時，席勒已經發表或即將發表的文章達到三篇，包括一份替聯準會做的研究、一篇登在知名經濟期刊《計量經濟學》的文章，以及一篇與莫迪里安尼聯名發表的作品。

席勒於1972年得到第一份學術界的工作，成為明尼蘇達大學的經濟學助理教授。與他親近的同事有湯瑪斯‧薩金特（Thomas Sargent）和克里斯多夫‧西姆斯（Christopher Sims），此兩人雙

雙於 2011 年得到諾貝爾經濟學獎。薩金特在聘用席勒這件事上
著力甚深，他之後說：「我認為他很出色，他提出了一些真的
很重要的想法，就算以當時來看亦然。」[14] 薩金特與西姆斯，
再加上 2004 年諾貝爾經濟學得主愛德華‧普雷史考特（Edward
Prescott）與尼爾‧華萊士（Neil Wallace），因為在總體經濟學
上的創新研究而被稱為經濟系的四騎士（Four Horsemen）。薩
金特與西姆斯因為總體經濟因果效應的實證研究而贏得諾貝爾
獎，仰賴的也是理性預期模型。席勒則說：「我比他們更明確、
或者說更快放棄對於嚴格理性預期的信仰。」[15]

　　1974 年，席勒進入賓州大學經濟系擔任副教授，隔年，他
成為麻省理工的客座教授，以及麻州劍橋市美國國家經濟研究局
的研究員。在麻省理工的一場民族舞派對上，他邂逅了未來的妻
子吉妮‧法爾絲提希（Ginny Faulstich）。他們於 1976 年成婚，
因為法爾絲提希在德拉瓦大學攻讀臨床心理學博士學位，他們便
就近住在德拉瓦州紐華克市（Newark）。法爾絲提希經常把心理
學的書籍和文章帶回家，席勒也延續自己的習慣，閱讀任何他覺
得有趣的素材。他也因為和法爾絲提希一起參加派對、與心理系
的教職員及研究生交流而接觸這個領域。不過，一直要等到 2011
年，夫妻倆才共同執筆了一篇文章，呼籲經濟學家擴大視野，納
入其他學科的思維。[16]

　　席勒在賓州大學待了八年，最後一年由華頓商學院交叉聘
用，到了 1982 年，席勒接下耶魯大學經濟學教授的職位，自此

之後就沒再離開。他在耶魯大學的日子有 20 年和詹姆士‧托賓重疊，托賓是 1981 年諾貝爾經濟學獎得主，也啟發了席勒同樣重視托賓口中的「事實導向經濟科學」。

席勒的研究重點就是資料，他說過，實證研究和檢驗資料「被視爲較低階經濟學家的工作，理論家才是眞正的領導者；但我就是喜歡。」[17] 舉例來說，1987 年 10 月 19 日美國股市出現最嚴重的單日跌幅，幾天內他就發送問卷，請散戶與機構投資人談一談他們的經濟態度與意見。哈佛大學教授約翰‧坎貝爾（John Campbell）是席勒過去的學生兼長期合作夥伴，他回憶道：「鮑伯最讓人驚訝的一點，是他會考慮任何想法，而且他會收集資料，擷取想法與人性中的更豐富觀點。1987 年股災發生時，他馬上進行問卷調查，想要知道人們的腦袋裡在想什麼。這爲他的行爲財務學提供了參考資料。」[18]

席勒則說：「就連學術界都有群體思考這種事。我認爲我的行事作風和個性有關，我總是和身邊的人想的不一樣，我太太就抱怨過，她說：『你總是要站到另一邊。』」[19] 無怪乎，最惹他心煩的東西就是傳統思維。[20]

席勒不按牌理出牌的個性也顯露在他的人生觀裡。「我一向對人感興趣。參加體育活動時（但我很少去），我發現自己觀察的是人群，而不是比賽。我不在乎誰贏，輸贏不在我的動機架構當中，但人們會讓我感到非常著迷……群眾有趣得多了。爲何他們這麼在乎？你可以看見，當某個選手在場上做出某個高難度

動作時、人們的肢體語言,他們幾乎覺得自己就是做動作的那個
人,這是同理心。」[21] 他詳加解釋:「關於人,我觀察到一件事:
他們會成群結隊。人會做跟大家一樣的事。以短期來說,這或許
是最佳策略。如果你是一個想出頭的年輕人……你必須埋首去做
別人也在做的事。但我也認為,人們錯過了很多事。」[22] 每一個
人所做的事可以加總起來,總合的行動會體現在股票市場的動態
當中。

 ## 超額波動幅度:理性預期模型錯了?

　　席勒最知名的研究報告發表於 1981 年,標題本身就是一
個好問題:〈股價變動是否過大,因此無法以後續股利的變
動 來 解 釋?〉(Do Stock Prices Move Too Much to Be Justified by
Subsequent Changes in Dividends?)。[23] 這篇文章的爭議性很高,
因為和一般認知相互衝突,當時人們認為美國股市很有效率;
市場效率性的概念指出,決定股價的是理性的投資人,而且股價
會公平反映出根本價值。席勒用了一個簡單的股票價值模型:股
利折現模型指出,在效率市場裡,股票目前的價格等於所有未來
預期股利的現值,而為了簡化,模型假設投資人不打算賣股票。
(現值有時稱為折現值,因為現值是未來價值的折現值。)

　　舉例來說，假設你想買一檔每股每年支付 1 美元股利的股票，你預期公司會繼續支付這個金額，年復一年，直到永遠。進一步假設，在股票的風險水準之下，你認為合理的預期報酬是10%。那這檔股票的價值應為多少？因為你基本上買的是一份永久年金，因此，你可以簡單地用年度股利除以報酬率，得出股票公平價格是 10 美元。（如果你預期股利會以固定比率成長，那就要用一條稍做修正的公式來計算成長型永久年金。）這個模型也可以套用到整個股市。

　　為了理解席勒文章背後的直覺，讓我們來看以下的運動賽事比喻。[24] 假設你要預測籃球賽的結果，你的預測是邁阿密熱火隊會持續穩贏聖安東尼奧馬刺隊 10 分。但實際比賽結果會有大幅波動：有時候熱火隊大贏，有時候小贏，甚至有時變成馬刺隊獲勝。在這個比喻裡，實際上的籃球賽比數，就是投資人實際上會收到的股利，變動應該很大；預測的比數則是市場預測的股價，變動應該沒這麼大。

　　席勒發現，出乎意料的是，股市裡的情況剛好相反。股價（這是市場對於未來股利的預測）的波動性相當高，但股利（實際結果）的變動則沒這麼高；正好和籃球賽的預測比數及實際比數的情況相反。我們可以從另一種角度來思考他的結果：如果股價反映的是股利穩定增加，那我們就會看到長期下來、這種指數成長的直線關係，但實際上我們看到的是在趨勢線上下波動的變化。席勒的結論是：理性預期模型錯了。股市波動幅度顯然無法

用效率市場模型來解釋；效率市場模型認為股價反映的是今天的
預期股利價值。

　　席勒檢視了回溯至 1870 年代的美國股市資料，以驗證他的
想法。他假設，投資人完全能預見未來股利的價值，並畫出這些
完美預測下的股價（根據通貨膨脹與成長趨勢線做調整），接著
和實際的股價相比（見圖 9-1）。他寫下他的發現：「驚人的事

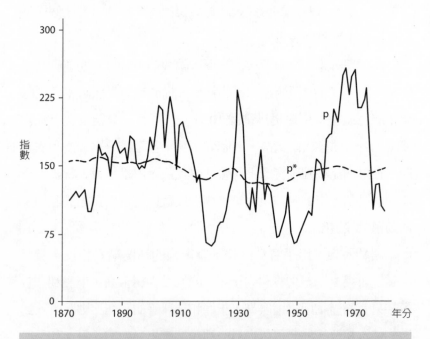

圖 9-1 根據通貨膨脹調整後的標普 500 指數（實線 p）與事後理性價格（虛
　　　線 p*），1871 年至 1979 年，以長期成長因素消除了趨勢。本圖
　　　為重製圖，資料來源：Robert Shiller, 1981, "Do Stock Prices Move
　　　Too Much to Be Justified by Subsequent Changes in Dividends?,"
　　　American Economic Review 71: 422。

實是……股利的現值看來和穩定指數型成長線非常相似，股票市場則在成長線的上下大幅擺盪……如果就像效率市場假說所主張的，任何時間的實際股價就是截至當日的股利現值最佳估計值，那爲何股市會有如此大幅的波動？」[25]

我們可以從他的圖上看到股市從 1929 年到 1932 年間大幅下跌，但是，很難以後續的股利變化來合理解釋這樣的下跌。席勒使用幾項統計技巧來做檢定，包括變異數界限檢定（"variance bounds" test），[26] 發現股價的波動性高了 5 倍到 13 倍，所以很難作爲判斷未來股利的有用新資訊。他總結道：「因此，效率市場模型嚴重失效，顯然不可能將這種失效歸因於資料錯誤、價格指數問題或稅法變動等種種因素。」[27]

有趣的是，史蒂芬‧萊羅伊（Stephen LeRoy）和李察‧波特（Richard Porter）也以這個主題寫了一篇文章，1981 年 5 月發表於享有盛譽的《計量經濟學》期刊，比席勒早了一個月。[28] 席勒在 1981 年的文章裡提到萊羅伊和波特的文章，他說他們「獨立找出一些證據，直指效率市場模型中隱含的股價波動有其局限性，總結認爲實際上普通股的股價波動性太高，並不符合模型所言。」爲何萊羅伊和波特沒有得到更多關注？部分理由可能是因爲席勒在文中加入了具高度說服力的圖表說明這種現象（如圖 9-1 所示），與萊羅伊和波特相比之下，他的解讀也更有吸引力。

20 餘年後，席勒重新說明他的主要結論：「顯然，整體股市的波動幅度無法以效率市場模型（該模型宣稱，股價的構成乃

是根據檢視未來報酬的現在折現值）的任何變化型來解釋。」[29]
換言之，理性預期模型錯了。

　　約翰·科克倫是知名教科書《資產定價》（*Asset Pricing*，此
書是資產定價領域所有研究人員與學生的必讀書目）的作者，也
是芝加哥大學金融經濟學家，還剛好是尤金·法馬的女婿，他最
近說明了席勒發表這篇文章時引發的迴響。「這可是震撼彈。這
篇文章叫當時的我們看好了（那時我剛進研究所），說你們芝加
哥大學這些傢伙根本沒抓到重點。當然，你無法預測股票報酬，
但看看股價波動有多瘋狂！這根本不可能是有效率的市場。這看
來是全新類型的檢定，是不能說破的問題，法馬幫的人不知為何
就忽略了，迴歸分析也做得太少。股價裡看來納入了資訊，而且
是很多其他的資訊！席勒解釋這是心理和社會動態，是一波又一
波的樂觀和悲觀浪潮。」[30] 對投資人來說，席勒的研究結果意味
著，根據馬可維茲、夏普、法馬和其他人的研究得出的「買進市
場投資組合後持有」策略，不見得是最佳策略，因為有時候整體
市場會被高估，有時又被低估。後面跟著的是延續 15 年的相關
研究，一整個世代的學者都在嘗試解釋這些結果，包括科克倫本
人。科克倫繼續說道：「在經濟學界，一個人會因為引發很多人
跟隨而獲得名聲，以這個標準來說，席勒……在這個領域真的是
很有名。」

　　科克倫表示，現在經濟學界接受的觀點是：相對於股利，
股價的波動性非常高，主要原因是投資人改變了自己的預期報

酬，並不像簡單模型所說的投資人的預期是固定的。目前仍在辯證的（尤其在席勒和法馬這兩方），是這些隨著時間改變的預期報酬的特性為何。「對法馬來說，這是一種景氣循環相關的風險溢價。他（同樣地，和肯恩‧法蘭區一起）注意到，總體經濟環境不佳時，會出現低股價和高預期報酬，反之亦然……但對席勒來說並非如此。他說，風險溢價的變異太大，無法以景氣循環中的風險溢價變異來解釋。他認為（投資人）腦袋裡裝的是非理性的樂觀與悲觀。」非理性樂觀（或非理性繁榮）的概念扮演了重要角色，將席勒和聯準會最知名的主席艾倫‧葛林斯潘（Alan Greenspan）綁在一起。

 ## 挑動市場的耳語

1987 年 8 月 11 日，在副總統布希（George H. W. Bush）的監督之下，葛林斯潘在白宮的就職典禮中宣誓擔任聯準會主席，雷根總統（Ronald Reagan）在一旁觀禮。葛林斯潘得邁開大步接下新職，從比喻上來看是如此，從實體上來看也是如此，因為他要從身高 200 公分的保羅‧伏克爾手中接下聯準會，伏克爾以成功對抗通貨膨脹而聞名。短短幾週內，葛林斯潘就寫下了自己的紀錄，自 1984 年以來首度調升貼現率。

當年 10 月，葛林斯潘很快就面臨重大危機。1987 年 8 月 25 日，道瓊工業指數漲到歷史新高 2,722 點，距離葛林斯潘宣誓就職不過才兩星期。到了 10 月 15 日星期四，道瓊收盤時跌破 2,400 點，然後，到了 10 月 16 日星期五，指數下跌超過 100 點，來到 2,246.74。整個週末，投資人（和葛林斯潘）都在焦急等待，想要知道接下來會怎麼樣。

在如今被稱為「黑色星期一」的 10 月 19 日星期一，葛林斯潘決定履行之前該履行的責任，在達拉斯舉行的美國銀行家協會（American Bankers Association）會議上進行演說。[31] 從華府飛過去需要四小時（那個年代，乘客在飛航途中無法和外界聯繫），他上機之前，道瓊指數已經跌了 200 點，換算下來，跌幅超過 8%。他抵達之後，詢問前來迎接的官員：「市場收多少？」對方回答：「跌五○八。」他大大鬆了一口氣，以為之後市場反彈，收盤時只跌了 5.08 點，但他的小數點標錯位數了：市場跌了 508 點，幾乎是 22%，史上最大的單日跌幅。

葛林斯潘直接迎戰危機。他從大蕭條的錯誤當中學到教訓，於是馬上採取行動，放寬信用。之後，美國市場完全恢復，到了 1990 年，道瓊指數已創下歷史新高；到了 1996 年中，道瓊比起 1987 年的歷史高點已經翻倍，其中的大功臣是科技股的飆漲。

1996 年 12 月 2 日，席勒一行人在華府埃克斯大樓（Eccles Building）內的聯準會宴會廳與葛林斯潘共進午餐，同席者還有他之前的學生兼共同作者坎貝爾，以及高盛的策略專家艾比·喬

瑟夫・柯恩（Abby Joseph Cohen）。[32] 柯恩的事業起點是在華府的聯準會擔任經濟學家，之後才轉到華爾街，成為德崇證券公司（Drexel Burnham Lambert）的投資策略副總裁，這家公司最知名的就是在垃圾債券市場獨霸一方，直到 1990 年倒下為止。她於 1990 年進入高盛，1996 年成為常務董事。柯恩的知名度，來自於她成功預測 1990 年代的多頭市場，以及她特別青睞科技類股。此外，席間還有幾位聯準會的理事。

在這頓美好饗宴席間，席勒問葛林斯潘，他上一次以聯準會主席的身分警告大眾股價過高是何時的事。席勒和坎貝爾都主張，股市已經漲到不理性的程度了。「我和約翰・坎貝爾決定用泡沫來描述現在正在發生的事……我們對他們說：『嘿，這不叫理性，這是心理學。』」[33] 葛林斯潘聽到了，但沒有表達意見，然而三天之後，他在華府的美國公共政策研究企業研究院（American Enterprise Institute for Public Policy Research）晚宴上發表演說，題為〈民主社會央行面對的挑戰〉（The Challenge of Central Banking in a Democratic Society），強調央行扮演貨幣購買力守護者的角色。他婉轉指出通貨膨脹對於社會財富水準與分配可能造成的影響，並提到一些歷史背景，講到 1913 年成立聯準會的緣由是「1907 年恐慌」，那次金融危機為期三週，股價幾乎腰斬。他回顧大蕭條之後的重要經濟事件，並強調聯準會的使命就是要發展貨幣政策。

葛林斯潘繼續演說，強調要維持低通膨以降低不確定性，從而降低投資人持有股票時要求的（相對於政府公債）風險溢價。風險溢價降低之後，就能合理地提升本益比；例如，以微軟的股票來說，我們可能願意支付 16 倍的預期獲利來買進，而不是 15 倍。他在這裡停頓了一下，而且或許是很不明智地對市場投下震撼彈：「但我們要如何知道**非理性繁榮**何時將資產價值拉高到不合理的水準，然後變成了意外且冗長的經濟收縮，就像日本過去十年來的情況一樣？」[34] 葛林斯潘提出警告，不可沉醉於高漲的股價以及股市和實質經濟體之間的互動，並總結道，貨幣政策需要考量資產價格，聯準會需要適應金融市場與經濟體不斷變化的環境。這次演說是聯準會主席罕見地顯露疑問，質疑股市是否被高估、是否將發生重跌。

隔天早上，席勒開著家用富豪汽車（Volvo）載兒子上學，從收音機裡聽到股市重跌，而這全是因為葛林斯潘質疑「非理性繁榮」是否會影響市場。當 C-SPAN 頻道在播放葛林斯潘的演說時，正值交易時段的東京股市重挫，當天收盤時下跌近 3%，香港股市也一樣。之後，法蘭克福與倫敦股市跌了 4%，隔天早上，美股一開盤就跌了 2%。[35] 席勒對妻子吉妮說：「我可能啟動了全球股市崩盤。」[36] 她指控他自命不凡。但這次事件是一次對市場理性的高度質疑，也指向主流社會接受了席勒的研究。

是誰最早提出讓人記憶深刻的「非理性繁榮」一詞？席勒不記得自己和葛林斯潘談話時用過這個詞彙。席勒的朋友傑諾米．

席格爾碰巧發現 1959 年《財富》裡雜誌的一篇引文，指出葛林斯潘說金融圈「過度繁榮」，因此，最可能的情況是葛林斯潘自己想出這個用語。[37] 葛林斯潘的說法是：「非理性繁榮這個概念，是我有一天早上泡在浴缸裡寫講稿時想出來的。」[38] 不管發明這個詞的人是誰，對葛林斯潘而言，這次的「非理性繁榮」演講是宣告資產價格的絕佳機會。價格穩定性事關重大，衣服、食物等產品的價格如此，金融資產的價格也一樣；消費性產品的價格要穩定，作爲儲備金的產品亦同。用來賺取收益的股票和房地產的價格很重要，如果這些資產的價格過高或不穩定，就會導致經濟產生重大隱憂。

演講之後，葛林斯潘在想，新聞媒體會把報導重點放在哪一部分，隔天早上他就知道了。《華爾街日報》的標題大聲嚷著〈聯準會主席大哉問：市場過高了嗎？〉（Fed Chairman Pops the Big Question: Is the Market Too High?），《費城詢問報》（*Philadelphia Inquirer*）則是〈非理性繁榮遭到譴責〉（Irrational Exuberance Denounced），因爲很諷刺的是，葛林斯潘提到：「『非理性繁榮』正要成爲這團狂熱中的流行語。」[39]

近期，當席勒被問到聯準會主席是否應該表達對股市的意見時，他說：「我認爲，聯準會的領導者有道德上的義務對市況表示意見。他們有一群專業人士（和一整群的研究人員）來研究這些議題，人們也仰望聯準會，將其視爲權威機構。相信效率市場的人會說我們不應在乎這些意見……但我不同意。我認爲市

場無法明智面對這些事情，我們需要研究這些問題的人來領導我們……1990 年代的景氣之所以能持續這麼久，原因之一就是聯準會主席艾倫・葛林斯潘不太對市場抱持擔憂。」[40] 被問到葛林斯潘是否該為他的政策與評論而居功（或受譴責）時，席勒的回答是：「我猜，身為聯準會主席，你必須稍微偏向樂觀，因為如果你說出任何帶有悲觀意味的話，就會惹上麻煩。事實上，（非理性繁榮）這個詞之所以如此有名，就是因為當他說出口時，股市幾乎是應聲下跌，這才成了當時新聞爭相報導的題材。他只是說了非理性繁榮這個詞，後續反應就傾瀉而出。」[41]

泡沫 vs 泡沫（或是席勒 vs 法馬）

市場如何醞釀出泡沫？泡沫如何一波又一波地被帶到現實世界裡？泡沫出現的頻率有多高？已故的麻省理工經濟史學家暨國際經濟學教授查爾斯・金德柏格（Charles Kindleberger），以完整可靠的敘事來談論這些問題，他於 1978 年出版經典之作《瘋狂、恐慌與崩盤：一部投資人必讀的金融崩潰史》（*Manias, Panics, and Crashes: A History of Financial Crises*），之後又更新了好幾版。[42] 在最後一版裡，金德柏格以編年的格式列出從 1618 年到 1998 年的 38 次重大金融危機。為了說明危機的根源，他以華

盛頓大學聖路易分校（Washington University in St. Louis）經濟學教授海曼・明斯基（Hyman Minsky）發展出來的模型爲基礎，繼續往下演繹。

明斯基指出，金融危機始於某種外部衝擊或總體經濟體系的錯位，例如戰爭、糧食嚴重歉收，或是會引發普遍效應的新發明。某些領域出現獲利機會，某些領域則倒閉結束。隨著投資人借更多錢以善用新契機，銀行信貸擴張，也帶動了榮景。投機和高漲的需求導致現有的產能備受壓力，價格因此上漲，從而引發更多機會。榮景階段的利潤經常被高估。隨著投資人運用大量槓桿配置部位，也出現交易過熱的情況。某些抱持「有樣學樣」態度的投資人跟上，價格再上漲，引發了狂熱或泡沫。在某些階段，一些內部人士會獲利了結，出售部位，價格開始拉平。愈來愈多人意識到可能會有人急需流動現金，財務面便出現壓力。當壓力持續，也會有愈來愈多人發現價格不會再漲，眾人爭相退出，就造成彼此踐踏的局面。價格下滑，破產跟著來。流動現金的問題可能造成恐慌，恐慌又引發進一步的恐慌，一直要等到價格低至一定程度、投資人又試著再度回歸；或是阻斷交易，比如關閉交易所與交易室；或者直到央行這類最後放款人（lender of last resort）說服市場有足夠的流動性，方能干休。

金德柏格指出，狂熱和不理性有關，「泡沫」一詞則用來預告最終必會破滅，有些經濟學家說泡沫是偏離了「基本面」，金德柏格自己的定義如下：「泡沫是價格向上波動過頭，然後破

滅。」[43] 席勒的定義比較接近前者，較不像後者：「我定義的泡沫是一種社會流行病，涉及對未來有過度的期待。」[44] 席勒也認爲泡沫中有一種回饋機制：價格上漲會吸引投資人把價格推得更高，這個過程會一直持續下去，直到價格過高爲止。[45] 情緒發揮了影響力：有些投資人之所以進入市場，是因爲他們羨慕其他已經賺到錢的投資人，也後悔自己沒有早一點進來。市場上流傳著各種故事解釋價格爲何衝到這麼高，把泡沫合理化，而人們會相信這些說法，因爲不斷上漲的價格讓他們確信；但最終，泡沫總是會破滅。[46]

席勒提到，每一次的泡沫都有其特殊文化。「我將1990年代的泡沫稱爲千禧泡沫（Millennium Bubble），因爲我認爲這受到即將來臨的新千禧年氣氛所影響。這是一種未來主義下的興奮之情，樂觀看待網際網路的誕生，並想著『哇，眞的有大事要發生了！』2007年的泡沫不同，我稱之爲所有權社會泡沫（Ownership Society Bubble），這次泡沫的規模比較小。目前這一次，從2009年開始成形、直到如今（2015年）的又不一樣了。每一次新泡沫的故事都會改變，這次我稱爲新常態泡沫（New Normal Bubble），或是新常態榮景（New Normal boom）。可能是泡沫，也可能是榮景，我不太確定該怎麼說，因爲到現在都還沒破滅。這一次沒這麼不切實際，但恐懼導向的程度更大，因此又是個不同的故事。然而在這個故事中，人們仍認爲價格很有機會繼續上漲。」[47]

　　席勒認為，導引出股市泡沫的是恐懼，而非興奮。投資人會擔心，「就因為這股焦慮，他們想要多存一點。但由於沒有什麼高報酬的投資選項，所以他們最後推高了現有資產的價格，這回過頭來又引發了失望、更多的憂慮，可能還讓人覺得市場已經漲這麼多了，自己做什麼可能都已經太遲了，但他們還是會出於焦慮而投資。」[48] 席勒把這種現象稱為「在鐵達尼號上保命之理論」（life preserver on the Titanic theory）。[49] 他如此描述這種行為：「當市場價格很高、人們不相信市場的價值時，就成為泡沫的正字標記：就算大家都認為價值被高估了，還是會買。」他提到，2015 年初就是這樣。[50]

　　泡沫出現時，你該如何辨識？席勒重提他從 1990 年代中期就開始運用的小技巧。「我和太太出去用餐時，會跟她玩一個遊戲，我會說：『我不會去聽別人說什麼。』但我總是會聽見鄰桌的客人講到『股票市場』。（泡沫期間）每次我們外出吃飯，就會聽到有人說出『股票市場』。當時代氛圍變化，人們也會忽然開始對某種事物感到狂熱，這真的很神奇。因此，我就會以這類對話為依據（來判別有沒有泡沫）。」[51] 後來，在 2000 年代中期，他注意到指向房地產泡沫的信號。「我去到鳳凰城，這裡的房市泡沫出現得有點晚，但當時價格已經很高。我從機場出發時，問計程車司機：『這裡的房價怎麼樣？』天啊，我這麼問可讓他有興致了，他一直講、一直講、一直講，指出每一棟房子，並說明房子的賣價是多少。」[52]

　　1990 年代中期，席勒公開他的觀察心得，指出美國股市顯然已成泡沫，他的同事與投資界專業人士的反應相當激烈。「很多人大表懷疑，例如他們會說『你讓我們學術界蒙羞。我們有實在的計量經濟證據能證明市場有效率，你在胡說八道什麼？』他們的反應就是這樣，這是憤怒。這也是對於市場效率性的傳統看法，或說是大家都接受的看法。實際上，假如去檢視數據，你會得到一種印象：是有證據支持市場效率性沒錯，但如果你看一下（學術）文獻，也有很多人提到異常，就連 1996 年的文獻裡也有。」[53] 這些異常現象（anomaly，此為學術用語）指的是實證指標指向市場並非恆常有效率。1996 年，美國股市也出現了異常現象，舉例來說，股票的實質報酬經常不同於夏普資本資產定價模型預期的水準。

　　對於泡沫，是否人人所見不同？席勒認為的泡沫，對發明「效率市場」一詞的法馬來說並非泡沫。很多人認為，2013 年的諾貝爾經濟學獎同時頒給席勒和法馬（以及計量經濟學家拉爾斯・漢森〔Lars Hansen〕），非常諷刺。在瑞典頒獎的那一週被暱稱為諾貝爾獎週（Nobel Week），當週，席勒和法馬在諸多充滿爭議的辯論上交手。「當我說出『泡沫』一詞，我可以看到尤金・法馬侷促不安。他說他把這個詞稱為『邪惡的詞』，他還說永遠沒有辦法適當定義這是什麼。」[54] 席勒進一步理解了法馬的思考風格：「你知道嗎？最讓我驚訝的一件事情是，我很喜歡這個人，也非常佩服他，而且我們對於事實也沒有這麼多歧見。

說到底，一切都在於解讀方式。你知道的，他在辨識異常這一點上可是名聲響亮！但他很喜歡談的想法是：『你怎麼知道這不理性？』例如，歷史上的瘋狂獨裁者，他們理性嗎？我認為他們很瘋狂，但你知道的，那就是一種行為。」[55] 席勒總結：「**確實有泡沫**。確實有很多時候會流行一些讓人亢奮的事物。人們看到某個市場裡的價格上漲，就血脈賁張。聰明人會拿著錢離得遠遠的，有時候他們甚至會做空。」[56]

　　行為主義學派處理泡沫問題時招致的最大批評，是他們總是事後諸葛。法馬有一次惱怒地說：「『泡沫』一詞要把我逼瘋了。」[57] 法馬以一般所說的「網路泡沫」為例，提醒他的聽眾，如果我們回到那時，會將網際網路視為革新商業的發明，並帶領參與其中的公司邁向成功。他以微軟作為例子，說這是一家不同時代的革命性公司，估計只需要 1.4 家微軟，便足以撐起整個網際網路類股的估值。他宣稱，我們可以看到，並非所有預期中的網際網路企業估值都能實現。關於泡沫，法馬願意接受的最大限度，是承認單一個股可能會存在泡沫，但整體市場或整個類股不會。

　　法馬在諾貝爾頒獎典禮上演講時說：「目前的研究並沒有提出可靠的證據，指向股市價格下跌是可預測的。」[58] 法馬自己的研究發現，雖然可用股利殖利率和短期美國國庫券利率，來預測市場投資組合中的股票報酬，但沒有證據指出預期報酬會大幅下跌。如果泡沫存在，**應該會**有證據證明價格下跌是可預測的。因此，任何因應泡沫的解方和政策憑藉的都是信念，而非可靠的實

證證據。

　　這裡的關鍵詞是「可靠」，法馬強調實證證據裡的**可靠度**（reliability），他指出「事後選擇偏誤」（ex post selection bias）的存在。股市重挫之後，注意力自然會集中在少數幾個恰好預測出下跌的人身上，但若要總結認定這些預測者能**可靠地**預測出下跌，則需要考慮預測者的完整紀錄，包括他們過去的錯誤預測，也要看看我們過去曾仰賴的其他預測者的紀錄。

　　法馬提出另一個論點來反駁泡沫。他檢視美國自 1925 年以來五次最嚴重的股市下挫，把每一次下跌都視為可能的「泡沫」[59]（他用了引號），然而，每一次可能的「泡沫」都和經濟衰退有關。法馬因此總結，價格的大幅波動因應的是實質經濟活動的大幅波動；既然股價反映了投資人的預期，這項證據也符合我們在效率市場會看到的現象。

　　法馬觀察到，「泡沫」一詞經常涉及股票市場泡沫破裂，說這是非理性價格上漲的修正結果。但他指出，過去市場價格下跌之後多半會快速上漲，就算無法補漲全部，也能消除之前大部分的跌幅。舉例來說，雖然席勒在 1996 年時警告葛林斯潘要小心泡沫，使得葛林斯潘發表了著名的「非理性繁榮」演說，但 2003 年 3 月時的股市價格（多數人都會說，這算是這次所謂泡沫破滅之後的價格），仍高於 1996 年 12 月時。[60]

　　除了和席勒脣槍舌戰之外，法馬也和芝加哥大學的同事理查・塞勒有過幾次著名的辯論，後者是行為經濟學家、2017 年

諾貝爾經濟學獎得主，而且在芝加哥大學決定是否要聘用他時，法馬個人也出了一些力。法馬覺得行為經濟學家在過去 20 年的研究當中沒有什麼建樹，塞勒有一次則戲謔地說法馬是「世界上唯一不認為 2000 年那斯達克出現泡沫的人。」[61] 法馬最近描述了他們的關係。「塞勒總是喜歡講一些我所謂的小軼事，指出市場在某些時候無法順利運作。我說：『好啊，但有成千上萬的報告說市場運作得很順暢。』所有的事件研究都得出這個結論。我認為，若要說明市場如何順暢地根據新資訊做調整，這些是最好的研究……我開始（和塞勒）開玩笑，我說：『我是行為財務學裡最重要的人物，因為如果沒有我，他們就沒人可以找碴了。』……我在 20 年前寫了一篇〈市場效率、長期報酬與行為財務學〉（Market Efficiency, Long-Term Returns, and Behavioral Finance），[62] 我寫道：『聽好了，各位，你們要長大，你們不能一輩子都在抱怨市場效率性，你們得想出一些供我們檢定、然後否定的東西。』」[63] 時至今日，他們都沒有提出來。

　　曾有人請法馬評論 1929 年與 1987 年的股市崩盤，看看能不能讓所謂的投資人從眾行為和市場效率性概念相輔相成。他回答：「經濟學家都是傲慢的人，當他們無法解釋某件事的時候，就說那不理性。就我的看法而言，這就是上個世紀的兩次股市崩盤，一次規模太小，而另一次太大。」[64] 1987 年時，「人們忽然之間就非常愛規避風險，因此股市就崩盤了。他們不喜歡未來的樣貌，但之後又改變心意（股價也很快反彈）。1929 年時，股

市崩盤，人們不喜歡未來的樣貌，但實際上他們還過於樂觀，因此又發生另一次崩盤。」[65] 他根據這兩次事件得出的結論是：「一次（1929 年）是反應不足，另一次（1987 年）是反應過度。市場有效率，你就會這樣預期。」[66]

關於市場效率性的概念，以及 2007 年到 2009 年的金融危機及其引發的股市下挫，法馬明說了：「我認為市場在這個事件中表現很好。股價通常會在經濟衰退之前與當中下跌，嚴重衰退時更是如此。股價會先跌，之後人們才會體悟到經濟衰退來了，然後股價繼續下跌。這沒什麼異常的，當市場有效率，你就會這樣預期。」[67]

 # 週期調整本益比的聖戰士

席勒對於泡沫和資產價值的興趣，使他和坎貝爾發展出一個指標，稱作週期調整本益比（cyclically adjusted price-to-earnings ratio，簡稱 CAPE）。這個指標是用平均股價除以十年平均獲利，再根據通貨膨脹率做調整。[68]

一檔股票的本益比，是用股價除以最近（年度）的每股盈餘，傳統上是投資人用來衡量估值的指標。基本概念是，股票的價值應該比公司近期的獲利高上好幾倍，因為投資人有權分享公

司現有的盈餘，並預期未來還可以分更多。這些獲利會轉換成分配給投資人的股利，再加上股價的上漲。將個股的本益比一起拿來平均，即可得出整體股市的本益比。

然而，坎貝爾和席勒關心的是一家公司經歷好景氣和壞景氣時的獲利波動性。使用傳統的本益比來掌握市場的健全度，很可能已經納入超高或超低的本益比，而那些都是因為景氣循環波動效應而導致的短期獲利波動。週期調整本益比背後的概念，是要盡可能降低這些短期效應。採用滾動十年的平均獲利，坎貝爾和席勒得以消除這種短期的波動源頭。

坎貝爾和席勒在研究中使用的數據，可回溯到超過一個世紀前，他們發現，長期下來，本益比通常會回歸歷史平均值。「在上一個世紀，週期調整本益比大幅波動，但仍持續回歸歷史平均值，只是有時候要花點時間。高估值的期間過後，股價終究會下跌。」[69] 席勒進一步說明這點。「（本益比）比率高時會怎麼樣？哪些變化會讓本益比回歸？是企業獲利提高，還是股價下跌？我們發現，從歷史上來看，是股價下跌。因此，這是一個人類心理學的模型：有時候一切都很美好，我們興奮得不得了。碰上對於某件事過度興奮的群眾，最佳的對策就是遠離。」[70]

自 1881 年以來，平均而言，美國股票的價格大約都是前十年年度每股盈餘的 17 倍。週期調整本益比被解讀成根據歷史紀錄來檢視市場或個股是昂貴或便宜的指標；當週期調整本益比非常高時，股價之後多半會下跌。席勒指出，「我們發現這個指標

是預測後續股票報酬的好指標，長期來說尤其好用。」[71] 雖然週期調整本益比是很好的長期股價預測指標，但若是要用於掌握短期市場時機，這個指標通常不太精準。

　　歷史週期調整本益比如圖 9-2 所示，隨附長期政府公債殖利率。2014 年，週期調整本益比來到 25.5 倍，席勒說，在過去 130 年來，只有三次來到這個水準，分別是 1929 年、2000 年和 2007 年，每一次後面都伴隨著股市崩盤。（就在他發表意見不久之後，2018 年時，週期調整本益比漲破 33 倍，比 2007 年的峰值

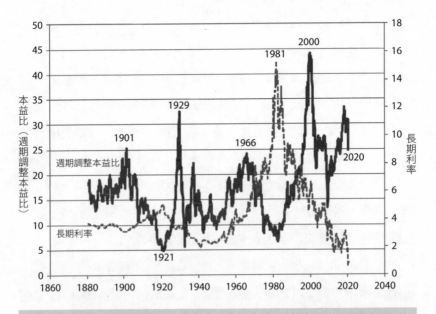

圖 9-2 本圖為重製，原始出處：“Online Data Robert Shiller,” Yale University, http://www.econ.yale.edu/~shiller/data.htm 。

還高。）美國的週期調整本益比在 1921 年跌到歷史低點，只剩下不到 6 倍。[72] 然而，這並非代表市場時機的信號。席勒說：「週期調整本益比絕對不是用來指出到底何時該買進賣出。市場多年來可能都處於這樣的估值水準。但我們應該體認到目前正處於異常期間，現在也該對此提出一些嚴肅的問題了。」[73]

 以 MacroShares 造市

　　席勒對於市場價值和泡沫的興趣，從股票拓展到房地產；房地產過去並非經濟學家的主流研究項目，有一部分原因是缺少良好的房價數據。因此，他決定要找到這些數據。他說：「我做了一件事，創造出一個回溯到 1890 年的房價指數。從來沒有人這樣做過。」[74]

　　1987 年，席勒和韋斯利學院（Wellesley College）的經濟學教授卡爾・凱斯（Karl Case）合作，[75] 發展出一個房價指數。他們繼續在這個領域攜手研究，在相同的物業轉售時收集不同時間點的價格數據。凱斯「和商業世界的聯繫，比多數學者更密切。」席勒說：「他也和現實世界裡的人討論，例如房屋鑑價師，以便把房價資料分離出來，這件事不容易。」[76] 1991 年，他們連同以前在耶魯大學的學生艾倫・衛斯（Allan Weiss），一起成立了凱

斯席勒衛斯公司（Case Shiller Weiss, Inc.），意在把他們的房價模型商業化，並編製出各式各樣的房價指數。[77] 2002 年，一家從事資訊管理的費什夫公司（Fiserv）買下他們的公司，之後和標準普爾公司根據他們的研究發展出可交易的指數。哈佛大學的經濟學教授愛德華‧格雷瑟（Edward Glaeser）說：「凱斯和席勒組合出來的指標，成為了說明房市價格變動的黃金標準，具備了透明與可靠的優點。」[78]

2003 年，凱斯和席勒在幾個選定的美國城市調查房屋買家並分析房價，以凸顯房價下滑的潛在危險。「看看這張圖就好（自1890 年以來根據通貨膨脹調整過後的美國房價），我給很多人看過這張圖，每個人都說：『哇！看看現在發生了什麼事。』看起來真的很不尋常。」他回憶道，「接下來的問題就是：是什麼原因造成的？有東西不對勁。是利率嗎？還是某些稅制？或是人口成長？因此，我和卡爾‧凱斯一起研究這件事，我們似乎找不到能解釋的因素，一切看起來都不對，除了泡沫。」[79] 他們替布魯金斯研究院（Brookings Institution）的刊物撰寫文章，聚焦在個別市場與全國房價相比之下的情況，得出的結論是，即使他們看到某些城市存在泡沫、預料房價將下跌，「但不太可能出現全國性的實質房價下跌，以及不同城市房價的同步下滑。」[80] 但是，到了 2005 年，《巴倫周刊》（*Barron's*）特別提到席勒，他預測美國通貨膨脹調整後的實質房地產價格，在未來十年可能下跌一半，或者，名目價格會下跌 20％到 25％。[81] 後來證明，他的預

測很準。

2005 年，在席勒的書《非理性繁榮》（*Irrational Exuberance*）第二版中，他認為出現重大房地產危機的機率更高了。約在當時，他和準政府機構房地美（Freddie Mac）和房利美（Fannie Mae）裡的一些人會面，這些雖然都是政府支持的企業，但並不隸屬於美國政府。1938 年，房利美在擴充次級房貸的指令之下成立，1968 年公開上市。[82] 同樣地，房地美在 1970 年時由國會創立，目的是確保金融機構有資金可以貸放房貸，讓消費者更負擔得起房子，並在金融危機期間穩定住宅貸款市場。[83]

席勒建議房利美和房地美的代表「應該為投資組合做避險，以因應房價可能的下滑。」但據席勒說：「我們從來沒能引起他們的關注。我們對他們說，由於他們的投資組合大量布局房地產，為部位做避險以抵銷風險是合情合理之舉，尤其他們的立場是政府支持的公開上市公司……事實上，他們典型的說法是……『嗯，目前還沒有規避房價風險的市場，所以我們無法避險。』」[84]

在這些會議上，席勒和房地美的首席經濟學家法蘭克‧諾撒夫（Frank Nothaft）交換意見。「法蘭克‧諾撒夫宣稱，他們有考量到 13.5% 這麼高的價格跌幅，我說：『如果比這還嚴重，怎麼辦？』他說：『不會比這更嚴重。』接著他修正自己的話，說：『除非發生經濟蕭條。』」[85] 幾個月後的 2006 年 3 月，代表獨棟住宅房價的指數標準普爾／凱斯－席勒美國全國房價指數（S&P/Case-Shiller U.S. National Home Price Index），來到歷史

高點 184.36（如圖 9-3）。到了 2012 年 2 月，指數掉到 136.53，
跌幅幾乎達到 26％，是諾撒夫推估的最高跌幅的兩倍。（到了
2016 年底，指數又創下新高。）

　　然而，這次的下跌符合 2005 年席勒在《巴倫周刊》文章裡
的推測。他指出，他並非預測科技股或房市泡沫會破裂，他說：

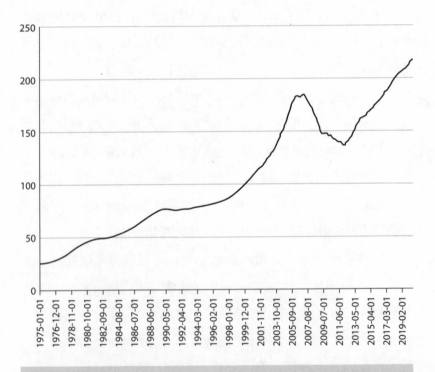

圖 9-3 "S&P Dow Jones Indices LLC, S&P/Case-Shiller U.S. National
　　　Home Price Index©" [CSUSHPINSA], Federal Reserve Bank of St.
　　　Louis, https://fred.stlouisfed.org/series/CSUSHPINSA.

「我只是說有這個可能性。」[86]

　　賣掉凱斯席勒衛斯公司時，席勒和衛斯留下他們以MacroShares為名申請的專利，這項產品把和房價指數連動的多頭與空頭證券拿來做配對。MacroShares可以當成避險工具，也能當成投機工具。他們成立了一家新公司，以便將指數授權給標準普爾，他們也和芝加哥商品交易所合作，創造出房價的期貨合約。[87]有些人懷疑席勒純粹是為了賺錢才創造出MacroShares，但凱斯說實際上並不然，他觀察到席勒「很認真要把這個世界變成一個更美好的所在。」[88]

　　據席勒說，MacroShares的用意是控制風險。「房屋價值可能會下跌，颶風可能會來襲……但我們可以創造避險市場來抵銷這些問題。我們應該要能為所有問題避險，從醫療保健與教育費用的高漲、到國民所得風險與油價，都包括在內。」[89]遺憾的是，由於管理的資產不到2,100萬美元，價值太低，住宅房價指數連動的兩項MacroShares產品：MacroShares大型都會區房價看漲（MacroShares Major Metro Housing Up）以及MacroShares大型都會區房價看跌（MacroShares Major Metro Housing Down），停止在紐約證交所交易；不過，全世界最大的衍生性商品市場芝加哥商品交易所，仍繼續提供以標準普爾／凱斯－席勒美國全國房價指數為基準的期貨合約。

席勒的完美投資組合

　　說到完美投資組合，席勒會想到什麼？他先從現代投資組合理論與量化模型早期的關鍵點開始談起。「說到完美投資組合，就讓我回想起數學：資本資產定價模型。有些人會說，完美投資組合就等於市場投資組合，因為如果每個人都追求完美，結果就是每個人得到的東西都一樣。我認為這是過度應用資本資產定價模型。不是每個人都會這麼做，你必須要理解。很多人都對於量化不太在行。」[90] 比方說，若要打造馬可維茲所說「最佳」風險性資產的效率前緣（在特定風險水準之下預期報酬最高的組合），你需要大量的量化資訊，例如預期報酬和風險，以及資產間的預期相關性。然後還要用到數學。「你必須知道如何反轉矩陣，諸如此類。而且我們也不知道（如何預估預期報酬、風險和相關性）；未來仍然很模糊。」[91]

　　即使純粹的數學方法令人退避三舍，但是，資本資產定價模型等現代投資組合理論裡，仍有一些重要的通用投資原則可遵行。席勒解釋道：「完美投資組合必須廣泛分散。我認為，大致說來，人們太害怕海外投資或是橫跨幾個主要類別的投資。如果你任職於汽車業，就不該大量投資汽車類股，你甚至應該做空，但幾乎沒有人這麼做。」[92]

　　有人問席勒，當很多資產類別看來非常昂貴時，投資人應該

怎麼做。「我不是投資顧問。但我會說，對於多數人來說，主要的意涵是他們應該多存點錢，因為投資組合的表現可能不如想像中那麼好……人們已經理解了複利的力量，但他們不知道的是，如果利率為零，就沒有任何複利……以一般性的原則而言，我認為應該分散投資各種資產與地區，因為你就是無法準確預測哪一種資產的表現將如何……我會投資一點美國股票，我會在全世界週期調整本益比偏低的地方多投資一點……我也會持有債券、房地產和大宗商品。很多投資人都忽略了大宗商品，但這也是投資當中很重要的部分。」[93] 大宗商品和股票的相關性相對很低。

　　2015 年時，席勒說：「現在要考慮的另一種投資類別，是通貨膨脹指數化債券（inflation-indexed bond）。我最近一次查的時候，30 年期抗通膨政府公債的殖利率不到 1％，不太能激勵人心，但至少政府會提供擔保，而且能對抗通貨膨脹。然而，我必須承認，這種報酬真的是不太能激勵人心。」[94]

　　說到股票投資，席勒向來是市場時機操作型的投資人。「1982 年時，我真心看多，便把全部的錢都投入股市。」[95] 1998 年和 2008 年金融危機前後時，基本上他完全退出股市，只留下一檔：凱馬特（Kmart）。[96]「凱馬特股票是我媽媽給我的，所以我不想賣出。」[97] 2015 年初時，他的投資組合裡大約有一半是股票。「我的投資組合一直在改變。我仍有很多固定收益，也有房子；我有兩間房子。」[98] 但他也提出警告：「如果你投資房地產業，這個經濟體裡的產業應該要是多元化投資組合裡的一部分，

也要成比例。倘若你是靠自己投資獨棟房屋，你就得更理解你買進的標的。」[99]

　　然而，席勒認為，對很多人來說，自行投資房地產不是最好的辦法。「我們真的不希望看到誰被（泡沫）困住，人生變得一團亂。因此，我常說要去找一位金融顧問，去找好人推薦的顧問。這些人通常能幫上忙。」[100]

　　隨著新的金融工具與產品的開發，投資的未來可能和過去很不一樣。「我也認為，完美投資組合中要包含一些金融創新。比方說，多年來我都在倡導政府要發行國內生產毛額連動債券，」[101]他自1990年代初就有這個想法。席勒解釋：「最簡單的國內生產毛額連動債券是我們所說的兆一券（trill），這也是我和約克大學的馬克·卡姆斯崔（Mark Kamstra）所做的研究。這種債券是國內生產毛額的一定比例，兆一指的就是一國國內生產毛額的一兆分之一。因此，如果美國一年的國內生產毛額為18兆美元，那今年一股的利息就是18美元，而且會以當地貨幣永遠支付利息。」[102]兆一券實際上是對經濟體的股權，把一部分的總「獲利」拿出來分配：以這個情況來說，指的就是美國整體的經濟成就。這種證券讓投資人有機會參與成長，同時提供像抗通膨公債這類投資標的能帶來的抗通膨作用；票息和本金都會隨著國內生產毛額的變動而提高或減少。這種債券占國內生產毛額的固定比例，因此可以保障相對生活水準。目前的目標日期基金，在投資人年輕時大舉投資股票，隨著時間過去則提高債券部位；一

開始可以小比例將兆一券加入這類投資組合中，隨著投資人年歲漸長，慢慢增加權重。

　　席勒認為兆一券對政府和投資人皆有利。「政府可以不用動用到太大的槓桿。與用固定利率借錢相比之下，兆一券比較像股票；用這種方法借錢，政府的稅收就可以對應負債。對投資人來說，這是更廣泛分散的布局。國內生產毛額的金額比企業獲利更高，每個國家通常都高上十倍，因此，投資國內生產毛額的分散度，會比投資股票更廣。」[103] 卡姆斯崔和席勒說，兆一券能提供的報酬，可能和大盤股市如標普 500 指數差不多，但波動幅度僅有一半。他們用馬可維茲的平均數－變異數架構來做模擬，估計最適投資組合（即我們說的完美投資組合）可能是 28%為長期債券、38%為美國股票，34%為兆一券。[104] 他們也估計，兆一券相對於資本資產定價模型的貝他值約為 0.25，遠低於市場自然貝他值 1.0（同時也低於萊柏維茲觀察的退休金方案的整體貝他值，約為 0.6）。儘管如此，兆一券的概念無法在一夜之間臻於成熟。「這些概念要慢慢發展。投資創新的問題是，你無法馬上看到成果，而且人們對於金融創新缺乏信心。」[105] 即便如此，還是有土耳其央行和英國央行向他表示對兆一券有興趣。保加利亞、波士尼亞、哥斯大黎加、新加坡與阿根廷等國，也發行了至少和國內生產毛額成長有部分連動的證券，惟不完全等同於兆一券。[106] 兆一券甚至也可由民間發行，例如席勒的 MacroShares。

　　對於最佳投資可能是什麼樣貌，身為一位不從眾、不拘一格

的思想家，席勒提出最後一項看法。他認為，社會要進步，就必須投資房地產以外的標的。「科學研究或醫學研究如何？蓋大房子就能賺到大錢，或是送孩子進醫學院研究如何治病；人們可以想想，哪一個選擇會比較好？」[107] 他建議，與其一直思考自己的投資組合，不如把格局放大，去思考整個社會，多想一想你要投資什麼，以及其目標爲何。

CHAPTER

10

PERFECT
PORTFOLIO

查爾斯・艾利斯，
在輸家的遊戲中勝出

查爾斯（查理）‧艾利斯向來被稱爲華爾街裡最有智慧的人，畢竟，他可是公認第一位公開質疑主動式管理益處的業內人士，早至 1970 年代中期。

艾利斯是出色的先導者和思想領導者，他白手起家創辦了一家重要的顧問公司，用的是最簡單的方法：仔細傾聽法人金融服務供應商（銀行、交易商、經紀商與投資經理人）的決策者說些什麼，然後爲這些客戶提供公正的建議。他那篇充滿洞見、但也引發爭議的文章〈輸家的遊戲〉（The Loser's Game），激發出指數型基金的成長。他投身於最創新的捐贈基金之一（在耶魯大學），使他得以明白如何將投資管理原則付諸實踐。他是一位多產又多采多姿的作家，知道如何用清楚的訊息和廣大群衆搭上線。我們可以從艾利斯身上及其觀點中獲得很多關於完美投資組合的訊息。

早年生活：從廣播電台到商學院

艾利斯 1937 年生於波士頓的羅克斯伯里（Roxbury）自治市，這是麻薩諸塞灣殖民地（Massachusetts Bay Colony）第一批開發的城鎮之一，最早在 1630 年就有人移居。他父親是位律師，二次大戰時在美國海軍服役，但艾利斯認爲早年對他影響最大的

人，是他六年級的老師：在麻州馬布藍黑鎮（Marblehead）艾柏瑞吉蓋瑞小學（Elbridge Gerry School）任教的納莉‧瓦爾絮老師（Miss Nellie Walsh）。他還記得瓦爾絮老師站在教室前面對學生說，這個班應該只有 28 人，實際上卻多達 42 個人，而她是唯一的老師，所以他們必須合作，才能學到某些很有意思的教材。

瓦爾絮老師也是學校校長，有一天，艾利斯被叫進校長室，他很訝異。瓦爾絮老師對他說：「查爾斯，我對你很失望。有人說你和彼得下課時在學校操場打架，這是真的嗎？」小艾利斯承認確有此事，但他解釋是彼得找更小的小孩麻煩，對著小朋友丟雪球，而他只是要阻止彼得。瓦爾絮老師回答：「我對你期望很高，希望你不要變成像彼得這樣。我要說的就是這些。」[1] 艾利斯日後說，這是他學到最好的一課。

大約在艾利斯念七年級時，他的父親建議他不要進法律這一行。父親以律師慣用的方式，列出三項論點來佐證他的建議：艾利斯不適合走法律這行，因為基本上他不是學者型的人；最近有很多從戰場退伍、才華洋溢的退伍軍人，大概比艾利斯年長十歲，他們根據《1944 年軍人復員法案》（Servicemen's Readjustment Act of 1944）、或稱為《退伍軍人權利法案》（G.I. Bill）拿到獎學金，正要進入法學院，艾利斯很難超越他們；還有，法律正從專業變成商業，因此他應該考慮直接進入商業，而非一個處於變動狀態中的行業。[2] 艾利斯接受了父親的建議。

從九年級到十二年級，艾利斯就讀新罕布夏州埃克塞特市

（Exeter）著名的寄宿學校菲利普斯埃克塞特學院（Phillips Exeter Academy），這是美國最古老的中學之一。早期的菲利普斯埃克塞特校友包括美國參議員暨國務卿丹尼爾‧韋伯斯特（Daniel Webster）、美國總統富蘭克林‧皮爾斯（Franklin Pierce）、亞伯拉罕‧林肯（Abraham Lincoln）之子羅伯‧林肯（Robert Lincoln）和小尤里西斯‧格蘭特（Ulysses S. Grant Jr.），晚近的校友則有約翰‧洛克斐勒（John D. Rockefeller）的曾孫約翰‧大衛森‧洛克斐勒四世（John Davison "Jay" Rockefeller IV）和小大衛‧洛克斐勒（David Rockefeller Jr.），當然，還有艾利斯。菲利普斯埃克塞特學院採用的是哈克尼斯（Harkness）教學法，學生圍坐成一大圈、彼此討論想法，老師盡量不加干涉，與蘇格拉底法（Socratic method）很類似，艾利斯也算是預習了日後將在哈佛商學院所受的教育方式。

從菲利普斯埃克塞特學院畢業後，艾利斯進入耶魯學院（Yale College，此為耶魯大學的文理學院）修習藝術史。他曾在耶魯學院的學生新聞與談話電台 WYBC 擔任台長。他於 1959 年順利取得藝術史學士學位，但是學歷並沒有帶他進入這一行。「除非你真的很精於藝術史，否則這裡不會是你的終點。」日後他回憶道，「想在這一行做到頂尖，得要面對沉靜與孤獨，我知道自己是很愛社交的人，我不想做這一行。」[3]

自耶魯畢業之後，艾利斯短暫在 WGBH 工作，這是波士頓的調頻廣播電台，1951 年開台首播，最後成為美國全國公共廣播

電台（National Public Radio）的分部。他在 WGBH 工作時和一位電台志工交上朋友，這位「了不起的女士」和他同年，吸引了他的目光，他很想更認識她，因此邀她共進午餐。他們常常聊天，很快就開始約會。有一天她對他說：「查理，你知道嗎，你應該去讀商院（B-School）。」對於這項建議，他的回答是：「什麼是商院？」她告訴他，這是專門研究商業的學院。然後他問，商學院只有一所嗎？她說有很多，但他該進的只有一所，就是**那一所**商學院：哈佛商學院。他申請了，也錄取了。[4]

艾利斯認為，在哈佛商學院受教育於他而言是個顛覆性的經驗。「學院讓一些非常聰明的人共聚一堂，大家挑戰彼此，每個人都要獨立思考並思索別人在說什麼。你要學會傾聽，你要學會大聲說出自己的觀點並詳加闡述。」[5] 哈佛商學院的案例研究法跟讀教科書的學習方法不同，學生必須自己釐清沒有明確答案的問題。「你會明白這個世界有多複雜，做出好的判斷有多重要，以及找到正確的事實又有多關鍵。」這些經驗幫助了艾利斯用富創造性的方式思考。

1963 年，艾利斯即將從哈佛商學院畢業，他考慮去高盛應徵，因為父親說過高盛是華爾街最好的公司。他的起薪是 4,800 美元，但艾利斯知道這些錢不夠用；他才剛新婚，妻子還要償還韋斯利學院的助學貸款。他算了一下，至少要賺到 5,000 美元才夠。[6]

艾利斯去面試過幾個很有意思的工作，但沒被錄取，他和一位同學共進午餐，對方說到他父親有個朋友，正在找一個企管碩

士畢業生去洛克斐勒工作，他問艾利斯有沒有興趣。艾利斯以為
對方講的是洛克斐勒基金會（Rockefeller Foundation），一家全
球性的私人慈善基金會，便馬上表達興趣，很快就去見羅伯‧史
全吉（Robert Strange）。他發現史全吉很有想法、也善與人交
流，但是，他也很快便弄清楚，這位史全吉不在洛克菲勒基金會
任職，而是在洛克斐勒兄弟公司（Rockefeller Brothers, Inc.）工
作，這是洛克斐勒家族辦公室，負責管理投資與慈善捐贈。雖然
艾利斯對投資領域一無所知，但他還是得到工作機會，也欣然接
受了。

　　當艾利斯向妻子報告好消息時，才發現忘了問工作起薪多
少。他後來得知，洛克斐勒家族的大通銀行（Chase Manhattan
bank）支付給第一年企管碩士畢業生的標準年薪是 6,000 美元；
洛克斐勒家族支付給自家管家服務人員的起薪也是這個數字。[7]
幸運的是，他的妻子也將謀得教師職務，年薪 7,000 美元，因此
他們兩人在財務上完全沒問題。[8]

 ## 和洛克斐勒人一起搖滾

　　在洛克斐勒兄弟公司時，指導艾利斯的前輩是李察森‧迪爾
沃斯（J. Richardson Dilworth），他是洛克斐勒家族的資深金融

顧問。迪爾沃斯身兼多職，是受託人、財務主管，以及現爲洛克斐勒大學的洛克斐勒醫學研究院（Rockefeller Institute for Medical Research）的金融與投資委員會主席。他也是耶魯大學受託人委員會耶魯公司（Yale Corporation）的委員，以及紐約大都會藝術博物館的副總裁。[9]

　　艾利斯一開始負責針對不同的股票撰寫研究報告，他的直屬主管是菲爾‧鮑爾（Phil Bauer）。艾利斯的第一篇報告是關於紡織類股，他在寫完後交給鮑爾，[10] 鮑爾看完報告後不太高興，就來找他。鮑爾語帶諷刺地問艾利斯，他在哈佛念書的時候有沒有學過**任何投資相關**的知識？艾利斯承認，哈佛只開一堂投資課，但他沒修，因爲這堂課是一位很乏味的教授在早上 11:30 到下午 1:00 開的課，素來被評爲無聊至極；這門課被學生戲稱爲「午間的黑暗深淵」。

　　你可以想像，鮑爾大開眼界，發現原來艾利斯亟需學習投資相關知識。那天還沒過完，鮑爾就安排艾利斯參加華爾街一家企業沃特海姆公司（Wertheim & Company）的培訓方案、加入紐約證券分析師學會（New York Society of Security Analysts），並去紐約大學夜間部修習投資基本課程。

　　艾利斯在沃特海姆公司培訓課程中學到很重要的一課。「有一天，公司的資深合夥人克林根斯坦（J. K. Klingenstein）擔任客座講師，他要離開時，一位學員大喊：『克林根斯坦先生，您很富有，我們要如何才能像您一樣富有？』場面一陣尷尬，克林根

斯坦顯然也不太高興，但之後他的神色柔和下來，你可以看到他很認真在想這個問題，試著總結他這一輩子在華爾街學到的一切。教室裡鴉雀無聲，最後克林根斯坦先生堅定地說：『不要輸。』然後他就站起來走掉了。我永遠忘不了那一刻。這就是投資人真正要關心的：不要輸、不要犯錯。這兩件事的代價太高。」[11] 艾利斯進一步解釋：「以投資來說，輸的意思是指，在可能最糟糕的時機採取了決定性的行動，就是在你最需要理性行事時、卻完全被情緒牽著走。太努力想要贏，到頭來只會輸。想要在印第安納波利斯 500 英里（Indianapolis 500）賽車比賽中勝出，你首先要能完賽。如果你在單獨一圈中耗費太多心力，就無法完成比賽。」

公司鼓勵他去夜間部修習投資基本課程，因此艾利斯到紐約大學註冊。[12] 他在長長的隊伍裡終於排到最前面時，註冊櫃檯的女士問他是一般生還是特殊生，他不知道兩者有何差異，就請對方釐清。女士解釋，特殊生只上一、兩門課，一般生則要修整個學位學程。她問艾利斯在求學階段最後念的是什麼學校、拿什麼學位。當他回答「哈佛商學院，企管碩士」時，她說：「喔，哇！哈佛商學院！那很棒啊。嗯，既然你已經有企管碩士學位，那你應該修我們的博士學程！」既然不需要多花成本，他也可以隨時退學，反正家裡也還沒有博士，他最後就去紐約大學念博士。

博士班念了七年後，艾利斯正要自己開公司，但他還沒有通過資格考，也還沒開始寫論文。那陣子，他和兒子哈洛德

（Harold）在某次剷雪時進行了一次交心對話，艾利斯說起這件事：「『哈洛德，學校還好嗎？』哈洛德說：『爸，我很喜歡學校，老師很好，我也很喜歡其他同學，我們學到很多東西。你的學校怎麼樣？』我說：『這個嘛，哈洛德，你知道的，我開了新公司，必須努力工作，我想我得先停下來。』『爸，你還沒完成學業，不可以停下來。』因此，隔天我就回去做事，回學校去，然後繼續孜孜不倦。」[13] 艾利斯最終在 1979 年畢業，整整念了 14 年的博士班。[14]

1964 年，艾利斯在《金融分析師期刊》上發表第一篇文章，題為〈調降營業稅〉（Corporate Tax Cut），[15] 此文檢驗由詹森總統實施的《1964 年稅收法案》（Revenue Act of 1964）之意涵；法案將營業稅率從 52％調降至 48％（也調降個人的所得稅率）。本法案明確宣示的目標之一，是要提升資本投資。艾利斯在文章中主張，詹森總統宣稱可為整體經濟帶來的益處，並不如總統或投資人的預期；他也慎重提醒金融分析師要仔細檢驗法案的衝擊。這是艾利斯經常會回頭思考的主題。

1966 年，艾利斯接到哈佛商學院的同學查理‧威廉斯（Charlie Williams）的電話，建議艾利斯來拜訪他任職的投資銀行帝傑證券。[16] 1959 年，威廉‧唐納森（William H. Donaldson）、理查‧詹瑞特（Richard Jenrette）和丹恩‧路夫金（Dan Lufkin）聯合創辦了帝傑證券，這家公司的業務模式在當時幾乎是獨家專營：他們為全國投資人提供優質的獨立公司研究。當時，除了帝傑證券

和一些新公司之外,「基本上沒有公司在做研究。」[17]

　　帝傑證券給了艾利斯一份工作,薪水比他當時的薪資高兩倍有餘,再加上獎金、利潤分享,以及最終的股票所有權。「多數證券公司都沒有研究部門,我們的工作則純粹是研究。當時(多數其他公司)拿出的報告,最長也只有 2 頁,但我們可以寫出50、75、100、150 頁的報告。我們真的很努力,想要好好了解各家公司。」[18] 任職於帝傑證券的期間,他也有機會和一流機構的高階投資經理人合作,包括在共同基金與退休基金等快速成長領域工作的那些人。1960 年代末是華爾街的「冒險進取年代」,是受歡迎的「閃亮五十」(Nifty Fifty)股票發光發熱的紀元,一般人都認為大型股極具成長潛力。《華爾街日報》的傑森・茲威格(Jason Zweig)說,艾利斯任職於帝傑證券時,便以犀利的分析「戳破了『冒險投機股』」。[19] 艾利斯說起他在帝傑證券的歲月「美好又有趣……我們出現在重要研究報告的首頁上。」[20]

　　在帝傑證券工作時,艾利斯也一邊讀書,設法取得特許金融分析師的資格,這是投資業界資格的黃金標準。若要取得資格,申請者必須通過三項嚴格考試,以評估申請者的金融分析與投資組合管理技能。當時,每年只在六月的第一個星期六舉辦測驗。到了 1968 年,艾利斯已經順利通過前兩級的考試,卻被認為年紀太輕,不應該來考第三級,叫他多等一年。

　　1969 年 6 月,艾利斯既驚訝又開心地發現,整個下午的考試就是要評論《機構投資》(Institutional Investing)期刊上最近

登載的一篇文章，而作者正是他本人！這篇文章的題目可說是非常有先見之明，題爲〈要有績效，你必須要有條理〉（To Get Performance, You Have to Be Organized for It）。[21] 毫無意外地，他在該年取得特許金融分析師的資格。

艾利斯在這篇文章中主張，要有策略性的綜觀才能創造投資績效。投資委員會應該放手，給研究導向的年輕投資組合經理人自由，讓他們爲投資人創造出最大報酬。他列出主動式投資的明顯益處，包括善用短期獲利能力、在可取得更高潛在獲利的條件下承擔風險，以及避免價格下跌等。然而，他回憶道，短短兩年之後，「我開始看到一些烏雲籠罩在績效這個面向。」[22]

現在回頭去看，當時他寫的文章裡也開始出現烏雲。1968年艾利斯還在帝傑證券，他以績效投資（performance investing）爲題寫了一篇文章登在《金融分析師期刊》，他將績效投資定義成「一種積極、不拘一格且管理嚴謹的努力，持續追求最高的投資組合利潤。」[23] 他說，績效投資是一種「介於（追蹤短期股價波動）頻頻監看價格的交易員與非常長期的持有者、這兩種極端之間」的主動式策略。結合這兩種類型的交易者，就能成功。關鍵是，當因素根據目前可得的各家公司資訊指出股價可能變動時，就要快速行動。他在想，某種策略成功之後，反而可能有礙績效；當過多資金採行相同的策略時尤其如此，會導致每元的投資報酬下降。他很謹慎地說，績效投資或許「注定要走上典型的發展、成熟與衰退等階段。」

1971 年，艾利斯在《金融分析師期刊》上發表一篇極具洞見的文章〈投資組合運作〉（Portfolio Operations），[24] 這也是他針對法人投資所撰寫的書裡的一部分。他觀察到，管理得當的投資組合是動態的，因爲裡面的股票成分會不斷改變、公司本身會不斷改變，而且總是會有大額的資本流出與流入。經理人的挑戰，是要駕馭這些不同面向的「凸剌」，更高效地經營投資組合。然而，若要調整方向以達成效率，需要時間。「需要十年的探索和驗證，基金經理人的操作才能達到夠科學、或說夠量化的程度。」在這篇文章中，他強調盡量降低失誤的衝擊與盡可能擴大成功的影響力，是非常重要的事；他也特別提到馬可維茲在分散投資與集中風險方面的研究。「選擇集中投資組合的經理人，一定要比廣泛投資各種波動性高的股票賺更多，才能達成風險／報酬目標，但這並不容易。」艾利斯也著重高週轉率的費用。最後，他提到拿投資組合來和標普 500 指數比較很有用，能提供「投資組合經理人有用的洞見，讓他們知道自家公司在做投資選擇時的強項與弱項。」

 格林威治聯營公司

艾利斯這篇以投資組合運作為題的文章，可說是預示他將

在隔年創辦顧問公司。1972年，他以3,000美元創辦了格林威治聯營公司（Greenwich Associates），這是一個新的企業研究概念，以替銀行、大型基金經理人和華爾街的公司提供顧問諮詢為基礎。[25]

艾利斯說起他如何一邊從事股票研究、一邊想出這個創業構想。「我很清楚我不知道自己表現如何。我很認真、很認真工作，這我知道；我也很了解我的散戶客戶……我的法人客戶。我也明白，我不太知道他們對我到底有什麼想法，也不知道他們對其他公司有何想法。你知道，如果有人能去外面看看，理解他們真正的想法，對所有人來說都會是很寶貴的資訊。這基本上就是我的靈光乍現。」[26] 他繼續解釋：「基本概念是，大約有1,000位或500位專業人士是某種特定法人服務的大買家，他們很清楚目前的情況，他們知道誰的品質好、誰擅長什麼，他們知道這些供應商一年來是否有改善，他們知道自己在哪一方面想要更多。如果你私下去找他們，開誠布公地聊一個小時，他們就會告訴你。」[27]

公司成立的第一年，艾利斯拜訪了90個城市以推銷他的願景，說明找到基準數據的重要性，這樣公司才知道自己為客戶提供的服務是位於哪個水準。他的想法是根據優質、專屬的研究提供即時、公正且高效的管理資訊，在高階層級維持往來關係。他的公司主要提供的附加價值，是去傾聽某家公司的客戶心聲、之後回過頭來為這家公司提供優質建議；因為客戶很少直接向提

供服務的公司回饋意見。他的業務模式，是和這些客戶進行嚴謹的訪談，並據此分析出相關結果。「這替各公司的資深管理階層提供了無可否認的資訊。當他們要和某個人對談時，就可以說：『你看，這就是客戶對你的評價。』你必得接受這樣的資訊，沒辦法否認。」[28]

雖然需要一點時間，最終艾利斯還是成功了。「我半夜才上床睡覺，鬧鐘設定為早上 5:30，我一到時間就起床，又開始工作。當我飛到其他城市出差，在機場坐進計程車時，我會對司機說：我沒事，我沒喝酒，但我累壞了，我能不能在你的後座躺一下，如果我睡著了，叫我一下好嗎？」[29] 兩年後，公司已經耗盡現金，他需要拿他兄弟手上的證券去借錢，在 1987 年 10 月股市崩盤之後，公司被迫縮減十分之一，這是當時金融服務業常見的規模緊縮。

即便遭遇這些挫折，格林威治聯營公司的顧客群最終仍成長壯大了。營運第一年時，只有北美 28 家客戶，到後來在全球 130個金融市場裡擁有超過 250 家客戶。近期，格林威治聯營公司有超過 250 名員工，全球有六處辦公室，超過 50,000 家機構和企業參與其研究。2000 年時，伍迪‧肯納戴（Woody Canaday）接下艾利斯的棒子，成為執行長；2009 年時，再由史帝夫‧巴士比（Steve Busby）接棒。[30]

如何在輸家的遊戲中勝出

　　艾利斯雖然忙著替格林威治聯營公司開發新客戶，卻也設法挪出時間來撰寫那篇極富影響力的文章：1975 年發表的〈輸家的遊戲〉，[31] 這篇文章後來拿下特許金融分析師協會的重要榮譽——葛拉漢暨多德大獎（Graham and Dodd Award）。艾利斯之後以這篇文章爲主題繼續延伸，寫成暢銷書《投資終極戰：贏得輸家的遊戲》（*Winning the Loser's Game*），於 1998 年出版，多年來不同的版次總銷量超過 65 萬本。[32]

　　爲何說是「輸家的遊戲」？這篇文章的標題靈感來自於賽門・拉莫（Simon Ramo）的書《平凡網球員的超凡打法》（*Extraordinary Tennis for the Ordinary Tennis Player*）。拉莫的生活多采多姿，活到 103 歲。[33] 他之前在霍華・休斯（Howard Hughes）的飛機製造公司工作，後來自行創業，和人共同創立航太公司，也就是天合汽車集團（TRW Inc.）的前身，他同時也是美國洲際導彈系統的首席工程師。他在 100 歲時成爲當時最年長的專利取得人，靠著一項以電腦爲基礎的學習發明得到專利。拉莫獨力或與他人共同合作寫了 62 本書，涵蓋各種主題，其中包括一本電磁學教科書，銷售超過 100 萬本。[34]

　　據艾利斯說，拉莫領悟到「網球賽有兩種，兩種比賽使用的設備相同、球場相同、服裝要求相同，計分的方法也相同，

但除此之外完全不同。在職業性或專業性網球賽裡（只有少數人能打進職業網球賽，但每個人都看得到比賽），會看到威廉絲（**Williams**）姊妹花或是其他相同級別的人，他們確實很出色，他們不犯錯，但他們會迫使別人要多出一點力、再多出一點力、再多……遲早就會出現受迫性失誤，他們就能得分，多數時候都如此。」[35]

然而，艾利斯打的網球賽（與我們多數人打的比賽）則完全不同。「我打網球是為了好玩，我會失分。我會觸網，真正出色的球員絕對不會觸網。我會雙發失誤，好的球員也幾乎不會雙發失誤。我會出界，他們不會出界，他們會很接近邊線，但不會出界。我打給你一個上網球，再一個上網球，又一個上網球，都是你可以輕鬆化解的擊球。」[36] 說起來，拉莫要傳達的訊息很簡單：「你要知道你在打的是哪一種網球賽。如果你是傑出的運動員、了不起的網球選手，你應該採取贏家策略；但若你不是，就應該把重點放在不要輸，你要防守，把球繼續打下去。」[37] 換言之，要防範出現非受迫性失誤。

讓艾利斯眼睛一亮的是，拉莫所說的話也能套用在投資管理上。「有很多人在打求勝的比賽，他們的操作很漂亮，我們都相信他們可以繼續保持下去。也有很多人比賽時得耗盡全力，但坦白說，他們都在犯錯，他們買高賣低，他們用錯誤的方法安排投資組合。他們遲早會做不下去。」[38]

艾利斯寫道，投資經理人若不打敗市場，就無法在相對基準

上有所表現。「投資管理業立基於一個簡單且基本的信念上：專業基金經理人可以打敗市場。此一前提顯然不成立。」[39]

艾利斯接著有更深一層的體悟：投資人要明白錯誤事關重大；因此，成功的關鍵就是避免犯錯。新的虛無假設（null hypothesis）是投資經理人無法打敗市場，所以訊息也就變成「不要去做（任何主動式管理），因為當你試著去做時，平均而言就是在犯錯。倘若你無法打敗市場，顯然就應該加入市場。」怎麼做？「買指數型基金是一個辦法。」[40]

1975 年時，投資指數型基金是一個很激進的想法。艾利斯和他的摯友們擔心市場對於他這篇文章的反應會很激烈，可能會觸怒很多主動型投資人，但實際上的反應卻讓他大吃一驚。「他們都認為：『喔，這個說法很可愛。當然，這不適合我，你懂的，這可以套用到很多其他人身上。但就是不適合我，我的績效很好。』」[41] 不幸的是，對他們來說，他的論點很站得住腳。

艾利斯利用一些簡單的數學，證明「主動式經理人要超越大盤」這項挑戰有多困難。假設股票的平均報酬率是 9%，投資組合的年週轉率是 30%，平均差價和佣金成本是 3%，資產管理和保管手續費為 0.20%，經理人的目標是績效要比大盤高 20%。在尚未扣除費用的總報酬基準上，經理人的績效要高多少，才能達成淨績效高出 20%？答案就是解出以下公式裡的「Y」：

$$(Y \times 9\%) - [30\% \times (3\% + 3\%)] - (0.20\%) = (120\% \times 9\%)$$

　　最後得到的答案是 Y 要等於 142%，換言之，經理人的績效要比大盤高 40% 以上。使用同一條公式來算，若經理人要做得跟市場一樣好（例如績效等同於標普 500 指數）、但不用超越，那麼經理人要比大盤的績效高 22%！

　　艾利斯擴大了原始的文章並加以更新，寫成《投資終極戰：贏得輸家的遊戲》一書，提供了諸多智慧之見。在整本書中，他提出了指數化投資的強力論據。比方說，他寫道：「由於多數投資經理人無法勝過市場，所以投資人至少要考慮投資複製市場、從而**永遠不會**被市場打敗的『指數基金』。指數化可能不太有趣、不會讓人熱血沸騰，但很有用。衡量績效的公司得出的數據顯示，指數基金的表現，長期下來優於多數投資經理人。」[42]

　　艾利斯說，真正的賽局重點在於設定目標、著眼於長期，不要試著去玩你注定會輸的短期賽局。「有一項激勵人心的事實是，如果嘗試去打一場輸家之戰、想要打敗市場，多數投資人注定會輸，但每一位投資人都能成為長期賽局的贏家。為了成為長期贏家，你只需集中精神設定實際的目標，然後堅持能帶你達成特定目標的合理投資政策，**並且**展現長期落實策略所必備的自律、耐心與堅毅。」[43]

　　他強調設定目標的重要性，並寫道：「現實中，少有投資人找出明確的投資目標，正因如此，多數投資經理人在操作時，實際上也不知道客戶真正的目標是什麼，也沒有明確合約規定他們身為投資經理人該擔負哪些任務。**這是投資人的錯。**」[44]

　　長期來說，主動式管理是否有成功的餘地？艾利斯指出，理論上，包括利用市場時機操作的策略在內，主動式管理可能成功；但他也指出，嘗試執行這類策略的成功機率很低。「有些人是**老機師**，也有些人是**大膽的機師**，但是，不會有大膽的老機師，**幾乎沒有**任何投資人能在利用市場時機這類策略中不斷成功。」[45]

　　最近，艾利斯評論了目前主動式經理人的品質，以及對於投資世界造成的矛盾衝擊。「除了主動式管理界的投資經理人之外，你再也找不到另一群更聰明、更努力、受過更好教育、擁有更周全的訊息或握有更好的裝置與工具，以求走在知識最尖端的人⋯⋯他們的工作成果如此出色，任何人都沒理由去支付高額手續費，並試著打敗他們。更明智的辦法是說：『嗯，我可以用低手續費就獲得這些才華洋溢的人的成果，而我也會這麼做。』對我來說，這就是（投資指數型基金的）主要論點。」[46]

　　艾利斯強調了「強而有力的四大投資事實」，那些經驗豐富且聰明睿智的投資人都理解、也會遵循：第一，你選定的資產組合是最重要的投資決策；第二，選定的組合背後應該要有目的，像是想要追求成長、收益或安全性，也必須要知道如何運用資產創造出來的收益；第三，各個資產類別當中與之間的分散投資很重要，因為壞事一定會發生；第四，要有耐心、堅持下去。[47] 常常有太多人過於強調要追逐報酬，卻沒有體認到等式的另一邊。「多數投資人、多數投資經理人和所有投資廣告都僅著重於投資

的一邊：報酬。但還有另一邊，」他寫道，「以長期投資來說，另一邊很重要，甚至比報酬更重要，那就是風險，尤其是長期嚴重虧損的風險。」[48] 他提到某些風險形式，包括詐欺與詐騙、意料之外的商業問題、個人行爲偏誤，以及未分散的投資組合。

艾利斯強調，投資時要放眼本地以外市場的重要性，他說：「多數投資人很驚訝地發現，最好的『陽春型』或『虛無假設型』指數型基金組合，是半國際性的。」[49] 在國際間分散投資，可以強化在國內市場分散投資所帶來的「白吃的午餐」。透過投資世界各大股市，投資人就能搭上這些不同經濟體的益處。

艾利斯也強調，確實將投資人的投資期間與適當的資產組合配對，是很重要的事。他提到，如果投資期間是五年，那麼以60％股票加40％固定收益是很適當的比率，但對於「想要爲家人提供財務保證的多數散戶投資人而言」，這樣的投資期間太短了。[50] 艾利斯暗指，倘若投資人希望長期投資，就要更大舉投資股票，從而在長期期間賺得更高報酬。

除了前述的四大事實之外，艾利斯也爲散戶列出十條「戒律」，作爲思考投資決策時的指引：[51]

1. 盡量存錢，盡早存錢。
2. 不要投機炒作「熱線情報」或是人人都在講的個股。
3. 不要爲了稅務理由而從事投資。要考量投資本身的益處，如果投資也能帶來稅賦上的好處，就把這些好處當

成蛋糕上附加的奶油。

4. 不要把你的住宅當成一項投資或是你可以拿來借錢的銀行。

5. 不要投資大宗商品，因為價格波動太大。

6. 要知道股票經紀人和共同基金業務員是從你這裡賺錢。他們的工作不是替你賺錢，因此，要思考他們對各項產品收取的費用和他們的激勵誘因是什麼。

7. 不要投資你不知道附帶風險是什麼的新穎或「有趣」投資。

8. 不要因為聽說債券很保守或很安全就投資；要理解債券附帶的風險是什麼，尤其是預期利率將上漲時。

9. 寫下你的長期目標以及投資和財產分配計畫，並定期檢視。把這些當成你的指引。

10. 不要相信你的感覺。不要根據情緒做出投資決策。

那麼，投資人要如何避免損失？「想要打敗市場、在注定成為輸家的賽局中勝出，並不容易。**不要參賽**。把精神放在成為贏家，去定義並忠心堅守適合市場現實、契合自身長期目標的投資政策。」[52] 既然每個人天生都不一樣，那大家的投資政策也應該不一樣。

耶魯模型：寫出你的投資政策宣言

　　艾利斯和耶魯大學捐贈基金關係密切；負責管理此基金的是大衛・史雲生及其耶魯大學投資辦公室團隊。艾利斯於 1992 年加入耶魯的投資委員會，1999 年到 2008 年間擔任主席。截至 2020 年，耶魯的捐贈基金資產超過 310 億美元。過去 30 年來，耶魯的投資年報酬率為 12.4％，以大學捐贈基金來說，績效無人能敵。[53] 捐贈基金每天都在自證其成就，因為耶魯大學有很大一部分的營運成本都靠基金支應。為了表揚艾利斯長久以來的貢獻，耶魯管理學院的餐廳就命名為查理廳（Charley's Place）。

　　一檔捐贈基金要如何想辦法超越同業？基本上，基金要做兩大類廣泛的策略性決策：選定「正確」的資產組合，接下來，在各個資產類別內，選出優秀的經理人。過去 30 年來，與表現為中位數的捐贈基金相比，耶魯的資產配置決策（在正確的時間投入正確的資產）每年提高了 1.9％的報酬率，在選任優秀經理人上的決策則提高了 2.4％的報酬率。投資組合是運用學術理論來建構的，包括馬可維茲的平均數－變異數分析，再加上周全的判斷。1989 年，資金資產中有將近 75％是國內具市場性的證券（即美國股票、債券和現金）。到了 2020 年，這個比重掉到 10％以下，其他 90％都投入海外股票、私募股權、所謂的絕對報酬策略，以及如房地產等實物資產。資產組合最終的變動，拉高了預

期報酬，並降低了波動性。[54]

　　根據艾利斯所言，如果捐贈基金想要透過資產組合與選任經理人來達成出色績效，就必須秉持一項關鍵的投資原則：抱持長期觀點，並堅守有信心的標的。「在管理捐贈基金上有太多『約會』這種事了。我要坦承：我結過一次婚，離過一次婚，現在我永遠已婚……如果我們把選任經理人和無流動性的資產視為婚姻，而不是約會，就會比較好。」[55]

　　耶魯的捐贈基金，和其久任且備受敬重的投資長大衛‧史雲生劃上等號。艾利斯和史雲生很欣賞彼此的技能。史雲生說：「我和同事們都熱烈期待他在會議上為我們帶來的貢獻，我們從未失望。查理總是和藹地提出建議，多半都會講出鋪陳得恰到好處的故事（我們稱之為『查理的寓言』）。查理能對耶魯的利益提供立即性的幫助，而且隨著時間過去，會產生更深的影響。」[56]艾利斯則說：「我享有難得的特權，能坐在前排看著一群最優秀的運動員，在可能算是有史以來最困難的賽局中奮戰。這就像是在查爾斯‧林白（Charles Lindbergh）飛越大西洋時，坐在他後面擔任副駕駛。」[57]史雲生像什麼？「他有點像我母親。我母親是我所知最傑出的廚師之一，她很清楚在她的廚房裡，從爐灶到流理台都是她的地盤。如果你踏進去了，代表你自願幫忙洗碗。委員會所能提供的最大協助之一，就是站在廚房外面，讓真正在做事的人能自由地做好自己的工作。」[58]

　　身為一個替捐贈基金與退休基金經理人提供建議的顧問，

艾利斯很鼓勵投資人發展投資政策宣言。這些宣言必須說明預期
報酬目標與可接受的風險水準，附帶所有投資限制，例如流動現
金需求、投資期間、規範和稅務。投資政策是「一份書面聲明，
用來宣告身為投資人的你相信什麼，以及即使你認識的每個人都
對市場感到興奮不已或恐懼不安，你仍能堅持下去……投資也是
一套連續性的流程，本來就不會有趣，這是一種責任……想像一
下，當你 80 歲時回顧過往，檢討自己過去是否有明智地投資，
你會問：『在好時機和壞時機，我能夠信賴自己去做什麼？』然
後拿一張紙，寫在其中一面──你何時會投入資金、你要如何管
理、你何時與為何要撤出資金。對多數人來說，最好的計畫是投
入某些指數型基金，其他什麼都不做。長期投資成功的祕訣，是
善意的忽略。如果你改變投資政策，你很可能是錯的；倘若你在
急迫感的驅使下改變策略，那你肯定是錯的。」[59]

　　艾利斯分享了一些心得，人們可以從史雲生在耶魯的經驗
當中學到的是：「首先，要了解自己是誰，以及你想要達成的目
標是什麼。第二，思考的時候，大可放眼國際性活動。第三，你
會希望分散投資，持有幾種不同類別的股票，才不會集中於某一
類。因此，你會有不同的行為特徵，長期下來，比起只集中於任
何單一類別，你的整體投資組合會表現得更穩定。」[60]

東方快車謀殺案：兇手是誰？

2012 年，艾利斯寫了一篇挑動人心的文章登在《金融分析師期刊》上，題為〈東方快車謀殺案：績效不彰的神祕之處〉（Murder on the Orient Express: The Mystery of Underperformance）。[61] 標題的前半部，指涉的是小說家阿嘉莎‧克莉絲蒂（Agatha Christie）寫的經典謀殺案故事（警告：以下有劇透）。比利時偵探赫丘勒‧白羅被請來解決一樁神祕的謀殺案，從伊斯坦堡開往西歐的東方快車上，有一位乘客遭到殺害。白羅推論有 12 位乘客有殺人動機，最後得出結論，事實上，這 12 人**全部**都犯下謀殺罪。

艾利斯巧妙地運用類似的推論，來調查誰應該為績效不彰（或說無法打敗市場）負責。是投資經理人嗎？是顧問嗎？是基金公司的高階主管嗎？是投資委員會嗎？他的總結是，這四組人全都有罪，但是「這四組有罪的當事人，都還沒準備好體認到自己在這場罪行中扮演的角色。」他仔細地審查了證據和嫌疑犯。

投資經理人知道自己才華洋溢且努力工作，他們在會議上提出績效紀錄，盡量讓人留下好印象，但通常不會提自己在扣除費用之後的表現如何。他們以過度簡化的方式呈現決策流程，暗示自己與同儕相比之下具備競爭優勢。

顧問身在**顧問業**，因此，他們是替自己創造利潤，而非客戶。他們的目標是維繫關係、留住現有客戶。他們會為每一位客

戶推薦多位基金經理人，這樣一來，就能降低僅推薦一位經理人
的風險（萬一這位經理人剛好績效不彰），並且讓客戶更仰賴他
們去監督各個基金經理人。

　　各機構的基金高階主管通常堅持要開獨立帳戶，而不是集合
帳戶，這會提高成本。此外，他們通常不會接受投資經理人的看
法，反而會**出賣**他們。

　　最後，雖然投資委員會立意良善，但他們通常並未明確定
義目標，而且真正投入到會議中的時間極短，很難提供有益的治
理。他們通常相信自己的目標是要找到績效排名前四分之一的經
理人，卻未體認到過去的績效並非未來報酬的明確指引。

　　艾利斯謹慎地替自己的謎團做出結論：這四群人並未認知到
自己就是兇手，繼續對於日後的績效不彰造成影響。

 再探績效投資

　　艾利斯最近在省思績效投資的興起與衰落。[62] 他定義的績效
投資，是經理人主動替客戶尋求高於市場指數的累加報酬（也稱
為尋求超額報酬）。是哪些因素發生變化，導致績效投資隨著時
間興起又衰落？他認為，資產管理的焦點發生了轉變，幾十年前
著重成本，最近則比較看重價值。舉例來說，在過去，退休金資

產是由保險公司和銀行管理，然而，比較新的投資管理公司發現，他們可以藉由承諾創造優越的報酬，以收取更高的手續費。隨著共同基金和退休基金的數目成長並拉高手續費，**投資業**也愈來愈有利可圖。但是，對產業有利的，不見得對投資人有利。

長期下來，還有另一點大不相同：隨著資訊環境的改變，經理人持續創造優越績效的能力也出現變化。「主動式投資的祕方，一直都是在資訊方面取得優勢。50 年前，這很容易，像我這類的人可以花三、四週研究並分析資訊，再花兩、三天去拜訪公司並訪談幾位高階主管，他們很樂於回答我們所有的問題，因此我們真的能了解當下的狀況。」艾利斯回憶道：「如今已經沒有這種事了。證券交易委員會要求所有公開上市公司將任何有用的資訊同時發布給所有投資人，證據是，在資訊上得到競爭優勢的機會已經消失了……交易員 45 歲就退出第一線、銀行家 55 歲就離開，但投資經理人可以繼續待到 80 幾歲，因此事業上的競爭更加激烈。」[63]

手續費提高了，但資訊優勢減少了，便侵蝕了客戶能獲得的價值。艾利斯在一次模擬問答中，檢視了手續費提高與累積性報酬降低所造成的後果。「數學上來說，當手續費增加 100 個基點時，你從主動式管理能拿到多少報酬？」「嗯，答案是，平均而言，這個數字是負值，而不是正數。主動式管理實際上還減損了一些報酬。」「天啊！你是說，手續費相當於主動操作增加價值的百分之百？」「嗯，這是一種說法。是的……手續費增加了 100

個基點，會等於或大於提高的報酬，而且通常是大於。」[64]

　　許多投資經理人從不同的角度回應。他們不從主動式管理本身下手，反而尋求類似於標普 500 指數這類整體市值加權基準的策略，但又會以不同的加權方式來創造更高的報酬風險比率，例如根據波動性指標或股利，這類做法亦即所謂的「聰明貝他」（smart beta）策略。艾利斯說：「聰明貝他，這名字還真是聰明，僅次於將『死亡保險』的名稱改成『人壽保險』的聰明蘇格蘭人。」[65]

　　艾利斯不採取這些策略，他建議，比較好的替代方案是聚焦在低成本的指數型基金與 ETF。此外，投資經理人與顧問應該把重點放在他所說的「發掘價值」上，藉由重要問題來導引客戶，這類問題的答案將會決定他們長期的適當投資策略為何，並且將市場必會出現的上下波動放到一邊去。

革命：不做指數投資是愚蠢的？

　　艾利斯大力擁護被動投資於低成本、大範圍、市值加權的指數型基金。指數型的投資「消弭或降低了所有像白蟻一樣吃掉報酬的『小東西』：高手續費、稅金、選任經理人時犯下的失誤，以及其他東西。」[66] 他在近期的著作《指數革命：巴菲特認證！

未來真正能獲利的最佳投資法》（*The Index Revolution*）中，[67] 開頭即列出不做指數投資的九個「愚蠢理由」：

1. 指數化是輸家做的投資。
2. 被動式投資就像放棄努力一樣。
3. 指數化投資迫使投資人買進價格過高的股票。
4. 從事指數化投資，是由某些未知的管理者替你選股。
5. 不急著轉換成指數化投資，也許明年再看看吧。
6. 以目前的股市來看，並不是轉換爲指數化投資的好時機。
7. 「聰明貝他」投資比市值加權指數基金更好。
8. 主動式投資的基金正在復興。
9. 由於指數化投資去年表現得不錯，主動式投資很快必會表現得更好。

之後，他一一駁斥這些愚蠢的理由。但這些「理由」從何而來呢？

艾利斯說，主動型經理人自找了三個問題。「第一個問題是，他們認定自己的使命是要打敗市場。第二是愈來愈任憑企業的經濟運作主宰了自己的專業價值，這是指，他們衡量成功的指標是：企業的利潤是否有所提升？這是投資經理人犯下的嚴重錯誤，主動型經理人尤其嚴重。」最後，第三個問題是「沒有認清多數投資人可以善用幫助，以設計出符合自身目標的投資

方案。」[68]

　　艾利斯回想起價值型傳奇投資大師班傑明・葛拉漢說過的一些讓人記憶深刻的話。1970 年代，艾利斯籌辦了一場三天的討論會，請一群成功的主動型經理人來談投資實務操作，也邀請了當時已經 80 多歲的葛拉漢。這場研討會早晚都安排了會議，葛拉漢可以在空檔時間小睡一會兒。艾利斯明確看出，葛拉漢是會場上最聰明的人。當時的艾利斯正在學習指數型投資，但他不像葛拉漢看得那般透澈，後者在一場會議裡說到：「你知道的，在我看來，如果會議室裡的人都從事指數化投資，那麼每個人都能替客戶創造出更好的成績。」[69]

　　艾利斯指出主動式管理自 1960 年以來的四階段。[70] 第一階段是 1960 年到 1980 年，主動式經理人基本上靠著與散戶及保守的共同基金競爭，就能賺得比基準指標高 2 ～ 3% 的報酬，那時沒人關注信託機構與指數型基金。第二階段是從 1980 年到 2000 年，主動式經理人搭上牛市的順風車，創造出亮麗的報酬並培養出開心的客戶，但成本與費用大致上抵銷了多出來的績效報酬，也開始有人注意到指數型基金。第三階段是從 2000 年到 2010 年，主動型經理人扣除費用後的績效輸給基準指標，市場對於指數型基金的需求更高。第四階段則是 2010 年以後，在一個幾乎完全由專業人士獨霸的市場上，績效不彰的主動式經理人愈來愈多，低成本的指數化投資需求加速成長。

　　艾利斯說：「十年來，美國有 83% 的主動式基金跟不上選

定的基準指標；有40％甚至搖搖欲墜，在未滿十年期間之前就已
經終止；有64％的基金則改變了原本宣告的投資風格。如果在其
他產業出現這類讓人非常失望的紀錄，是完全無法接受的。雖然
這些是美國的數據，但因為這些國際性機構主導了所有股市，因
此變動的方向類似。對於大多數主動型經理人而言，導致這些糟
糕結果的變革力道多不勝數，而且力道非常強勁。」[71]

 ## 艾利斯的完美投資組合

　　艾利斯認為的完美投資組合是什麼？他指出，在你能建構出
完美投資組合之前，要先從儲蓄開始。他和金融經典之作《漫步
華爾街》(*A Random Walk Down Wall Street*) 的作者柏頓‧墨基爾
合寫了《投資的奧義》(*The Elements of Investing*)，[72] 書中提出關
於儲蓄的重要建議。有些人會覺得這些很基本，但也有人認為是
很重要的基底。不再承擔卡債、終止負儲蓄（即入不敷出），是
非常重要的。金錢的時間價值顯示，透過複利魔法，及早儲蓄對
於日後的財富會造成重大效應。這兩位作者也提到，隨時開始儲
蓄都不嫌遲。

　　有了儲蓄之後，再來談投資。當然，艾利斯的完美投資組合
裡包括了指數基金。雖然投資人可能會受到誘惑，想要試著找到

下一檔狂飆股，但「指稱散戶投資人可以找到下一檔蘋果，就像在說你可以和 19 歲的巨星伊莉莎白‧泰勒（Elizabeth Taylor）約會一樣。」[73] 艾利斯和墨基爾說，只有一些基金經理人可以打敗市場，但是「沒有人——再重複一次，沒有人——能事先知道哪些基金的績效會比較好。」[74] 他們也提到，比起被市場打敗的績效不彰的基金，表現優秀的基金通常少很多。低成本的指數型基金可以作爲替代選項，根據歷史數據來看，在 15 年到 20 年期間，這是「我保證你可以擠進前 20%」的基金。[75] 艾利斯和墨基爾指的，是透過指數化投資能達成的「一條投資公理：盡量降低投資成本。」[76] 他們支持各式各樣的指數型基金，包括債券指數型基金、追蹤 MSCI 歐澳遠東（MSCI EAFE）指數的低成本國際型基金，這類基金複製北美以外已開發經濟體的大盤市場。

雖然債券投資是多元化投資組合裡的關鍵之一，但艾利斯語帶保留。他說，在低利率的環境下，「我能爲目前長線投資人提供的最佳建議，就是不要持有（國內）債券。如果你手上已經有了，或許應該拋掉。」[77] 在美國長期公債的殖利率遠低於歷史平均值約 5.5% 的前提下，他提到，任何返回平均趨勢的修正，都會導致債券價值嚴重下跌。但他也補充道，如果認爲這樣的建議太極端，「你可以更分散，看看海外的債券或支付股利的股票，但這樣的話，你就要承擔比持有定存更高的市場風險。或者，你可以堅持投資短期債券基金，如果利率上漲的話，這類基金的跌幅不會這麼大。這方面沒有簡單的答案。」[78]

艾利斯和墨基爾提醒我們，分散投資的重要之處在於，不僅要投資各種不同的股票，還要投資不同的資產類別、不同的市場，而且要長期投資，不要在某一天內就做了全部的投資。他們也主張，要針對不同的資產類別、再平衡你希望的長期權重，以確保你的投資組合一直是有效率的分散投資。成功的重要關鍵，就像輸家的賽局一樣，要避免犯下大錯；然而，要避免鑄成大錯，就要知道每個人的人性中都有過度自信的傾向。以投資人來說，當你急著在接近市場高點時進場、又在接近低谷時退出，就要面對「時機操作的罰款」。

艾利斯坦白地說，沒有單一完美投資組合這種東西，因為每個投資人都不同。「你是已經 99 歲、基本上已到了人生的盡頭，或者，你現在才 9 歲，還有很長一段人生路要走？你要撫養其他人，或者，你是獨身一人？你有沒有想要拉他一把的朋友？你有沒有在研究投資？你有沒有很多從事投資業的熟人，總是和他們聊到關於投資的事，而你總是無法抗拒想跟某個人聊，然後再找一個、又找一個繼續聊？這樣你很快就明白了，我們每一個人都非常、非常不同。從投資觀點來說，如果你以年紀、所得、支出、資產、投資知識、風險耐受度、是否想要多花點時間了解投資、取得資訊的管道、得出判斷的過程等種種特質來看，就會知道自己是獨一無二的，而每一位投資人都是如此。無論他們接不接受這個現實，實際上就是每一位投資人都是獨特的。因此，對某人而言恰到好處的組合，可能對其他人來說也還好。當某個顧

問說：『我不確定，你應該算是 60％比 40％的那一種，還是應該適用 70％比 30％？』如果你往後退一步，就會看出你和顧問兩人正在犯下你最可能會犯的明顯錯誤之一。你們看的是證券的投資組合，你們只看這些，你們不管其他可能導致結果大不相同的變數。想要得出準確的洞見並做到充分的理解，需要運用大量紀律分明的思考方式。」[79]

　　艾利斯強調了其他重要的考量因素，而你的整體投資組合中得納入這些因素。你賺得的收入是多少？你要把未來的收入流轉換成資本，才能變成現實中的資產、套入整體投資組合當中。你也需要考慮到自有住宅和社會安全福利金。艾利斯先花了一點時間大搖紅旗警示，指出很多美國人都沒有為退休準備好存款，接下來，他提了三項建議：第一，登記加入任何雇主提供的退休方案，盡量擴大你的儲蓄選項，可以的話，請選用指數型基金；第二，工作直到 70 歲；第三，遞延請領社會安全福利金的年齡，直到 70 歲。[80]

　　另一個考量點是稅金的侵蝕效果。艾利斯提醒我們，「你必須注意稅金。如果你看一下主動式管理的共同基金，一年的週轉率約為 40％，這表示，產生獲利時，會有很多相對短期的利得，這些利得要以一般的所得稅率課稅……指數基金的週轉率通常一年為 5％，管理得當的指數型基金會將損益配對，基本上無須支付稅金，如果你是納稅義務人，這一點就很值得注意了。」[81]

　　對於不想投資指數型基金的投資人，又該如何？艾利斯說：

「如果你要選擇主動式管理基金，那就選一個即使基金經理人兩、三年表現都很糟，你仍願意加倍投入資金的基金。」這是因為，不管再怎麼出色，每位經理人一定會有幾年表現很糟。[82]

艾利斯提出投資人可以成功的三種方法。「你可以靠著智慧、體力或情緒取得成功。靠智慧，是我們每個人都喜歡的成功方法：要聰明，比其他投資人看得更透澈、更長遠。巴菲特顯然是很了不起的範例，但是，像他這種人極為、極為、極為罕見。靠體力成功，就是更努力工作，從黎明一直工作到深夜，帶著裝滿研究報告的公事包回家，週末也繼續工作。這種方法在華爾街最普遍，那裡幾乎每個人都如此。我不能說我認識很多靠體力成功的人，但他們一定認為有用，否則他們不會這麼努力。第三種成功方法對投資人來說很困難：靠情緒成功。當具有吸引力的市場先生（這是傳奇人物班傑明・葛拉漢創造出來的象徵人物）在你身邊出沒，不管發生什麼事，你都要做到完全不管他。你要控制你的情緒，在大部分時候，這表示最好的辦法就是什麼都不做。如果你無法掌控情緒，身在市場，就像是背著裝滿炸藥的背包走進高溫區。」[83]

投資人不見得只能選一項；尋求財務金融建議會很有幫助。然而，艾利斯特別指出，典型的顧問－客戶關係中有一大問題，那就是客戶通常不會告知應該告知顧問的資訊。「沒有人會說：『我要誠實告訴你關於我這個人、從投資觀點來說我在乎什麼，以及我想達成哪些目標。』我們不會這樣做，我們的說法是：『我

想要有一套讓績效勝過市場的投資方案。』」[84]

「我想提出的一個最重要想法是，與一般常聽到的說法相反，投資成功的重點不在於理解市場，也不在於選對經理人，重點在於你、你的價值觀、你的過去、你的財務狀況，以及什麼辦法最能讓你達成你設下的人生目標。最重要的變數不是市場或聰明的投資經理人；最重要、最首要的變數，或說解決問題的機會，是你。你要把事情做對，這樣你就會非常、非常幸福。如果你沒有替自己把事情做對，未來你只能希望自己當初有做好。」[85]
完美投資組合就從理解自己開始。

傑諾米‧席格爾，
華頓商學院的奇才

今天多數投資人在思考投資組合時，首先想到的資產類別是股票。其中一位力主在投資組合中持有股票、非常重要的影響力人物，就是傑諾米・席格爾。他常被人稱爲華頓商學院的奇才（Wizard of Wharton），[1]可說是當之無愧。他的投資經典之作《長線獲利之道：散戶投資正典》於 1994 年首次出版，現在已經出到第五版，樹立起極具說服力的證據導向案例研究，證明爲何長線投資人的投資組合中應大舉投資股票。

席格爾最初接受的是經濟學訓練，但他一直對投資懷抱熱情。身爲美國頂尖的商學院教授之一，他在華頓商學院開的課通常都只能站著聽，因爲有太多企管碩士學生（包括因爲選課人數已滿，而無法上他的課的學生）會過來聽他的晨間短評，聽聽看他對於市場動態的看法。因此，席格爾大有立場和我們分享他對於完美投資組合的觀點。

 ## 充滿矛盾的開始

席格爾於 1945 年生於芝加哥，其父是伯納德・席格爾（Bernard Siegel），其母爲葛楚・萊薇特（Gertrude Levite）。[2]席格爾三歲時，全家搬到高地公園（Highland Park）北郊，他父親是建商，在拉維尼亞公園（Ravinia Park）旁蓋了一棟房子，這座公園是芝加哥交響樂團的夏季駐地，席格爾還記得傍晚時在自

己家裡就能聽到他們的演奏。[3] 他就讀高地公園高中（Highland Park High School），是數學社的社長。席格爾還記得：「我愛數學，也很擅長數學。我做完喬治‧湯瑪斯（George Thomas）的微積分教科書裡的所有積分問題，1960 年代，學校都用這本書。」[4] 席格爾於 1963 年以全班第二名的成績從高地公園高中畢業。

　　席格爾就讀哥倫比亞大學，1967 年取得數學暨經濟學學士學位，以最優等（summa cum laude）及優等生榮譽聯誼會（Phi Beta Kappa）的會員身分畢業。他還記得，在哥倫比亞大學時，是他第一次對經濟學和投資燃起興趣。「在我成長期間，高中不教經濟學。我很擅長數字，因此主修數學，但隨著數學愈來愈抽象，讓我對這個領域的想像有點破滅。有一個朋友說：『傑諾米，試試看經濟學，你對股票市場很有興趣，或許你會喜歡。』但我直到大三那年才第一次修經濟學課程。兩週之後，我就愛上了，也知道自己想要成為經濟學家。因此，我最後在哥倫比亞選了數學與經濟學雙主修。」[5]

　　1967 年時，席格爾得到威爾遜全美研究基金會（Woodrow Wilson National Fellowship Foundation）提供的研究獎學金；此基金會成立於 1945 年，初衷是填補大學機構短缺，讓有才華的學生有機會可以修博士課程。[6] 他也得到美國國家科學基金會的研究生研究獎學金。這些獎學金讓他得以在麻省理工攻讀博士，在修讀學位期間，他也教經濟學，並擔任研究所貨幣理論課的助教。

　　為何席格爾讀的是經濟學博士，而不是金融學？「我向來對

金融市場很有興趣，但在 1960 年代時，金融學的博士和今天很不一樣，幾乎沒有理論可言。我記得我去上一門談首次公開發行（IPO）的課，教授只是費力地講授所有制度面的細節。我就想：『我對這才沒興趣。』我的指導教授說：『傑諾米，聽好了，你對利率、總體經濟和市場有興趣，那就去修經濟學，然後你可以轉入金融和投資。』我就聽話照辦了。如果我晚生十年，拿到的可能就會是金融博士學位。」[7]

席格爾於 1971 年寫完博士論文，題為〈在通貨膨脹預期下的貨幣經濟體穩定性〉（Stability of a Monetary Economy with Inflationary Expectations）。審查他的論文的委員會宛如經濟學動力室，聚集了當下和未來的諾貝爾經濟學獎得主：主席是羅伯特・梭羅（Robert Solow），成員有法蘭科・莫迪里安尼和保羅・薩繆爾森。席格爾也向他的同學羅伯特・默頓和羅伯・席勒（他們分別是第 7 章和第 9 章的主角，同時也是未來的諾貝爾經濟學獎得主）致謝，感謝他們的鼓勵，幫助他構思論文中的重要部分。席格爾提到，薩繆爾森尤其大大激勵了他。「哇。我的意思是，光是在薩繆爾森身邊、看著他如何思考每個經濟學主題，對我來說就已經是很榮幸的事。他很快就能把經濟學上任何主題的所有議題想得很透澈，我認為他是 20 世紀最偉大的理論經濟學家。然而，若以政治來說，我認為他並非影響力最大的一位。我會說凱因斯與之後的傅利曼在政治上更有影響力，但以推動經濟學領域來說，（薩繆爾森）無人能及。能成為他的學生、又能請

到他擔任我的論文審查委員，眞是太激勵人心了。」[8]

　　席格爾的論文長達 128 頁，探索的是通貨膨脹預期改變之後，會對總體經濟造成何種結果，他的立論基礎是凱因斯、唐恩‧派金汀（Don Patinkin）、菲利浦‧卡根（Phillip Cagan）和米爾頓‧傅利曼等知名經濟學者的研究，論文裡甚至還納入電腦模擬。席格爾說明他寫論文背後的動機。「我讀研究所時，有一陣子通貨膨脹率和利率都超過 10%，經濟也非常不穩定。凱因斯模型並沒有處理通貨膨脹預期之下的經濟穩定性，而我想要探討一番。這篇論文的基礎是菲利浦‧卡根的惡性通貨膨脹研究，但把概念套用到凱因斯－派金汀經濟體中。這是一篇理論之作，也是我很樂於研究的主題。」[9]

　　席格爾的博士論文中最先提到的參考資料裡，引用了諾貝爾獎得主米爾頓‧傅利曼在 1969 年的文章，事實上，席格爾整整引用了 15 頁傅利曼所寫的內容（傅利曼後來成爲他的同事與明師）。「我在哥倫比亞大學念書時就開始讀（傅利曼的）《資本主義與自由》（*Capitalism and Freedom*），我發現我也有很多他所展現的自由主義學派傾向。麻省理工並非自由主義學派，事實上，這裡很偏向凱因斯學派，而且反傅利曼。總體經濟學這個領域是凱因斯學派與非凱因斯學派、古典學派與貨幣學派之戰，我覺得這很讓人熱血沸騰。我希望聽聽另一邊的說法，於是去了芝加哥。」[10]

　　1972 年，席格爾在聲譽卓著的《經濟學季刊》（*Quarterly Journal of Economics*）上發表第一篇學術性文章，標題是〈風險、利

率和遠期匯率〉（Risk, Interest Rates and the Forward Exchange）。[11]
在這篇文章裡，他檢視從事海外貿易的國家的利率、遠期匯率
（今天約定未來某個時間以一種貨幣交換另一種，例如六個月後
以美元兌換英鎊）以及均衡利率之間的關係；他證明，遠期匯率
並非僅和未來的利率預期有關，也取決於個人的風險偏好。事實
上，他證明對於本國和外國的投資人來說，遠期匯率都不是公正
的未來匯率估計值；如果這個世界上的投資人都是風險中立者，
就不存在均衡。他的結論會影響到各國央行的政策；當時的央行
都把遠期匯率當成未來匯率的估計值。這個結論也就是一般所說
的「席格爾悖論」（Siegel's Paradox）。

　　這聽起來像是個獲得正式命名、卻仍神祕難解的結論，但費
雪‧布萊克（因布萊克－修爾斯選擇權定價模型而出名）解釋了
這項悖論，並說明對於投資國際股票的人而言有何意義。[12] 布萊
克舉了一個例子，有兩個國家，一國僅吃蘋果，一國僅吃橘子。
雖然兩國間目前的匯率為一比一，但明年的匯率可能變成二比一
或一比二，而且機率完全相同。意外的是，不管是哪一種，對於
兩個國家裡用蘋果換橘子或用橘子換蘋果的人民來說，都還是有
好處。更廣泛的涵義是，投資人通常不該為海外投資尋求百分之
百的避險。

　　席格爾對於自己的文章被採用感到很意外。「『悖論』並非
這篇文章的重點，我是把這一點當作勾起好奇心的引子。本文的
重點是如何推導出一國貨幣貶值的機率，但是悖論讓很多經濟學

家產生興趣。之後很多年，我都會收到某個人寫來的文章，宣稱『席格爾博士，我認為我已經解開了你的悖論。』我自己從來沒研究過解方，因為國際經濟學並非我的主修領域。插個話，芝加哥大學的教授、同時也是 2013 年諾貝爾獎得主拉爾斯‧漢森，在一場大型研討會上很得意地介紹我說：『得到諾貝爾獎的經濟學家不少，但少有人擁有一個以自己為名的悖論。』我向他道謝，但我也說我非常樂於用我的悖論換他的諾貝爾獎！」[13]

1972 年，席格爾得到第一份學術職務，進入芝加哥大學，但他是在商學院而非經濟系，因為當時經濟系並沒有在招聘人員。無論如何，他很興奮能和傅利曼在同一所大學共事。席格爾後來說起當傅利曼同事的感想。「我很喜歡他分析這個世界的方法，以及他檢視政治議題的角度。他很有興趣知道經濟體裡發生了什麼事、金融市場裡發生了什麼事，那也是我有興趣的領域。因此，對我來說，能與他成為同事和摯友，真的非常特別。」[14] 席格爾經常跟傅利曼一起去芝加哥大學教職員專屬的方庭俱樂部（Quadrangle Club）吃午餐。「米爾頓不但是第一流的聰明人，他還很溫暖。我和他談話時覺得很自在。我們會談論很多主題：貨幣學派、募兵制、通貨膨脹率和利率，以及全世界的政治潮流。」[15]

大約就在傅利曼從學術界退休時，席格爾剛好也轉往賓州大學的華頓商學院。「我在芝加哥大學那四年（1972 年到 1976 年），也是米爾頓在這裡的最後四年。之後我去了華頓，米爾頓則在退

休後前往舊金山。朋友會開玩笑地問我：『傑諾米，到底是你因為米爾頓離開才離開，還是米爾頓因為你不在了而離開？』當然，米爾頓早就計劃那時要退休。他和妻子蘿絲（Rose）基本上在芝加哥過了一輩子，來自西岸的蘿絲渴望享受溫暖的氣候！」[16]

1976 年，席格爾來到華頓，然後就待了下來。他說，在華頓的時光給了他「很多寶貴的回憶。學生們很喜歡我在正式上課前的市場討論。我會和得意門生共進晚餐。在教職員午餐會上，大家暢談一切，從經濟學談到政治，再談到學生。我們邀請巴菲特來華頓演講，那是他以學生身分離校後第一次重返校園，幾乎睽違半個世紀。我也在學校寬闊的安納堡廳（Annenberg Theater）訪問過班恩‧柏南克（Ben Bernanke）和珍娜‧葉倫（Janet Yellen）。清單列都列不完。」[17]

1990 年，席格爾在費城聯邦準備銀行（Federal Reserve Bank of Philadelphia）擔任一年的研究員。「聯準會總是讓我著迷。1968 年夏天，我在麻省理工度過第一年後，去了聯邦準備理事會擔任研究員。貨幣政策和經濟體都是我最愛的主題，你在聯準會裡隨時都能找到人談這些話題。」[18]

 從經濟學到投資

雖然席格爾接受的是經濟學的訓練，但他也對投資非常有興

趣，他的特長是將經濟學的學術概念運用到投資領域。他最早期的冒險之一，就是研究股市與景氣循環之間的關係。[19]

景氣循環的概念有時候會讓人困惑，可能是因為這個名稱指向這是一種定期、規律的活動，但景氣循環完全不是這麼一回事。景氣循環要捕捉的，是以國內生產毛額來衡量的一國整體經濟活動變化，要預測這些變化的出現非常困難。帶動經濟活動的有四大動力：消費（包括我們購買的商品、付錢才能享有的服務）、企業投資（例如企業的資本支出）、政府支出，以及淨出口（一國的出口減去進口）。如果經濟活動升溫，從而拉高國內生產毛額，那麼經濟體就是處於景氣循環的擴張期。當國內生產毛額下滑（正式定義是至少連續兩季下跌），[20] 經濟體就處於衰退階段。

股市與景氣循環之間有關聯，經濟成長時，企業獲利提高，股價便上漲。由於股票反映的是預期未來的現金流，我們會預期股市是一個領先指標，指向經濟體的走向。然而，沒有任何領先指標是完美的。薩繆爾森就講過一句諷刺性的名言：「以過去五次的經濟衰退來說，股市就預測出了九次。」[21]

席格爾證明，若投資人主動在股票與債券之間轉換，可能得以提高報酬，前提是**如果**他們能預測出景氣循環的轉折點。這也是他跨入長期資料序列研究的最初行動之一，範圍幾乎涵蓋了兩個世紀。他憑藉的，是羅徹斯特大學的比爾‧舒沃特教授所編纂、從 1802 年到 1990 年的股票報酬指數。席格爾也追蹤短期利

率，以及由美國國家經濟研究院的經濟學家判定的經濟衰退。他的樣本中出現過 41 次經濟衰退，其中有 38 次之前或同時會伴隨著股市至少下跌 8%，因此換算下來是 93%的機率。以二次大戰之後的經濟衰退來說，股市高峰與經濟高峰的時間差平均是 6.4 個月。

以這兩個世紀的數據來看，股票的平均報酬率為 9%，短期無風險債券的平均報酬率為 4.3%。這段期間內，經濟衰退的時間不到三分之一，處於擴張期的時間則超過三分之二。不意外的是，處於擴張期時，股票的表現會優於債券；衰退期則相反。

席格爾也研究，與買進後持有的投資人相比之下，倘若投資人能預測到擴張期與衰退期的轉折點，然後在衰退期全部投資債券、擴張期全部投資股票，這樣下來的績效能夠提高多少。提早三至六個月預測出轉折點，平均而言能讓投資人的年報酬率提高近 5%。但是，就算你能精準知道轉折點出現了，也只能將績效提高 0.5%。無論如何，要知道自己是不是正處於轉折點上並不容易，連經濟學家都要花上一年、甚至更長的時間，才有信心做出結論，指出轉折點已經到了。此外，如果投資人錯過轉折點，就算僅差短短幾個月，與買進後持有的投資人相比之下，績效仍顯得遜色。席格爾的結論是，有能力預測景氣循環的轉折點，就有可能提高股票的投資報酬率，但這是很少人能辦到的困難大工程。想要靠著分析實質經濟活動來贏過股市，需要一定的先見之明，預測者目前並沒有這種特質。

讓人疑惑的溢價

1992 年，席格爾發表了三篇文章，結合他的經濟學背景與對投資的興趣，以及他以創意分析數據的特長。這三篇文章都試著解決拉吉尼希‧梅赫拉（Rajnish Mehra）和諾貝爾獎得主愛德華‧普雷史考特得出的困惑結果；這兩人嘗試衡量所謂的「股票溢價」（equity premium）。[22]

為了說明這個難題，我們需要一些背景資訊。股票溢價指的是股票（如市場投資組合）報酬與無風險殖利率（如美國政府公債殖利率）之間的差額。股票溢價很重要，因為這能幫助我們估計股票成本，股票成本又能幫助我們估計股票的內在價值。還有，股票溢價在規範產業時也很重要，像是公用事業，其設定的公平報酬會回過頭來決定公用事業的股價。梅赫拉和普雷史考特使用實證結果，與消費導向的資產定價模型（這是夏普的資本資產定價模型的變化型，計入消費因素，以計算投資的預期報酬）得出的預測值相比較。根據 1889 年到 1978 年的美國數據，梅赫拉和普雷史考特發現股票報酬率比預期值高很多，無風險的報酬率則比預期低很多。為何股票的報酬率這麼高？

席格爾在 1992 年發表的第一篇文章中，用前述的實證研究建構出長期的利率序列，針對通貨膨脹做過調整，使用了美國和英國回溯至 1800 年的數據。[23]（有趣的是，有一部分數據靠的

是席德尼‧荷馬收集的利率資訊，荷馬是馬帝‧萊柏維茲太太的
舅舅。）席格爾發現，不在梅赫拉與普雷史考特抽樣期間內的債
券，實質報酬高了 4%，為這個謎團提供了大部分的解釋。換言
之，雖然梅赫拉與普雷史考特的抽樣期間很長，但由於他們的歷
史序列回溯的時間不夠長，因此得出的債券報酬特徵可能不像後
來的債券報酬。

　　席格爾在 1992 年發表的第二篇文章刊登於《金融分析師期
刊》，也得到葛拉漢暨多德大獎中的書卷獎（Scroll Award）。[24]
就像前一篇文章那樣，席格爾也用上了幾乎長達兩世紀的數據
來檢視股票溢價。此文讓讀者得以快速一覽他的研究，他做的這
些工作，成為了知名的經典著作《長線獲利之道》，於兩年後出
版。他的研究顯示，在 1802 年到 1990 年這段期間，股票創造出
來的報酬率優於債券、黃金或大宗商品。他很驚訝地發現，股票
的實質（亦即根據通貨膨脹調整後）報酬率相當穩定，債券的實
質報酬率則大幅下滑。他的結論是，在未來，股票的報酬很可
能繼續遠勝於債券，但不會像大蕭條以來這麼明顯，他指出「然
而，股票顯然仍是累積出長期財富的最佳路徑。」[25]

　　席格爾 1992 年的第三篇文章，是研究 1987 年 10 月的股市
崩盤。[26]雖然這對很多人來說不過是歷史上的一個注腳，像是從
21 世紀才開始投資的人都是這樣想，但無論如何，1987 年 10 月
19 日大盤的標普 500 指數下跌 20.5%，都是股市史上最大的單
日跌幅。當時很多名嘴把 1929 年 10 月的股災、隨之的大蕭條拿

來和本次崩盤相提並論，席格爾指出，不管是 1929 年還是 1987 年，兩次都沒有任何足以讓價格如此暴跌的突發性新聞事件，但差別是，1929 年股市崩盤之後，伴隨而來的是企業利潤暴跌、大規模破產、史上最嚴重的經濟蕭條，而 1987 年的崩盤之後，出現的卻是企業獲利提高、經濟繼續擴張。他要檢驗的是，預期股票報酬會有變化，就足以合理解釋股價暴跌嗎？還是說，對於企業未來利潤會改變的預期，才是重點？第一個假設是預期股票報酬出現變化，席格爾的結論是，股票的風險溢價下降了，1987 年 1 月時約為 5%，到了 10 月剩不到 2%，然後到了 1988 年初又回到 5%，這是前所未見的溢價變動。然而，在第二個預期企業利潤改變的假設之下，席格爾發現，1987 年 10 月那段期間，市場對於企業獲利成長的預期非常分歧。當他使用前 20%最樂觀的企業獲利預測值時，他算出的股票估值，比使用最悲觀的 20%預測值算出的估值，高了兩到三倍。在這種差異之下，他的結論是，最樂觀與最悲觀預測者之間的情緒變化，可能才是 1987 年股市崩盤的關鍵因素。

　　幾年之後，席格爾又偕同未來的諾貝爾獎得主理查・塞勒，回過頭來研究股票溢價。[27] 他們查探之前試圖解釋股票溢價的相關研究裡的實證結果（包括席格爾於 1992 年發表的三篇文章），並評論這些文章解決了多少問題。席格爾之前的文章指出，在做計算時，較長期間之下必會出現股票溢價，有些研究則指出這些數據裡潛藏著一種倖存者偏差（survivorship bias）：聚焦在經濟

不斷成長的單一市場（美國）、一個幾百年來充滿活力的股市，
但卻缺乏認為有微小機會出現經濟大災難而退出的投資人，他們
的合理憂慮並未包含在內。席格爾和塞勒也檢視幾項用來解決股
票溢價謎團的理論解釋，包括用不同的模型來衡量投資人的風險
趨避程度，以說明他們在行為上的誤差，這可以解釋大部分的謎
團，但並非全部。

　　席格爾和塞勒在評論中主張，股票溢價應仍為正值，但水準
低很多，約為 3%。他們用短篇小說裡的主角李伯*來做比喻，
假設有一位投資人做了資產配置決策，然後就去睡了一覺，一睡
20 年。「以長線投資人來說，像是為了退休而儲蓄的年輕人、退
休金方案與捐贈基金等，我們認為股票在這些時候很有吸引力。
但是，當你讀完本文之後，若決定要把更多的退休金儲蓄投入股
票，請記住我們強調的長期成果，20 年內不接受申訴。2017 年時
歡迎來電指教。」[28] 讓人啼笑皆非的是，塞勒剛好在 2017 年獲得
諾貝爾經濟學獎，而幸運的是，這段期間股票的報酬率遠勝債券。

　　席格爾在 1999 年一篇獲獎文章裡再度探究股票溢價的問
題，該文發表於《投資組合管理期刊》，贏得 1999 年－ 2000 年
的伯恩斯坦‧法伯西／雅各布‧李維大獎（Bernstein Fabozzi/
Jacobs Levy Award）。[29] 他在該文中繼續主張，在 1999 年底，股

---

* 譯注：李伯（Rip Van Winkle）是美國短篇小說《李伯大夢》的主人翁，某日進入森
　林裡睡了一覺，隔日返家後發現竟然已經過了 20 年。

市相對於企業獲利（即本益比）已來到高點，約為 32 倍，在此前提下，股票溢價的前景可能大幅低於梅赫拉與普雷史考特所估算約 6%的歷史平均值。席格爾也主張，這段歷史期間內，很多時候都有交易成本和分散投資不當的問題，因此，提報出來的風險調整後股票歷史報酬平均值，高估了投資人能實現的報酬。

1998 年初（距離席格爾和塞勒合寫的文章發表之後沒多久）到 2017 年底，發生了網路股泡沫破裂，也出現大蕭條以來最嚴重的經濟衰退，這段長達 20 年的期間內，股票與無風險投資相比之下的表現如何？利用肯恩‧法蘭區網站上的數據，得出美國股市的複合年報酬率為 7.6%，美國公債的平均年報酬率則為 1.9%。[30] 這段期間，股票溢價為 5.7%，符合梅赫拉與普雷史考特估算的歷史水準，比席格爾和塞勒保守估計的預期股票溢價幾乎高了兩倍。即使他們的估計值偏低，但那些遵循他們的建議、把更多退休儲蓄金投入股市的投資人，應該也不會抱怨他們的評論（因此也不會有人來電了）。

 長線獲利之道

1994 年，席格爾出版了最知名的著作《長線獲利之道》，這成了一本暢銷書，五個版次總共賣出數十萬本，[31] 最新版

的副書名是「金融市場報酬與長線投資策略的決定性指引」
（The Definitive Guide to Financial Market Returns and Long-Term
Investment Strategies），確實如此。《華盛頓郵報》將本書納
入增進投資績效的十大最佳好書清單之一。[32] 有趣的是，這本
書出版的時間，比起另一本由艾德加·羅倫斯·史密斯（Edgar
Lawrence Smith）針對相同主題所寫的《長線投資獲利金律》
（Common Stocks as a Long Term Investment），晚了 70 年。[33]

　　席格爾這本書的成型過程有一個很有趣的故事。席格爾說：
「大約在 1987 年，當時我已經在華頓待了十年，有一位同事馬
歇爾·布魯姆（他也是芝加哥大學那群一生難得一遇的博士生連
隊中的成員）打電話給我說：『傑諾米，紐約證交所剛剛打電話
給我，他們要準備兩百週年慶，希望有人寫一本和證交所歷史相
關的書。』他接著說：『我知道你做了很多總體經濟研究，也知
道你熱愛市場，你想和我一起寫這本書嗎？』我說：『樂意之
至。』我已經做好準備要有所改變了。

　　「為了寫這本書，我決定研究一下股票歷史報酬率，讓馬歇
爾負責制度面的部分。我挖掘數據，使用比爾·舒沃特的資料庫
回溯到 1800 年，然後運用考爾斯基金會的資料庫，得出長期報
酬率。我們把這些資料提交給紐約證交所，他們說：『我們很喜
歡這項研究，但是內容太多了，得要刪減一些。我們想要多談一
點政策與制度面的成果。』我的同事馬歇爾展現了極大的善意，
他說：『傑諾米，請你還是跟我一起寫這本書。』（雖然他負責

了大部分。）『還有，你何不另寫一本書，獨立寫出其他的（內容）？』我的好友羅伯‧席勒也鼓勵我寫一本書。我替《金融分析師期刊》和《投資組合管理期刊》寫了一些文章，兩邊都獲得很好的反應，所以我決定：『好，那我就來寫一本書。』我花了這麼多年在思考市場，以及市場如何融入總體經濟學，終於得到了回報。讀者很欣賞這本書的總體經濟學的穩固基礎，當時很多其他的金融文獻都做不到這樣。這是我的特殊貢獻之一。」[34]

　　席格爾以「最重要的一張圖表」開始寫他的書，這張圖表（見圖 11-1）呈現從 1802 年到目前為止，以對數表示的股票、債券、美國政府公債、黃金和美元的實質報酬率，斜率便是實質報酬率。圖中驚人的地方是，股票的實質報酬很穩定：股票的長期趨勢線很直，從中就可以看出端倪。股票的實質報酬率每年不到 7%。這意謂近兩個世紀以來，平均而言，一籃子分散得宜的股票購買力，幾乎每十年就翻倍。

　　股票報酬會波動，有時高於趨勢線，有時則較低，但最終都會回歸趨勢，這種統計上的特質稱為「均值回歸」。席格爾指出，其他資產都沒有這種特性。他強調，雖然股票的短期波動性可能很高，比方說，出現和企業獲利相關的企業面訊息，諸如利率變動等經濟面的訊息，或是投資人樂觀（貪婪）或悲觀（恐懼）的心理因素，但這些讓投資人與媒體全神貫注的短期因素，與整體而言呈現上漲的趨勢相比之下，顯然都只是雜訊而已。換言之，長期來說，你應該投資股票！

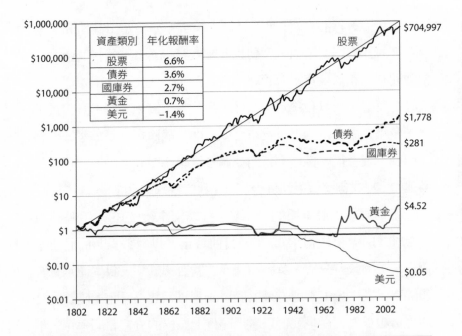

圖 11-1 1802 年至 2012 年，美國股票、長期政府公債、短期國庫券、黃
金和美元的實質總報酬。此圖獲得許可重製，資料來源為 Siegel
(2014, 6)。

　　席格爾也處理了一些可能會對未來股票報酬造成影響的重大
總體經濟趨勢。他向來是樂觀主義者，想要對抗美國經歷 2007
年到 2009 年大衰退後、2010 年時瀰漫的悲觀主義；當時有超過
一半的美國人認為，他們的兒女輩事實上會過得比他們的父母
輩還糟。他主張，確實有「幾股力道可能更新美國夢，並討回經
濟成長」。[35] 一方面，已開發世界邁入退休年齡的人口多到前所

未見，引發了許多問題，例如誰要生產供這些人消費的商品與服務，以及誰要購買這些人為了支應退休生活而出售的資產。如果各國都僅靠自家的人口，那麼某個出生率低的國家就必須延後退休年齡，才有可永續的退休經濟模式。另一方面，中國和印度等新興經濟體強勢成長，或許可以生產足夠的商品、創造足夠的儲蓄，買下低出生率已開發國家退休人士的資產。席格爾總結認為，這樣的成長仍能讓未來股票的報酬維持在接近歷史水準。

席格爾最重要的見解之一，是聚焦在投資股票的風險上。他提到，短期來看，股票的風險高於債券；他也同時證明，對於想保有財富購買力的長線投資人而言，股票事實上比債券安全。舉例來說，從 1802 年到 2012 年，一年期股票實質報酬率的區間，從最糟糕的－ 38.6％到最好的 66.6％都有；長期政府公債的報酬區間則是從－ 21.9％到 35.2％。然而，以 30 年期來看，股票的實質年報酬率區間為 2.6％到 10.6％，長期政府公債則為－ 2.0％到 7.8％。席格爾得出結論：「根據歷史數據，我們比較有把握的，是分散得宜的股票投資組合 30 年間的購買力，而不是 30 年期美國政府公債本金的購買力。」[36]

薩繆爾森和其他人主張股票的報酬遵循隨機漫步，如果真是如此，那麼投資組合的相對風險就不應由投資期間決定；但這不符合席格爾找到的答案。事實上，就像席格爾點出的，短期和長期情況大不相同，而這和薩繆爾森的立場相衝突，後者認為「長期投資組合的配置不應和短期不同；顧問總認為應該不同、但又

無法證明，而事實是，如果你的期間真的很長，你在股票上的投資應該要多於短期。」[37]

　　這是《長線獲利之道》裡最重要的結論。「我認為，書中讓人們感到意外的主要想法，並不是股票的報酬比較高；大家都知道，股票的報酬長期來說比較高。我認為，他們所不知道的是，如果你研究的期間拉長，股票的相對波動性居然會下降。換言之，（股票的報酬）長期下來並非隨機漫步。長期來看，實質報酬會回歸趨勢線。我的書出第一版時，扣除通貨膨脹之後的趨勢線是年報酬率 6.7％。就算來到（20 年後的）最新版，實質報酬仍是 6.7％。在歷經 20 年的波動之後，股票的長期實質報酬還是很穩定。所以說，股票長期下來會回歸均值，也因此，股票相對於債券的長期風險概況，就不像短期這麼嚇人。」[38]

 ## 預測科技股崩盤

　　1999 年 4 月，道瓊工業指數才剛首次漲破萬點，而以科技股為重的那斯達克指數，在過去五年則從 744 點漲到 2,484 點，漲幅超過 233％。席格爾很憂心。「我擔心股票到達高點後、能創造的報酬就低了，我很想敦促投資人賣股並等待價格回檔，然後才再度入市。但是，當我深入查探市場，便發現估值過高僅影響了一

個類股，那就是科技股；其他類股的價格相對於其盈餘並未到達不合理的地步。」[39] 席格爾觀察到，科技類股的市值在整個標普500 指數中幾乎已占三分之一，那斯達克交易所的交易量也是有史以來第一次超越紐約證交所。正是在此時，他決定表明立場。

他在《華爾街日報》寫了一篇特稿社論，並以一個簡潔的問題和答案當作標題：〈網路股的價格過高了嗎？那還用說〉（Are Internet Stocks Overvalued? Are They Ever）。[40] 這是他第一次公開針對網路公司的市場估值發出警示，[41] 他在文章中主張，網路股的買方唯有說服後續的投資人該檔個股未來的價值會比今天更高，才能繼續賺錢。「但歷史上沒有任何能無邊無際上漲的市場，」他寫道，「最終，資產的價值都要面對經濟法則，這條法則指出，任何資產的價值皆須繫於未來支付給資產所有人的現金報酬。」

席格爾主張，網路公司的買賣利潤率可能極低，因為在網路上買東西的人感興趣的，是與實體店面相比之下，網路商店用來吸引他們的折扣。他也提出警告，說靠著大幅的折價買到的競爭優勢不會長久。「到頭來，大型網路公司必得把所有靠著壟斷賺到的營收，變成貨真價實的獲利，否則他們的股價就會崩盤。」[42] 他以美國線上公司為例，該公司的股價比過去的年度盈餘高出700 倍以上，比未來預期盈餘高了450 倍，這樣一來，該公司2,000 億美元的市值就很難是合理的數字。當時，美國線上的股價為 139.75 美元，比起 1996 年 9 月的 29 美元，是很可觀的漲幅。（該公司於 2001 年 1 月與時代華納公司合併，股價在不久

之後就來到低點 32.39 美元。）他為這篇社論文章做出結論，提到網路革命和市場估值兩者之間有一重大差異。「我並不懷疑網路將會革新商品與服務的買賣方式，網路能替消費者節省幾十億美元，但卻完全不能保證這些錢會流到這種新傳播形式的供應商手中。」

　　2000 年 3 月 8 日星期三，席格爾接到《華爾街日報》主編來電，問他願不願意針對在那斯達克掛牌的科技股現況再寫一篇特稿社論。[43] 席格爾同意了，幾天後就把稿子交出去，標題看起來很無害：〈歷史的教訓〉（The Lessons of History）。2000 年 3 月 10 日星期五，那斯達克指數漲到歷史新高 5,048 點，比前一年高了兩倍有餘。他受斯圖爾特·瓦尼（Stuart Varney）之邀，上了有線電視新聞網（CNN）長播超過 20 年的重量級財金節目《錢線》（Moneyline），擔任特別來賓。席格爾想要在不責難企業的前提下，聊一聊思科（Cisco）和其他公司。他溫文地開場，首先提到思科是一家傑出的公司，但股價現在已經來到歷史高點，是盈餘的 150 倍。接著，他指出過去五個月來，大型科技股的股價大幅上漲，並說這樣的價位很快就會消失。瓦尼請他下結論，看看科技市場是否有泡沫，以及泡沫是否很快就會破裂，他回答：「會破的……我認為，我們今年會看到這個類股出現極大的跌幅。」後來，瓦尼宣稱席格爾就是那個說市場已經到頂的人。

　　在隔週的星期二，《華爾街日報》刊出了席格爾的後續社論。編輯群選的新標題讓他很震驚：〈大型科技股是個爛賭注〉

（Big-Cap Tech Stocks Are a Sucker Bet）。[44] 儘管他已經準備好為了不是他選的標題而道歉，但卻沒什麼人抨擊他，這是因為，說到底，他的文章剛好就出現在市場的頂峰之時。最近談到這篇文章寫成的時機點時，他很謙虛地表示：「現在大家會說：『傑諾米，你在兩、三天內就喊出那斯達克已經到了絕對的頂峰，你是怎麼辦到的？』我會說：『純粹是運氣好。』真的。我不認為我知道那時已經到頂了，我只知道市場瘋了。」[45] 他的直覺來自於之前對「閃亮五十」股票所做的研究，包含寶麗萊（Polaroid）和 IBM，這些公司在 1970 年代的本益比很高。「我說過，任何大型股的本益比都不該超過 50 倍或 60 倍。」[46]

席格爾在文中解釋，一旦公司市值來到這麼高，獲利成長的速度就沒辦法快到足以撐起估值。「在未來看起來最閃亮之時，買進這些與許多其他類似股票的投資人，都非常後悔。」[47] 他提到，在未來 25 年內，任何本益比超過 50 倍的股票，表現都不會勝過標普 500 指數。他指出，在前 50 大市值排名中，有九家企業的股價比 1999 年的每股盈餘高了 100 倍。然後，他假設那些企業的獲利在未來五年內成長的速度比標普 500 快兩倍，在如此樂觀的假設下，這些公司平均的本益比也只會掉到 89 倍。

席格爾再一次觀察到，雖然科技與通訊革命引發興奮之情是合理的，但這不必然能轉換成更高的股東價值。他的結論是：「價值來自於有能力用高於成本的價格賣出去，而不是來自於銷售量……在競爭性經濟體中，任何有能力獲利的企業都會遭遇挑

戰,當其他人也開始追逐目前看起來很容易賺得的利潤時,必會
侵蝕到獲利率。無論前景多光明,任何資產的價值都有限制。儘
管我們看好未來,但投資人還是不能忽略過去的教訓。」之後的
兩年半內,那斯達克下跌超過 75%,還要再過 15 年,那斯達克
指數才會重新站回 5,000 點。

 ## 成長陷阱與老化潮流

　　2005 年,席格爾出版第二本重要著作《投資人的未來:為
何禁得起考驗的投資能打敗大膽與新穎》(*The Future for Investors:
Why the Tried and the True Triumphs over the Bold and the New*)。[48]
他在這本書中討論了兩個問題,因為聽眾在演講場合中總是會跑
來問他:「我應該持有哪些股票做長線投資?」以及「當嬰兒
潮世代逐漸退休、開始變現投資組合時,我的投資組合會怎麼
樣?」為了回答這兩個問題,席格爾發明了「成長陷阱」(growth
trap)一詞,並討論面對「老化潮流」襲來時的全球性解決方案。

　　為了回答股票的長期報酬問題,席格爾拿一家舊經濟型態下
的公司、現為埃克森美孚的紐澤西標準石油(Standard Oil of New
Jersey)和一家新經濟型態下的公司 IBM 相比,並提問:若你回
到 1950 年,你會買哪一檔股票,並在之後的 50 年持續持有(把
所有的現金股利拿去再投資,買進更多股票)?他也給了投資人

水晶球，在決策過程中幫他們一點忙，讓他們知道實際營收、利潤、獲利以及類股成長的相關資訊。在所有類別中，IBM 都可輕鬆獲勝，那麼，你會選擇投資 IBM 嗎？如果你和多數讀者一樣回答「會」，那你就落入成長陷阱裡了。從 1950 年到 2003 年，投資 1,000 美元買進 IBM，會增值為 96.1 萬美元，但拿同樣的資金去投資標準石油，則會增值到 126 萬美元。

成長陷阱是怎麼發生的？席格爾說：「因為（標準石油的）股價較低，當你拿股利再去投資股價較低的股票，或是從股價較低的公司買回庫藏股時，長期下來可以讓你績效超前。這對我來說非常意外，因為華爾街注重的是獲利成長。短期來說，沒錯，這是重要因素，但以長期來說，本益比其實更事關重大。股利殖利率在長期報酬中非常、非常重要。」[49]

席格爾更深入挖掘。他檢視 1957 年剛建構出標普 500 指數時的 500 檔成分股，發現很多原始成分股公司的表現都優於新加入的公司，後者有很多都屬於高科技與讓人興奮的新產業。而且，原始成分股除了表現傑出之外，風險還比較低。成長陷阱的基礎是一種不正確的想法，認為創新與經濟成長的領頭羊自然能為投資人帶來優越的報酬。雖然新式公司的獲利、銷量甚至市場價值的成長都比老式公司快，但投資人投資時通常需支付過高的價格。這是因為，高價隱含的意義就是股利殖利率低；若要創造優越的累積報酬，股利再投資是重點。席格爾的投資人基本原則指出，光是成長並不足以創造出色的股票報酬，而是需要超過非

常樂觀的估計值的成長，才能變成股票報酬。他的結論是：「投資人僅有在獲利成長率超越預期時，才能賺到優渥的報酬，重點不在於成長率是高或低。」[50]

　　為了處理第二個問題，討論嬰兒潮世代退休會對投資人的投資組合引發何種效應，席格爾檢視了美國、歐洲與日本人口快速老化在經濟上造成的結果。「我也很憂心，因為我知道人口結構中確實有一塊凸出的部分。我也屬於嬰兒潮世代，我知道我們即將退休，我們將出售投資組合以支應消費，那誰要來買我們的資產？年輕世代有錢買下我們的資產嗎？這些都是問題。」[51]他首先觀察到，世界上有很多國家很年輕，這些國家的經濟正快速成長。他發展出一套模型，以更廣泛的觀點來預測世界經濟，得到的結論是，倘若已開發國家的成長可以維持下去，就能緩解已開發世界老化潮流的負面衝擊。「未來 50 年將會頻繁看到以商品交換資產，不僅會導致世界經濟的中心東移，也會抵銷老化潮流對於資產價格和退休機會造成的破壞性衝擊，我稱之為『全球性解決方案』。」[52]

 ## 多頭與空頭

　　席格爾和羅伯‧席勒的關係，可以追溯到很久以前。「我1967 年 9 月進麻省理工念研究所，第一天就見到羅伯，因此（我

們的關係）超過 50 年。我們一見如故，私下也一直維持親密的友誼。」[53] 席勒則說：「我和傑諾米是在排隊等照胸部 X 光時認識的，他們要我們根據姓氏的字母排隊，我姓席勒（Shiller），他姓席格爾（Siegel）……書店也多半把我們兩個的書放在一起。」[54] 他們兩人在麻省理工攻讀經濟學博士時還是同班同學。然而，這兩人的總體經濟觀點卻大不相同。席勒約在 2000 年時就警告股市估值過高，2006 年時又指出房地產市場估值過高，因此成為「空頭」的代表。反之，由於暢銷書《長線獲利之道》的主題，席格爾常被視為「多頭」的代表。他們居然是好朋友，這一點會讓人感到意外嗎？

席格爾說：「大家會說：『但他向來看空。』或者，他們也會說羅伯是『永遠的空頭』，說我是『永遠的多頭』。那為何我們還相處甚歡？因為我們尊重彼此的觀點。而且，你知道的，後來發現羅伯的風險趨避傾向比我高很多，他總是擔憂真實世界裡的風險。比方說，當我為了想看風景走到懸崖邊或是建築物邊緣時，羅伯總是說：『傑諾米，趕快走回來！不要跑這麼遠！可能會出事！你可能會絆倒！』我向來比羅伯更願意冒險；這可能和我們的心理狀態有關。無論如何，我們都是非常、非常親密的朋友。」[55]

席格爾和席勒在數不清的場合裡都成為注目的焦點，兩人之間有共識，也有歧異。回想起科技股正熱時，席格爾曾替《華爾街日報》寫了兩篇表達意見的文章，警告股票估值過高，席勒也發出警告。席格爾評論道：「嗯，我同意他的看法。別忘了，一

開始的非理性繁榮就是 2000 年的泡沫，還有⋯⋯他的時機也再好不過了，（席勒的《非理性繁榮》）2000 年 3 月時出版⋯⋯我要說的是，當時我們兩個都正中紅心。我們兩個人對那場泡沫的看法完全一致。」[56]

2016 年唐納・川普（Donald Trump）當選美國總統，席格爾和席勒對於川普可能對股市造成的影響也有類似的看法。「川普當選後，我們兩人馬上都說，他與共和黨平台對股市來說是好事。不管你信不信，這一次羅伯的立場是看多！川普政府上台初期時，我們去紐約錄影，（美國全國公共廣播電台的主持人）問了我們一個問題：『你們認為股市未來一年內會上漲嗎？』我們兩個都毫不遲疑地說：『會。』」[57]

席格爾和席勒的激烈爭辯，出現在席勒的週期調整本益比模型上。第 9 章提過，這個模型的基本概念，是投資人在預期未來獲利會更高的前提下，願意用比目前公司所創造的獲利高幾倍的價錢來買股票。為了避免獲利被景氣循環相關的波動所影響，席勒及其共同作者坎貝爾在計算時使用了滾動十年的平均獲利值。他們發現，估值（週期調整本益比）較高的期間，之後股票報酬多半會較低，因為週期調整本益比會回歸到比較常態的水準。2016 年，席格爾寫了一篇文章發表在《金融分析師期刊》上，批評了這個模型。[58] 雖然席格爾說這個模型「是預測未來長期股票報酬的最佳模型之一，」不過，他也加了一個不太妙的詞：「但是⋯⋯」。

席格爾對於週期調整本益比模型的顧慮，是基於假如一般

公認會計原則（Generally Accepted Accounting Principles，簡稱GAAP）有所變動，可能會導致模型太過悲觀。「這個模型在過去十年都不是很好的預測指標，因為自羅伯發表這篇文章以來，財務會計標準委員會（FASB）改變了規定企業提報的規則，也就是所謂的一般公認會計原則，這改變了企業提報的獲利……尤其是，他們強迫企業提報資產時要按市價計算。這表示，因為新的會計原則，在金融危機之後的衰退期間，獲利會完全受到衝擊，甚至比大蕭條期間更嚴重。因此，羅伯在計算十年平均值時，分母（即十年平均獲利值）會變得很小，市場估值就會顯得過高。所以我說，應該重新計算週期調整本益比，我也提出其他計算週期調整本益比的建議（比如使用營業獲利），這可以大幅降低市場高估的程度。我跟羅伯談過這件事，他說：『對，你可以使用不同的獲利概念。』我說：『但你的網站上只有用一般公認會計原則算出來的獲利。』他說：『對，大家都習慣了，所以我會留著。』」[59]

席格爾指出，只要幾家公司出現重大虧損，就會扭曲股票指數裡的總體本益比。比方說，在 2007 年到 2009 年的金融危機期間，美國國際集團、花旗集團（Citigroup）和美國銀行（Bank of America）總損失超過 800 億美元。2008 年第四季時，光是美國國際集團一間公司的損失，就抵銷掉標普 500 成分股中 30 家最會賺錢的公司的獲利。席格爾提出要用另一個獲利指標，來避免一般公認會計原則變動的問題：國民所得和產品帳戶（national

income and products accounts），這個獲利指標可回溯到 1928 年，
由經濟學家編纂而成。與席勒傳統的週期調整本益比相較之下，
席格爾調整後的模型更能解釋未來十年股票報酬的變動。

2018 年 8 月，美國股市歷經了有史以來最長的牛市，標普
500 指數從 2009 年 3 月 9 日的 676 點，漲到 8 月 22 日的 2,862 點，
這段期間內沒有出現過下跌 20％或更多的情況。當時，很多人
都不確定股市的估值是否過高了。為了回答這個問題，在一場由
華頓商學院贊助、於紐約市舉辦的大型研討會「金融市場、波動
性與危機：十年之後」（Financial Markets, Volatility and Crises: A
Decade Later）上，多頭席格爾和空頭席勒兩人都提出了立論。[60]

席格爾首先提出他的多頭論點。他用標普 500 成分股公司的
營業獲利，估計從 1954 年到 2018 年間的平均本益比為 17 倍，
1980 年 3 月時是低點，約為 7 倍，1999 年 6 月時是高點，約為
30 倍。2018 年 9 月時，根據過去 12 個月的獲利所計算出的本益
比，約為 20 倍多一點，如果使用最近一年的獲利計算，則降至
18 倍，再換成 2019 年的預期獲利，則為 16 倍，並沒有偏離歷
史平均值。根據當時的比率，席格爾預測股票的實質報酬率約為
5.5％（假設通貨膨脹率為 2％，名目報酬率則約為 7.5％）。十
年期美國政府公債的實質殖利率為 1％，股票風險溢價預估約為
4.5％，比 3 ～ 3.5％的歷史平均值高一點。

席格爾的結論是：「以長期來看，股票的估值過高，但同
樣以長期來看，債券的估值則是嚴重過高。股票相對於債券的估

值，以歷史水準來看，是落在較有利的區間。」[61]最後他提到，如今的投資人可以在幾乎零成本下購買指數型基金，但以前做不到。投資人能夠買到這些基金，是支持均衡本益比與歷史水準相較之下偏高的論據。

席勒接著提出他的空頭立論。他同意席格爾的說法，歷史很重要，但他強調本益比並不會經常大幅變動，一旦出現這種情況，你會想要了解到底發生了什麼事。舉例來說，大約在一次大戰時，企業獲利大幅攀高，但股市漲幅並沒有跟上。席勒主張，1916年的市場並未過度反映忽然之間的獲利成長，市場「做了正確之事」，因為那只是暫時的現象。

對照之下，當1921年到1929年間的企業獲利有所成長時，市場則有強烈的反應。席勒認為1929年的股市高峰是一種反應過度，因為「那是一種不同的氣氛，那是咆哮的1920年代，人們只想要相信會更好。」[62]反之，1980年代初期企業獲利成長，但股票沒漲。當時的時代氛圍大不相同，通貨膨脹率達到兩位數，利率也很高。「市場裡都是貨真價實的人，他們各有故事要說，想法也不時改變。我們應該認為（這會）像是1916年嗎？這是暫時性的嗎？」[63]

席勒的結論是，市場又反應過度了。「這對股市來說比較像是壞時機。」以當下的週期調整本益比為33倍來說，他指出未來十年的平均報酬率不到1%。他仍深信股市估值「目前太高了。」時間會告訴我們誰說對了。

ETF 的智慧

　　席格爾是智慧樹投資公司（WisdomTree Investments）的資深投資策略顧問，這家資產管理公司管理的資產總值（截至 2021 年）約 700 億美元，他們僅有一個重點：ETF。[64] 公司於 2006 年推出第一檔 ETF，現在發起的 ETF 則涵蓋多種資產類別，布局遍布全球。智慧樹公司的創辦人是強納森（強諾）·史坦柏格（Jonathan〔Jono〕Steinberg），他是華頓的畢業生，他父親索爾·史坦柏格（Saul Steinberg）也是華頓畢業生，更是華頓重要的贊助人（席格爾在華頓的辦公室就位在史坦柏格－迪崔區大樓〔Steinberg-Dietrich Hall〕）。

　　自 1990 年末，史坦柏格就在尋找各種方法以改進指數型基金。他是基本面加權（fundamental weighted）投資法的先驅人物之一，開發出這種新的方法，就是與傳統的市值指數加權一別苗頭，用意是模仿指數基金的正面特質，包括低手續費、高流動性以及廣泛分散，同時以更低的風險賺取更高的報酬。[65] 約莫在 2003、2004 年時，史坦柏格聯絡席格爾，據席格爾說，對方表示：「傑諾米，你知道，我一直在研究各種不同的指數。我們不要用市值加權，改用獲利或股利試試看。你們這些人有能力做計量經濟學和數學，你可不可以幫忙看一下？」席格爾說：「『好啊，我會看。』我們也真的去看了，並說：『哇，這裡面有很好

的歷史風險報酬數據。』」[66]

　　席格爾解釋這項產品背後的邏輯。「我們不是只用市值加權，而是用獲利或股利的占比作爲公司的權重，這當然代表每一年或在每一段你決定的期間，都必須再平衡投資組合。當股價漲幅高於獲利，就賣掉；當漲幅不如獲利，就加碼買入。調整投資組合的依據是基本面因素，因此稱爲基本面加權指數化。後來我問他：『嗯，強諾，你要用這來做什麼？』他說：『我們要做 ETF。』回到當時，那是 2004 年，市面上沒有太多（ETF 可選擇）。有追蹤標普 500 的 SPDR，有追蹤那斯達克的……我對他說：『你知道的，我向來是先鋒的忠實擁護者，因此我們不能收取太高的費用。』他說：『我同意。』之後，當我們正式推出非指數基金時，就是業界最便宜的。」[67]

　　席格爾很謹慎，他說需要幾十年累積績效紀錄，才能驗證智慧樹的理論。先鋒集團的創辦人約翰·柏格抱持懷疑態度，尤金·法馬則認爲這項策略是重新包裝「價值溢價」。[68] 基本面加權法仍尚未有定論。

 ## 席格爾的完美投資組合

　　席格爾對於完美投資組合有何看法？他有很多觀點根基都寫

在他早期的作品中，包括《長線獲利之道》。在這裡，他總結了
六大經典成功投資指引：[69]

1. 預期要符合歷史水準，通貨膨脹調整後的股票報酬約爲
   6％到 7％，本益比約爲 15 倍。
2. 投資期間愈長，就要拉高投資股票的比例。
3. 把大部分的股票投資組合投資在低成本的股票指數型基
   金上。
4. 至少把三分之一以上的股票投資組合放在國際股票。
5. 股票投資組合要偏向價值股（例如本益比較低或股利殖
   利率較高者）。
6. 建立堅定的規則，讓投資組合保持在正軌上，消除情緒
   成分。

　　爲何要做長線投資？席格爾敘述他的理由。「在《長線獲
利之道》裡，我建議投資人把投資組合裡的股票成分連上股票大
盤指數，例如標普 500 或威爾夏 5000 指數（Wilshire 5000）。
我看過太多投資人屈服於誘惑，想要抓住股市週期的上漲與下跌
『時機』，而我相信，簡單、紀律嚴謹的指數化做法，是最佳策
略。」[70] 這項建議特別適用於爲了退休而儲蓄。「如果你是長期
導向，而且把儲蓄放在 401(k) 或個人退休帳戶（IRA）裡，代表
在爲退休做長遠打算，那你大部分的資產應該放在股票上。」[71]

席格爾在 2005 年出版的《投資人的未來》裡，擴大了他的純指數基金投資法建議，加入他的「D-I-V 三叉指引」（D-I-V Directive）：考量股利（dividend）、布局國際（international）和檢視估值（valuation）。[72] 首先，買股票時，要買有長久現金流、可支付股利給股東的。其次，要體認到經濟力量已經從美國、歐洲和日本，轉向中國、印度和其他開發中市場。在書中，席格爾建議海外的股票配置要高達 40%。[73]「只投資美股對於（美國）投資人來說是風險很高的策略……唯有擁有完全分散在全世界的投資組合，才能以最低的風險賺取最高的報酬。」[74] 第三，買進估值相對於預期成長而言很合理的股票，避開熱門股和首次公開發行的股票。

根據這些考量，席格爾建議，50% 的股票放在世界指數基金：30% 放在美國，20% 放在非美國。剩下的 50%，可以配置給有利於提升報酬的策略，分配到以下四個領域，每個領域各 10% 到 15%：首先是高股息策略，買進如高股利殖利率的股票，以及不動產投資信託；第二，全球性的公司，像是標普全球 100 指數（S&P Global 100 index）裡的公司，以及分散得宜的跨國企業；第三，類股策略，配置到石油與天然氣資源、製藥、大品牌的必要性消費；最後一項，是股價相較於成長性偏低的股票，例如本益比低的股票。

儘管席格爾已經過了大多數人退休的年齡，但他還是支持股票勝過債券。「我不持有公債，尤其在目前利率極低的環境之

下。我寧願用現金當成緩衝，而不是長期債券。」[75] 但他也說：
「我喜歡抗通膨公債。」[76] 之前也提過，抗通膨公債就是政府發
行的債券，支付的票息和本金會隨著通貨膨脹而調整。至於股
票，他仍中意低本益比或價值股。「我一定偏向價值型這一邊。」[77]
席格爾向來信奉平均成本法（dollar-cost averaging）的概念，固
定時間（例如每個月）把固定金額的錢拿去投資，他說「這可以
在心理上發揮作用，因為人們都痛恨買在高點，然後看著價格跌
下來。」[78] 他對金融顧問語帶保留，但他確實明白諮詢顧問的益
處：「如果你需要有人幫你聚焦，在時機不好時仍能守住股票，
顧問一定可以幫你大忙、做到這些。」[79]

　　向來是樂觀主義者的席格爾，仍看多股市與整體經濟。「我
認為好時機就要來了。我是指，我們會看到人工智慧、奈米科
技、機器人的進步，這些都在不遠處。你不用搶破頭進這些公
司；那將會是很激烈的競爭。我認為每個人都可以受惠。就像我
說的，聚焦在長期。」[80] 他也看好中國、印度和南韓等新興市場
和開發中市場。「這些國家的成長潛力難以想像，他們也會買我
們的商品。你不用買進他們的公司以分享他們的報酬，因為我們
的公司也會為他們提供服務。」[81] 席格爾最後的觀察是什麼？「長
期的事實會贏過短期的波動。」[82]

12
CHAPTER

PERFECT
PORTFOLIO

到底何謂完美投資組合？

在黑澤明（Akira Kurosawa）的電影傑作《羅生門》（*Rashomon*）中，目睹一場可怕罪行的四個目擊者對同一件事有截然不同、甚至彼此衝突的說詞，每個目擊者各有動機以自己的方式敘述謀殺事件。誰的說法是對的？黑澤明讓觀眾自己決定；這套技巧至今仍被用來製作扣人心弦的戲劇。今天，心理學家稱這種各說各話的現象為「羅生門效應」（Rashomon effect）。

同樣地，對不同的人來說，完美投資組合是不同、甚至互相衝突的東西。我們訪談了十位名人，他們的背景差異甚大，也難怪我們無法得出共識。這些專家的觀點各異，凸顯了投資組合管理固有的複雜度，我們應該體認到沒有一體適用的方案。事實上，由於完美投資組合是一個會變動的目標，因此，這個問題甚至比《羅生門》還困難。這個問題和「我要如何常保健康？」類似，答案不僅取決於你目前的健康狀況，還要看如今的醫療進步狀況，以及有哪些可用的工具。此外，若要回答這個問題，答案不僅一個，有很多種不同的飲食、運動、醫療、保健品或「營養品」的組合，都能延年益壽並提升生活品質，即使只對特定的某個人有效也算數。雖然說，如果要以符合政治正確的態度來回答「如何常保健康」這個問題，答案會是「以上皆是」，但這對於真心想知道要如何維持「最佳健康狀態」的人，並沒有太多幫助。我們要找的，是適合自己的特定飲食、運動與醫療方式，正因如此，我們才需要醫師、個人教練（倘若負擔得起的話，例如職業運動員）、營養學家、甚至運動心理學家提供基本的照護。

同樣地，關於「財務健康」的樣貌，並沒有單一的標準答案，這也是爲何我們要訪談投資界最優秀的十個人。這些專家的完美投資組合是基石，供我們打造出屬於自己的完美投資組合；每一位的建議都僅爲了因應特定投資人的一些需求，但加總起來，如果運用在正確的組合當中，將能顧及所有投資人的目標與限制。

然而，什麼又是正確的組合？就像哈姆雷特（Hamlet）說的：「這就是問題所在。」（There's the rub）。要如何彙整這些人的深刻洞見、幫助你打造完美投資組合？這個問題仍未解決。我們要先從複述他們觀點中的重點開始，然後再設法整合起來。

馬可維茲的完美投資組合

馬可維茲發現，對股票投資組合來說，重點是個股的股價相對於其他個股的變異性，而這已經是 70 年前的事了。就在芝加哥大學圖書館那個天啟時刻，現代投資組合理論誕生了。馬可維茲給了我們一套流程與一個學門，讓我們從投資組合的角度來分析股票。他是第一個正式以數學來表示分散投資概念的人，他告訴我們，透過彼此之間不完全相關的個股來組成投資組合，就能

在不犧牲預期報酬之下降低風險，讓我們更接近投資的聖杯。

感謝馬可維茲，如今我們都明白分散是建構完美投資組合的關鍵。這需要一套由上而下的流程：先從資產類別（如股票或債券）下手，再來看要選擇哪些個別證券，像是要投資可口可樂、沃爾瑪（Walmart）、字母公司（Alphabet）或特斯拉（Tesla）。你不必像巴菲特那樣精於選股，只要遵循一套能讓你登上或接近效率前緣的嚴謹流程，長期下來，你的投資績效也會很好。馬可維茲提出效率前緣概念，指出你不用聚焦在投資集合中的每一檔個股，只要著眼於讓證券投資組合在特定風險水準下能達到最高預期報酬，或者，反過來說，在特定預期報酬水準下的風險最低就行了。換言之，你不用做到絕對正確，只要接近正確就可以了。

在這一點上，馬可維茲提出的流程幾乎可說是魔術。你可以在特定資產類別（如股票）中使用效率前緣來挑選證券，用途更可以拓展到不同的資產類別，例如債券、房地產、大宗商品或任何投資。這表示，你可以分析跨越不同資產類別的證券投資組合，比如股票和債券，以打造你的完美投資組合。在這方面，歷史可以成為你的借鏡，讓你找出不同資產類別的預期報酬、變異數與相關性，作為關鍵資訊放入效率前緣分析當中。

不過，你得出的結果品質將受限於你的輸入品質，以前的程式設計師就講了：「丟垃圾進去，就只會有垃圾跑出來。」你必須謹慎決定你的前瞻性估計值。舉例來說，如果過去十年利率下

降、債券價格上漲，那麼債券的歷史報酬率看起來就相當不錯。但是，如果你的起點已經是利率偏低的時候，那麼債券的預期報酬可能會比歷史水準低很多。

你也需要很清楚自己的風險耐受度，這不是一個簡單的問題，因爲人不會自然而然去思考資產－報酬的波動性，以及這對一個人的退休資產而言是什麼意思；一旦你理解之後，就能找出一個分散得宜的投資組合，以反映你希望的風險水準。透過經驗，或者加上財務金融顧問的協助，你就能體會哪一種資產組合最適合你。

如何落實正確的組合也很重要。對馬可維茲來說，最輕鬆的方式是透過低成本的股票 ETF，再加上幾檔個別債券，當作固定收益的配置。你可能也會想針對某些產業的權重設限制。或許會令人意外的是，馬可維茲並不覺得市場投資組合（內含市場裡**所有**的資產）有何特別，也不是每個人一定要做的**那種**投資。但分散仍是完美投資組合最重要的因素。

對馬可維茲來說，完美投資組合應該要隨著你接收的新資訊而變動。你要找出你認爲生活中會發生什麼事，以及什麼事情對你而言別具意義，據此更新你的信念。完美投資組合裡的「完美」概念，是指我們要精益求精，以及我們要找到適合自己的組合。然而，資產組合仍是需要決定的最根本事項。隨著年紀漸長，你的風險偏好和財務目標可能會改變，完美投資組合也應改變。還有，做分析時，千萬別忘記稅賦的衝擊：任何分析都應該

以稅後爲基礎。

最後，馬可維茲提醒我們要放眼大局，心中謹記完美投資組合的重點，不只是利用他的流程從事理性**投資**而已，更在於爲一般性的財務規劃做出理性的**決策**。

 # 夏普的完美投資組合

威廉‧夏普處理完美投資組合的態度，可能算是所有專家中最直截了當的，也最接近他們所做研究得出的建議。

根據夏普的資本資產定價模型（簡稱 CAPM，你可以跟夏普一樣把這四個字母分別念出來，而不是發「Cap-em」的音），以及與其關係密切的證券市場線，你的完美投資組合應該要投資無風險資產和市場投資組合。在這方面，夏普的建議很具體：你應該投資抗通膨公債作爲無風險資產，並投資嘗試複製全世界可交易債券與股票的指數型基金或 ETF，最理想的狀況是按照市場比例投資，作爲市場投資組合的近似投資。夏普建議，在完美投資組合中的這個部分，投資一檔美國全股市基金、一檔美國以外全股市基金、一檔美國全債市基金、一檔美國以外全債市基金，並建議投資貨幣避險的全球基金。他大力支持用低成本的投資來打造完美投資組合。

　　夏普針對完美投資組合提出的另一項建議，是要多研究一下預期壽命。現在多存一點錢，爲了你退休歲月的長期財務穩定，要準備好做出一些犧牲。

 ## 法馬的完美投資組合

　　1992 年，尤金・法馬說出一句名言「貝他已死」，如果再用《羅生門》來比喻，我們可以指稱他就是兇手。然而，讓人意外的是，法馬的完美投資組合起點仍是市場投資組合。法馬在廣大的風險－報酬取捨架構下思考股票的報酬率，他認爲會造成影響的因素，除了市場投資組合之外，還有別的：比方說，小型股與大型股之間、價值股與成長股之間、獲利能力高與獲利能力低的公司之間、積極投資和保守投資之間，其報酬都有差異。他建議，你的完美投資組合應該偏向小型股，以及股價淨值比低的所謂價值股。就像我們之前提過的，法馬也支持低成本投資，例如先鋒集團。

　　法馬認爲曝險度是你個人的選擇，但要以市場投資組合作爲持穩的錨。無論你決定偏向哪一邊，務必要透過分散得宜的投資組合來做，再怎麼分散都不會嫌太過。請記住，天下沒有白吃的午餐：你僅能藉由承擔更高的風險，來達成更高的預期報酬。最

後，要小心，別依據過去的績效做任何投資決策，即使是五年期間的績效，仍可能充滿雜訊。

 # 柏格的完美投資組合

先鋒集團創辦人傑克‧柏格相信，完美投資組合應包括投資分散的低成本指數型基金，這應該無須訝異。柏格打造出一座投資大殿，地基就是他的四大投資要項：風險、時間、成本和報酬。你無法控制報酬，但可以控制其他要素。你可以透過分散來緩解持有個別證券的風險。拉長投資期間，有助於打造你的投資組合，也能幫助你降低風險。忽略短期雜訊。最後，就像柏格在成本重要假說裡強調的，低成本可以讓你的財富成長。

你的完美投資組合資產配置應該隨著時間而改變，一開始先大量投資股票，也要持有一些債券指數型基金和股票指數型基金。以經驗法則來說，你的債券配置比重應接近你的年齡。等你到達或接近退休年齡，你應該要擁有大量的債券型指數基金部位。如果你的基金不是放在退休方案裡，那就要注意稅賦問題。（基於其稅賦上的吸引力，柏格特別喜歡市政債券基金。）柏格說，不要為了再平衡投資組合而煩惱，而且再平衡的頻率絕對不要超過一年一次。不要太看重資產的價值，多注意資產每個月所

創造的收益。

　　柏格個人的完美投資組合（毫無意外地）幾乎全數投資在股票與債券指數，但也有少部分投資新興市場指數基金與黃金。不過，你的完美投資組合不一定要考慮太多股票和債券之外的投資。柏格是美國市場的大力擁護者，主張在海外股市僅配置 20％即可。但無論你的決定爲何，永遠都要採取買進後持有的態度。請記住柏格的箴言：「什麼都別做，站著看就好！」

 # 修爾斯的完美投資組合

　　之前幾位專家都強調把市場投資組合當成起始點的重要性，但邁倫・修爾斯獨排眾議。對修爾斯來說，完美投資組合的重點是風險管理。他的起點是，假設對你而言最重要的是最終的財富，例如能讓你在退休後過著想要生活的退休儲備金。你的投資能否成功，最重要的是取決於能否避開下跌的「尾部風險」，這是指相對罕見、但很嚴重的股市重挫，像是 2007 年到 2009 年的金融危機、2020 年爆發的新冠肺炎疫情；另外，也要善用上漲的「尾部利得」。

　　爲了好好管理風險，你要注意衍生性市場的訊息，像是波動性指數能告訴你什麼。舉例來說，當波動性指數低於歷史平均值

時，你可能會比較安心，放膽將更高比例的資產投資在風險性的
股票上。你要試著把投資組合價值從頂部到底部的跌幅（回撤）
降到最低，將投資組合的風險維持在目標水準。然而，你不會僅
希望避開負面的尾部風險，也會想要借重正面的尾部利得。不要
只是想辦法降低風險，當有可能賺得亮麗報酬時，也要改為考慮
多承擔一些風險。

我們訪談的多數專家都非常贊成投資指數型基金，但修爾斯
的態度比較謹慎，他認為要注意這些指數型基金策略的固有風險
與變動風險。舉例來說，在 1990 年代末與 2000 年代初，美國大
盤如標普 500 等科技股的權重很高。在芬蘭，諾基亞（Nokia）
全盛時期在該國股市市值中就占了 70％。這種不斷變動的波動性
有損複合報酬，到頭來有損你的最終財富。指數基金還有另一個
問題，那就是成分股之間的相關性在動盪時期可能會大幅升高，
但此時又剛好是你的完美投資組合最需要分散之時。投資指數基
金時，請思考你設下了哪些限制。

修爾斯參與了第一檔指數型基金的創立過程，因此，有點
諷刺的是，修爾斯認為主動式管理在完美投資組合中扮演重要角
色。另一方面，誰又能比創辦人更清楚被動式投資的風險？先決
定你能承受的最大回撤幅度是多少，然後，隨著資產類別的預期
風險變化來改變你的資產配置（像是改變股票和債券的比例）。

默頓的完美投資組合

　　羅伯特‧默頓一開始就像馬可維茲一樣，建議你應該在特定的風險水準上，設法讓完美投資組合的報酬達到最高，然而，除了可藉由分散投資緩和的股票波動性之外，還有其他風險，例如，投資無法滿足你退休需求的風險。最終，完美投資組合應該要是你專屬性很高的無風險資產，比如抗通膨政府公債。以你的退休目標來說，理想上，你在退休時要動用儲蓄，去購買可提供終身收益以滿足你預期中需求的年金。假如透過投資無風險資產，你的儲蓄還是不夠多，那就要把一些錢拿去投資風險較高的資產，以便達成目標。

　　默頓認為這裡就是專業人士能夠助一臂之力的地方。借用他最喜歡的汽車比喻來說，不用擔心你的完美投資組合引擎蓋下有什麼，你不需知道要選擇壓縮比 10 比 1、還是 14 比 1 的引擎，你只希望能最安全、最快速地從一點到另一點。所以，就把工作交給你信任的專業人士即可，他們會運用動態交易策略來管理你的曝險程度，尤其是當你接近退休之時；他們會透過類似目標日期或生命週期資產配置等產品，隨著時間過去，將資產組合改動為風險更低的資產，但在手法上會更細緻，而且考量的因素不只是你的年齡而已。

　　默頓說，你需要有意義的資訊，才能做出有意義的選擇。

對於一般的駕駛人來說，壓縮比不是有意義的資訊。因此，不要擔心完美投資組合裡股票與債券的資產配置比例，究竟是 70％比 30％還是 65％比 35％；反之，你要從專業顧問那邊理解你憑藉著特定的投資策略、在退休時能維持生活品質的機會有多大。你要提供重要資訊給顧問，包括你目前的年齡、你想要退休的年齡、你的所得、你預期的社會安全福利金，以及你在退休時想要的最基本收入，然後讓專業人士告訴你達成目標的機率，以及你還要做哪些事才能達成目標。如果可能會出現缺額，你在達成目標這件事上就要很務實：你現在可能需要多存一點、計劃工作久一點、準備多承擔一些風險，或是調整財務目標。

　　且讓我們一窺德明信基金顧問公司（默頓是該公司的常駐科學家）的引擎蓋之下有些什麼。該公司的確定提撥制退休產品，與一檔全球股票指數、兩檔抗通膨公債投資組合（存續期不同，有中期與長期）相連結，其目標日期退休收益基金也類似。默頓的完美投資組合和這些產品類似，但多了一檔避險基金。他也擁有自用住宅，這引導我們來到他的最後一個重點：在你打算未來長久居住的地方擁有自己的房子。

萊柏維茲的完美投資組合

　　對馬帝‧萊柏維茲來說，完美投資組合的重點是要知道自己能承受多少風險。如果股市大跌，你該有的行動通常是什麼都別做，但也不是永遠都這樣。你當然會想要避開情緒性的反應，不想在錯誤的時機出手降低風險，但當市場的風險水準高於你的耐受度時，你可能需要調降股票部位，讓你晚上可以睡得好一點。這表示，你的完美投資組合要從買進後持有策略開始，但不必然要永遠堅守。

　　你怎麼知道自己能承受多少風險？萊柏維茲希望你像退休基金經理人一樣思考。首先，預估你的資金率：你擁有的投資資產（以及這些資產未來確定會產生的收益）跟你未來的負債折現值相比較。換言之，你要看的是現在有多少，並比對你未來需要多少。如果你的資金率很高，那你的完美投資組合就能多承擔一點風險，可以投資風險較高的資產，例如股票。

　　但請記住，投資這件事沒有絕對。你有能力多承擔一點風險，不代表你就**應該**這麼做。當市場相對於歷史平均值（例如，以席勒的週期調整本益比指標來思考）顯然很貴、報酬風險比率遠低於合理水準時，尤其如此。倘若你承擔了額外風險卻沒有相應的價值，也同樣不該做。假設你的完美投資組合裡已經有足夠的資產可支應需求，那你只要投資更安全的資產就行了。

　　你要做好準備，爲完美投資組合做出一些棘手的決斷；要考量你的所有條件，包括人生中的預期事件、目前的稅賦、遺產稅等等。你要體認到你的目標可能會隨著時間而改變，萊柏維茲認爲，如果你想要隨著年齡漸長降低風險，目標日期基金會有幫助，但他和默頓一樣，也擔心多數目標日期基金的規則太過呆板僵硬。

　　你的完美投資組合裡應該納入哪些資產？毫無意外地，萊柏維茲主張除了股票以外，應該要包含債券和其他固定收益資產。債券可以降低投資組合的整體波動性，提供相對穩定的報酬。他的論據，都回歸到馬可維茲說的分散投資的低成本效益。萊柏維茲認同夏普的資本資產定價模型，他指出你應該承擔自己想要承擔的風險，而這個水準由你選定的貝他值來決定。不要忽略通貨膨脹的風險，就算很溫和，長期下來也會侵蝕你的購買力。最後，萊柏維茲提出警告，你一定要有權變計畫，以因應嚴重的負面事件。

席勒的完美投資組合

　　正如你根據其名聲所猜想的，行爲經濟學家羅伯・席勒偏好非比尋常、獨樹一格的做法。你的完美投資組合應該要廣泛分

散，不僅要涵蓋各大資產類別，也要布局國際，因為你不可能精準預測哪一種資產類別或哪個國家的表現會勝出。你要從投資美國股票為起點，但投資國際股票的權重需比一般更高，因為國際市場的週期調整本益比相對很低。你的完美投資組合裡也應該要有債券、不動產、抗通膨公債和大宗商品，因為這些投資標的與股票的相關性相對較低。之後，要考慮你的個人風險。你要避免投資自己任職的產業，因為如果這麼做的話，當你失業、產業股價又下跌，你就要面對雙重打擊；你甚至應該考慮在完美投資組合裡做空自家產業，以平衡風險。

席勒本人是一個市場時機操作者。雖然他的週期調整本益比可以當成一個指標，指出市場何時估值過低或過高，但他也對於自行運用市場時機進行操作提出警告。想要知道市場的泡沫何時到頂，絕非易事。最後，要做好準備考慮新的金融工具與產品，例如席勒的兆一券，如果可得的話，可以納為完美投資組合的一部分。

艾利斯的完美投資組合

查爾斯‧艾利斯在投資界享有盛名超過 50 年，他看過太多人努力掌握完美投資組合。專業人士真的能打敗市場嗎？艾利斯

很懷疑。他的結論是，這個前提顯然是錯的。對艾利斯來說，你的完美投資組合裡當然應該要有指數型基金，如果你希望未來 20年的績效大有機會躋身前 20%，更應該這麼做。重點在於盡量降低投資成本。然而，你應投資不同類型的指數型基金，包括債券型指數基金、以 MSCI 歐澳遠東指數爲基準的低成本國際指數基金，並且根據你對不同資產類別設定的長期權重，進行再平衡。還有，身在輸家的賽局裡，要避免重挫：你要認知自己過度自信的傾向有多嚴重，並控制自身的情緒。

對艾利斯來說，個人完美投資組合最重要的面向，是取決於**你這個人**：你的年齡、你要撫養的人、你的投資知識、你的收入、你的花費習慣、你的資產、你對風險的耐受度，以及你能取得的資訊。注意你的稅賦，包括任何主動式管理共同基金的週轉率。最後，艾利斯建議，要記住投資的重點就是你：你的價值觀、你的歷史，以及幫助你達成目標的完美投資組合。

 ## 席格爾的完美投資組合

最後一位加入完美投資組合討論的專家是傑諾米‧席格爾。他的完美投資組合，始於以他所做的長線研究得出的幾項基本指引，第一，懷抱符合歷史水準的預期，第二，投資期間愈長，完

美投資組合中投入股票的比率就應該**愈高**。你的主要投資應是低成本的股票指數基金，股票投資組合裡至少有三分之一要投資國際股票。你的投資組合要偏向本益比低的價值股。最後，要掌控你的情緒。

如果你的完美投資組合中要投資個股，席格爾建議買進會支付股利、現金流可長久的個股。考慮中國、印度，或美國、歐洲和日本以外的其他股票。但你僅能考慮估值相對於預期成長而言合理的股票，避開「新經濟型態」的熱門股和首次公開發行的股票。長線投資自有其邏輯。

總而言之，席格爾的完美投資組合配方包括：50％配置在世界指數型基金，其中30％在美國，其餘20％在美國以外。你應該把剩下的50％配置到能提高報酬的策略，例如：高息股或不動產投資信託；頂尖的全球型公司（如標普全球100指數中的成分股）、分散得宜的跨國企業；製藥、石油與天然氣資源，以及知名必需消費品牌等類股策略；價格相對於成長性而言偏低的股票。至於固定收益，你應該考慮抗通膨公債。席格爾也建議，在完美投資組合中定期投入一筆固定金額，採取平均成本法，這套流程有心理上的價值。最後，如果你需要協助，以求能在時機不好時穩住焦點（並堅守股票），可以考慮找一位財務顧問幫助你建構完美投資組合。

集其大成：所謂的完美投資組合

就像電影《羅生門》裡的事件一樣，我們找到不同的見證人來描述完美投資組合，這是由投資領域中最閃亮的十位明星所做出、相當於幾世紀的觀察和分析。無須訝異的是，他們提出的許多大格局答案很類似，畢竟，他們當中無一人要你去買你買不起的、或是價格一定會下滑的投資標的。

這些思想家的差異，還有，更重要的是差異背後的理由，證明了他們如何將完美投資組合當成一套流程來思考。他們的觀點，結合了他們身為學者與實務界人士的智慧發展過程與經驗。適應市場假說（adaptive markets hypothesis，簡稱 AMH）[1]是本書作者之一（羅聞全）發展出來的架構，為的是調和行為與理性金融學之間的明顯衝突，從這個模型的觀點來看，這些專家提出的不同說法，都是他們因應各自獨有經驗的適應性回答。有鑑於此，我們才納入他們的早年生活和事業發展過程的相關事件，檢視是否有任何蛛絲馬跡，指出他們對於完美投資組合的信念種子當時已發芽。

適應市場假說背後的基本概念是，效率市場假說並非錯得離譜，而是不完整、無法掌握金融市場運作的全部面向，投資人在危機期間以情緒、而非理性回應時，尤其如此。適應市場假說應用生態與演化生物學的原則，證明投資人不必然永遠以經濟學

理論預測的方式行動，但他們確實會適應環境，以可模擬、在某些情況下甚至可預測的方式回應經濟誘因。適應市場假說在實務上的意義之一，是風險和報酬長期下來不見得是穩定的。舉例來說，投資風險性股票（相對於安穩公債）時，有時候的預期溢價是5%，有時是1%。另一層的實務意義是，投資策略有興衰成敗，在某些環境下表現比較好，某些時候表現比較差。比方說，與高股價淨值比的成長股相比之下，低股價淨值比的價值股可能在長期表現比較好，短期表現比較差。

適應市場假說也解釋了為何我們訪談的專家提出的完美投資組合各有不同。面對不同的環境或不同的投資人偏好時，人也會以不同的方法適應，因此得出不同的完美投資組合。這樣的結果無謂對錯，也非意料之外。就像凱因斯以及他刻意在金本位上改變立場一樣，當事實改變、便改變觀點，這沒有問題。

從馬可維茲開始，我們可以看到靠分散投資組合以降低風險，是普世接受的方法，我們訪談的這些專家恐怕也僅在這件事上達成一致的同意。即使像市場投資組合（一個包含全球市場所有資產的投資組合）如此基本的概念，也僅有多數、而非全部的專家都認為應將其視為完美投資組合的起點。

至於其他觀點，比方說，就算開發中市場從比例上來說交易量不足，但席格爾還是偏好這類市場。說到柏格，讓人非常意外的是，他在美國指數上投入不成比例的高權重。馬可維茲本人不認為市場投資組合那麼重要，修爾斯和萊柏維茲做分析時則完全

獨立於市場投資組合之外。

多數專家都在風險相對於報酬的考量下建構完美投資組合，但修爾斯和萊柏維茲不同，他們將風險當成主要考量，再從這裡開始建構組合。從純統計的角度來看，這很有道理，因為衡量風險通常比衡量預期報酬容易。如果說「你無法管理無法衡量的事物」這句話是真的，那我們可以接著說：對於你能精準衡量的事物，你可以管得更好。這也是柏格的成本重要假說背後的主要動機：你或許無法精準衡量「炙手可熱」的主動式經理人未來的績效，但你一定可以衡量此人收取的費用。任何金融投資都涉及各式各樣的風險，包含市場、流動性、信貸與營運風險等等，多不勝數；以這些不同的風險為起點所導引出的完美投資組合，與眾專家趨於相同的市場投資組合加無風險資產的基本主題變化型相較，看來就大不相同。

我們也用這些專家在完美投資組合上對於主動式和被動式管理的偏好，來區分他們。柏格和夏普站在光譜的被動式管理這一端，修爾斯和席勒則站在主動式那一端。另一方面，默頓則完全站在光譜之外，因為他主張讓財務顧問管理你的完美投資組合，你根本不用擔心裡面有什麼。

在目前的指數基金和 ETF 世界裡，完美投資組合是否還有選股空間？不管你相不相信，確實是有的。法馬的方法雖然沒有指明任何特別股票，但他容許你偏向對於你的完美投資組合可能有幫助的因素，席格爾則提出各種可能的提高報酬策略供你選擇。

在此同時，席勒建議要做空自家產業的股票，作爲避險（但這很可能導致你和老闆之間出現讓人不安的對話）。

我們大部分的權威專家都推薦了一項要納入個人投資組合的資產，那就是美國財政部發行的抗通膨公債。近幾年來，通貨膨脹率很穩定、也很低，但就像債券大師萊柏維茲在 1970 年代停滯性通膨期間敏銳地感受到的，總體經濟變化的風險永遠都在。默頓也推薦一種特別的資產作爲長期投資：擁有你的自用住宅。

最後，這些大師強調在發展完美投資組合時、理解自己的目標和風險胃納量，是很重要的事，馬可維茲、夏普、柏格、萊柏維茲和艾利斯也特別提醒，要爲某項不可避免的事物規劃完美投資組合，那就是稅賦。事實上，這可算是柏格的成本重要假說裡的一條必然推論：最躲不掉的成本，就是政府加諸的成本。

現在，我們來到追尋完美投資組合的終局了，我們希望能在此提供一些架構和指引，但請記住我們非常重要的投資免責聲明：我們不會提供財務規劃建議。那是認證理財規劃顧問（certified financial planner，簡稱 CFP）或特許金融分析師的工作，他們都取得證照、可提供建議，其日常工作就是聚焦於私人財富管理。[2]

之前我們也提過，完美投資組合是一個會變動的目標，直接取決於我們**這個人**、我們所處的事業與人生**階段**，以及目前市況對於我們的長短期目標多有利或多不利。如果你是剛進一家科技新創公司的 24 歲電腦工程師，你的完美投資組合會和預期幾年

內就要退休的 65 歲簿記員大不相同。

　　為了替本書畫上完美句點，我們要提出和書名相應的結語，本書英文書名裡提到三個 P（Pursuit of the Perfect Portfolio），結語也會有投資的三個 P，分別是：**原則**（principle）、**流程**（process）、**路徑**（path）。我們將提出可普遍應用的七大投資**原則**，並列出一項重要的查核清單，供你在投資之前使用。我們的**流程**包括一套重要特質的簡易自我評估、以便描述你這個人（和投資、儲蓄與花費有關的部分），以及讓你找出你所處的投資環境。查爾斯‧艾利斯說過：「重點在於你，你的價值觀、你的歷史、你的財務狀況。」你回答這些問題的答案，可以幫助你在 16 種類別或原型中找出自己的位置。這些原型將為你提供快速的財務狀況評估，回過頭來指引你走向最後一個 P：通往完美投資組合的**路徑**，包括你今天可能需要採取哪些行動。

　　且讓我們從你建構完美投資組合的**原則**開始，每個人的起點都一樣：

P1. 判斷你在財務規劃上**需要多少專業**，你又願意**投入多少時間和心力**去管理你的完美投資組合。這會決定你適合獨自踏上投資之路，或者，你需要尋求專業協助，以及若有需要的話、又是何時需要。回到我們的健康狀況比喻，就像你需要看產科、外科、過敏專科等不同科別一樣，你可能也需要尋求別具房貸、稅務或遺產規劃等不同專長的財務

金融專家協助。

P2. 判斷你目前和未來有哪些財務需求。這並不容易，需要進行深度的個人省思，要花很多時間，還需要定期檢查和一些財務專業，因此，你在這方面可能也需要尋求專業人士協助。有個明顯可見的起點，是先確認你目前的所得，包括事業所得與任何目前的投資。接下來，確認你目前的花費。比較困難的部分，是找出未來的所得和花費。不要忘了社會安全福利金，以及領取福利金時間點的重要決策。有些難題會跟家庭規劃、教育儲蓄金以及退休規劃有關。關鍵是從整體人生目標開始，再轉換成財務目標。

P3. 找出你的財務損益舒適區。你的存款或退休金帳戶虧損到什麼地步，你才會開始抓狂，並把資產移到比較安全的投資上？你希望投資組合漲到什麼地步，才會想要落袋為安？想一想你的工作或事業的風險，以及你持有哪些無流動性的資產。就算你不想避開這些風險，也不需要把賭注繼續下在這裡。比方說，你可能不想投資自家公司（如果你待在上市櫃公司）或相同產業的公司。假如經濟衰退導致你任職的企業出現大麻煩，工作出了問題，投資組合又在衰退時大跌或變得沒有流動性，這可不是好主意。

P4. 思索你的投資哲學和你對於市場的信念。我們希望，這趟與投資先驅同行的旅程可以啟發你深思，並發展出你自己的哲學。舉例來說，你是否為法馬陣營裡的一員？你是否

相信市場大致上是有效率的（尤其是美國股市）？若是，
那麼指數型基金就是你的起點；一般投資人很可能就是這
麼做。如果你和一般人不同，那就採取別的行動。但也請
體認，就像席勒和其他行為學家所指出的，幾乎每個人都
認為自己比一般人聰明。做好準備，根據新的與有說服力
的資訊來更新你的投資哲學。

P5. **列出你擁有的全部資產與你希望持有的資產**，例如共同基
金、ETF、股票、債券、房地產等。請記住，共同基金和
ETF 有各種不同的型態與規模。柏格說過，追蹤大盤、低
成本、無銷售費用的傳統指數型基金，其設計就是供買進
之後長期持有。至於衍生性商品又如何呢？你是否與修爾
斯及默頓一樣，都很樂於接受？你可能根本沒有意識到，
很多投資產品實際上都是偽裝的衍生性商品。你的清單
將是你的資產選單，你要從中選擇以打造完美投資組合。
還有，你要列出你**不願持有**的資產。想一想萊柏維茲說的
「惡龍風險」。請記住，如果你不知道**可能發生什麼事**，
就千萬別根據你**認為會發生**的情況來做投資；在 2007 年
至 2009 年金融危機期間，很多人以極痛苦的方式學到這
一課。

P6. **培養對於當前投資環境的認知**，並感受環境相對於歷史常
態的穩定度。在穩定環境中，如 60％股票比 40％債券這
類的穩定投資原則，或許就夠了，但在快速變動的經濟環

境下，投資原則可能同樣也要維持動態。這裡的關鍵，是要管理完美投資組合的風險，讓你可以（一）僅暴露在你願意承擔的風險之下（以前述的 P2 和 P3 原則爲基準），（二）盡量分散投資於各種相對於風險的可能溢價最高的標的，（三）安心地定期監督你的投資，尤其當市況和你的個人條件隨著時間而改變時。

P7. **避免明顯的投資錯誤**。柏格和艾利斯提醒我們，這些錯誤包括：支付高於必要水準的手續費、投資組合的週轉率過高（而且很可能代價高昂）、不必要的稅賦，以及僅根據信任與交情就把投資交給主動式經理人。那個名叫柏尼的經理人在高爾夫球場上或許很迷人，但當你要把錢交給他時，得先謹慎思考。如果你決定承擔更多風險、透過借錢來投資，請務必確認你有足夠的儲備金可以應付追繳保證金。席勒提醒我們，人的行爲不見得永遠理性。我們可能自認爲是《星際迷航記》（*Star Trek*）影集裡的史巴克先生，但事實上我們的行爲更像是《辛普森家庭》動畫裡的荷馬・辛普森。

如果這張原則檢核表看起來很複雜，嗯，確實如此。正因如此，書中這十位專家最後才會得出十種不同的完美投資組合。不管哪一種，都不會永遠適合所有投資人，但其根據都是上述的七大投資原則，而且，在適應市場假說的脈絡之下，所有的組合都

很合理，因爲它們都代表了獨特的適應方式，以應對不同的環境和投資人類型。

　　接下來是**流程**，直接從原則而來。且讓我們更清楚理解你這個人與你目前的情況，接下來，才能知道你在 16 種投資人原型中屬於哪一種；我們希望這個結果可以作爲一個起點，讓你踏上尋找完美投資組合的旅程。這 16 種原型取決於四種特質：（一）你的風險趨避程度，（二）你目前與未來的財富和獲利能力，（三）你目前與未來的財務需求，（四）投資環境。我們稱之爲「RISE」標準：這四個英文字母分別代表風險（risk）、所得（income）、花費（spending）和環境（environment）。請視之爲能讓你有所提升（rise）、助你達成目標的檢核標準。

　　爲了簡化並具體化這些標準，我們針對這四項特徵設定兩種極端，並予以命名。以風險趨避程度來說，我們將避開風險的人稱爲「鴿派」，尋求風險的人稱爲「鷹派」。馬可維茲創造的平均數－變異數架構起了頭，修爾斯和默頓則強調關注風險很重要。我們在這裡說的，則是你的風險耐受度，也就是你願意承擔的風險水準。我們將高收入投資人稱爲「米達斯」（Midas），他是希臘神話中點石成金的人；低收入投資人則稱爲「彭妮雅」（Penia），這是希臘的貧窮女神（沒錯，神話裡眞的有這個角色）。我們將出手闊綽的人稱爲「蓋茲比」（Gatsby），這是費茲傑羅（F. Scott Fitzgerald）同名小說裡的主人翁；撙節開支的人則稱爲「史古基」（Scrooge），這是狄更斯（Charles Dickens）短

篇小說《小氣財神》（*A Christmas Carol*）裡的人物。最後，我們將市場環境區分為「擴張」和「衰退」。當然，要將某個投資環境僅歸於擴張或衰退，說起來容易、做起來難，經濟學家通常要等到衰退開始或結束後六個月或更長的時間，才能判定分類。然而，席格爾的研究告訴我們，如果可以預測景氣循環的轉折點，並在谷底之前大舉投資股票、再在高峰之前脫手，就能贏過買進後持有的股票策略；但同樣地，說起來容易，做起來難。[3]

為了回答我們目前處於何種環境，可能要仰賴經濟學家等專業人士，而他們會回過頭去仰賴景氣循環模式。

風險趨避	所得	花費	環境
鷹派 （Hawk）	米達斯 （Midas）	史古基 （Scrooge）	擴張 （Expansion）
鴿派 （Dove）	彭妮雅 （Penia）	蓋茲比 （Gatsby）	衰退 （Recession）
↓	↓	↓	↓
H 或 D	M 或 P	S 或 G	E 或 R

圖 12-1 根據四種特質來決定你最符合 16 種投資人類型中的哪一種：（一）風險趨避程度（鷹派或鴿派），（二）所得水準（米達斯或彭妮雅），（三）花費需求（史古基或蓋茲比），（四）經濟環境（擴張或衰退）。

利用這些簡單的二分法，我們可以把所有投資人分成 $2×2×2×2 = 16$ 種獨特的原型（見表 12-1），每一種都代表特定環境中不同的財務考量，所以會有一種最適合因應這些考量的完美投資組合。舉例來說，若有一個人是鷹派立場加上米達斯的煉金術、以史古基的態度來看待金錢，並生活在經濟擴張的環境下，那麼他的狀況就很好，可以完全投資股市，包括主動式策略（如果符合當事人的投資哲學）與特定類股的基金（比如生物科技），這可以充分利用股票的風險溢價。

然而，鴿派的立場加上彭妮雅的特質，卻以蓋茲比的闊綽態度去揮霍自己擁有的少少金錢、還處在經濟衰退的環境中，這就必須要非常謹慎了，不僅要當心投資組合，還要控制家庭支出並預期意料之外的費用，例如醫療保健問題或財產損失。對這種人來說，偏向固定收益證券、但包含一些被動式股票布局的平衡式投資組合，可能比較適當。

當然，這 16 種投資人原型，是將各種不同類型的投資人做了整體上的過度簡化。雖然我們是受到邁爾斯－布瑞格斯（Myers-Briggs）人格分類工具的激發才發展出這套架構，但請記住，我們在決定類別時，不僅要看投資人的財務特質，也納入了外部條件，如市場環境。還有，即使是所得水準和花錢模式等個人特質，也並非永遠不變的心理特質，反而很容易因為環境的變化而改變。這些二分法類別顯然都很極端，無法反映出日常經驗中偏向中間的特質：有時候我們會偏鴿派，有時又偏鷹派，而

多半時候我們處於兩者之間。

　　無論如何，這些類別都很有幫助，可以替你指出通向完美投資組合的路徑。圖 12-2 列出這 16 種原型，並以橢圓形（代表沒問題）、長方形（代表要謹慎）和六角形（代表危險）來標示，以反映你對於自身財務健全度應有的顧慮（我們會在最後一欄簡短討論）。橢圓形代表並無重大問題阻礙你達成財務目標；長方形代表可能有問題，你或許需要調整近期的花費、儲蓄或投資模式；六角形則凸顯出嚴重的財務危機，你得馬上關注。表 12-1 中的敘述說明，提出更具體的範例來描述這 16 種投資人原型。

　　我們做出沒問題／謹慎／危險等分類的標準，是將四種類別以簡單的等權重加權，得分 4 分或 3 分的為沒問題，2 分者為要謹慎，1 分或 0 分者則為危險。

　　評分背後的直覺如下：鷹派比鴿派更願意承擔風險，因此更樂於投資風險較高的資產如股票，從歷史上來看，這類資產能為投資人帶來更高的預期報酬。米達斯比彭妮雅賺得更高的收入，因此存款與投資潛力都比較高。史古基花的錢比蓋茲比少，因此存的錢較多，投資潛力也比較大。最後，股票的表現優於債券的時期，多半是在擴張期，而非衰退期。

　　當然，這些簡單的分類有很多限制：不同的分數和分類可能導致不同的權重、我們沒納入的其他特徵可能也很重要、我們分類中的極端只代表少數人，凡此種種。本項演練的重點，是要讓你思考「RISE」模型中的四項特徵，以及對於你達成財務目標可

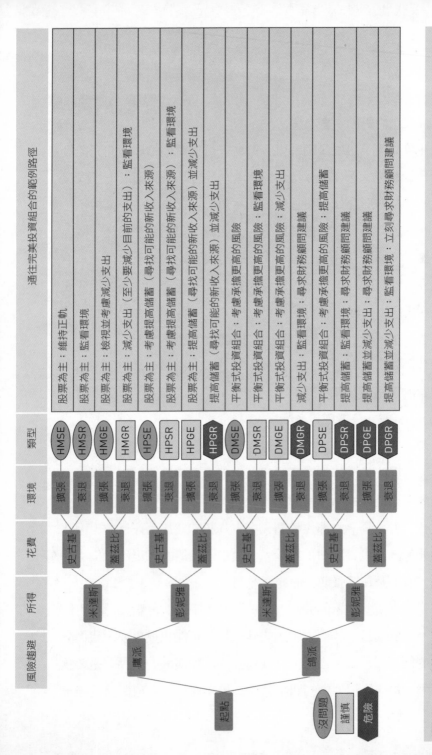

圖 12-2 16 種投資人原型，其判斷的基礎是四項特徵：（一）風險趨避程度（鷹派或鴿派），（二）所得水準（米達斯或寇妮雅），（三）花費需求（史古基或蓋茲比），（四）經濟環境（擴張或衰退）。根據最適合用來描述你的原型，標示的圖例類型會指出你的財務健全度：橢圓形代表無重大問題阻礙你達成財務目標；長方形代表可能有問題，你需要重新調整花費／儲蓄／投資模式；六角形代表財發出程危機，你得馬上關注。

表 12-1 | 16 種投資人原型範例說明

原型	範例
HMSE	居住在市郊的東正教徒，工作很出色，但是想要乘著目前的經濟浪潮，擠進提早退休之列。
HMSR	任職於當地頂尖事務所的律師，總是未雨綢繆、把賺的錢存一點下來，但今年看起來時局不好，他不知道該從哪裡下手。
HMGE	建築師，正值事業黃金期、遊走於高級社交圈，品味奢華，收取的費用也很奢華，還有一群客戶，偶爾願意為了成功機率不大的機會掏出錢來。
HMGR	系統工程師，在一家你一定聽過的公司裡任職，喜歡美好生活，但也知道最近的好景已經結束了。
HPSE	精打細算的單親家長，為了孩子的未來存錢，希望能讓孩子的未來如他們想像中一樣光明。
HPSR	辛辛苦苦的小企業主，為了節省成本，在自己店裡工作。就算零售業的末日即將到來，仍然把賭注放在小本生意上。
HPGE	熱衷參加派對的大學生，現在想要力求展現自我，認為好工作日後自會出現。
HPGR	熱衷參加派對的大學生，現在想要力求展現自我，認為反正以後也沒有好工作了。
DMSE	心臟科醫師，他在手術台上承受風險就夠了，感激不盡；還有，柏尼，他不需要聽你在高爾夫球場上的高談闊論。
DMSR	麻醉科醫師，還記得小時候這個古老國家發生過的市場崩盤歷史，認為最近的下跌是肯定的衰退信號。
DMGE	小兒科醫師，喜歡好東西，但認為股市熱潮只比彩券好一點。
DMGR	任職於航空公司的隨機工程師，就算公司狀況已經隨著經濟走下坡，仍樂於在賭城停留，但從來不在這裡賭博。
DPSE	非營利事業的員工，看著捐款金額不斷成長，但也懷疑能否用自己的存款在資本主義體系下做一些有價值的事。
DPSR	零售業店員，按照從小到大接受的教誨存錢，薪水不算高、經濟狀況不算好，認為地下道的投資廣告看起來很可疑。
DPGE	學校老師，會自掏腰包，讓無力負擔假期的學生生活更豐富；一直冷眼看著股市熱潮，只想把錢放在安全的地方。
DPGR	新上任的副理，剛剛成家，要開始擔負各項費用，在目前的就業市場裡，能找到工作讓他鬆了一口氣。

能造成的影響，並讓你體認到何時需要外求專業建議。

我們最後一個要項，是通往完美投資組合的**路徑**，如圖 12-2
最後一欄所示。當中有些說明指出，根據你願意（或不願意）承
擔的風險，你應該以股票爲主（比重大幅超過 50%），或是以
較偏平衡型的投資組合（股票與債券大約相等）爲主。這些簡單
的投資組合範例並未包括其他重要的資產，如房地產（對很多人
來說，這是最大的投資項目），也沒有針對主動式相對於被動式
投資、類股或個股投資提出建議。你自己的完美投資組合裡應該
納入哪些項目，取決於之前討論過的你的投資原則（尤其是原則
P5）。其他的說明，則視你比較偏向米達斯還是彭妮雅、蓋茲比
還是史古基，以鼓勵你提高儲蓄（從而提高投資）或降低花費，
並要你在經濟衰退期間監看環境。最後，還有一些說明指出，你
何時眞正需要向外求援，尋求財務顧問的具體建議。回到我們的
健康狀況比喻，我們在這裡是在做一些檢傷分類。

通往完美投資組合的路徑，是把重點放在可助你達成財務
目標的四種控制要件：（一）你的財務目標規模爲何，（二）你
願意且能夠透過儲蓄與投資固定貢獻多少，（三）你要花多少時
間達成財務目標，（四）你的儲蓄與投資的報酬率是多少。這契
合了柏格著重的風險、時間、成本與報酬，以及默頓建議我們在
面對財務挑戰時該有的行動：「多存一點、工作久一點，或是多
承擔一些風險。」當我們在談完美投資組合時，實際上僅聚焦於
最後一項工具：投資組合的預期報酬。這是因爲你選擇要投資哪

些資產，會影響預期報酬。通往完美投資組合的**路徑**包括四大要件，且讓我們分別進一步探索。

首先，是你的**財務目標規模**。舉例來說，假設你希望在退休後有足夠的金融資產可應付預期支出流，你可以考慮一下，在退休日把這些資產變成可提供穩定收益流的年金，以支應預期費用。當然，你也需要考量預期通貨膨脹、意外的醫療費用、想留給繼承人的遺贈動機（若有的話），諸如此類。如果你預期會發生不足，或想要為某一項目做準備，那你可能要重新調整財務目標，例如一年度假一次而不是兩次。

第二，是你的**儲蓄和投資**。你需要考量你的所得和花費，兩者之間的差額才是重點。你可能有機會變得比較像米達斯，擁有其他所得來源、可以補薪資之不足，例如釋放你潛藏的創業魂打造副業。也可能有一些是你可以削減的費用，讓你變得更偏向史古基。我們有多位專家，比如夏普便懇請大家理解，儲蓄才是重點，亦即做出犧牲才是重點。

第三，**時機是關鍵**。開始投資與儲蓄的最佳時機是昨天，次佳時機是今天。柏格就提到了複利的魔法；巴菲特則以滾雪球做比喻。為了達成財務目標，你可能需要把生活中某些目標延後，選擇多工作幾年。

第四，我們可以藉由**做出不同的投資組合選擇來改變預期報酬**，比方說，從本來 75％股票加 25％債券的組合，變成 25％加 75％。但是，我們必須體認到這些選擇中蘊藏的重要風險意義。

席格爾告訴我們，短期而言，股票的預期報酬率比債券高一些，風險也高一些，但長期來說不見得如此。掌握股票溢價（股市預期報酬率超越政府公債報酬率的部分），意味著要承受更高的風險，因此，如果你的風險傾向較偏鴿派，你是否已經做好準備，以偏鷹派的態度去處理投資組合，投入如股票等風險較高的資產？在你實際行動之前，你可能需要真正理解額外風險的本質，以及有哪些因素可能造成股價忽然大跌。

今天的完美投資組合，實際上只是此時此刻與當下環境中最適合我們的組合之速寫。預期報酬會不斷改變。1990 年代初，要找到殖利率比通貨膨脹高 4％或更多的安全政府公債，相對容易，到了 2020 年，通貨膨脹調整後的殖利率已經變成負值。追尋完美投資組合的重點，在於適應目前的所得水準、花費習慣、財務目標、環境和預期報酬。禪宗大師說，人不能踏進同一條河兩次，假設這個說法是對的，而你也確實根據必要的頻率去調整，那你可能不會擁有相同的完美投資組合兩次。不過，就算是看得最透澈的禪宗大師也一定會同意，無論踏入哪一條河，你都會濕掉。

讓我們回來談這些投資人原型，實際上，你可能會因為年紀漸長、財務與生活環境發生變化、投資環境出現變動，而從某一種原型變成另一種。透過熟悉這幾種不同的類別及其特有的財務模式，你將更能適應人生與經濟環境中的變化。說起來，生存最重要的關鍵不過就是如此：惟適應而已。到最後，我們追尋完美

投資組合之路，引領我們得出一項很重要的結論，也就是古希臘哲學家的格言：「了解自己。」說來輕鬆，做來不易，但至少我們有原則、流程和路徑，引導我們來到設計專屬完美投資組合的起點。

自洛克說出「追求幸福權」（the pursuit of happiness）之後已經過了 300 年，湯瑪斯・傑佛遜（Thomas Jefferson）把這句話納入《美國獨立宣言》也已將近 250 年。洛克說追求幸福是自由的基礎，同樣地，追求完美投資組合也是財務自由的基礎，這種自由能讓你達成財務目標，並獲得隨之而來的一切幸福。我們希望你很享受這趟在財務金融大師陪同之下和我們一起進行的旅程，也希望你在追求完美投資組合上能大獲成功，樂享幸福。

注釋

第 1 章

1. 參見 Lo and Hasanhodzic (2010, chap. 1)。
2. 參見 Kuijt and Finlayson (2009)。
3. 參見 Goetzmann (2016, 23–24)。
4. 參見 Goetzmann (2016, 41)。
5. 參見 "History of Bonds," E. R. Munro and Company, https://www.ermunro.com/bonds/history/。
6. 參見 Weber (2009, 434)。
7. 參見 Goetzmann (2016, 48–50)。
8. 參見 Killgrove (2018)。
9. 參見 "A Case for the World's Oldest Coin: Lydian Lion," RG.Ancients, http://rg.ancients.info/lion/article.html。
10. 參見 Palaniappan (2017) 與 Chatnani (2010, 23)。
11. 參見 Poitras (2009, 489–90)。
12. 狄摩西尼控告阿佛布斯（Aphobus）的演說，參見 Demosthenes, *Against Aphobus 1*, 27.1, Perseus Digital Library, http://www.perseus.tufts.edu/hopper/text?doc=Perseus%3Atext%3A1999.01.0074%3Aspeech%3D27。
13. 參見 Sosin (2001)。
14. 參見 Sosin (2014)。
15. 參見 Kampmann (2012a)。
16. 參見 Kampmann (2012b)。
17. 參見 Goetzmann (2016, 229–30) 和 Goetzmann and Smith (2019)。
18. 參見 Nath (2015, 162)。
19. 參見 "Bank of England," Britannica, https://www.britannica.com/topic/Bank-of-England。
20. 參見 Cummings (2015)。
21. 參見 Nisen (2014)。
22. 參見 Bernstein (2004, 152–56) 與 Neal (2005, 165–76)。
23. 簡短說明請參見 Narron and Skeie (2013)。
24. Mackay ([1841] 2006)。詳細內容參見 Kindleberger and Aliber (2015)。特許金融分析師協會（CFA Institute）一度將麥凱的書列為特許金融分析師應考生的建議讀物。
25. Rotblut and Shiller (2015)。
26. Garber (2000)。
27. Garber (2000, 26)。

28. 關於羅的詳細描述，參見Buchan (2018)，亦請見Mackay ([1841] 2006)、Murphy (2005)和 Kindleberger and Aliber (2015)。簡短說明請參見 "Mississippi Bubble," Britannica, https://www.britannica.com/event/Mississippi-Bubble。

29. 參見 Velde (2007)。

30. 有很多人講過南海泡沫，文中的簡要說明以 Hoppit (2002) 為準。

31. 參見 Velde (2009)。

32. Murphy (1991, 1112)。

33. Velde (2009, 119)。

34. John Cochrane (2001, 1154) 評論賈博的書，總結認為賈博詳細說明這些傳說中的泡沫，為研究人員提供了一項重要心得：「傳統歷史學家所說的檢查原始來源，三兩下就可以揭露出順勢帝王的眞面目。」

35. 參見 Rouwenhorst (2016, 217)。

36. 參見 Rouwenhorst (2016, 224)。

37. Chambers, Dimson, and Foo (2015)。

38. 有人針對這句據稱的名言做了有趣的研究，保羅・薩繆爾森也參與其中，參見 "When the Facts Change, I Change My Mind. What Do You Do, Sir?," quoteinvestigator. com, https://quoteinvestigator.com/2011/07/22/keynes-change-mind/。

第2章

1. 接受本書作者訪談時所言。

2. 關於馬可維茲早年生活背景以及本章所描述的因緣際會，參見 Markowitz (1991)、Bernstein (1992)、Markowitz (1993)、Yost (2002)、Buser (2004a)、 Fox (2009) 和 Markowitz (2010)。

3. 接受本書作者訪談時所言。

4. 接受本書作者訪談時所言。

5. 接受本書作者訪談時所言。

6. 接受本書作者訪談時所言。約翰・馮諾伊曼理論獎（John von Neumann Theory Prize）頒給對作業研究與管理科學有基本且長久貢獻的個人或團體，馬可維茲很自豪自己能得到這個獎。「我有一張馮諾伊曼和第一部電腦的合照，就貼在我其中一個房間裡的軟木板上。」

7. 參見 Friedman (1976)。第一次頒發這個獎項是在 1969 年，一般稱為諾貝爾經濟學獎（我們通常都是這樣說的），但這個獎並非原始獎項之一，正式名稱為瑞典中央銀行紀念阿弗雷德・諾貝爾經濟學獎（Sveriges Riksbank Prize in Economic Sciences in Memory of Alfred Nobel）。

8. 參 見 Savage's biography, "Leonard Jimmie Savage," MacTutor, http://www-history.mcs. st-andrews.ac.uk/Biographies/Savage.html。欲了解本項學術研究，參見 Friedman and

Savage (1948)。

9. 參見 Friedman and Friedman (1998, 146)。

10. 參見 Koopmans (1975)。

11. 參見 Marschak (1946)。

12. Fox (2009, 348n13)試著去找出這位股票經紀人的眞實身分，但馬可維茲完全不記得。馬少克的兒子湯瑪斯（Thomas）說他的父親不是大戶、但確實有一些股票，所以可能是馬少克的股票經紀人，但對方也有可能是在等考爾斯委員會裡的其他人，或是單純來訪。據賈斯汀‧佛克斯（Justin Fox）所說，這仍是「財務金融史上一個重大（且此時仍無法破解的）謎題。」

13. 接受本書作者訪談時所言。

14. 關於本節所述的各種事件，不同的觀點參見 Markowitz (1991)、Bernstein (1992)、Markowitz (2002)、Yost (2002)、Buser (2004a) 和 Fox (2009)。

15. 接受本書作者訪談時所言。

16. 參見 "Cowles Foundation for Research in Economics," Yale University, https://cowles.yale.edu/about-us。

17. 接受本書作者訪談時所言。

18. Markowitz (1991)。1952 年，一份回顧過去 20 年的文件簡單扼要地指出馬可維茲的貢獻是「研究開放式投資信託的金融行爲模式，並寫出了用以描述這些模式的公式。」參見 "Economic Theory and Measurement: A Twenty Year Research Report," Cowles Commission for Research in Economics, 1952, 50, https://cowles.yale.edu/sites/default/files/files/pub/rep/r1932-52.pdf。

19. 接受本書作者訪談時所言。

20. 參見 Cowles (1932) and Cowles (1938)。

21. Markowitz (2002) 推薦的是葛拉漢和多德合著這本書的第三版（1951）。本書在 1934 年出第一版，1940 年出了第二版。如果馬可維茲是在 1950 年時得到天啟，那當時他讀的可能是 1934 年或 1940 年的版本。

22. 參見 Wiesenberger (1941)。

23. 參見 Williams (1938)。在《投資管理期刊》2011 年向馬可維茲致敬的大會上，馬可維茲猜測，這本書或許還放在芝加哥大學商學院的圖書館裡。

24. 現代在應用股利折現模型時，與過去有一項重要差異，那就是用來決定現值的折現率預估值。現在我們或可用資本資產定價模型（如第 3 章所述）來估計折現率。威廉斯（1938, 58–59）主張每位投資人都應該套用自己的折現率。

25. 參見 Bernstein (1992)。

26. 參見 Bernstein (1992, 42)。

27. 接受本書作者訪談時所言。

28. 馬可維茲 (2002) 自己用「天啟」一詞來描述當天他在圖書館的想法。

29. 接受本書作者訪談時所言。

30. 參見 Uspensky (1937)。

31. 接受本書作者訪談時所言。

32. 公式中的 $Corr_{ABC,XYZ} \times SD_{ABC} \times SD_{XYZ}$ 也就是 ABC 和 XYZ 的共變異數。相關性基本上是常態化的共變異數，數值永遠介於－1 和＋1 之間。

33. 以統計用語來說，這種情況爲完全正相關（perfect positive correlation）。

34. 從技術面來說，這種說法是假設常態分配；第 4 章會再詳談。

35. 參見 "Tjalling Charles Koopmans," MacTutor, https://mathshistory.st-andrews.ac.uk/Biographies/Koopmans/。

36. 參見 Bernstein (1992, 49)，當中就提到庫普門斯出的這項作業。

37. Bernstein (1992, 55) 與其他文獻中提到，馬可維茲很奇怪地與數學傳統背道而馳，將主要變數（也稱爲應變數）預期報酬率放在橫軸，並把自變數風險放在縱軸。在《投資管理期刊》2011 年的大會上，馬可維茲戲稱「1960 年代時，大家都旋轉了我的座標軸。」他提到，當時說明馬可維茲的重要研究的教科書，都把預期報酬率放在縱軸、風險（通常都以標準差來衡量，而不是馬可維茲一開始建議的變異數）放在橫軸。

38. 參見 Yost (2002)。

39. 參見 Markowitz (1952a)。

40. 後來，有人問馬可維茲爲何選擇在這份嶄新且相對未經驗證的期刊上發表，參見 Buser (2004a)。馬可維茲宣稱，他認爲自己這篇論文是一份金融稿，而他聽說過這份期刊，他也知道加州大學洛杉磯分校的佛瑞德‧魏斯頓（Fred Weston）和這份期刊有關係。之後，訪談人史蒂芬‧布瑟（Stephen Buser）指出，當馬可維茲正在找論文主題時，曾爲他列出投資相關文獻參考書目的凱徹姆，當時是這份期刊的主編，這一點讓馬可維茲大爲意外，馬可維茲不記得是不是凱徹姆建議他把這篇論文投到這份期刊。

41. 參見 Markowitz (1952a, 91)。

42. 參見 Markowitz (1952a, 91)。

43. 這裡使用比較常見的表示方法，預期報酬放在垂直軸，變異性（通常以標準差衡量，而非變異數）放在水平軸。

44. 在數學上，是以 $n \times (n－1)$ 這條公式算出這個數值，其中 n 是投資組合中的股票數目。在這個例子中，n 爲 20，共變異數中的數值就有 $20 \times 19 = 380$ 項。實務上，估計大型投資組合的數值很複雜；在數學上，這涉及了共變數逆矩陣，很可能並不穩定。

45. 參見 Markowitz (1952a, 82)。

46. 參見 Markowitz (1952a, 83)。

47. 參見 Markowitz (1952a, 89)。爲了將他的假設範例套用到實際情況裡，便查核了芝加哥大學證券價格研究中心資料庫中 1952 年掛牌的所有股票，並按照產業分類，發現掛牌的鐵路股實際上約有 50 檔（亦即標準產業分類代碼爲 40 的那些股票）。

48. 此節中的相關敘述與引用，參見 Buser (2004a)。

49. 參見 Buser (2004a)。

50. 參見 Fox (2009, 55)。

51. 參見 Markowitz (1990)。馬可維茲假設投資人在乎（報酬的）平均數和變異數，而現在我們知道這是出自於一個和效用函數（utility function）、或說偏好順序（ordering of preferences）有關的假設，我們因此可以用經濟學的術語來思考，把投資組合理論當成消費者選擇理論的簡單應用，在預算限制之下追求最大效用。

52. 參見 Rubinstein (2002)。

53. 參見 Merton (1968)。

54. 參 見 "Bruno de Finetti," MacTutor, https://mathshistory.st-andrews.ac.uk/Biographies/De_Finetti/。

55. 參見 Rubinstein (2006)。

56. 參見 de Finetti (1940)，並參考附帶的 2006 年第 1 章英語版譯本。

57. 參見 Kaplan (2010)，當中有一段倫納德‧吉米‧薩維奇之子山姆‧薩維奇（Sam Savage）的談話，多年後，他提到自己與德芬內蒂及馬可維茲兩人的交誼。馬可維茲是山姆的父親倫納德（大家慣稱他吉米）的學生。吉米‧薩維奇在 1950 年趁著研修假去了巴黎，一家人順道去了義大利，他們就在義大利見到德芬內蒂。吉米‧薩維奇於 1958 年時也在羅馬待了一年，當時和德芬內蒂有密切合作。多年後，1994 年時，在為知名數學家、同時也是線性規劃共同發明者（和庫普門斯一起）喬治‧單齊格舉辦 80 歲壽宴時，有人介紹山姆認識馬可維茲。「我還記得有人把我介紹給馬可維茲，我還說：『天啊，這是哈利‧馬可維茲！』我記得，哈利好像是說：『天啊，這是吉米‧薩維奇的兒子。』他對我說，我的父親曾經親授他預期效用理論。」

58. 參見 Markowitz (2006)。

59. 參見 Kaplan (2010)，當中報導了馬可維茲的說法。

60. 參見 Markowitz (1999, 5)。

61. 欲了解羅伊的背景，請參見 Bernstein (1992, chap. 2)。

62. 參見 Bernstein (1992, 56)。

63. 參見 Roy (1952)。

64. 參見 Markowitz (1999)。

65. 另外還有一項小差異。之前的附注中提到，馬可維茲以非傳統的方式畫圖，把因變數預期報酬放在水平軸，自變數風險（變異數）放在垂直軸。羅伊使用的是比較傳統、現在很普遍的方法，預期報酬放在垂直軸，風險（他使用的也是比較常用的標準差）放在水平軸。

66. 實際上，羅伊還寫了另一篇後續的研究報告。參見 Roy (1956)。

67. 參見 Markowitz (1959) 和 Markowitz (1987)。

68. 參見 Marschak (1950)。

69. 欲了解更詳盡的討論，參見 Maclachlan (2010)。

70. 欲了解更詳盡的討論，參見 Maclachlan (2010)。

71. 參見 Markowitz (1999)。

72. 參見 Marschak (1938)。

73. 參見 Markowitz (1999, 12)。

74. 本節中與馬可維茲 1959 年出版的這本書相關的描述與概覽，請參見 Markowitz (1999)。

75. 參見 Markowitz (1952a, 79)。

76. 這段話是以馬可維茲於 2011 年 3 月出席《投資管理期刊》在聖地牙哥舉辦的大型研討會時的評述為根據，本書的兩位作者也參加了這場會議。

77. 蘭德公司這個名字，是出自於 Research ANd Development 這幾個字（意為研究與發展）的字首縮寫，創辦於 1948 年，一開始是道格拉斯飛行器公司（Douglas Aircraft Company）的分支單位。這家公司的章程簡短但廣博：「推動並促進科學、教育與慈善的目標，完全以美國的公共福利與安全為目的。」驚人的是，有三分之二的諾貝爾獎得主在不同方面和蘭德公司有關聯。欲了解其他背景資訊，參見 "History and Mission," RAND Corporation, http://www.rand.org/about/history.html。

78. 接受本書作者訪談時所言。

79. 參見 Rubinstein (2002)。

80. 接受本書作者訪談時所言。

81. Kahneman and Tversky (1979)。康納曼也是 2002 年諾貝爾經濟學獎的共同得獎人。

82. Markowitz (1952b)。

83. 接受本書作者訪談時所言。

84. 接受本書作者訪談時所言。

85. 關於前景理論發展的說明，參見 Kahneman (2011, chap. 26)。

86. 接受本書作者訪談時所言。

87. 接受本書作者訪談時所言。

88. 接受本書作者訪談時所言。

89. 參見 Rubinstein (2002)。

90. 參見 Kaplan (2010)。

91. 參見 Kritzman (2011)。

92. 接受本書作者訪談時所言。

93. 接受本書作者訪談時所言。

94. 接受本書作者訪談時所言。

95. 接受本書作者訪談時所言。

96. 接受本書作者訪談時所言。

97. Markowitz (2016, xvii)。

98. 接受本書作者訪談時所言。

99. Markowitz (2005)。

100. 接受本書作者訪談時所言。

101. 接受本書作者訪談時所言。

102. 接受本書作者訪談時所言。

103. 接受本書作者訪談時所言。

104. 接受本書作者訪談時所言。
105. 接受本書作者訪談時所言。
106. 接受本書作者訪談時所言。
107. 接受本書作者訪談時所言。
108. 參見 Markowitz and Blay (2014)、Markowitz (2016) 與 Markowitz (2020)。
109. 接受本書作者訪談時所言。

第3章

1. 除非另有說明，否則本節所有資訊都來自於 Sharpe (1991) 和 Sharpe (2009)。
2. Snyder (1993)。這些統計數字指的是完成四年制大學學位的人。
3. 參見 Lansner (2011)。
4. Sharpe (2009)。
5. Sharpe (2009)。
6. Sharpe (2009)。
7. 接受本書作者訪談時所言。
8. 接受本書作者訪談時所言。
9. Sharpe (2009)。
10. Sharpe (2009)。
11. 威斯頓於 2009 年逝世，享年 93 歲，他曾經在 66 個博士生委員會中擔任主席或委員，到他過世時，這些學生在頂尖期刊上發表超過 220 篇論文。這些學生被稱作「佛瑞德子弟兵」。參見 "J. Fred Weston (1916–2009)," The American Finance Association, https://afajof.org/in-memoriam/。
12. Sharpe (2009)。
13. Sharpe (2009)。
14. 除非另有說明，否則本節所有資訊都來自於 Sharpe (1991) 和 Sharpe (2009)。
15. 接受本書作者訪談時所言。
16. Sharpe (1961)。
17. Sharpe (2009)。
18. 接受本書作者訪談時所言。
19. 接受本書作者訪談時所言。
20. Buser (2004b)。另一種思考方法是，想一想之前提過的兩檔股票投資組合公式。公式裡有兩個變異數項目和兩個共變異數（或相關性）項目，就像是一個 2 乘以 2 的矩陣。當股票的數目增加，例如增為 10 檔，就會有 90 個共變異數項目，相對之下，則只有 10 個變異數項目（這些就在對角線上）。
21. 根據 IBM 的舊檔案資料，第一部 7090 電腦於 1959 年 12 月安裝完成，價格為 2,898,000 美元，每個月的租金為 63,500 美元，一秒鐘可以執行 229,000 次加減運算，

參見 "7090 Data Processing System," IBM, https://www.ibm.com/ibm/history/exhibits/mainframe/mainframe_2423PH7090.html。

22. 夏普在論文 Sharpe (1961, 23) 中指出對角模型（或指數模型）可以降低的成本，芝加哥大學的教授默頓·米勒（Merton Miller）於 1960 年 10 月在《商業期刊》（*Journal of Business*）發表對馬可維茲《投資組合選擇》一書的評論時，也曾提過。這可能是最早提到三位學者有關係的參考資料。30 年後，馬可維茲、夏普和米勒共同獲頒 1990 年的諾貝爾經濟學獎。

23. 接受本書作者訪談時所言。

24. 除非另有說明，否則本節所有資訊都來自於 Sharpe (1991) 和 Sharpe (2009)。

25. 接受本書作者訪談時所言。

26. 參見 Sharpe (1963)。

27. 參見夏普的履歷 "William F. Sharpe: STANCO 25 Professor of Finance, Emeritus, Graduate School of Business," Stanford University, http://www.stanford.edu/-wfsharpe/bio/vitae.htm。

28. Buser (2004b)。

29. 最終發表時，導引出這條著名等式的過程，事實上是埋在一條長達 18 行的注腳裡，參見 Sharpe (1964, 438n22)，而且格式也和我們目前所知的不同。尤金·法馬在一篇釐清的文章中給了這條等式不同的格式，參見 Fama (1968)。

30. 參見 Fama (1968)，這篇論文可能是最早在資本資產定價模型的脈絡下提到「貝他」一詞的出版品。

31. Sharpe (2009)。

32. 參見 Bernstein (1992, 194–95)。

33. 根據 Kavesh, Weston, and Sauvain (1970) 的說法，華盛頓大學的哈洛德·佛雷納（Harold G. Fraine）從 1961 年到 1963 年擔任《金融期刊》的主編，繼任者為羅倫斯·瑞特（Lawrence S. Ritter），任期從 1964 年到 1966 年。

34. 參見 Gans and Shepherd (1994)。

35. Sharpe (1964)。

36. 參見 "User Profiles for William Sharpe," Google Scholar, https://scholar.google.com/citations?hl=en&user=JPi34mwAAAAJ。

37. 接受本書作者訪談時，夏普說他認為尤金·法馬可能是第一個發明「cap-em」這種說法的人，法馬卻說，芝加哥大學的教授羅伯·哈馬達（Robert Hamada）才是始作俑者，參見 Mehtais (2006)。夏普不介意大家怎麼發音（或發錯音），但他很高興有這麼多人關注。

38. 關於這個概念，指的是在某些經濟性假設之下，總會有讓總和需求與供給相等的價格。參見 Arrow and Debreu (1954)。

39. 接受本書作者訪談時所言。

40. 那個時候，夏普還用打孔卡在大型主機電腦上執行福傳程式。

41. 夏普提到的廣告，是 1976 年時市場對先鋒集團（Vanguard）引進第一檔指數型共同

基金表現出的反應，第5章會有進一步討論。

42. 接受本書作者訪談時所言。

43. 接受本書作者訪談時所言。

44. Treynor (1962)。

45. Sharpe (1991)。

46. 本段以及後段和崔諾、林特納、莫辛有關的事實資訊，來自 Sullivan (2006)，亦請參見 French (2003)。

47. 參見 Modigliani and Miller (1958)。

48. Sullivan (2006)。

49. Sullivan (2006)。

50. Lintner (1965)。

51. Fama (1968)。

52. Sullivan (2006)。

53. 參見 Mossin (1966)。

54. Mossin (1966, 769)。

55. 參見 Sharpe (1991) 與夏普的履歷 "William F. Sharpe: STANCO 25 Professor of Finance, Emeritus, Graduate School of Business," Stanford University, http://web.stanford.edu/~wfsharpe/bio/vitae.htm。

56. 相關範例請參見 Sharpe (1965, 1966)。

57. Sharpe (1991)。

58. Sharpe (1991)。

59. Buser (2004b)。

60. 參見 "Decentralized Investment Management (Presidential Address, American Finance Association Annual Meeting, Denver, Colorado)," Stanford University, https://www.gsb.stanford.edu/faculty-research/working-papers/decentralized-investment-management-presidential-address-american。

61. Litzenberger (1991)。

62. 參見 "Our Mission," Financial Engines, https://www.edelmanfinancialengines.com/about-us/。

63. 接受本書作者訪談時所言。

64. 接受本書作者訪談時所言。

65. Sharpe (1992)。

66. Sharpe (2007)。

67. Sharpe (2009)。

68. 烏比岡湖是一個位於美國明尼蘇達州的虛擬小鎮，廣播節目主持人蓋瑞森‧凱勒（Garrison Keillor）在電台節目《大家來我家》（*Prairie Home Companion*，參見 http://prairiehome.org）上說那裡是自己的童年家鄉。凱勒在節目中宣稱，鎮裡「所有女子都強悍，所有男子都英俊，所有孩童都優於平均水準。」

69. 此人是電視明星，主持 CNBC 的《瘋狂金錢》（*Mad Money*）節目。
70. Sharpe (2009)。
71. Sharpe (2009)。
72. Bell (2008)。
73. Sharpe (2002)。
74. Sharpe (2002)。
75. Fox (2009)。
76. Zweig (2007)。
77. 除非另有說明，否則本節引用的內容均是夏普接受本書作者訪談時所言。

第 4 章

1. Jensen (1978)。
2. Bachelier (1900)。
3. Fama (1970)。
4. 除非另有說明，否則本節所有事實資訊都來自 Fama (2011) 和 Fama (2013)。
5. 接受本書作者訪談時所言。
6. 當時職業賽裡實際上已經在使用這個位置了，法馬沒理由再發明一次。
7. Iovino (2013)。
8. Iovino (2013)。
9. 參見 "Dr. Harry Ernst," BC Eagles, http://bceagles.com/hof.aspx?hof=279&path=&kiosk=。
10. 參見 "Harry Ernst, at 84; Successful Economist, Consultant Whose Lifelong Passion was Golf," *Boston Globe*, November 13, 2005, http://archive.boston.com/news/globe/obituaries/articles/2005/11/13/harry_ernst_at_84_successful_economist_consultant_whose_lifelong_passion_was_golf/。
11. Mehtais (2006)。
12. Fama (2013)。
13. 接受本書作者訪談時所言。
14. Mehtais (2006)。
15. 接受本書作者訪談時所言。
16. Fenner (2013)。
17. Fama (1965a)。
18. Clement (2007)。
19. Fama (2013)。
20. Fama (1965a)。
21. 16 世紀時，倫敦常用「黑天鵝」一詞來代表不可能發生的事，因為當時人們只知道有白天鵝。然而，到了 1600 年代末，一群荷蘭探險家首次在西澳洲看到黑天鵝，他

們是第一批看到黑天鵝的歐洲人。

22. 幾十年來,證券價格研究中心的數據都儲存在磁帶裡,需要透過大型的主機電腦讀取,然後編寫程式以判讀和分析,通常用的是福傳程式語言。

23. 接受本書作者訪談時所言。

24. Fama, Fisher, Jensen, and Roll (1969)。

25. 接受本書作者訪談時所言。

26. Fama, Fisher, Jensen, and Roll (1969, 2)。

27. Fama (1965b, 1970)。

28. Fama (1970)。《金融期刊》上的效率市場概念風行之後,另一個類似的概念也開始在經濟學專業領域流傳。這個概念和幾位知名的經濟學家有關,例如獲得諾貝爾經濟學獎的小羅伯‧盧卡斯(Robert E. Lucas Jr.)和湯瑪斯‧薩金特(Thomas Sargent),亦即世人所知的理性預期(rational expectation)。

29. Ball and Brown (1968)。他們的論文發表時間早於 1969 年的 FFJR 論文,但波爾和布朗提到 1967 年已經完成的更早的 FFJR 論文,並指出 FFJR 已被接受、即將發表,惟尚未正式問世。

30. Jensen (1968)。

31. 接受本書作者訪談時所言。

32. Fama (1970, 384)。

33. Fama (2011)。

34. Fama (1991)。

35. Fama (1991, 1576)。

36. Fenner (2013)。

37. 參見 Ben Cohen, "The Golden State Warriors Have Revolutionized Basketball," *The Wall Street Journal*, April 7, 2016, http://www.wsj.com/articles/the-golden-state-warriors-have-revolutionized-basketball-1459956975。

38. Fama (2013)。

39. 參見 Fama and MacBeth (1973)。截至 2021 年,這篇論文在 Google 學術搜尋的紀錄中被引用了 16,000 次;不過,在法馬的論文中,這個引用數量僅排名第六。

40. 接受本書作者訪談時所言。

41. Black, Jensen, and Scholes (1972)。

42. Fama (2011)。

43. Basu (1977)。

44. Banz (1981)。

45. Rosenberg, Reid, and Lanstein (1985)。

46. Fama and French (1992, 1993)。

47. 接受本書作者訪談時所言。

48. Fama (2011)。

49. Fama and French (1992, 427)。

50. Berg (1992)。
51. Google 搜尋絕對不是投票制度，但 2021 年時「貝他已死」（beta is dead）的搜尋結果有 330 萬筆，類似的「貝他未死」（beta is not dead）搜尋次數則約爲 67 萬筆。
52. 接受本書作者訪談時所言。
53. 法馬－法蘭區模型之所以會風行，大部分是因爲他們以聰明且（以當時來說）獨特的方式善用了數據分享。肯恩・法蘭區大量更新與法馬－法蘭區研究變化型相關、多不勝數的各種數據，就放在他自己頗受歡迎的網站上。參見 Kenneth R. French, "Data Library," http://mba.tuck.dartmouth.edu/pages/faculty/ken.french/data_library.html。
54. 接受本書作者訪談時所言。洛爾於 1977 年在一篇針對資產定價驗證所寫的著名批評文章中指出，若要驗證資本資產定價模型，就需要界定市場投資組合，包含所有可投資資產。如果無法界定市場投資組合，就無法驗證資本資產定價模型。
55. 接受本書作者訪談時所言。
56. Fama and French (2015)。
57. 接受本書作者訪談時所言。
58. Fama (2011)。
59. Fama (1975)。
60. Fama (1976b)。
61. Fama and Schwert (1977)。
62. Fama (1981)。
63. Fama and Bliss (1987)。
64. 這個範例的靈感來自於約翰・科克倫的序章〈報酬預測與不同時間的風險溢價〉（Return Forecasts and Time-Varying Risk Premiums），參見 Fama (2017)。
65. Fama and French (1988a)。
66. Fama and French (1988b)。
67. Schwert and Stulz (2014)。
68. Fama and Miller (1972)。
69. Fama (2011)。
70. 接受本書作者訪談時所言。
71. Fama (1976a)。
72. 接受本書作者訪談時所言。
73. Fama (2011)。
74. Fama (2011)。
75. Fama (2011)。
76. Schwert and Stulz (2014)。
77. 接受本書作者訪談時所言。
78. 接受本書作者訪談時所言。
79. Schwert and Stulz (2014)。

80. Schwert and Stulz (2014)。
81. Schwert and Stulz (2014)。
82. 當事人對作者所言。
83. 接受本書作者訪談時所言。
84. 接受本書作者訪談時所言。
85. 接受本書作者訪談時所言。
86. 接受本書作者訪談時所言。
87. Berkshire Hathaway Inc., *2013 Annual Report*, http://www.berkshirehathaway.com/2013ar/2013ar.pdf。
88. 接受本書作者訪談時所言。
89. 接受本書作者訪談時所言。

第5章

1. Rostad (2013, 18)。
2. Buerkle (2019)。
3. Rostad (2013, 18)。
4. 生平資訊都取自於 Slater (1997, chap. 1)。
5. 其實是約翰·柏格的祖父創辦了衛生罐頭廠（Sanitary Can Company），後來被美國製罐廠收購。很久之後，在後續的領導人帶領之下，美國製罐廠多角化經營，變成普瑞馬瑞卡公司（Primerica），後來又成為花旗集團（Citigroup）旗下的一員。
6. 很巧的是，就在發生這件事後的幾個月內，哈利·馬可維茲也在另一處芝加哥大學的圖書館裡領悟到自己的天啟。
7. "Big Money in Boston" (1949)。
8. Bogle (2013)。
9. 接受本書作者訪談時所言。
10. Breslow (2013)。
11. Bogle (2003a)。
12. Bogle (2003a)。
13. Bogle (2003a)。
14. Bogle (1951)。
15. Allebrand (2009)。
16. Bogle (2005a)。
17. 接受本書作者訪談時所言。
18. 接受本書作者訪談時所言。
19. 參見 "Report of the U.S. Securities and Exchange Commission on the Public Policy Implications of Investment Company Growth; Report of the Committee on Interstate and Foreign

Commerce, Pursuant to Section 136 of the Legislative Reorganization Act of 1946, Public," Securities and Exchange Commission, December 2, 1966, http://www.sechistorical.org/museum/galleries/tbi/gogo_c.php。

20. 接受本書作者訪談時所言。
21. Bogle (2003a)。
22. 接受本書作者訪談時所言。
23. Bogle (1951)。
24. 接受本書作者訪談時所言。
25. 參見 Bogle (2004)。
26. 接受本書作者訪談時所言。
27. 原文出自於 Regan (2016)，約翰‧柏格做了小幅編修。
28. Armstrong (1960)。
29. Renshaw and Feldstein (1960)。
30. Armstrong (1960)。
31. 接受本書作者訪談時所言。
32. Bogle (2004)。
33. 接受本書作者訪談時所言。
34. Regan (2016)。
35. 接受本書作者訪談時所言。
36. Bogle (2012)。
37. 接受本書作者訪談時所言。
38. Regan (2016)。
39. 原文出自於 Levy (2017)，約翰‧柏格做了小幅編修。
40. 接受本書作者訪談時所言。
41. Anson et al. (2006)。
42. Regan (2016)。
43. Anson et al. (2006)。
44. Anson et al. (2006)。
45. Ehrbar (1976)。
46. 柏格承認也有其他人嘗試建構指數基金，但都不是指數型共同基金，參見 Bogle (2014b)。美國運通資產管理公司（American Express Asset Management Company）1974 年時創立了美國指數基金（Index Fund of America），設計爲專供機構投資人投資，最低額度爲 100 萬美元，目標是追求「差不多近似於」標普 500 指數的報酬。這檔基金申請首次公開發行，但之後撤回，這個案子也就不了了之。據說諾貝爾經濟學獎得主米爾頓‧傅利曼 1971 年時寫了一封信給 TIAA-CREF，建議其取消所有投資分析師的職位，採取指數化政策，將所有股票投資組合投資到標普 500 指數。相對於指數共同基金，創造出指數化（indexing）概念的「主要權利人」是富國投資顧問公司（Wells Fargo Investment Advisors）及其領導者約翰（麥克）‧麥克奎恩（John "Mac"

McQuown），他和許多名人合作，包括費雪‧布萊克、麥可‧詹森、哈利‧馬可維茲和威廉‧夏普。1971 年，富國投資顧問公司以指數策略替新秀麗公司（Samsonite Corporation）管理 600 萬美元的退休金，以相同的權重投資紐約證交所掛牌的 1,500 檔股票。1973 年，百駿金融管理公司（Batterymarch Financial Management）的狄恩‧勒巴倫（Dean LeBaron）和傑洛米‧格蘭薩姆（Jeremy Grantham）開始提供一個以指數為基礎的退休帳戶，1974 年吸引了第一位客戶，但他們很快就放棄這項策略。還有，1974 年時，芝加哥美國國家銀行（American National Bank of Chicago）設立了一檔模擬標普 500 指數的共同信託基金，最低投資門檻為 10 萬美元，但沒有任何和這檔基金相關的資料。

47. Ehrbar (1976, 148)。
48. Bogle (2011)。
49. Bogle (2013)。
50. Sommer (2012)。
51. Samuelson (1974)。
52. 接受本書作者訪談時所言。
53. Bogle (2014b)。
54. 柏格日後讀到的其他文章也鼓舞了他，其中包括查爾斯‧艾利斯 1975 年發表於《金融分析師期刊》的〈輸家的遊戲〉（The Loser's Game），第 10 章中有相關討論。
55. Bogle (2011)。
56. Bogle (2011)。
57. Bogle (2011)。
58. Bogle (2011)。
59. Samuelson (1976)。
60. Samuelson (1976)。
61. 接受本書作者訪談時所言。
62. Anson et al. (2006)。
63. Anson et al. (2006)。
64. Allebrand (2009)。
65. Rostad (2013, 85)。
66. Rostad (2013, 86)。
67. 原文出自於 Allebrand (2009)，約翰‧柏格做了小幅編修。
68. 接受本書作者訪談時所言。
69. Regan (2016)。
70. 接受本書作者訪談時所言。
71. Bogle (2003b)。
72. 接受本書作者訪談時所言。
73. Bogle (2003b)。
74. Bogle (2005b)。

75. Allebrand (2009)。

76. Allebrand (2009)。

77. Bogle (2014a)。

78. Boyle (2007)。

79. 接受本書作者訪談時所言。

80. Bogle and Nolan (2015)。

81. 根據固定成長版的股利折現模型，並套用成長型永續年金的公式，在時間點 t 時的股票價格 P_t，等於明年的預期股利 D 除以預期股票報酬率、減去預期永續股利成長率的差額 $R_t - G_t$。整理一下公式，得出 R_t 等於 $D/P_0 + G_t$，其中 D/P_0 就是股利殖利率，設為 D_0。

82. Boyle (2007)。

83. Jaffe (2014)。

84. 接受本書作者訪談時所言。

85. Allebrand (2009)。

86. Bogle (2001)。

87. Bogle (2001)。

88. Bogle (2007)。

89. Bogle (2007)。

90. Bogle (2007)。

91. Bogle (2007)。

92. Allebrand (2009)。

93. Allebrand (2009)。

94. Anson et al. (2006)。

95. Allebrand (2009)。

96. Best (2016)。

97. Anson et al. (2006)。

98. Levy (2017)。

99. Jaffe (2014)。

100. Best (2016)。

101. Jenkins (2016)。

102. 接受本書作者訪談時所言。

103. Jaffe (2014)。

104. Jenkins (2016)。

105. Levy (2017)。

106. Bogle (2016)。

107. 接受本書作者訪談時所言。

108. 接受本書作者訪談時所言。

109. 接受本書作者訪談時所言。

110. 接受本書作者訪談時所言。

111. Bogle (2015)。

112. MacBride (2015b)。

113. MacBride (2015b)。

114. 舉例來說，參見 Philips (2014)。

115. Regnier (2015)。

116. 接受本書作者訪談時所言。

117. 背後的數學運算如下：$(1 - 0.03)^{30} = 0.40$。

118. Regan (2016)。

119. 接受本書作者訪談時所言。

120. Bogle (2012, 322)。

第 6 章

1. 除非另有說明，否則本節引用的事實資訊均出自於 Scholes (1997)。

2. 參見 Roll (2006)。

3. 令人悲傷的是，巴瑞科後來在當年夏天因為飛機失事而喪命，後來就出現了所謂「巴瑞科的詛咒」。楓葉隊在五年中贏得四次史丹利盃冠軍，但是，一直要到 1962 年才拿下第五個，六個星期之後，就找到了巴瑞科的飛機殘骸。他在加時賽的出色表現與之後的逝世，都被悲劇之果樂團（Tragically Hip）寫進 1992 年的歌曲〈五十任務角〉（Fifty Mission Cap）裡，永遠傳唱。

4. 其他生於蒂明斯的出色球員包括馬赫夫利奇（Mahovlich）家的兄弟，其中大 M 法蘭克（Frank, "the Big M"）曾待過六支贏得史丹利盃冠軍的球隊，後來進入曲棍球名人堂，並成為加拿大參議員。弟弟小 M 彼特（Pete, "the Little M"）待過四支贏得史丹利盃的球隊。

5. Roll (2006)。

6. Smith (2008)。

7. Smith (2008)。

8. Smith (2008)。

9. Smith (2008)。

10. 除非另有說明，否則本節引用的事實資訊均出於 Scholes (1997)。

11. 參見 Eugene F. Fama, "My Life in Finance," Dimensional Investing, March 4, 2010, https://famafrench.dimensional.com/essays/my-life-in-finance.aspx。

12. Roll (2006)。

13. Roll (2006)。

14. Roll (2006)。以現今頂尖金融博士學程的激烈競爭與嚴謹的申請流程來看，想一想法馬和修爾斯如何在無須申請之下、就進入時至今日仍被視為最負盛名的博士班就

讀，以及今天和他們有相同背景和資格的人是否能錄取，是很有趣的事。某位芝加哥大學的現任金融學教授和本書作者分享以下看法：「我們也不是一年能培養出幾百個法馬和修爾斯。」

15. Bernstein (1992, 212)。
16. 參見 Breit and Hirsch (2009, 241)。
17. 參見 Breit and Hirsch (2009, 241)。
18. Bernstein (1992)。
19. Scholes (1997)。
20. Roll (2006)。
21. 修爾斯有提過他們的會面，請見 Roll (2006)。
22. 這個描述布萊克、修爾斯和詹森第一次合作背後的故事，出自於 Roll (2006) 和 Ancell (2012)。
23. 接受本書作者訪談時所言。
24. Roll (2006)。
25. 接受本書作者訪談時所言。
26. 接受本書作者訪談時所言。
27. Roll (2006)。
28. 參見 Black, Jensen, and Scholes (1972)。
29. Stewart (2013)。
30. Black (1989a)。
31. Black (1989a)。
32. 修爾斯所述，請見 Roll (2006)。
33. Roll (2006)。
34. Black (1989a)。
35. Black (1989a)。
36. Black (1989a)。
37. Sprenkle (1961)。
38. Cootner (1967)。
39. Boness (1964)。
40. Roll (2006)。
41. 接受本書作者訪談時所言。
42. 接受本書作者訪談時所言。
43. 接受本書作者訪談時所言。
44. 參見 Black (1989a)，當中有寫到發表的過程。從引用的角度來看布萊克－修爾斯的研究，到 2021 年為止，修爾斯、布萊克和詹森一同發表的論文被引用了 4,700 次，修爾斯和布萊克所做的股利研究（布萊克和修爾斯於 1974 年發表的論文）被引用過 1,600 次，布萊克－修爾斯的選擇權定價研究被引用的次數高於尤金・法馬的任何論文。

45. 接受本書作者訪談時所言。

46. 接受本書作者訪談時所言。

47. Roll (2006)。

48. Black (1989a)。

49. 參見 Black and Scholes (1973)。

50. 參見 Black and Scholes (1972)。

51. 除非另有說明，否則本節引用的事實資訊均出自於 Scholes (1997)。

52. 布萊克在學術界外工作，擁有的是物理學學位，但校方行事大膽，授予他終身職。以現在來說，完全無法想像在這種條件下能獲得任用。

53. 參見 "CRSP Celebrates," CRSP, http://www.crsp.org/main-menu/crsp-celebrates#95_Years_of_Data。

54. 參見 Scholes and Williams (1977)。

55. 參見 Scholes, Wolfson, Erikson, Hanlon, Maydew, and Shevlin (2014)。修爾斯和沃夫森到第五版都是共同作者，最新版於 2020 年出版。

56. 接受本書作者訪談時所言。

57. 接受本書作者訪談時所言。

58. 關於長期資本管理公司的歷史，請參見 Lowenstein (2000)。

59. 參 見 "Award Ceremony Speech Presentation, Speech by Professor Bertil Näslund of the Royal Swedish Academy of Sciences," The Nobel Prize, December 10, 1997, http://www.nobelprize.org/nobel_prizes/economic-sciences/laureates/1997/presentation-speech.html。

60. 值得一提的是，純交易是選擇權存在的主要原因之一。假設你聽到一個和某些上市企業有關的消息、但其他人都不知情，你會想要善用這個消息。你可能沒辦法大幅舉債來買進企業的股票（比如借入 90%的購買資金），就算可以，你的違約風險也很高。不過，你有替代方案，你可以購買買入選擇權，槓桿比率基本上是 10 比 1。純交易不見得不好，而且，比起在有違約可能性之下、以槓桿操作來交易股票，選擇權交易要好得多。

61. 參見 "Myron S. Scholes, 1941–," The Library of Economics and Liberty, http://www.econlib.org/library/Enc/bios/Scholes.html。

62. 關於芝加哥選擇權交易所的背景資料，請參見 "About Us," CBOE, http://www.cboe.com/aboutcboe /default.aspx。

63. Scholes (1998)。

64. 根據 Black (1989a) 的資料指出，與 1970 年代初相比，到了 1980 年代末，少有機會能利用定價錯誤的選擇權獲利，因為那時的交易員已經大量使用布萊克－修爾斯／莫頓選擇權定價模型。

65. 參見 "OTC Derivatives Statistics at End-December 2019," Bank for International Settlements, May 7, 2020, https://www.bis.org/publ/otc_hy2005.htm。

66. 2004 年起可以針對波動性指數做交易。回溯至 1986 年的指數值，是以芝加哥選擇權

交易所的回溯測試為基準，顯示的是在給定當時標普 500 指數選擇權價格之下，波動性指數應該是多少。官方紀錄的收盤值高點出現在 2020 年 3 月 16 日（此時接近新冠肺炎疫情開始之時），波動性指數值為 82.69，但 1987 年 10 月 19 日的指數值幾乎比這高了兩倍，為 150.19。

67. 接受本書作者訪談時所言。

68. 接受本書作者訪談時所言。

69. 接受本書作者訪談時所言。

70. 參見 Warren E. Buffett, "Berkshire's Corporate Performance vs. the S&P 500," Berkshire Hathaway, February 21, 2003, http://www.berkshirehathaway.com/letters/2002pdf.pdf。

71. 參見 Warren E. Buffett, "Berkshire's Corporate Performance vs. the S&P 500," Berkshire Hathaway, February 27, 2009, http://www.berkshirehathaway.com/letters/2008ltr.pdf。

72. 參見 Tony Boyd, "Warren Buffett Still Says Derivatives Are 'Weapons of Mass Destruction,'" Financial Review, June 17, 2015, http://www.afr.com/markets/derivatives/warren-buffett-still-says-derivatives-are-weapons-of-mass-destruction-20150617-ghpw0a。

73. 接受本書作者訪談時所言。

74. 接受本書作者訪談時所言。

75. 在 2015 年 7 月到 2017 年 4 月間，現在更名為博士康公司（Bausch Health Companies Inc.）的威朗製藥股價跌了超過 95%。

76. 接受本書作者訪談時所言。

77. 接受本書作者訪談時所言。

78. 接受本書作者訪談時所言。

79. 本節引用的話語，皆摘自修爾斯接受本書作者訪談時所言。修爾斯認為，以他對於何謂完美投資組合的信念來說，有一部分的概念要歸功於共同發想人阿旭溫‧阿藍卡（Ashwin Alankar）。阿藍卡是駿利亨德森投資公司（Janus Henderson Investors）全球資產配置部門的主管，修爾斯則是該公司的投資策略長。修爾斯和阿藍卡共同為駿利亨德森投資公司寫了白皮書（僅供機構投資人查看），包括 2016 年 1 月的〈帶動複合報酬的關鍵刺激因素〉（The Key Catalysts to Compound Returns），文中闡述許多修爾斯在本節提到的概念。

80. 背後的算術是這樣的：$100×(1 − 0.20)×1.20 = $96。

81. Lo (2016) 這篇文章也評論了如標普 500 等廣泛市場指數中不斷變動的波動幅度，並且提到，缺乏風險管理可能是被動式投資最大的一項弱點。

第 7 章

1. 參見 Griehsel (2004)。

2. Black (1989a)。

3. 除非另有說明，否則本節的事實資訊均出自於 Merton (1997a)。

4. Kaufman (2003)。

5. Buser (2005)。

6. Griehsel (2004)。

7. 接受本書作者訪談時所言。

8. Buttonwood (2019)。

9. 接受本書作者訪談時所言。

10. Merton (1966)。

11. 接受本書作者訪談時所言。

12. Merton (2014)。

13. Griehsel (2004)。

14. 接受本書作者訪談時所言。

15. 接受本書作者訪談時所言。

16. 哈洛德‧佛瑞曼的背景資料出自於 "Prof. Harold Freeman of Economics Dies at 88," MIT News, November 26, 1997, http://news.mit.edu/1997/freeman-1126.

17. Merton (1997a)。

18. Merton (1969a)。

19. 接受本書作者訪談時所言。

20. 接受本書作者訪談時所言。

21. Samuelson and Merton (1969)。期刊主編特別強調這篇文章的複雜性，他在論文摘要中評述道：「論文後面還有兩篇附錄提出了詳細的理論說明與應用。祝好運。」

22. Merton (1969b)。

23. Merton (1971)。

24. 接受本書作者訪談時所言。

25. Merton (1992)。

26. Jarrow (1999a)。

27. Merton (1970)。

28. Merton (1973b)。

29. Merton (1974)。這篇文章於 1973 年 12 月時在美國財務學會的會議上做簡報，會議論文集則於 1974 年發表。

30. Merton (1973a)。

31. 接受本書作者訪談時所言。

32. MIT Sloan School of Management (2013)。

33. Merton (2014)。

34. Merton (2014)。

35. 接受本書作者訪談時所言。

36. 接受本書作者訪談時所言。

37. Bernstein (1992)。

38. Merton (2014)。

39. Merton (1973c) 這篇文章中稱這個模型爲「布萊克與修爾斯模型」、「布萊克－修爾斯模型」，或簡稱爲「布萊克－修爾斯」，這是第一篇以布萊克－修爾斯來稱呼該模型的公開發表文章。然而，Merton (1998, 326n5) 一文裡也提到，莫頓 1970 年 7 月在富國銀行資本市場研討會裡提出的 1970 年工作報告，首先使用了「布萊克－修爾斯」的名稱。

40. MIT Sloan School of Management (2013)。

41. MIT Management (1988, 28)。

42. Merton (1973a)。

43. 這篇文章發表始末的相關說法取自於 Bernstein (1992)。

44. MIT Sloan School of Management (2013)。

45. Merton (2014)。

46. 接受本書作者訪談時所言。

47. Merton (1974)。他很低調地說選擇權是「相對不重要的金融工具」(449)。

48. Carr (2006)。

49. 參見 Carr (2006) 與 Mitchell (2004)。

50. Mitchell (2004)。

51. Lobel (2010)。

52. Lo (2020)。

53. Lo (2020)。

54. Buser (2005)。

55. 本段的資訊取自 Merton (1997a)。

56. 在充滿娛樂性的《老千騙局：我在銀行上班的日常》(Liar's Poker) 一書裡，作者麥可‧路易士 (Michael Lewis) 細數他在所羅門兄弟銀行工作的歲月，以內部人士的眼光來看 1980 年代的投資銀行文化。這本書的書名的根據，是他說到約翰‧梅韋瑟如何慫恿約翰‧古佛蘭參與一場老千騙局：這場賭局在數學上很合理，是根據隨機一元美鈔上的序號來虛張聲勢，賭注爲 1,000 萬美元。

57. 哈佛商學院一系列的案例研究中描述了相關的策略和事件，請參見〈長期資本管理公司〉(Long-Term Capital Management, L.P.)，作者是安卓‧裴洛德 (Andre F. Perold)，分別標示爲 (A) case number 9-200-007，(B) case number 9-200-008，(C) case number 9-200-09，以及 (D) case number 9-200-010。

58. 參見 Lowenstein (2000, 234)。某些衍生性產品容許投資人針對股市的整體波動性下注。

59. Lafont (2006)。

60. Peltz (2007)。

61. Merton (1997b)。

62. 參見 Duffie (1998)。

63. 參見 Jarrow (1999b)。

64. Spedding (2002)。

65. Lafont (2006)。

66. Nickerson (2008)。

67. Merton (2003)。

68. 接受本書作者訪談時所言。

69. Patel (2007)。此專利的相關說明，參見 "Method and Apparatus for Retirement Income Planning Abstract," Google Patents, http://www.google.com/patents/US20070061238。

70. 接受本書作者訪談時所言。

71. 接受本書作者訪談時所言。

72. 接受本書作者訪談時所言。

73. 接受本書作者訪談時所言。

74. 相關的簡述參見 Gleason (2009)。

75. 接受本書作者訪談時所言。

76. 接受本書作者訪談時所言。

77. 接受本書作者訪談時所言。

78. 接受本書作者訪談時所言。

79. 接受本書作者訪談時所言。

80. 參見 Michael Paterakis and Greg Iacurci, "DFA to Launch Next-Gen TDF," Money Management Intelligence, September 17, 2014, http://www.moneymanagementintelligence.com/Article/3381246/Search/DFA-To-Launch-Next-Gen-TDF.html#/.WJCdWlMrKUk。

81. 參見 DFA, "Dimensional Fund Advisors Launches Groundbreaking Target Date Solution," November 2, 2015, https://www.prnewswire.com/news-releases/dimensional-fund-advisors-launches-groundbreaking-target-date-solution-300169968.html。

82. White (2013)。

83. Goldstein (2014)。

84. Haoxiang (2014)。

85. 參見 Schifrin (2013)。

86. 參見 "Dimensional 2030 Target Date Ret Income Fund," Dimensional Investing, https://us.dimensional.com/funds/dimensional-2030-target-date-retirement-income-fund。

87. Solman (2009)。

88. Mitchell (2004)。

89. 接受本書作者訪談時所言。

第 8 章

1. Fabozzi (1992)。

2. 除非另有說明，否則本節關於萊柏維茲的事實資訊均出自於 Fabozzi (1992)、Bernstein (2007) 和 Anson et al. (2011)。

3. 參見 "York Peppermint Pattie," Internet Archive, https://web.archive.org/web/20070807115621/ http://www.hersheys.com/products/details/york.asp。

4. CFA Institute (2015)。

5. 參見 "Dr. Carl Sagan," National Aeronautics and Space Administration, https://starchild. gsfc.nasa.gov/docs/StarChild/whos_who_level2/sagan.html。薩根和萊柏維茲畢業之後多年未見，後來居然在一場猶太教成年禮上共乘禮車。Dunstan (2008) 裡提到，薩根向來以自大聞名，他問萊柏維茲：「這些年你過得怎麼樣？」萊柏維茲故意板著臉，給對方一份他剛剛收到的《機構投資人》（Institutional Investor）雜誌，封面就是他本人的照片，標題寫著：「馬帝·萊柏維茲：華爾街的債券大師」（Marty Leibowitz: Wall Street's Bond Guru）。

6. CFA Institute (2015)。

7. 參見 "About SRI International," SRI International, https://www.sri.com/about。

8. 參見 Martin L. Leibowitz and Gerald J. Lieberman, "Optimal Composition and Deployment of a Heterogeneous Local Air-Defense System," Journal of the Operations Research Society of America 8, no. 3 (1960): 324–37。

9. 參見 "James Marcus Dies—Pioneer, Innovator in Contract Carpet," FloorBiz, Octo- ber 31, 2007, http://www.floorbiz.com/BizNews/NPViewArticle.asp?ArticleID=2634。馬可斯 95 歲時退休（這是他第三次、也是最後一次退休），在他要歡度 103 歲生日前三個星期過世。

10. CFA Institute (2015)。

11. 接受本書作者訪談時所言。

12. 接受本書作者訪談時所言。

13. 參見 Laurence Arnold, "William Salomon, Who Modernized Family's Firm, Dies at 100," Bloomberg, December 9, 2014, https://www.bloomberg.com/news/articles/2014-12-09/ william-salomon-who-made-firm-a-wall-street-force-dies-at-100。

14. Homer (1975)。

15. 接受本書作者訪談時所言。

16. 接受本書作者訪談時所言。

17. CFA Institute (2015)。

18. 此處多數的說明都出於 Homer (1975)。

19. Miles (1969)。

20. 接受本書作者訪談時所言。

21. 本段與接下來幾段和萊柏維茲相關的敘述出自於 Fabozzi (1992) 和 Bernstein (2007)。引用的內容則出自於 Bernstein (2007)。

22. Williamson (1970)。

23. CFA Institute (2015)。

24. 關於備忘錄的一般性說明，參見 Fabozzi (1992), "Biographical Sketch" section, and Homer and Leibowitz (2013, 113–120)。

25. Homer and Leibowitz (2013, 118)。

26. 接受本書作者訪談時所言。

27. Homer and Leibowitz (2013, 118)。

28. 接受本書作者訪談時所言。

29. 在某次接受本書兩位作者訪談時，萊柏維茲分享了他如何在牙科診療椅上想出替債券交換分類的故事。「牙醫在鑽我的牙，等到鑽完時，我竟然說：『你能不能再等我幾分鐘？』我向他借來紙筆，寫下這些想法，後來變成當時我認為（我們的書裡）非常重要的章節的基礎。」

30. 萊柏維茲提到，由於較年輕的讀者並不熟悉《殖利率手冊》，經常誤把這本書說成「殖利率曲線內幕」(Inside the Yield Curve)。

31. 參見 Homer and Leibowitz (2013)。

32. CFA Institute (2015)。

33. 參見 Fabozzi (1992), "Biographical Sketch" 一節。

34. 參見 Leibowitz (1986)。

35. 參見 Leibowitz (1987)。

36. CFA Institute (2015)。

37. 參見 Langetieg, Leibowitz, and Kogelman (1990)。

38. Ilmanen, Leibowitz, and Sullivan (2014)。

39. Ilmanen, Leibowitz, and Sullivan (2014)。

40. Anson et al. (2011)。

41. 相關敘述在 Dunstan (2008)。

42. Bernstein (2007, 201)。

43. Bernstein (2007, 201)。

44. Leibowitz and Bova (2005)。

45. Ilmanen, Leibowitz, and Sullivan (2014)。

46. Ilmanen, Leibowitz, and Sullivan (2014)。

47. Leibowitz (2010)。

48. Leibowitz (2006)。

49. Dunstan (2008)。

50. Dunstan (2008, 223)。

51. Leibowitz (2005)。

52. 接受本書作者訪談時所言。

53. Leibowitz (2005)。

54. Leibowitz (2005)。

55. 接受本書作者訪談時所言。

56. 參見 Leibowitz, Emrich, and Bova (2009)。

57. 參見 Leibowitz (2004)。

58. Ilmanen, Leibowitz, and Sullivan (2014)。本書的參考資料參見 Leibowitz, Bova, and

Hammond (2010)。

59. Meyer (2013) 指出，實際上沒有任何標出「此地有惡龍」或「*Hic sunt dracones*」（拉丁語，「此地有惡龍」之義）的古地圖，但是，有一個古老的地球儀上面真的有，那就是杭特－勒諾斯地球儀（Hunt-Lenox globe），以銅製成，製作於 1510 年，現存於紐約公共圖書館。若要從線上檢視 3D 數位模型，參見 "Spin and Explore One of the World's Oldest Globes," futurity.org, https://www.futurity.org/hunt-lenox-globe-3d-model-2293262/。

60. Ilmanen, Leibowitz, and Sullivan (2014)。

61. 接受本書作者訪談時所言。

62. 接受本書作者訪談時所言。

63. 接受本書作者訪談時所言。

64. 接受本書作者訪談時所言。

65. 接受本書作者訪談時所言。

66. 接受本書作者訪談時所言。

67. Anson et al. (2011)。

68. Anson et al. (2011)。

69. 接受本書作者訪談時所言。

70. 接受本書作者訪談時所言。

71. 接受本書作者訪談時所言。

72. Anson et al. (2011)。

73. Ilmanen, Leibowitz, and Sullivan (2014)。

74. 接受本書作者訪談時所言。

第 9 章

1. Shiller (2013a)。

2. 除非另有說明，否則本節關於席勒的事實資訊均出自於 Shiller (2013a)。

3. Shiller (2013a)。

4. Grove (2008)。

5. Shiller (2013a)。

6. Shiller (2013a)。

7. Read (2013)。

8. Read (2013)。

9. Kalamazoo College (2013)。

10. Kalamazoo College (2013)。

11. 接受本書作者訪談時所言。

12. 接受本書作者訪談時所言。

13. Shiller (1972)。
14. Godar (2013)。
15. Shiller (2013a)。
16. 參見 Shiller and Shiller (2011)。
17. Benner (2009)。
18. Benner (2009)。
19. Grove (2008)。
20. The Real Deal (2007)。
21. 接受本書作者訪談時所言。
22. 接受本書作者訪談時所言。
23. Shiller (1981)。
24. 參見 Cowen (2013)。
25. Shiller (2013b)。
26. 變異數界限檢定、或稱爲波動性檢定（volatility test），在數學上相當於用股票報酬
    預測值和股利價格比來做迴歸。波動性檢定將重點放在這些預測值的重要意義上，
    它們本身看起來可能沒那麼重要。
27. Shiller (1981)。
28. LeRoy and Porter (1981)。
29. Shiller (2003)。
30. Cochrane (2013)。
31. Wessel (1997) 中複述了詳細內容。
32. Leonhardt (2005) 中，以及接受作者訪談時均提到此事。
33. 接受本書作者訪談時所言。
34. 參見 "Remarks by Chairman Alan Greenspan" (our emphasis), Federal Reserve, December 5,
    1996, http://www.federalreserve.gov/boarddocs/speeches/1996/19961205.htm。
35. 取自 Robert J. Shiller, "Definition of Irrational Exuberance," http://www.irrationalexuberance.
    com/definition.htm。
36. Leonhardt (2005)。
37. Leonhardt (2005)。
38. Greenspan (2007, 176)。
39. Greenspan (2007, 177)。
40. 參見 "Robert Shiller: Stocks, Bonds and Real Estate are Overvalued," GuruFocus, May 30,
    2015, https://www.gurufocus.com/news/338699/robert-shiller-stocks-bonds-and-real-
    estate-are-overvalued。
41. Grove (2008)。
42. Kindleberger (2000)。
43. Kindleberger (2000, 16)。
44. 參見 "Robert Shiller: Stocks, Bonds and Real Estate are Overvalued," GuruFocus, May 30,

2015, https://www.gurufocus.com/news/338699/robert-shiller-stocks-bonds-and-real-estate-are-overvalued。

45. Rotblut and Shiller (2015)。

46. 關於敘事經濟學（narrative economics）的討論，參見 Shiller (2017)。

47. Rotblut and Shiller (2015)。

48. 參見 "Robert Shiller: Stocks, Bonds and Real Estate are Overvalued," GuruFocus, May 30, 2015, https://www.gurufocus.com/news/338699/robert-shiller-stocks-bonds-and-real-estate-are-overvalued。

49. Shiller (2014)。

50. Milner (2015)。

51. 接受本書作者訪談時所言。

52. 接受本書作者訪談時所言。

53. 接受本書作者訪談時所言。

54. 接受本書作者訪談時所言。

55. 接受本書作者訪談時所言。

56. 接受本書作者訪談時所言。

57. Clement (2007)。

58. Fama (2014)。

59. Fama (2014) 這篇文章裡提到 25 次「泡沫」，當中有 22 次使用了引號，幾個例外是他提到聯準會的政策解方或提到席勒的預測時。這不是新鮮事。在法馬 1965 年的博士論文中，他三度提到泡沫一詞時，也用了引號。

60. Fama (2014, 1476-77) 主張這個論點。

61. Hilsenrath (2004)。

62. Fama (1998)。

63. 接受本書作者訪談時所言。

64. Clement (2007)。

65. Mehtais (2006)。

66. Clement (2007)。

67. Cassidy (2010)。

68. 參見 Campbell and Shiller (1988)。以實務界人士爲對象所做的說明，參見 Campbell and Shiller (1998)。

69. Shiller (2014)。

70. 接受本書作者訪談時所言。

71. 參見 "Robert Shiller: Stocks, Bonds and Real Estate are Overvalued," GuruFocus, May 30, 2015, https://www.gurufocus.com/news/338699/robert-shiller-stocks-bonds-and-real-estate-are-overvalued。

72. Jeffries (2014)。

73. Shiller (2014)。

74. 接受本書作者訪談時所言。

75. Schwartz (2016)。

76. Schwartz (2016)。

77. Shiller (2013a)。

78. Schwartz (2016)。

79. 接受本書作者訪談時所言。

80. Case and Shiller (2003)。

81. Laing (2005)。

82. 參見 "About Us," Fannie Mae, https://www.fanniemae.com/about-us。

83. 參見 "Our Business," Freddie Mac, http://www.freddiemac.com/about/business/。

84. Grove (2008)。

85. Grove (2008)。

86. Benner (2009)。

87. Shiller (2013a)。

88. Benner (2009)。

89. Benner (2009)。

90. 接受本書作者訪談時所言。

91. 接受本書作者訪談時所言。

92. 接受本書作者訪談時所言。

93. 接受本書作者訪談時所言。參見 "Robert Shiller: Stocks, Bonds and Real Estate are Overvalued," GuruFocus, May 30, 2015, https://www.gurufocus.com/news/338699/robert-shiller-stocks-bonds-and-real-estate-are-overvalued。

94. Rotblut and Shiller (2015)。截至 2021 年，30 年期的美國抗通膨公債的殖利率稍低於零。

95. Grove (2008)。

96. Roth and Shiller (2000) and Grove (2008)。

97. Grove (2008)。2002 年，凱馬特申請破產保護，2003 年時股份終止，價值歸零。

98. Milner (2015)。

99. Grove (2008)。

100. 接受本書作者訪談時所言。

101. 接受本書作者訪談時所言。

102. 接受本書作者訪談時所言。關於兆一券的說明，參見 Kamstra and Shiller (2009)，亦請參見 Benford, Ostry, and Shiller (2018)。

103. 接受本書作者訪談時所言。

104. 參見 Kamstra and Shiller (2009)。

105. 接受本書作者訪談時所言。

106. 參見 Kamstra and Shiller (2009)。

107. Jeffries (2014)。

第 10 章

1. Ritholz (2015)。
2. Ritholz (2015)。
3. Ritholz (2015)。
4. Ritholz (2015)。
5. Ritholz (2015)。
6. Ritholz (2015)。
7. Ellis (2013)。
8. Ellis, Ilmanen, and Sullivan (2015)。
9. 參見 Eric Pace, "J. Richardson Dilworth, 81, Philanthropist," *The New York Times*, December 31, 1997, http://www.nytimes.com/1997/12/31/arts/j-richardson-dilworth-81-philanthropist. html。
10. 參見 Ellis (2013, 6) 和 Ritholz (2015)。
11. Zweig (2016)。
12. Ellis (2013)。
13. 接受本書作者訪談時所言。
14. 參見 Ellis (1979)。他的博士論文〈大型企業退休基金的投資政策〉(Investment Policies of Large Corporate Pension Funds)，拿一個以現代投資組合理論為基礎的規範模型，和實際的退休基金投資政策調查數據做比較。他發現，實務的行為和信念，始終和學術性的投資組合理論相衝突，而投資政策會懲罰投資績效。論文的最後一章題目為「勉強接受指數化」(Reluctant Acceptance of Indexing)。
15. Ellis (1964)。
16. Ellis (2013)。
17. Ellis, Ilmanen, and Sullivan (2015)。
18. 接受本書作者訪談時所言。
19. Zweig (2016)。
20. Ritholz (2015)。
21. Ellis (1968a)。
22. Ellis (2013)。
23. Ellis (1968b)。
24. Ellis (1971)。
25. 參見 MacBride (2015a) 與 "About Us," Greenwich Associates, https://www.greenwich.com/ about-us。
26. 接受本書作者訪談時所言。
27. 接受本書作者訪談時所言。
28. 接受本書作者訪談時所言。
29. MacBride (2015a)。

30. "About Us," Greenwich Associates, https://www.greenwich.com/about-us 。
31. Ellis (1975) 。
32. 第 8 版請參見 Ellis (2021) 。
33. Pae and Hennigan (2016) 。
34. 拉莫以犀利的幽默感著稱。據 Pae and Hennigan (2016) 說，拉莫和一位美國空軍將軍一起見證了美國第一枚導彈發射。當飛彈上升至六英寸、尚未轉向之際，拉莫轉頭對將軍說：「班尼，現在我們知道這東西能飛了，我們要做的，就是把射程再拉遠一點。」
35. 接受本書作者訪談時所言。
36. 接受本書作者訪談時所言。
37. 接受本書作者訪談時所言。
38. 接受本書作者訪談時所言。
39. Ellis (1975) 。
40. Ellis (1975) 。
41. 接受本書作者訪談時所言。
42. Ellis (2013, 8) 。本章引用內容出於本書第六版，2013 年初版。本書的第八版已於 2021 年出版。
43. Ellis (2013, 9–10) 。
44. Ellis (2013, 75) 。
45. Ellis (2013, 23) 。
46. Lange (2013) 。
47. Ellis (2013, 32) 。
48. Ellis (2013, 54) 。
49. Ellis (2013, 64) 。
50. Ellis (2013, 83) 。
51. Ellis (2013, 150–52) 。
52. Ellis (2013, 219) 。
53. 參見 "The Yale Investments Office," http://investments.yale.edu/ 。
54. 參見 "The Yale Investments Office," http://investments.yale.edu/ 。
55. TIFF Commentary (2006) 。
56. Ellis (2013) 。
57. TIFF Commentary (2006) 。
58. TIFF Commentary (2006) 。
59. Zweig (2016) 。
60. 接受本書作者訪談時所言。
61. Ellis (2012) 。
62. Ellis (2014a) 和 Ellis (2014b) 。
63. Powell (2016) 。

64. Lange (2013)。
65. Powell (2016)。
66. ThinkAdvisor (2017)。
67. Ellis (2016)。
68. ThinkAdvisor (2017)。
69. ThinkAdvisor (2017)。
70. Ellis (2017)。
71. Ellis (2017)。
72. Malkiel and Ellis (2013)。
73. MacBride (2015a)。
74. Malkiel and Ellis (2013, 39)。
75. 接受本書作者訪談時所言。
76. Malkiel and Ellis (2013, 87)。
77. Wong (2013)。
78. Wong (2013)。
79. 接受本書作者訪談時所言。
80. Allen and Hebner (2015)。
81. 原文出自於 Lange (2013)，由艾利斯更新。
82. Zweig (2016)。
83. Zweig (2016)。
84. 接受本書作者訪談時所言。
85. 原文出自於 Lange (2013)，由艾利斯更新。

第 11 章

1. 請參考範例如 "'Wizard of Wharton': US Credit Downgrade Will Create 'Chaos,'" CNBC, October 1, 2013, https://www.cnbc.com/2013/10/01/warning-from-the-wizard-of-wharton.html。
2. 本節的生平相關資訊取自於 Siegel (1971) 中的生平附注，以及他和本書兩位作者的對話，其簡歷參見 "Jeremy James Siegel, Finance Educator," Prabook, https://prabook.com/web/jeremy_james.siegel/802141。
3. 2018 年 11 月 28 日與本書兩位作者的往來書信。
4. 2018 年 11 月 28 日與本書兩位作者的往來書信。
5. 接受本書作者訪談時所言。
6. 參見 "About," The Woodrow Wilson National Fellowship Foundation, https://woodrow.org/about/。
7. 接受本書作者訪談時所言。

8. 接受本書作者訪談時所言。
9. 接受本書作者訪談時所言。
10. 接受本書作者訪談時所言。
11. Siegel (1972)。
12. 參見 Black (1989b)。
13. 接受本書作者訪談時所言。
14. 接受本書作者訪談時所言。
15. 接受本書作者訪談時所言。
16. 接受本書作者訪談時所言。
17. 接受本書作者訪談時所言。
18. 接受本書作者訪談時所言。
19. Siegel (1991)。
20. 這是教科書裡「衰退」的定義。事實上，美國國家經濟研究局有一個由經濟學家組成的委員會，他們會檢視除了國內生產毛額外的其他因素，以便正式判定經濟衰退的起始與結束日期。
21. Samuelson (1966)。
22. Mehra and Prescott (1985)。
23. Siegel (1992c)。
24. Siegel (1992a)。
25. Siegel (1992a, 37)。
26. Siegel (1992b)。
27. Siegel and Thaler (1997)。
28. Siegel and Thaler (1997, 199)。
29. Siegel (1999b)。
30. 參見 "Kenneth R. French: Data Library," Tuck School of Business, Dartmouth, http://mba.tuck.dartmouth.edu/pages/faculty/ken.french/data_library.html。
31. 最新版爲 Siegel (2014)。
32. James K. Glassman, "Try These Ten Books to Be a Better Investor," November 9, 1997, https://www.washingtonpost.com/archive/business/1997/11/09/try-these-ten-books-to-be-a-better-investor/5d7b64f4-b9cd-419d-8126-8a0d0fc96aff/。
33. 參見 Smith (1924)。史密斯檢驗的數據涵蓋了 1866 年至 1922 年。當時，一般的想法認爲債券是比股票更好的投資標的。
34. 接受本書作者訪談時所言。
35. Siegel (2014, 58)。
36. Siegel (2014, 103)。
37. 接受本書作者訪談時所言。
38. 接受本書作者訪談時所言。
39. Siegel (2005, x)。

40. Siegel (1999a)。席格爾確實指出，負責替每一篇文章下標題的是《華爾街日報》的某位編輯，但作者本人可能會提出建議。

41. Siegel (2005, x)。

42. Siegel (1999a)。

43. Siegel (2005)。

44. Siegel (2000)。

45. 接受本書作者訪談時所言。

46. 接受本書作者訪談時所言。

47. Siegel (2000)。

48. Siegel (2005)。

49. 接受本書作者訪談時所言。

50. Siegel (2005)。

51. 接受本書作者訪談時所言。

52. Siegel (2005)。

53. 接受本書作者訪談時所言。

54. Knowledge@Wharton (2018)。

55. 接受本書作者訪談時所言。

56. 接受本書作者訪談時所言。

57. 接受本書作者訪談時所言。

58. Siegel (2016)。

59. 接受本書作者訪談時所言。

60. Knowledge@Wharton (2018)。

61. Knowledge@Wharton (2018)。

62. Knowledge@Wharton (2018)。

63. Knowledge@Wharton (2018)。

64. "ETFs," WisdomTree, https://www.wisdomtree.com/etfs。

65. 參見 Woolley (2008)。

66. 接受本書作者訪談時所言。

67. 接受本書作者訪談時所言。

68. Woolley (2008)。

69. Siegel (2014, 374–76)。

70. Siegel (2005, ix)。

71. 接受本書作者訪談時所言。

72. Siegel (2005, chap. 17)。

73. Siegel (2005, chap. 16)。

74. Siegel (2014, 206)。

75. 接受本書作者訪談時所言。

76. 接受本書作者訪談時所言。

77. 接受本書作者訪談時所言。
78. 接受本書作者訪談時所言。
79. 接受本書作者訪談時所言。
80. 接受本書作者訪談時所言。
81. 接受本書作者訪談時所言。
82. 接受本書作者訪談時所言。

第 12 章

1. 參見 Lo (2004)、Lo (2012) and Lo (2017)。
2. 欲獲得更多資訊以了解認證理財規劃顧問的工作，參見 https://www.cfp.net/。想了解特許金融分析師的工作，參見 https://www.cfainstitute.org/en/programs/cfa/charterholder-careers。
3. Siegel (1991)。

參考資料

Allebrand, Cheryl. 2009. "Advice from the Index-Fund Mastermind." Bankrate, February 27, http://www.bankrate.com/investing/advice-from-the-index-fund-mastermind/.

Allen, Tom, and Mark Hebner. 2015. "Charles Ellis: How We Fix the Most Important Financial Challenge the U.S. Has Ever Faced." Index Fund Advisors, October 8, https://www.ifa.com/articles/charles_ellis_most_important_financial_challenge_ever_faced/.

Ancell, Kate. 2012. "The Origins of the First Index Fund." University of Chicago Booth School of Business, http://www.crsp.org/files/SpringMagazine_IndexFund.pdf.

Anson, Mark, Edward Baker, John Bogle, Ronald Kahn, and Meir Statman. 2006. "Putting the Shareholder First: A Lifetime Ideal; A Conversation with John Bogle." *Journal of Investment Consulting* 8, no. 1: 8–22.

Anson, Mark, Edward Baker, Martin Leibowitz, Margaret Towle, and Meir Statman. 2011. "Creating Solutions from a Lifetime of Learning Experiences: Talking Investments with Martin L. Leibowitz, PhD." *Journal of Investment Consulting* 12, no. 2: 6–15.

Armstrong, John [John Bogle]. 1960. "The Case for Mutual Fund Management." *Financial Analysts Journal* 16, no. 3: 33–38.

Arrow, Kenneth J., and Gerard Debreu. 1954. "Existence of an Equilibrium for a Competitive Economy." *Econometrica* 22, no. 3: 265–90.

Bachelier, Louis. 1900. *Theorie de la Speculation*. Paris: Gauthier-Villars. Reprinted in English in Paul Cootner, ed., *The Random Character of Stock Market Prices* (Cambridge, MA: MIT Press, 1964), 338–72.

Ball, Ray, and Philip Brown. 1968. "An Empirical Evaluation of Accounting Income Numbers." *Journal of Accounting Research* 6, no. 2: 159–78.

Banz, Rolf W. 1981. "The Relationship between Return and Market Value of Common Stocks." *Journal of Financial Economics* 9, no. 1: 3–18.

Basu, Sanjoy. 1977. "Investment Performance of Common Stocks in Relation to Their Price-Earnings Ratios: A Test of the Efficient Market Hypothesis." *Journal of Finance* 32, no. 3: 663–82.

Bell, Heather. 2008. "Straight Talk from the Source: William F. Sharpe." IndexUniverse, https://web.stanford.edu/~wfsharpe/art/indexuniverse.pdf.

Benford, James, Jonathan D. Ostry, and Robert Shiller, eds. 2018. *Sovereign GDP-Linked Bonds: Rationale and Design*. London: CEPR, https://voxeu.org/content/sovereign-gdp-linked-bonds-rationale-and-design.

Benner, Katie. 2009. "Bob Shiller Didn't Kill the Housing Market." *Fortune*, July 7, http://archive.fortune.com/2009/07/06/real_estate/robert_shiller_housing_market.fortune/

index.htm?postversion=2009070710.

Berg, Eric N. 1992. "Market Place; A Study Shakes Confidence in the Volatile-Stock Theory." *The New York Times*, February 18, http://www.nytimes.com/1992/02/18/business/market-place-a-study-shakes-confidence-in-the-volatile-stock-theory.html.

Bernstein, Peter L. 1992. *Capital Ideas: The Improbable Origins of Modern Wall Street*. New York: Free Press.

——. 2007. *Capital Ideas Evolving*. Hoboken, NJ: Wiley.

Bernstein, William J. 2004. *The Birth of Plenty: How the Prosperity of the Modern World Was Created*. New York: McGraw-Hill.

Best, Richard. 2016. "Where Does John C. Bogle Keep His Money?" Investopedia, January 27, https://www.investopedia.com/articles/financial-advisors/012716/where-does-john-c-bogle-keep-his-money.asp.

"Big Money in Boston." 1949. *Fortune*, December, 116–21, 189–90, 194, 196.

Black, Fischer. 1989a. "How We Came Up with the Option Formula." *Journal of Portfolio Management* 15, no. 2: 4–8.

——. 1989b. "Universal Hedging: Optimizing Currency Risk and Reward in International Equity Portfolios." *Financial Analysts Journal* 45, no. 4: 16–22.

Black, Fischer, Michael C. Jensen, and Myron Scholes. 1972. "The Capital Asset Pricing Model: Some Empirical Tests." In *Studies in the Theory of Capital Markets*, ed. Michael C. Jensen, 79–121. New York: Praeger.

Black, Fischer, and Myron Scholes. 1972. "The Valuation of Option Contracts and a Test of Market Efficiency." *Journal of Finance* 27, no. 2: 399–417.

——. 1973. "The Pricing of Options and Corporate Liabilities." *Journal of Political Economy* 81, no. 3: 637–54.

——. 1974. "The Effects of Dividend Yield and Dividend Policy on Common Stock Prices and Returns." *Journal of Financial Economics* 1, no. 1: 1–22.

Bogle, John C. 1951. "The Economic Role of the Investment Company." Senior thesis, Princeton University.

——. 2001. *John Bogle on Investing: The First 50 Years*. Hoboken, NJ: Wiley.

——. 2003a. "The Mutual Fund Industry in 2003: Back to the Future." The Boston Security Analysts Society, January 14, http://johncbogle.com/speeches/JCB_BSAS0103.pdf.

——. 2003b. "Whether Markets Are More Efficient or Less Efficient, Costs Matter." *CFA Magazine*, November–December.

——. 2004. "Reflections on Wellington Fund's 75th Birthday." Bogle Financial Markets Research Center, http://johncbogle.com/speeches/JCB_WMC1203.pdf.

——. 2005a. "The Mutual Fund Industry 60 Years Later: For Better or Worse?" *Financial Analysts Journal* 61, no. 1: 15–24.

——. 2005b. "Relentless Rules of Humble Arithmetic." *Financial Analysts Journal* 61, no. 6:

22–35.

———. 2007. *The Little Book of Common Sense Investing: The Only Way to Guarantee Your Fair Share of Stock Market Returns*. Hoboken, NJ: Wiley.

———. 2011. "How the Index Fund Was Born." *The Wall Street Journal*, September 3, https://www.wsj.com/articles/SB10001424053111904583204576544681577401622.

———. 2012. *The Clash of the Cultures: Investment vs. Speculation*. Hoboken, NJ: Wiley.

———. 2013. " 'Big Money in Boston' . . . The Commercialization of the 'Mutual' Fund Industry." The Boston Security Analysts Society, May 17, http://johncbogle.com/wordpress/wp-content/uploads/2013/05/Big-Money-in-Boston-5-17-13.pdf.

———. 2014a. "The Arithmetic of 'All-In' Investment Expenses." *Financial Analysts Journal* 70, no. 1: 13–21.

———. 2014b. "Lightning Strikes: The Creation of Vanguard, the First Index Mutual Fund, and the Revolution It Spawned." *Journal of Portfolio Management* 40, no. 5: 42–59.

———. 2015. *Bogle on Mutual Funds: New Perspectives for the Intelligent Investor*. Hoboken, NJ: Wiley.

———. 2016. "The Index Mutual Fund: 40 Years of Growth, Change, and Challenge." *Financial Analysts Journal* 72, no. 1: 9–13.

Bogle, John C., and Michael W. Nolan. 2015. "Occam's Razor Redux: Establishing Reasonable Expectations for Financial Market Returns." *Journal of Portfolio Management* 42, no. 1: 119–34.

Boness, A. James. 1964. "Elements of a Theory of Stock-Option Values." *Journal of Political Economy* 72: 163–75.

Boyle, Matthew. 2007. "Be Prepared for a Lot of Bumps." Fortune .com, December 24, http://archive.fortune.com/magazines/fortune/fortune_archive/2007/12/24/101939724/index.htm?postversion=2007121711.

Breit, William, and Barry T. Hirsch. 2009. *Lives of the Laureates: Twenty-three Nobel Economists*. Cambridge, MA: MIT Press.

Breslow, Jason M. 2013. "John Bogle: The 'Train Wreck' Awaiting American Retirement." PBS, April 23, https://www.pbs.org/wgbh/frontline/article/john-bogle-the-train-wreck-awaiting-american-retirement/.

Buchan, James. 2018. *John Law: A Scottish Adventurer of the Eighteenth Century*. London: MacLehose.

Buerkle, Tom. 2019. "Breakingviews—Jack Bogle Defined Value in More Ways Than One." Reuters Breakingviews, January 17, https://www.reuters.com/article/us-john-bogle-obituary-breakingviews-idUSKCN1PB2WG.

Buser, Stephen. 2004a. "Markowitz: Interview at Rady School of Management at the University of California San Diego." StudyLib, https://studylib.net/doc/5866248/markowitz-interview---american-finance-association.

———. 2004b. "William Sharpe Interview." American Finance Association History of Finance Videos, https://afajof.org/masters-of-finance-videos/.

———. 2005. "Robert C. Merton Interview." American Finance Association History of Finance Videos, https://afajof.org/masters-of-finance-videos/.

Buttonwood. 2019. "Against the Clock." *The Economist*, June 15, 67.

Campbell, John Y., and Robert J. Shiller. 1988. "Stock Prices, Earnings, and Expected Dividends." *Journal of Finance* 43, no. 3: 661–76.

———. 1998. "Valuation Ratios and the Long-Run Stock Market Outlook." *Journal of Portfolio Management* 24, no. 2: 11–26.

Carr, Peter. 2006. "Harvard's Financial Scientist." Bloomberg Markets, October, http://rmerton.scripts.mit.edu/rmerton/wp-content/uploads/2015/11/Harvards_Financial-Scientist.pdf.

Case, Karl E., and Robert J. Shiller. 2003. "Is There a Bubble in the Housing Market?" *Brookings Papers on Economic Activity*, no. 2: 299–362.

Cassidy, John. 2010. "Interview with Eugene Fama." *The New Yorker*, January 13, http://www.newyorker.com/news/john-cassidy/interview-with-eugene-fama.

CFA Institute. 2015. "Looking Back: Thoughts from Investment Luminary Martin L. Leibowitz." Other Webcast Series, April 8, https://www.cfainstitute.org/en/research/multimedia/2016/looking-back-thoughts-from-investment-luminary-martin-l-leibowitz.

Chambers, David, Elroy Dimson, and Justin Foo. 2015. "Keynes the Stock Market Investor: A Quantitative Analysis." *Journal of Financial and Quantitative Analysis* 50, no. 4: 843–68.

Chatnani, Niti Nandini. 2010. *Commodity Markets: Operations, Instruments, and Applications.* New Delhi: Tata McGraw-Hill.

Clement, Douglas. 2007. "Interview with Eugene Fama." Federal Reserve Bank of Minneapolis, https://www.minneapolisfed.org/publications/the-region/interview-with-eugene-fama.

Cochrane, John H. 2001. "Review of Famous First Bubbles: The Fundamentals of Early Manias by Peter M. Garber." *Journal of Political Economy* 109, no. 5: 1150–54.

———. 2013. "Bob Shiller's Nobel." The Grumpy Economist, October 15, http://johnhcochrane.blogspot.ca/2013/10/bob-shillers-nobel.html.

Cootner, Paul. 1967. *The Random Character of Stock Market Prices*. Cambridge, MA: MIT Press.

Cowen, Tyler. 2013. "Robert Shiller, Nobel Laureate." MarginalRevolution, http://marginalrevolution.com/marginalrevolution/2013/10/robert-shiller-nobel-laureate.html.

Cowles, Alfred. 1932. "Can Stock Market Forecasters Forecast?" Paper read before a joint meeting of the Econometric Society and the American Statistical Association, Cincinnati, Ohio, December 31, 1932, and reprinted in *Econometrica* 1 (1933): 309–24.

———. 1938. *Common-Stock Indexes, 1871–1937*. Bloomington, IN: Principia.

Cummings, Mike. 2015. "A Living Artifact from the Dutch Gold Age: Yale's 367-Year-Old Water Bond Still Pays Interest." YaleNews, September 22, https://news.yale.edu/2015/09/22/

living-artifact-dutch-golden-age-yale-s-367-year-old-water-bond-still-pays-interest.

de Finetti, Bruno. 1940. "Il Problemadei 'Pieni.' " *Giornale de ll'Istitutodelgi Attuari* 18: 1–88. English version of first chapter reprinted in "The Problem of Full-Risk Insurances." *Journal of Investment Management* 4 (2006): 19–43.

Duffie, Darrell. 1998. "Black, Merton and Scholes—Their Central Contribution to Economics." *Scandinavian Journal of Economics* 100, no. 2: 411–23.

Dunstan, Barry. 2008. *Investment Legends: The Wisdom That Leads to Wealth*. Milton, Queensland: Wiley.

Ehrbar, A. F. 1976. "Index Funds—An Idea Whose Time Is Coming." *Fortune*, June, 144–48, 150, 152, 154.

Ellis, Charles D. 1964. "The Corporate Tax Cut." *Financial Analysts Journal* 20, no. 3: 53–55.

———. 1968a. "To Get Performance, You Have to Be Organized for It." *Institutional Investor* (January): 68–71.

———. 1968b. "Will Success Spoil Performance Investing?" *Financial Analysts Journal* 24, no. 5: 117–19.

———. 1971. "Portfolio Operations." *Financial Analysts Journal* 27, no. 5: 36–46.

———. 1975. "The Loser's Game." *Financial Analysts Journal* 31, no. 4: 19–26.

———. 1979. "Investment Policies of Large Corporate Pension Funds." PhD diss., New York University Graduate School of Business Administration.

———. 2012. "Murder on the Orient Express: The Mystery of Underperformance." *Financial Analysts Journal* 68, no. 4: 13–19.

———. 2013. *Winning the Loser's Game: Timeless Strategies for Successful Investing*. 6th ed. New York: McGraw-Hill Education.

———. 2014a. "The Rise and Fall of Performance Investing." *Financial Analysts Journal* 70, no. 4: 14–23.

———. 2014b. "Seeing Investors' Reality as Our Profession's Reality." *CFA Institute Conference Proceedings Quarterly* 31, no. 2: 2–7.

———. 2016. *The Index Revolution: Why Investors Should Join It Now*. Hoboken, NJ: Wiley.

———. 2017. "The End of Active Investing?" *Financial Times*, January 20, https://www.ft.com/content/6b2d5490-d9bb-11e6-944b-e7eb37a6aa8e.

Ellis, Charles, Antti Ilmanen, and Rodney N. Sullivan. 2015. "Words from the Wise: Charles D. Ellis." AQR Capital Management, https://www.aqr.com/Insights/Research/Interviews/Words-From-the-Wise-Ellis-Executive-Summary.

Fabozzi, Frank J., ed. 1992. *Investing: The Collected Works of Martin L. Leibowitz*. Chicago: Probus Publishing.

Fama, Eugene F. 1965a. "The Behavior of Stock-Market Prices." *Journal of Business* 38, no. 1: 34–105.

———. 1965b. "Random Walks in Stock-Market Prices." *Financial Analysts Journal* 21, no. 5:

55–59.

————. 1968. "Risk, Return and Equilibrium: Some Clarifying Comments." *Journal of Finance* 23, no. 1: 29–40.

————. 1970. "Efficient Capital Markets: A Review of Theory and Empirical Work." *Journal of Finance* 25, no. 2: 383–417.

————. 1975. "Short-term Interest Rates as Predictors of Inflation." *American Economic Review* 65, no. 3: 269–82.

————. 1976a. *Foundations of Finance*. New York: Basic Books.

————. 1976b. "Forward Rates as Predictors of Future Spot Rates." *Journal of Financial Economics* 3, no. 4: 361–77.

————. 1981. "Stock Returns, Real Activity, Inflation, and Money." *American Economic Review* 71, no. 4: 545–65.

————. 1991. "Efficient Capital Markets: II." *Journal of Finance* 46, no. 5: 1575–617.

————. 1998. "Market Efficiency, Long-Term Returns, and Behavioral Finance." *Journal of Financial Economics* 49, no. 3: 283–306.

————. 2011. "My Life in Finance." *Annual Review of Financial Economics* 3: 1–15.

————. 2013. "Eugene F. Fama—Biographical." The Nobel Foundation, http://www.nobelprize.org/nobel_prizes/economic-sciences/laureates/2013/fama-bio.html.

————. 2014. "Two Pillars of Asset Pricing." *American Economic Review* 104, no. 6: 1467–85. Also available at The Nobel Foundation, https://www.nobelprize.org/prizes/economic-sciences/2013/fama/lecture/.

————. 2017. *The Fama Portfolio: Selected Papers of Eugene Fama*. Edited by John H. Cochrane and Tobias J. Moskowitz. Chicago: University of Chicago Press.

Fama, Eugene F., and Robert R. Bliss. 1987. "The Information in Long-Maturity Forward Rates." *American Economic Review* 77, no. 4: 680–92.

Fama, Eugene F., Lawrence Fisher, Michael C. Jensen, and Richard Roll. 1969. "The Adjustment of Stock Prices to New Information." *International Economic Review* 10, no. 1: 1–21.

Fama, Eugene F., and Kenneth R. French. 1988a. "Permanent and Temporary Components of Stock Prices." *Journal of Political Economy* 96, no. 2: 246–73.

————. 1988b. "Dividend Yields and Expected Stock Returns." *Journal of Financial Economics* 22, no. 1: 3–25.

————. 1992. "The Cross-Section of Expected Stock Returns." *Journal of Finance* 47, no. 2: 427–65.

————. 1993. "Common Risk Factors in the Returns on Stocks and Bonds." *Journal of Financial Economics* 33, no. 1: 3–56.

————. 2015. "A Five-Factor Asset Pricing Model." *Journal of Financial Economics* 116, no. 1: 1–22.

Fama, Eugene F., and James D. MacBeth. 1973. "Risk, Return, and Equilibrium: Empirical

Tests." *Journal of Political Economy* 81, no. 3: 607–36.

Fama, Eugene F., and Merton H. Miller. 1972. *The Theory of Finance*. Hindsdale, IL: Dryden.

Fama, Eugene F., and G. William Schwert. 1977. "Asset Returns and Inflation." *Journal of Financial Economics* 5, no. 2: 115–46.

Fenner, Elizabeth. 2013. "12 Questions for Nobel Prize Winner Eugene Fama." Chicago Magazine, December 10, http://www.chicagomag.com/Chicago-Magazine/December-2013/Q-and-A-with-University-of-Chicago-Economist-Eugene-Fama/.

Fox, Justin. 2009. *The Myth of the Rational Market: A History of Risk, Reward, and Delusion on Wall Street*. New York: HarperCollins.

French, Craig W. 2003. "The Treynor Capital Asset Pricing Model." *Journal of Investment Management* 1: 60–72.

Friedman, Milton. 1976. "Milton Friedman—Biographical." The Nobel Foundation, https://www.nobelprize.org/prizes/economic-sciences/1976/friedman/biographical/.

Friedman, Milton, and Rose D. Friedman. 1998. *Two Lucky People: Memoirs*. Chicago: University of Chicago Press.

Friedman, Milton, and L. J. Savage. 1948. "The Utility Analysis of Choices Involving Risk." *Journal of Political Economy* 56, no. 4: 279–304.

Gans, Joshua S., and George B. Shepherd. 1994. "How Are the Mighty Fallen: Rejected Classic Articles by Leading Economists." *Journal of Economic Perspectives* 8, no. 1: 165–79.

Garber, Peter M. 2000. *Famous First Bubbles: The Fundamentals of Early Manias*. Cambridge, MA: MIT Press.

Gleason, Paul. 2009. "Retirement Engine Rebuilt." *Harvard Magazine*, January–February, http://harvardmagazine.com/2009/01/retirement-engine-rebuilt.

Godar, Bryna. 2013. "University Alumnus Wins Nobel Prize for Economics Research." *Minnesota Daily*, October 15, http://mndaily.com/news/campus/2013/10/14/university-alumnus-wins-nobel-prize-economics-research.

Goetzmann, William N. 2016. *Money Changes Everything*. Princeton, NJ: Princeton University Press.

Goetzmann, William N., and Stacey Vanek Smith. 2019. "A Bond Is Born." National Public Radio, January 29, https://www.npr.org/templates/transcript/transcript.php?storyId=689769991.

Goldstein, Douglas. 2014. "How to Retire in a Rapidly Aging World." Douglas Goldstein's Instablog, April 28, http://seekingalpha.com/instablog/424038-douglas-goldstein/2870493-how-to-retire-in-a-rapidly-aging-world.

Graham, Benjamin, and David L. Dodd. 1951. *Security Analysis*. 3rd ed. New York: McGraw-Hill.

Greenspan, Alan. 2007. *The Age of Turbulence*. New York: Penguin.

Griehsel, Marika. 2004. "Transcript of an Interview with Professor Robert C. Merton." The Nobel Foundation, https://www.nobelprize.org/prizes/economic-sciences/1997/merton/

interview/.

Grove, Lloyd. 2008. "World According... Robert Shiller." *Entrepreneur*, May 2, https://www.entrepreneur.com/article/193954.

Haoxiang, Cai. 2014. "Retirement for Ordinary People." *The Business Times*, January 13, http://rmerton.scripts.mit.edu/rmerton/wp-content/uploads/2015/11/Retirement-ordinary-people.pdf.

Hilsenrath, Jon E. 2004. "As Two Economists Debate Markets, the Tide Shifts." *The Wall Street Journal*, October 18, http://www.wsj.com/articles/SB109804865418747444.

Homer, Sidney. 1975. "The Historical Evolution of Today's Bond Market." *Explorations in Economic Research* 2, no. 3: 378–89.

Homer, Sidney, and Martin L. Leibowitz, with Anthony Bova and Stanley Kogelman. 2013. *Inside the Yield Book: The Classic That Created the Science of Bond Analysis*. 3rd ed. Hoboken, NJ: Wiley.

Hoppit, Julian. 2002. "The Myths of the South Sea Bubble." *Transactions of the Royal Historical Society* 12: 141–65.

Ilmanen, Antti, Martin Leibowitz, and Rodney N. Sullivan. 2014. "Words from the Wise: Martin Leibowitz." AQR Capital Management, December 9, https://www.aqr.com/Insights/Research/Interviews/Words-From-the-Wise-Martin-Leibowitz. *Written permission received from AQR to quote from this article.*

Iovino, Nicholas. 2013. "Medford Native Eugene Fama Wins Nobel Prize in Economics." *Wicked Local*, October 15, http://www.wickedlocal.com/article/20131025/News/310259685.

Jaffe, Chuck. 2014. "Vanguard Founder Jack Bogle's Advice to Fretful Investors: Shut Your Eyes and Let Indexes Do the Work." *MarketWatch*, November 3, https://www.marketwatch.com/story/jack-bogles-advice-to-worried-investors-shut-your-eyes-and-let-the-indexes-work-2014-11-03.

Jarrow, Robert A. 1999a. "Speech in Honor of Robert C. Merton: 1999 Mathematical Finance Day Lifetime Achievement Award." Internet Archive, April 25, https://web.archive.org/web/20111212200647/http://www.bu.edu/mfd/mfdmerton.pdf.

———. 1999b. "In Honor of the Nobel Laureates Robert C. Merton and Myron S. Scholes: A Partial Differential Equation That Changed the World." *Journal of Economic Perspectives* 13, no. 4: 229–48.

Jeffries, Tanya. 2014. " 'We Saw This before the Wall St Crash, the Dot-com Bubble and the Credit Crunch'—How Nobel Economist Robert Shiller's CAPE Warning Light Is Flashing Again." *This Is Money*, September 5, http://www.thisismoney.co.uk/money/investing/article-2742297/PROF-ROBERT-SHILLER-INTERVIEW-How-stocks-crash-2014.html.

Jenkins, Holman W., Jr. 2016. "Jack Bogle: The Undisputed Champion of the Long Run." *The Wall Street Journal*, September 2, https://www.wsj.com/articles/jack-bogle-the-undisputedchampion-of-the-long-run-1472855372.

Jensen, Michael C. 1968. "The Performance of Mutual Funds in the Period 1945–64." *Journal of Finance* 23, no. 2: 389–416.

———. 1978. "Some Anomalous Evidence regarding Market Efficiency." *Journal of Financial Economics* 6, no. 2–3: 95–101.

Kahneman, Daniel. 2011. *Thinking, Fast and Slow*. New York: Farrar, Strauss and Giroux.

Kahneman, Daniel, and Amos Tversky. 1979. "Prospect Theory: An Analysis of Decision under Risk." *Econometrica* 47, no. 2: 263–92.

Kalamazoo College. 2013. "Alumnus Wins Nobel Prize." October 22, http://www.kzoo.edu/news/alumnus-wins-nobel-prize/.

Kampmann, Ursula. 2012a. "The History of Coinage 2—The Cash." CoinsWeekly, October 10, https://coinsweekly.com/the-history-of-chinese-coinage-2-the-cash/.

———. 2012b. "The History of Coinage 3—China Invents Paper Money." CoinsWeekly, October 25, https://coinsweekly.com/the-history-of-chinese-coinage-3-china-invents-paper-money/.

Kamstra, Mark, and Robert J. Shiller. 2009. "The Case for Trills: Giving the People and Their Pension Funds a Stake in the Wealth of the Nation." Cowles Foundation Discussion Paper No. 1717.

Kaplan, Paul. 2010. "What Does Harry Markowitz Think?" *Morningstar Advisor*, June–July, https://www.nxtbook.com/nxtbooks/morningstar/advisor_20100607/index.php?startid=43#/p/42.

Kaufman, Michael T. 2003. "Robert K. Merton, Versatile Sociologist and Father of the Focus Group, Dies at 92." *The New York Times*, February 24, http://www.nytimes.com/2003/02/24/nyregion/robert-k-merton-versatile-sociologist-and-father-of-the-focus-group-dies-at-92.html?pagewanted=1.

Kavesh, Robert A., Fred Weston, and Harry Sauvain. 1970. "The American Finance Association: 1939–1969." *Journal of Finance* 25, no. 1: 1–17.

Killgrove, Kristina. 2018. "Meet the Worst Businessman of the 18th Century BC." Forbes .com, May 11, https://www.forbes.com/sites/kristinakillgrove/2018/05/11/meet-the-worst-businessman-of-the-18th-century/#28ebb0b02d5d.

Kindleberger, Charles P. 2000. *Manias, Panics, and Crashes: A History of Financial Crises*. 4th ed. New York: Wiley.

Kindleberger, Charles P., and Robert Aliber. 2015. *Manias, Panics and Crashes: A History of Financial Crises*. 7th ed. Hampshire, UK: Palgrave Macmillan.

Knowledge@Wharton. 2018. "Siegel vs. Shiller: Is the Stock Market Overvalued?" September 18, http://knowledge.wharton.upenn.edu/article/siegel-shiller-stock-market/.

Koopmans, Tjalling C. 1975. "Tjalling C. Koopmans—Biographical." The Nobel Foundation, https://www.nobelprize.org/prizes/economic-sciences/1975/koopmans/biographical/.

Kritzman, Mark. 2011. "The Graceful Aging of Mean-Variance Optimization." *Journal of Portfolio Management* 37, no. 2: 3–5.

Kuijt, Ian, and Bill Finlayson. 2009. "Evidence for Food Storage and Predomestication Granaries 11,000 Years Ago in the Jordan Valley." *Proceedings of the National Academy of Sciences of the United States of America* 106, no. 27: 10966–970.

Lafont, Isabel. 2006. "Hedge Funds Are a Safety Valve." MIT, January 15, http://rmerton. scripts.mit.edu/rmerton/wp-content/uploads/2015/11/Hedge-funds_safety-valve.pdf.

Laing, Jonathan R. 2005. "The Bubble's New Home." *Barron's*, June 20, http://www.barrons. com/articles/SB111905372884363176.

Lange, James. 2013. "The Elements of Investing with Guest, Charley Ellis." *The Lange Money Hour: Where Smart Money Talks*, Episode 97, transcript, April, http://paytaxeslater.com/ radio-show/episode-97-transcript/.

Langetieg, Terrence C., Martin L. Leibowitz, and Stanley Kogelman. 1990. "Duration Targeting and the Management of Multiperiod Returns." *Financial Analysts Journal* 46, no. 5: 35–45.

Lansner, Jonathan. 2011. "Hal Durian: Poly Highs Class of 1951 Left Its Mark." The Press-Enterprise, July 9, http://www.pe.com/articles/class-598347-school-high.html.

Leibowitz, Martin L. 1986. "Total Portfolio Duration: A New Perspective on Asset Allocation." *Financial Analysts Journal* 42, no. 5: 18–29, 77.

———. 1987. "Pension Asset Allocation through Surplus Management." *Financial Analysts Journal* 43, no. 2: 29–40.

———. 2004. *Franchise Value: A Modern Approach to Security Analysis*. Hoboken, NJ: Wiley.

———. 2005. "Alpha Hunters and Beta Grazers." *Financial Analysts Journal* 61, no. 5: 32–39.

———. 2006. "Summary of Alpha Hunters and Beta Grazers.' " *CFA Digest* (February): 66–67.

———. 2010. "Managing Liquidity in Foundations & Endowments: Interview with Martin Leibowitz." Marcus Evans newsletter, http://www.foundations-endowmentssummit.com/ newsletter.asp?EventID=20533&RecID=3586#.WKMiHW8rKUk.

Leibowitz, Martin L., and Anthony Bova. 2005. "Allocation Betas." *Financial Analysts Journal* 61, no. 4: 70–82.

Leibowitz, Martin L., Anthony Bova, and P. Brett Hammond. 2010. *The Endowment Model of Investing: Return, Risk, and Diversification*. Hoboken, NJ: Wiley.

Leibowitz, Martin L., Simon Emrich, and Anthony Bova. 2009. *Modern Portfolio Management: Active Long/Short 130/30 Equity Strategies*. Hoboken, NJ: Wiley.

Leonhardt, David. 2005. "Be Warned: Mr. Bubble's Worried Again." *The New York Times*, August 21, http://www.nytimes.com/2005/08/21/business/yourmoney/be-warned-mr-bubbles-worried-again.html?r=0.

LeRoy, Stephen F., and Richard D. Porter. 1981. "The Present-Value Relation: Tests Based on Implied Variance Bounds." *Econometrica* 49, no. 3: 555–74.

Lewis, Michael. 1989. *Liar's Poker*. New York: W. W. Norton & Company.

Levy, Rachael. 2017. "The Man Who Transformed Investing for Main Street Sees a Bleak Future for Wall Street's Money Managers." Business Insider, January 24, http://www.businessinsider.com/vanguard-jack-bogle-401k-active-management-index-investing-2017-1.

Lintner, John. 1965. "The Valuation of Risk Assets and the Selection of Risky Investments in Stock Portfolios and Capital Budgets." Review of Economics and Statistics 47, no. 1: 13–37.

Litzenberger, Robert H. 1991. "William F. Sharpe's Contributions to Financial Economics." Scandanavian Journal of Economics 93, no. 1: 37–46.

Lo, Andrew W. 2004. "The Adaptive Markets Hypothesis." Journal of Portfolio Management 30, no. 5: 15–29.

———. 2012. "Adaptive Markets and the New World Order." Financial Analysts Journal 68, no. 2: 18–29.

———. 2016. "What Is an Index?" Journal of Portfolio Management 42, no. 2: 21–36.

———. 2017. Adaptive Markets: Financial Evolution at the Speed of Thought. Princeton, NJ: Princeton University Press.

———. 2020. "Robert C. Merton: The First Financial Engineer." Annual Review of Financial Economics 12: 1–18.

Lo, Andrew W., and Jasmina Hasanhodzic. 2010. The Evolution of Technical Analysis: Financial Prediction from Babylonian Tablets to Bloomberg Terminals. Hoboken, NJ: Bloomberg/Wiley.

Lobel, Mia. 2010. "An Interview with Robert C. Merton." Annual Review Audio, http://www.annualreviews.org/userimages/ContentEditor/1299597122429/RobertMertonInterview-AnnualREviews-2010.pdf.

Lowenstein, Roger. 2000. When Genius Failed: The Rise and Fall of Long-Term Capital Management. New York: Random House.

MacBride, Elizabeth. 2015a. "An Investing Guru Who Wants to Rescue Your Retirement." CNBC, March 20, http://www.cnbc.com/2015/03/20/an-investing-guru-who-wants-to-rescue-your-retirement.html.

———. 2015b. "Jack Bogle: Follow These 4 Investing Rules—Ignore the Rest." CNBC, October 14, http://www.cnbc.com/2015/10/14/jack-bogle-follow-these-4-investing-rules-ignore-the-rest.html.

Mackay, Charles. (1841) 2006. Extraordinary Popular Delusions and the Madness of Crowds. Petersfield, UK: Harriman House.

Maclachlan, Fiona. 2010. "Markowitz Mean-Variance Diagram." In Famous Figures and Diagrams in Economics, ed. Mark Blaug and Peter Lloyd, 199–203. Cheltenham, UK: Edward Elgar Publishing.

Malkiel, Burton G., and Charles D. Ellis. 2013. The Elements of Investing: Easy Lessons for Every Investor. Hoboken, NJ: Wiley.

Markowitz, Harry M. 1952a. "Portfolio Selection." Journal of Finance 7, no. 1: 77–91.

————. 1952b. "The Utility of Wealth." *Journal of Political Economy* 60, no. 2: 151–58.

————. 1959. *Portfolio Selection: Efficient Diversification of Investments*. Monograph 16, Cowles Foundation for Research in Economics, Yale University.

————. 1987. *Mean-Variance Analysis in Portfolio Choice and Capital Markets*. Oxford, UK: Basil Blackwell.

————. 1990. "Foundations of Portfolio Theory." Nobel lecture, December 7.

————. 1991. "Harry M. Markowitz—Biographical." The Nobel Foundation, https://www. nobelprize.org/prizes/economic-sciences/1990/markowitz/biographical/.

————. 1993. "Trains of Thought." *American Economist* 37, no. 1: 3–9.

————. 1999. "The Early History of Portfolio Theory: 1600–1960." *Financial Analysts Journal* 55, no. 4: 5–16.

————. 2002. "Efficient Portfolios, Sparse Matrices, and Entities: A Retrospective." *Operations Research* 50, no. 1: 154–60.

————. 2005. "Market Efficiency: A Theoretical Distinction and So What?" *Financial Analysts Journal* 61, no. 5: 17–30.

————. 2006. "De Finetti Scoops Markowitz." *Journal of Investment Management* 4: 5–18.

————. 2010. "God, Ants and Thomas Bayes." *American Economist* 55, no. 2: 5–9.

————. 2016. *Risk-Return Analysis*, Vol. 2, *The Theory and Practice of Rational Investing*. New York: McGraw-Hill.

————. 2020. *Risk-Return Analysis*, Vol. 3, *The Theory and Practice of Rational Investing*. New York: McGraw-Hill.

Markowitz, Harry M., and Kenneth Blay. 2014. *Risk-Return Analysis*, Vol. 1, *The Theory and Practice of Rational Investing*. New York: McGraw-Hill.

Marschak, J. 1938. "Money and the Theory of Assets." *Econometrica* 6, no. 4: 311–25.

————. 1946. "Neumann's and Morgenstern's New Approach to Static Economics." *Journal of Political Economy* 54, no. 2: 97–115.

————. 1950. "Rational Behavior, Uncertain Prospects, and Measurable Utility." *Econometrica* 18, no. 2: 111–41.

Mehra, Rajnish, and Edward Prescott. 1985. "The Equity Premium: A Puzzle." *Journal of Monetary Economics* 15: 145–61.

Mehtais, Nina. 2006. "The FEN One-on-One Interview, Eugene Fama." Financial Engineering News, http://bama.ua.edu/~fi302/Eugene%20Fama%20FEN%20One%20on%20One%20 Interview%20with%20Eugene%20Fama.htm.

Merton, Robert C. 1966. "The 'Motionless' Motion of Swift's Flying Island." *Journal of the History of Ideas* 27, no. 2: 275–77.

————. 1969a. "A Golden Golden-Rule for Welfare Maximization in an Economy with a Varying Population Growth Rate." *Western Economic Journal* 7: 307–18.

————. 1969b. "Lifetime Portfolio Selection under Uncertainty: The Continuous-Time Case."

Review of Economics and Statistics 51, no. 3: 247–57.

———. 1970. "Analytical Optimal Control Theory as Applied to Stochastic and Non-Stochastic Economics." PhD diss., MIT, https://dspace.mit.edu/handle/1721.1/13875.

———. 1971. "Optimum Consumption and Portfolio Rules in a Continuous-Time Model." *Journal of Economic Theory* 3, no. 4: 373–413.

———. 1973a. "Theory of Rational Option Pricing." *Bell Journal of Economics and Management Science* 4, no. 1: 141–83.

———. 1973b. "An Intertemporal Capital Asset Pricing Model." *Econometrica* 41, no. 5: 867–87.

———. 1973c. "Appendix: Continuous-Time Speculative Process." In Paul A. Samuelson, "Mathematics of Speculative Price." *SIAM Review* 15 (1973): 1–42.

———. 1974. "On the Pricing of Corporate Debt: The Risk Structure of Interest Rates." *Journal of Finance* 29, no. 2: 449–70.

———. 1992. *Continuous-Time Finance.* New York: Wiley.

Merton, Robert C. 1997a. "Robert C. Merton—Biographical." The Nobel Foundation, http://www.nobelprize.org/nobel_prizes/economic-sciences/laureates/1997/merton-bio.html.

———. 1997b. "Applications of Option Pricing Theory: Twenty-Five Years Later." The Nobel Foundation, https://www.nobelprize.org/prizes/economic-sciences/1997/merton/lecture/.

———. 1998. "Application of Option-Pricing Theory: Twenty-Five Years Later." *American Economic Review* 88, no. 3: 323–49.

———. 2003. "Thoughts on the Future: Theory and Practice in Investment Management." *Financial Analysts Journal* 59, no. 1: 17–23.

———. 2014. "Black-Scholes: Robert Merton on the Options Pricing Model." Bloomberg Business Week, December 4, http://www.bloomberg.com/news/articles/2014-12-04/black-scholes-robert-merton-on-the-options-pricing-model.

Merton, Robert K. 1968. "The Matthew Effect in Science." *Science* 159, no. 3810: 56–63.

Meyer, Robinson. 2013. "No Old Maps Actually Say 'HereBe Dragons.' " *The Atlantic*, December 12, https://www.theatlantic.com/technology/archive/2013/12/no-old-maps-actually-say-here-be-dragons/282267/.

Miles, Joseph E. 1969. "Formulas for Pricing Bonds and Their Impact on Prices." *Financial Analysts Journal* 25, no. 4: 156–61.

Milner, Brian. 2015. "Where Robert Shiller Is Putting His Money These Days." *Globe and Mail*, January 28, http://www.theglobeandmail.com/report-on-business/rob-magazine/invest-like-a-legend-robert-shiller/article22638415/.

MIT Management. 1988. "Merton Crosses the River, Too." Fall, 28.

MIT Sloan School of Management. 2013. "Black-Scholes-Merton: A 40-Year Revolution in Finance." October 2, http://mitsloan.mit.edu/newsroom/articles/black-scholes-merton-a-40-year-revolution-in-finance/.

Mitchell, Roger. 2004. "A Model Mind." *CFA Magazine* (July–August): 34–37.

Modigliani, Franco, and Merton H. Miller. 1958. "The Cost of Capital, Corporation Finance and the Theory of Investment." *American Economic Review* 48, no. 3: 261–97.

Mossin, Jan. 1966. "Equilibrium in a Capital Asset Market." *Econometrica* 34, no. 4: 768–83.

Murphy, Antoin E. 1991. "The Evolution of John Law's Theories and Policies, 1707–1715." *European Economic Review* 35, no. 5: 1109–25.

———. 2005. "John Law: Innovating Theorist and Policymaker." In *The Origins of Value: The Financial Innovations That Created Modern Capital Markets*, ed. William N. Goetzmann and K. Geert Rouwenhorst, 225–38. Oxford, UK: Oxford University Press.

Narron, James, and David Skeie. 2013. "Crisis Chronicles: Tulip Mania, 1633–37." Ritholz, September 22, https://ritholtz.com/2013/09/crisis-chronicles-tulip-mania-1633-37/.

Nath, Virendra. 2015. *Out of Aces? Fifty Steps to Financial Acuity*. Bloomington, IN: Xlibris.

Neal, Larry. 2005. "Venture Shares and the Dutch East India Company." In *The Origins of Value: The Financial Innovations That Created Modern Capital Markets*, ed. William N. Goetzmann and K. Geert Rouwenhorst, 165–76. Oxford, UK: Oxford University Press.

Nickerson, Nate. 2008. "On Markets and Complexity." MIT Technology Review, April 2, https://www.technologyreview.com/s/409835/on-markets-and-complexity/.

Nisen, Max. 2014. "The Fascinating 600-Year History of a French Mill, the World's Oldest Shareholding Company." QZ, June 16, https://qz.com/219270/bazacle/.

Pae, Peter, and W. J. Hennigan. 2016. "Simon Ramo Dies at 103; TRW Co-founder Shaped California Aerospace." *Los Angeles Times*, June 28, http://www.latimes.com/business/la-fi-simon-ramo-20160628-snap-story.html.

Palaniappan, Raja. 2017. "A Brief History of Derivatives." Origin Markets, April 14, https://www.originmarkets.com/blog-feed/origin-hosts-issuer-roundtable-in-parallel-with-the-25th-annual-euromoney-global-borrowers-conference-3.

Patel, Navroz. 2007. "A Model Prophet." *Risk Magazine*, July, 40–42, http://rmerton.scripts.mit.edu/rmerton/wp-content/uploads/2015/11/model-prophet.pdf.

Peltz, Michael. 2007. "Robert Merton & Myron Scholes, Theory and Practice." Institutional Investor, May, http://rmerton.scripts.mit.edu/rmerton/wp-content/uploads/2015/11/Power-Influence.pdf.

Philips, Christopher B. 2014. "Global Equities: Balancing the Home Bias and Diversification." Vanguard Research. February.

Poitras, Geoffrey. 2009. "The Early History of Option Contracts." In *Vinzenz Bronzin's Option Pricing Models: Exposition and Appraisal*, ed. Wolfgang Hafner and Heinz Zimmermann, 487–518. Windisch, Switzerland: Springer.

Powell, Robin. 2016. "Fees for Active Investing More Than 100%—Charley Ellis." The Evidence-Based Investor, September 20, http://www.evidenceinvestor.co.uk/fees-for-active-investing-more-than-100/.

Read, Colin. 2013. *The Efficient Market Hypothesists: Bachelier, Samuelson, Fama, Ross, Tobin and Shiller*. New York: Palgrave Macmillan.

The Real Deal. 2007. "The Closing: Robert Shiller." http://therealdeal.com/issuesarticles/the-closing-robert-shiller/.

Regan, Michael. 2016. "Q&A with Jack Bogle: 'We're in the Middle of a Revolution.' " Bloomberg, November 23, https://www.bloomberg.com/features/2016-jack-bogle-interview/.

Regnier, Pat. 2015. "Jack Bogle Explains How the Index Fund Won with Investors." Money, July 27, https://money.com/jack-bogle-index-fund/.

Renshaw, Edward F., and Paul J. Feldstein. 1960. "The Case for an Unmanaged Investment Company." *Financial Analysts Journal* 16, no. 1: 43–46.

Ritholz, Barry. 2015. "Masters in Business: Charley Ellis on the Index Revolution." Bloomberg Radio podcast, https://ritholtz.com/2015/04/masters-in-business-charley-ellis/.

Roll, Richard. 1977. "A Critique of the Asset Pricing Theory's Tests, Part 1: On Past and Potential Testability of the Theory." *Journal of Financial Economics* 4: 129–76.

———. 2006. "Myron Scholes Interview." American Finance Association History of Finance Videos, https://afajof.org/masters-of-finance-videos/.

Rosenberg, Barr, Kenneth Reid, and Ronald Lanstein. 1985. "Persuasive Evidence of Market Inefficiency." *Journal of Portfolio Management* 11, no. 3: 9–16.

Rostad, Knut A., ed. 2013. *The Man in the Arena*. Hoboken, NJ: Wiley.

Rotblut, Charles, and Robert Shiller. 2015. "Understanding Asset Bubbles and How to React to Them." The American Association of Individual Investors, http://www.aaii.com/journal/article/understanding-asset-bubbles-and-how-to-react-to-them.mobile.

Roth, Daniel, and Robert Shiller. 2000. "Tapping into Shiller's Irrational Exuberance." *Fortune*, June 26, http://archive.fortune.com/magazines/fortune/fortune_archive/2000/06/26/283040/index.htm?iid=EL.

Rouwenhorst, K. Geert. 2016. "Structured Finance and the Origins of Mutual Funds in the 18th-Century Netherlands." In *Financial Market History: Reflections on the Past for Investors Today*, ed. David Chambers and Elroy Dimson, 207–26. Charlottesville, VA: CFA Institute Research Foundation.

Roy, A. D. 1952. "Safety First and the Holding of Assets." *Econometrica* 20, no. 3: 431–49.

———. 1956. "Risk and Rank or Safety First Generalised." *Economica* 23, no. 91: 214–28.

Rubinstein, Mark. 2002. "Markowitz's 'Portfolio Selection': A Fifty-Year Retrospective." *Journal of Finance* 57, no. 3: 1041–45.

———. 2006. "Bruno de Finetti and Mean-Variance Portfolio Selection." *Journal of Investment Management* 4: 3–4.

Samuelson, Paul A. 1966. "Science and Stocks." *Newsweek*, September 19, 92.

———. 1974. "Challenge to Judgment." *Journal of Portfolio Management* 1, no. 1: 17–19.

———. 1976. "Index-Fund Investing." *Newsweek*, August 16, 66.

Samuelson, Paul A., and Robert C. Merton. 1969. "A Complete Model of Warrant Pricing That Maximizes Utility." *Industrial Management Review* (Winter): 17–46.

Schifrin, Matt. 2013. "Putting Intel Inside Your 401(k)." *Forbes*, November 27, http://www.forbes.com/sites/schifrin/2013/11/27/putting-intel-inside-your-401k/#10f9e5381c16.

Scholes, Myron S. 1970. "A Test of the Competitive Market Hypothesis: The Market for New Issues and Secondary Offerings." PhD diss., University of Chicago.

———. 1997. "Myron Scholes—Biographical." The Nobel Foundation, https://www.nobelprize.org/prizes/economic-sciences/1997/scholes/biographical/.

———. 1998. "Derivatives in a Dynamic Environment." *American Economic Review* 88, no. 3: 350–70.

Scholes, Myron, and Joseph Williams. 1977. "Estimating Betas from Nonsynchronous Data." *Journal of Financial Economics* 5, no. 3: 309–27.

Scholes, Myron, Mark Wolfson, Merle Erickson, Michelle Hanlon, Edward Maydew, and Terry Shevlin. 2014. *Taxes and Business Strategy: A Planning Approach*. n.p.: Prentice Hall.

Schwartz, Nelson D. 2016. "Karl Case, Economist Who Developed Home Price Index, Dies at 69." *The New York Times*, July 21, http://www.nytimes.com/2016/07/22/business/economy/karl-case-economist-who-developed-home-price-index-dies-at-69.html?r=0.

Schwert, G. William, and Rene Stulz. 2014. "Gene Fama's Impact: A Quantitative Analysis." Simon Business School Working Paper No. FR 14-17. SSRN, http://ssrn.com/abstract=2496471.

Sharpe, William F. 1961. "Portfolio Analysis Based on a Simplified Model of the Relationships among Securities." PhD diss., University of California, Los Angeles.

———. 1963. "A Simplified Model for Portfolio Analysis." *Management Science* 9, no. 2: 277–93.

———. 1964. "Capital Asset Prices: A Theory of Market Equilibrium under Conditions of Risk." *Journal of Finance* 19, no. 3: 425–42.

———. 1965. "Risk-Aversion in the Stock Market: Some Empirical Evidence." *Journal of Finance* 20, no. 3: 416–22.

———. 1966. "Mutual Fund Performance." *Journal of Business* 39, no. 1: 119–38.

———. 1991. "William F. Sharpe—Biographical." The Nobel Foundation, https://www.nobelprize.org/prizes/economic-sciences/1990/sharpe/biographical/.

———. 1992. "Asset Allocation: Management Style and Performance Measurement." *Journal of Portfolio Management* 18, no. 2: 7–19.

———. 2002. "Indexed Investing: A Prosaic Way to Beat the Average Investor." Presented at the Spring President's Forum, Monetary Institute of International Studies, http://web.stanford.edu/~wfsharpe/art/talks/indexed_investing.htm.

———. 2007. *Investors and Markets: Portfolio Choices, Asset Prices, and Investment Advice*.

Princeton, NJ: Princeton University Press.

——. 2009. "There Are No Shortcuts in Investing: Nobel Laureate William Sharpe." YouTube, October 7, http://www.youtube.com/watch?v=pGIzygsvqck.

Shiller, Robert J. 1972. "Rational Expectations and the Structure of Interest Rates." PhD diss., MIT, https://dspace.mit.edu/handle/1721.1/13926.

——. 1981. "Do Stock Prices Move Too Much to Be Justified by Subsequent Changes in Dividends?" *American Economic Review* 71, no. 3: 421–36.

——. 2003. "From Efficient Markets Theory to Behavioral Finance." *Journal of Economic Perspectives* 17, no. 3: 83–104.

——. 2013a. "Robert J. Shiller—Biographical." The Nobel Foundation, https://www.nobelprize.org/prizes/economic-sciences/2013/shiller/biographical/.

——. 2013b. "Speculative Asset Prices." The Nobel Foundation, https://www.nobelprize.org/prizes/economic-sciences/2013/shiller/lecture/.

——. 2014. "The Mystery of Lofty Stock Market Elevations." *The New York Times*, August 16, http://www.nytimes.com/2014/08/17/upshot/the-mystery-of-lofty-elevations.html?r=2&abt =0002&abg=0.

——. 2017. "Narrative Economics." Cowles Foundation Discussion Paper No. 2069, http://cowles.yale.edu/sites/default/files/files/pub/d20/d2069.pdf.

Shiller, Robert J., and Virginia M. Shiller. 2011. "Economists as Worldly Philosophers." *American Economic Review: Papers & Proceedings* 101, no. 3: 171–75.

Siegel, Jeremy J. 1971. "Stability of a Monetary Economy with Inflationary Expectations." PhD diss., Massachusetts Institute of Technology.

——. 1972. "Risk, Interest Rates and the Forward Exchange." *Quarterly Journal of Economics* 86, no. 2: 303–9.

——. 1991. "Does It Pay Stock Investors to Forecast the Business Cycle?" *Journal of Portfolio Management* 18, no. 1: 27–34.

——. 1992a. "The Equity Premium: Stock and Bond Returns since 1802." *Financial Analysts Journal* 48, no. 1: 28–38.

——. 1992b. "Equity Risk Premia, Corporate Profit Forecasts, and Investor Sentiment around the Stock Crash of October 1987." *Journal of Business* 65, no. 4: 557–70.

——. 1992c. "The Real Rate of Interest from 1800–1990: A Study of the U.S. and the U.K." *Journal of Monetary Economics* 29, no. 2: 227–52.

——. 1999a. "Are Internet Stocks Overvalued? Are They Ever." *The Wall Street Journal*, April 19, https://www.wsj.com/articles/SB924457954702688446.

Siegel, Jeremy J. 1999b. "The Shrinking Equity Premium." *Journal of Portfolio Management* 26, no. 1: 10–17.

——. 2000. "Big-Cap Tech Stocks Are a Sucker Bet." *The Wall Street Journal*, March 14, https://www.wsj.com/articles/SB952997047343478041.

————. 2005. *The Future for Investors: Why the Tried and the True Triumphs over the Bold and the New*. New York: Crown Business.

————. 2014. *Stocks for the Long Run: The Definitive Guide to Financial Market Returns & Long-Term Investment Strategies*. 5th ed. New York: McGraw-Hill Education.

————. 2016. "The Shiller CAPE Ratio: A New Look." *Financial Analysts Journal* 72, no. 3: 41–50.

Siegel, Jeremy J., and Richard H. Thaler. 1997. "Anomalies: The Equity Premium Puzzle." *Journal of Economic Perspectives* 11, no. 1: 191–200.

Slater, Robert. 1997. *John Bogle and the Vanguard Experiment: One Man's Quest to Transform the Mutual Fund Industry*. Chicago: Richard D. Irwin.

Smith, Adam. 2008. "Myron S. Scholes—Interview." The Nobel Prize, August, http://www.nobelprize.org/nobel_prizes/economics/laureates/1997/scholes-interview.html.

Smith, Edgar Lawrence. 1924. *Common Stocks as a Long Term Investment*. New York: MacMillan.

Snyder, Thomas D., ed. 1993. "120 Years of American Education: A Statistical Portrait." National Center for Education Statistics, http://nces.ed.gov/pubs93/93442.pdf.

Solman, Paul. 2009. "Nobel Laureate Panel Discussion: What Retirement Means to Me." In *The Future of Life-Cycle Saving and Investing: The Retirement Phase*, ed. Zvi Bodie, Laurence B. Siegel, and Rodney N. Sullivan, 1–14. Charlottesville, VA: CFA Institute, Research Foundation.

Sommer, Jeff. 2012. "A Mutual Fund Master, Too Worried to Rest." *The New York Times*, August 11, http://www.nytimes.com/2012/08/12/business/john-bogle-vanguards-founder-is-too-worried-to-rest.html.

Sosin, Joshua D. 2001. "Accounting and Endowments." *Tyche* 16: 161–75.

————. 2014. "Endowments and Taxation in the Hellenistic Period." *Ancient Society* 44: 43–89.

Spedding, Vanessa. 2002. "Scholarly Approach Brings Sweeping Change." *Quantitative Finance* 2, no. 2: 84–85, http://rmerton.scripts.mit.edu/rmerton/wp-content/uploads/2015/11/Kansas_pensions.pdf.

Sprenkle, Case. 1961. "Warrant Prices as Indicators of Expectations." *Yale Economic Essays*, 179–232. Reprinted in Paul Cootner, *The Random Character of Stock Market Prices* (Cambridge, MA: MIT Press, 1967), 412–74.

Stewart, Ian. 2013. *In Pursuit of the Unknown: 17 Equations That Changed the World*. New York: Basic Books.

Sullivan, Edward J. 2006. "A Brief History of the Capital Asset Pricing Model." *APUBEF Proceedings* (Fall): 207–10.

ThinkAdvisor. 2017. "Charley Ellis: Ease Your Market Anxiety with Index Investing." February 16, http://www.thinkadvisor.com/2017/02/16/charley-ellis-ease-your-market-anxiety-with-index.

TIFF Commentary. 2006. "TIFF Endowment Management Seminar 2005—Part II." The Investment Fund for Foundations, Winter, https://www.tiff.org/Reports/Education/2006_WinterCOM.pdf.

Treynor, Jack L. 1962. "Toward a Theory of Market Value of Risky Assets." Unpublished manuscript. Edited version by Craig William French, "Jack Treynor's 'Toward a Theory of Market Value of Risky Assets,' " SSRN, 2002, http://ssrn.com/abstract=628187.

Uspensky, J. V. 1937. *Introduction to Mathematical Probability*. New York: McGraw-Hill.

Velde, Francois R. 2007. "John Law's System." *American Economic Review* 97, no. 2: 276–79.

———. 2009. "Was John Law's System a Bubble? The Mississippi Bubble Revisited." In *The Origins and Developments of Financial Markets and Institutions: From the Seventeenth Century to the Present*, ed. Jeremy Atack and Larry Neal, 99–120. Cambridge: Cambridge University Press.

Weber, Ernst Juerg. 2009. "A Short History of Derivative Security Markets." In *Vinzenz Bronzin's Option Pricing Models: Exposition and Appraisal*, ed. Wolfgang Hafner and Heinz Zimmermann, 431–66. Windisch, Switzerland: Springer.

Wessel, David. 1997. "Greenspan, Though Still Green, Took the Market Crash in Stride." *The Wall Street Journal*, August 25, http://www.wsj.com/articles/SB872301920612742500.

White, Amanda. 2013. "Merton's Message: Give Up on Alpha." Top1000funds, December 18, http://www.top1000funds.com/conversation/2013/12/18/mertons-message-give-up-on-alpha/.

Wiesenberger, Arthur. 1941. *Investment Companies*. New York: Arthur Wiesenberger and Company (annual editions since 1941).

Williams, John B. 1938. *The Theory of Investment Value*. Cambridge, MA: Harvard University Press.

Williamson, J. Peter. 1970. "Computerized Approaches to Bond Switching." *Financial Analysts Journal* 26, no. 4: 65–72.

Wong, Penelope. 2013. "How Much Does Your Money Manager Cost You?" CNN Money, May 7, https://money.com/how-much-does-your-money-manager-cost-you/.

Woolley, Scott. 2008. "His Own Man." *Forbes* 181, no. 1, 48–49, https://www.forbes.com/forbes/2008/0107/048.html?sh=e278789e778c.

Yost, Jeffrey. 2002. "Oral History Interview with Harry M. Markowitz." Conducted in San Diego, California, on March 18, 2002, Charles Babbage Institute, Center for the History of Information Technology, University of Minnesota, Minneapolis, https://hdl.handle.net/11299/107467.

Zweig, Jason. 2007. "The Man Who Explained It All." *Money Magazine*, http://money.cnn.com/2007/05/21/pf/sharpe.moneymag/index.htm.

———. 2016. "Wall Street's Wisest Man." September 1, http://jasonzweig.com/wall-streets-wisest-man/.

BIG 396

完美投資組合：親訪 10 位投資界傳奇的長勝策略

作　　者－羅聞全（Andrew W. Lo）、史蒂芬‧佛斯特（Stephen R. Foerster）
譯　　者－吳書榆
資深主編－陳家仁
編　　輯－黃凱怡
企　　劃－藍秋惠
編輯協力－張黛瑄
封面設計－謝佳穎
內頁設計－李宜芝

總 編 輯－胡金倫
董 事 長－趙政岷
出 版 者－時報文化出版企業股份有限公司
　　　　　108019 台北市和平西路三段 240 號 4 樓
　　　　　發行專線－ (02)2306-6842
　　　　　讀者服務專線－ 0800-231-705‧(02)2304-7103
　　　　　讀者服務傳真－ (02)2304-6858
　　　　　郵撥－ 19344724 時報文化出版公司
　　　　　信箱－ 10899 臺北華江橋郵局第 99 信箱
時報悅讀網－ http://www.readingtimes.com.tw
法律顧問－理律法律事務所 陳長文律師、李念祖律師
印　　刷－勁達印刷有限公司
初版一刷－ 2022 年 9 月 2 日
定　　價－新台幣 620 元
（缺頁或破損的書，請寄回更換）

時報文化出版公司成立於一九七五年，
並於一九九九年股票上櫃公開發行，於二〇〇八年脫離中時集團非屬旺中，
以「尊重智慧與創意的文化事業」為信念。

完美投資組合：親訪 10 位投資界傳奇的長勝策略 / 羅聞全 (Andrew W. Lo), 史蒂芬 . 佛斯
特 (Stephen R. Foerster) 作；吳書榆譯 . -- 初版 . -- 臺北市：時報文化出版企業股份有限公司 ,
2022.09
528 面 ; 14.8 x 21 公分 . -- (Big ; 396)
譯自 : In pursuit of the perfect portfolio: the stories, voices, and key insights of the pioneers who
　　　shaped the way we invest

ISBN 978-626-335-738-9(平裝)

1. 企業家 2. 投資 3. 傳記

490.99　　　　　　　　　　　　　　　　　　　　　　　　　　　　111011359

ISBN 978-626-335-738-9
Printed in Taiwan